面向21世纪课程教材
TEXTBOOK SERIES FOR 21ST CENTURY

高等学校理工科化学化工类规划教材

MULTIMEDIA CAI PHYSICAL CHEMISTRY

(7th Edition)

Volume I

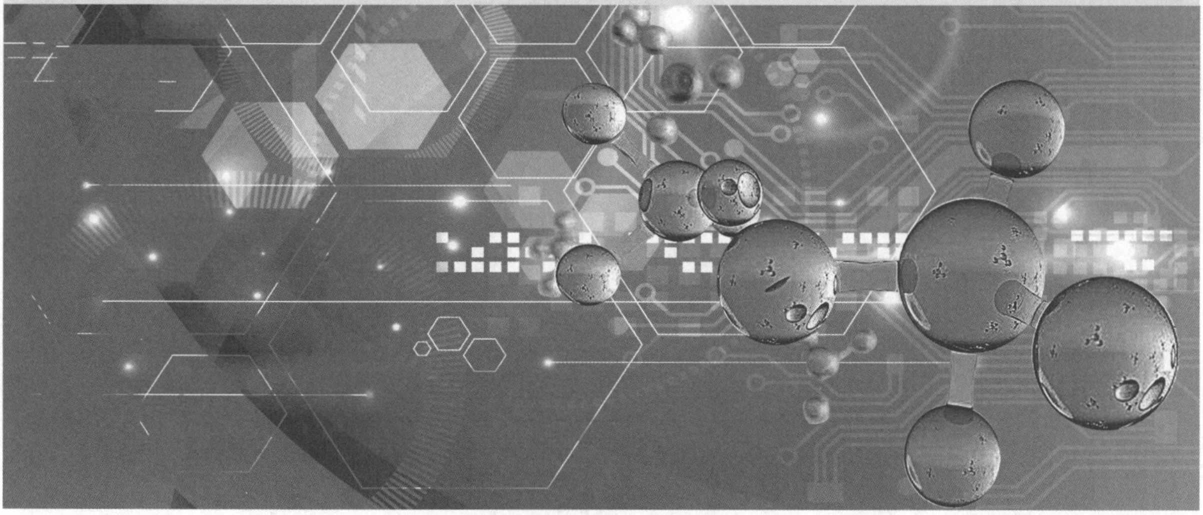

多媒体CAI物理化学

（第七版）

上册

编著／纪敏 李光兰 | 主审／史彦涛

大连理工大学出版社
Dalian University of Technology Press

图书在版编目(CIP)数据

多媒体 CAI 物理化学. 上册 / 纪敏，李光兰编著. --
7 版. -- 大连 ：大连理工大学出版社，2022.9
ISBN 978-7-5685-3796-4

Ⅰ. ①多… Ⅱ. ①纪… ②李… Ⅲ. ①物理化学－多媒体－计算机辅助教学－高等学校－教材 Ⅳ. ①O64

中国版本图书馆 CIP 数据核字(2022)第 061706 号

多媒体 CAI 物理化学

DUOMEITI CAI WULI HUAXUE

大连理工大学出版社出版

地址:大连市软件园路 80 号　邮政编码:116023

发行:0411-84708842　传真:0411-84701466　邮购:0411-84708943

E-mail:dutp@dutp.cn　URL:http://dutp.dlut.edu.cn

大连日升印刷有限公司印刷　　大连理工大学出版社发行

幅面尺寸:185mm×260mm　印张:16　字数:383 千字

1998 年 2 月第 1 版　　2022 年 9 月第 7 版

2022 年 9 月第 1 次印刷

责任编辑:于建辉　　责任校对:李宏艳

封面设计:冀贵收

ISBN 978-7-5685-3796-4　　定　价:45.00 元

内容简介

本书是根据教育部组织实施的“高等教育面向21世纪教学内容和课程体系改革计划”的要求，经原国家教委批准立项的“面向21世纪工科（化工类）化学系列课程改革的研究与实践”项目中的子课题（1995年立项），由大连理工大学国家高等学校工科化学课程教学基地组织编写的。由教育部批准从第三版起作为“面向21世纪课程教材”出版（2001年）。

本书分为上、下两册。上册包括：物理化学概论、化学热力学基础、相平衡热力学、相平衡强度状态图、化学平衡热力学五章及选读Ⅰ：非平衡态热力学简介。下册包括：量子力学基础、结构化学初步、统计热力学初步、化学动力学基础、界面层的热力学与动力学、电化学及光化学反应的热力学与动力学、胶体分散系统与粗分散系统七章及选读Ⅱ：非线性化学动力学简介。本次修订，进一步丰富教材媒体形式，通过文字、图像、课件、动画、声音、视频等全方位、立体化阐述教材内容，在方便教师开展教学工作的同时，便于学生学习、理解、掌握和运用；同时在原有知识框架基础上，注重理论联系实际，适当反映物理化学学科的最新进展和新成果。

本书有配套的电子版《多媒体CAI物理化学纲要》，另有配套的教学参考书《多媒体CAI物理化学学习及考研指导》，均由大连理工大学出版社出版。

本书是把教学内容、教学体系、教学手段的改革融为一体，文字化、电子化、数字化相结合，面向21世纪，可用现代化的多媒体技术教学和学习的新形态数字化教材。本书内容精要，结构合理；文字凝练，言简意赅；深入浅出，通俗易懂；思路清晰，章节顺畅；概念严谨，标准规范；推陈出新，引领前沿。本书历经多年苦心锤炼，不断打造升级版，精益求精，做到了章章有特色，节节闪亮点。

本书适用于高等理工、师范院校的化学、应用化学、化工环保、生物化工、化学工程、化学工艺、化工材料、化工制药、石油化工、轻工食品、纺织印染、海产养殖等专业。

第一版序

“面向21世纪工科(化工类)化学系列课程改革的研究与实践”是国家教委批准立项的教学改革项目。大连理工大学是参加该项目的高校之一，也是国家教委高等学校工科化学课程教学基地(国家级课程教学改革研究与实践的实验点、中心点、示范点和推广点)之一。几年来，学校和基地投入了相当的人力和财力，深入地进行了工科化学系列课程的改革研究与实践。《多媒体CAI物理化学》一书的出版就是首批推出的改革的研究与实践的成果之一；而与本书配套的多媒体课件《多媒体CAI物理化学纲要》(光盘)也将很快推出。该书及光盘是一套把物理化学教学内容、教学体系、教学手段三方面改革融为一体，文字版与电子版相结合的新型物理化学教材。这套教材内容精炼，体系顺畅，特别是把多媒体技术应用于课堂教学，从而可提高教学效率，增强教学效果。

我对编者通过三年多的教学改革的研究与实践，勇敢地跳出以往教材编写的老框框，大胆地设想与实践，编出颇具新意的教材表示热忱地祝贺，并期望这一教改成果尽快得到推广和应用，产生更大的社会效益。

于大连理工大学

1997年12月28日

前　言

本书的第一、二版及与之配套的《多媒体 CAI 物理化学纲要》是教育部实施的“高等教育面向 21 世纪教学内容和课程体系改革计划”的教学改革成果，作为“应用现代教育技术全面实施工科化学系列课程改革”的组成部分，先后获 2000 年辽宁省教学改革优秀成果一等奖，2001 年全国教学改革优秀成果二等奖。经教育部批准从第三版起以“面向 21 世纪课程教材”出版。2006 年又获第七届全国高校出版社优秀畅销书一等奖。本次修订是在第六版的基础上，建设数字化教学内容，实现文字化、电子化、数字化相结合，立体化构建教材体系，形成新形态数字化新教材，同时继续保持原版的下列特色：

1. 注意传统教学内容的更新，提高课程教学内容的严谨性和科学性

物理化学许多传统教学内容中，某些定义、原理、概念的表述二十多年来已做了许多更新，多半是采用 IUPAC 的建议或 ISO 以及 GB 中的规定。例如，热力学能的定义，功的定义及其正、负号的规定，反应进度的定义，标准态的规定，标准摩尔生成焓及标准摩尔燃烧焓的定义，混合物和溶液的区分及其组成标度的规定，渗透因子的定义，标准平衡常数的定义，转化速率的定义，活化能的定义，催化剂的定义，可逆电池电动势的定义，胶体分散系统的定义等，本书率先做了全面的除旧更新，以提高课程教学内容的严谨性和科学性。

2. 适度反映现代物理化学发展的新动向、新趋势和新应用，力促课程教学内容的时代性和前瞻性

现代物理化学发展的新动向、新趋势集中表现在：从平衡态向非平衡态，从静态向动态，从宏观向微观和介观（纳米级），从体相向表面相，从线性向非线性，从皮秒向飞秒发展。此外，现代物理化学发展的许多成果在高新技术中都得到重要应用。因此，本书在加强三基本教学的同时，注意处理好加强基础与适度反映学科领域发展前沿的关系。我们在内容的取舍与安排上，把以上的发展趋势作为一条主线贯穿始终。此外还采用增设选读等方式反映

学科领域的新发展和新应用，不作为教学基本要求（这部分章节以小五号字排版），以利于开扩学生的知识视野，力促课程教学内容的时代性和前瞻性。

3. 针对物理化学课程内容抽象难懂的特点，尽量增加生动的实例及直观的插图，体现课程教学内容的趣味性和直观性

物理化学的内容博大精深，其基本原理和许多概念奥妙无穷、价值普适、应用广泛。一些定义、定律及公式，适用条件十分严格。因此，为帮助学生脱困、解难，本书在编写时力求多举生动、有趣的与生活、生产、科学实验有关的应用实例或例题并配以形象、直观的插图，以帮助学生准确理解抽象难懂的物理化学原理。

此外，在各章节中，还以粗体印刷的“**注意**”二字对容易混淆的一些物理化学概念，或需要深化理解的一些定义或原理加以提示，以帮助学生准确理解抽象、难懂的物理化学原理，体现课程教学内容的趣味性和直观性。

4. 积极贯彻国家标准，注意内容表述上的标准化、规范化，强化教材内容的先进性和通用性

1984 年，国务院公布《关于在我国统一实行法定计量单位的命令》。国家技术监督局于 1982 年、1986 年、1993 年先后颁布《中华人民共和国国家标准》，即 GB 3100～3102—1982、1986、1993《量和单位》。1982 年至今已 30 余年，然而这期间公开出版的物理化学教材，能全面、准确贯彻国家标准的为数不多，甚至近年出版的某些物理化学教材及参考书仍不符合国家标准的规定。例如，“有量纲”“无量纲”“有单位”“无单位”“原子量”“分子量”“潜热”“显热”“恒容热效应”“恒压热效应”“摩尔反应”“单元反应”“理想溶液”“几率”“离子淌度”“胶体溶液”“亲液溶胶”“憎液溶胶”“T K”“n mol”“Q kJ”以及把 $\Delta_{vap}H_m$、$\Delta_r H_m^{\ominus}$、$\Delta_f H_m^{\ominus}$、$\Delta_c H_m^{\ominus}$ 称为“蒸发热”“标准摩尔反应热”“标准摩尔生成热”“标准摩尔燃烧热”等，仍充斥在许多教材之中，甚至有的教材仍规定 $p^{\ominus}=101\ 325$ Pa；有的在定义物理量时指定或暗含单位；有的把量纲和单位相混淆，按 GB 3102. 8—1993 的规定，这些都是不标准、不规范、过时或被废止的。本书则高度重视这些问题，力争全面、准确贯彻国家标准，强化教学内容表述上的标准化、规范化，使教材更具先进性和通用性。

5. 文字化、与电子化、数字化相结合，全面利用现代电子及信息技术进行课程教学和学习课程，提升教育教学过程的高效性和实用性

本书有配套的多媒体教学课件，该教学课件内容丰富，信息量大，实用性强。近几年的教学改革实践表明，用现代的多媒体技术进行课堂教学，极大地提高了教学效率，增强了教学效果，缓解了教学内容多和学时不足的矛盾，提高了学生的学习兴趣。

本书的全部习题由《多媒体 CAI 物理化学学习及考研指导》一书给出解答，且归纳了课

程重点、难点及考研重点，有志考研的学生可购买以备考之用。

本书疏漏不妥之处在所难免，恳请广大读者与专家赐教。

编著者
于大连理工大学
2021 年 10 月

目 录

本书所用符号

一、主要物理量符号

拉丁文字母

A	亥姆霍兹函数
A_s	截面面积，接触面面积，界面面积
$\mathbf{A}$	化学亲和势
A_r	相对原子质量
a	活度，范德华参量，表面积
B	维里系数
b	质量摩尔浓度，范德华参量，吸附平衡常数
C	热容，组分数，分子浓度
c_B	物质 B 的量浓度或 B 的浓度
D	扩散系数，切变速度
d	直径
E	能量，活化能，电极电势
E_{MF}	电池电动势
e	质子电荷
F	自由度数，法拉第常量，摩尔流量
f	自由度数，活度因子，活化碰撞分数
G	吉布斯函数，电导
g	统计权重(简并度)，重力加速度
H	焓
h	普朗克常量，高度
I	电流强度，离子强度，光强度，转动惯量
J	转动量子数，分压商，广义通量
j	电流密度
K	平衡常数，电导池常数
$K^{\ominus}$	标准平衡常数
k_f	凝固点下降系数
k_b	沸点升高系数
k	玻耳兹曼常量，反应速率系数，享利系数，吸附速率系数
k_0	指[数]前参量
L	阿伏伽德罗常量，长度，唯象系数
l	长度，距离，角量子数
M	摩尔质量，角动量
M_r	相对摩尔质量
m	质量，磁量子数
m_s	自旋量子数
$\mathbf{N}$	系统数目
N	粒子数
n	物质的量，反应级数，折光指数，体积粒子数
P	概率因子，概率，动量，总熵产生速率，功率
p	压力
$\tilde{p}$	逸度
Q	热量，电量，体积流量
q	粒子配分函数
R	摩尔气体常量，电阻，半径，里德保能量，核间距
r	半径，距离，摩尔比
S	熵，物种数
s	铺展系数
T	热力学温度，动能，透光率
$t_{1/2}$	半衰期
t	摄氏温度，时间，迁移数
U	热力学能，能量
u	离子电迁移率
$\boldsymbol{u}_r$	相对速率
V	体积，势能
v	振动量子数，速度，反应速率
W	功，分布的微态数
w	质量分数
X	广义推动力
x	物质的量分数，转化率
z	离子价数
y	物质的量分数(气相)
Z	系统配分函数，碰撞数，电荷数

希腊文字母

α	反应级数，电离度
β	反应级数
$\varGamma$	表面过剩物质的量，吸附量
γ	活度因子
γ	相

δ	距离,厚度
ε	能量,介电常数
ζ	动电电势
η	黏度,超电势
Θ	特征温度
θ	覆盖度,接触角,散射角,角度
κ	电导率,德拜参量
Λ_m	摩尔电导率
λ	波长
μ	化学势,折合质量,焦-汤系数,偶极矩
ν	化学计量数,频率
ω	角速度
ξ	反应进度
$\dot{\xi}$	化学反应转化速率
Π	渗透压,表面压力
ρ	体积质量,电阻率
σ	表面张力,面积,碰撞截面,波数,熵产生速率
τ	时间,停留时间,体积
φ	体积分数,逸度因子,渗透因子,角度
ϕ	量子效率,相数,电势
Φ	分子波函数
χ	表面电势
Ψ	波函数
ψ	波函数
Ω	系统总微态数

二、符号的上标

*	纯物质,吸附位
$\ominus$	标准态
$\ddagger$	活化态,过渡态,激发态

三、符号的下标

A	物质 A
aq	水溶液
B	物质 B,组分 B
b	沸腾
b	质量摩尔浓度
c	燃烧,临界态
d	分解,扩散,解吸
e	电子
ex	(外)
eq	平衡
f	生成
fus	熔化
g	气态
H	定焓
i	$i=1,2,3,\cdots$
j	$j=1,2,3,\cdots$
l	液态
m	质量
m	摩尔
n	核
p	定压
r	半径
r	转动,反应,可逆,对比,相对
S	定熵
su	环境
s	固态
sln	溶液
sub	升华
T	定温
t	平动
trs	晶型转化
U	定热力学能
V	定容
v	振动
vap	蒸发
x	物质的量分数
Y	物质 Y
Z	物质 Z

四、符号的侧标

(A)	物质 A
(B)	物质 B
(c)	物质的量浓度
(g)	气体
(l)	液体
(s)	固体
(cr)	晶体
(gm)	气体混合物
(pgm)	完全(理想)气体混合物
(STP)	标准状况(标准温度压力)
(T)	热力学温度
(x)	物质的量分数
(Y)	物质 Y
(Z)	物质 Z
(α)	相
(β)	相

第0章

物理化学概论

0.1 物理化学课程的基本内容

物理化学是化学科学中的一个分支。物理化学研究物质系统发生压力(p)、体积(V)、温度(T)变化，相变化(物质的聚集态变化)和化学变化过程的基本原理，主要是平衡规律和速率规律以及与这些变化规律有密切联系的物质的结构及性质(宏观性质、微观性质、界面性质和分散性质等)。

视频

物理化学概论

作为物理化学课程，本书包括：化学热力学基础、相平衡热力学、相平衡强度状态图、化学平衡热力学、量子力学基础、结构化学初步、统计热力学初步、化学动力学基础、界面层的热力学与动力学、电化学及光化学反应的热力学与动力学、胶体分散系统与粗分散系统等。但就内容范畴及研究方法来说可以概括为以下五个主要方面。

0.1.1 化学热力学

化学热力学研究的对象是由大量粒子(原子、分子或离子)组成的宏观物质系统。它主要以热力学第一、第二定律为理论基础，引出或定义了系统的热力学能(U)、焓(H)、熵(S)、亥姆霍兹函数(A)、吉布斯函数(G)，再加上可由实验直接测定的系统的压力(p)、体积(V)、温度(T)等热力学参量共8个最基本的热力学函数。应用演绎法，经过逻辑推理，导出一系列热力学公式及结论(作为热力学基础)。将这些公式或结论应用于物质系统的p、V、T变化，相变化，化学变化等物质系统的变化过程，解决这些变化过程的能量效应(功与热)和变化过程的方向与限度等问题，也即研究解决有关物质系统的热力学平衡的规律，构成化学热力学。

人类有史以来，就有了“冷”与“热”的直觉，但对“热”的本质的认识始于19世纪中叶，在对热与功相互转换的研究中，才对热有了正确的认识，其中迈耶(Mayer J R)和焦耳(Joule J P)的实验工作(1840—1848)为此做出了贡献，从而为认识能量守恒定律，即热力学第一定律的实质奠定了实验基础。此外，19世纪初叶蒸汽机已在工业中得到广泛应用，1824年法国青年工程师卡诺(Carnot S)设计了一部理想热机，研究了热机效率，即热转化为功的效率问题，为热力学第二定律的建立奠定了实验基础。此后(1850—1851)克劳休斯(Clausius R J E)和开尔文(Kelvin L)分别对热力学第二定律做出了经典表述；1876年吉布斯(Gibbs J W)

推导出相律，奠定了多相系统的热力学理论基础；1884 年范特霍夫（van't Hoff J H）创立了稀溶液理论并在化学平衡原理方面作出贡献；1906 年能斯特（Nernst W）发现了热定理进而建立了热力学第三定律。至此已形成了系统的热力学理论。进入 20 世纪化学热力学已发展得十分成熟，并在化工生产中得到了广泛应用。如有关酸、碱、盐生产的基础化学工业以及大规模的合成氨工业、石油化工工业、煤化工工业、精细化工工业、高分子化工工业等的工艺原理，如原料的精制、反应条件的确定、产品的分离等无不涉及化学热力学的理论。20 世纪中叶开始，热力学从平衡态向非平衡态迅速发展，逐步形成了非平衡态热力学理论。20 世纪 60 年代，计算机技术的发展为热力学数据库的建立以及复杂的热力学计算提供了极为有利的工具，并为热力学更为广泛地应用创造了条件。

0.1.2 量子力学

量子力学研究的对象是由个别电子和原子核组成的微观系统，它研究的是这种微观系统的运动状态（包括在指定空间的不同区域内粒子出现的概率以及它的运动能级）。实践证明，对微观粒子的运动状态的描述不能用经典力学（牛顿力学），经典力学的理论对这种系统是无能为力的。这是由微观粒子的运动特征所决定的。微观粒子运动的三个主要特征是能量量子化、波粒二象性和不确定关系。这些事实决定电子等微观粒子的运动不服从经典力学规律，它所遵从的力学规律构成了量子力学。

玻恩（Born M）于 1925 年，薛定谔（Schrödinger E）于 1926 年先后发现了量子力学规律，为量子力学的建立与发展奠定了基础。在量子力学中，用数学复函数 Ψ 描述一个微观系统的运动状态，Ψ 叫含时波函数，它是坐标和时间的函数，满足含时薛定谔方程。解薛定谔方程，可以得到波函数 Ψ 的具体形式及微观粒子运动的允许能级。玻恩假定 $|\Psi|^2$ 表示 t 时刻粒子在空间位置（坐标 x,y,z）附近的微体积元 $d\tau = dx\,dy\,dz$ 内的概率密度。

将量子力学原理应用于化学，探求原子结构、分子结构，从而揭示化学键的本质，明了波谱原理，了解物质的性质与其结构的内在关系则构成了结构化学研究的内容。现代物理化学已从宏观向微观迅速发展。

0.1.3 统计热力学

统计热力学就其研究的对象来说与热力学是一样的，也是研究由大量微观粒子（原子、分子、离子等）组成的宏观系统。统计热力学认为，宏观系统的性质必然决定于它的微观组成、粒子的微观结构和微观运动状态。宏观系统的性质所反映的必定是大量微观粒子的集体行为，因而可以运用统计学原理，利用粒子的微观量求大量粒子行为的统计平均值，进而推求系统的宏观性质。

统计热力学所研究的内容可分为平衡态统计热力学和非平衡态统计热力学。前者研究讨论系统的平衡规律，理论发展比较完善，应用也较为广泛，本课程介绍的主要是这部分内容；后者所研究的是输运过程，发展尚不够完善，对这部分内容本课程不加涉及，需要时可阅读有关专著。

早期，统计热力学所用的是经典统计方法。1925 年起发展起了量子力学，随之建立起量子统计方法，考虑到是否受保里(Pauli)原理限制，量子统计又分为不受保里原理限制的玻色-爱因斯坦(Bose-Einstein)统计和受保里原理限制的费米-狄拉克(Fermi-Dirac)统计。虽然它们各自的出发点不同，但彼此仍可以沟通。

本书从吉布斯(Gibbs J W)发展的系综原理出发(也称 Gibbs 统计)，进而过渡到麦克斯韦-玻耳兹曼(Maxwell-Boltzmann)分布原理，所涉及的内容都满足经典统计的条件，但又以能量量子化的观点导出各重要公式，通过粒子的配分函数把粒子的微观性质与系统的宏观性质联系起来，用以阐述宏观系统的平衡规律。

0.1.4　化学动力学

化学动力学主要研究各种因素，包括浓度、温度、催化剂、溶剂、光、电、微波等对化学反应速率影响的规律及反应机理。

如前所述，化学热力学研究物质变化过程的能量效应及过程的方向与限度，它不研究完成该过程所需要的时间及实现这一过程的具体步骤，即不研究有关速率的规律。而解决后一问题的科学，则称为化学动力学。所以可以概括为：化学热力学是解决物质变化过程的可能性的科学，而化学动力学则是解决如何把这种可能性变为现实性的科学。一个化学制品的生产，必须从化学热力学原理及化学动力学原理两个方面考虑，才能全面地确定生产的工艺路线和进行反应器的选型与设计。

化学动力学的研究始于 19 世纪后半叶。19 世纪 60 年代，古德堡(Guldberg C M)和瓦格(Waage P)首先提出浓度对反应速率影响的规律，即质量作用定律；1889 年阿伦尼乌斯(Arrhenius S)提出活化分子和活化能的概念及著名的温度对反应速率影响规律的阿伦尼乌斯方程，从而构成了宏观反应动力学的内容。这期间，化学动力学规律的研究主要依靠实验结果。20 世纪初化学动力学的研究开始深入微观领域，1916—1918 年，路易斯(Lewis W C M)提出了关于元反应的速率理论——简单碰撞理论；1930—1935 年，在量子力学建立之后，艾琳(Eyring H)、鲍兰义(Polanyi M)等提出了元反应的活化络合物理论，试图利用反应物分子的微观性质，从理论上直接计算反应速率。20 世纪 60 年代，计算机技术的发展以及分子束实验技术的开发，把反应速率理论的研究推向分子水平，发展成为微观反应动力学(或叫分子反应动态学)。20 世纪 90 年代，快速反应的测定有了巨大的突破，飞秒(10^{-15}s)化学取得了实际成果。但总的来说，化学动力学理论的发展与解决实际问题的需要仍有较大的差距，远不如热力学理论那样成熟，有待进一步发展。

0.1.5　界面性质与分散性质

在通常条件下，物质以气、液、固等聚集状态存在，当一种以上聚集态共存时，则在不同聚集态(相)间形成界面层，它是两相之间的厚度约为几个分子大小的一薄层。由于界面层上不对称力场的存在，产生了与本体相不同的许多新的性质——界面性质。若将物质分散成细小微粒，构成高度分散的物质系统或将一种物质分散在另一种物质之中形成非均相的分散系统，则会产生许多界面现象。如日常生活中我们接触到的晨光、晚霞，彩虹、闪电，乌云、白雾，雨露、冰雹，蓝天、碧海，冰山、雪地，沙漠、草原，黄水、绿洲等自然现象和景观以及生产实践和科学实验中常遇到的纺织品的染色、防止粉尘爆炸、灌水采油、浮选矿石、防毒面具防毒、固体催化剂加速反应、隐形飞机表层的纳米材料涂层、分子筛和膜分离技术等，这些应用技术都与界面性质有关。总之，有关界面性质和分散性质的理论与实践被广泛地应用于石油工业、化学工业、轻工业、农业、农学、医学、生物学、催化化学、海洋学、水利学、矿冶以及环境科学等多个领域。现代物理化学已从体相向表面相迅速发展。

以上概括地介绍了物理化学课程的基本内容，目的是为初学者在学习物理化学课程之前，提供一个物理化学内容的总体框架，这对于进一步深入学习各个部分的具体内容是有指导意义的，便于抓住基本，掌握重点。

此外，对物理化学的初学者来说，除了较好地掌握物理化学的基本知识、基本理论、基本方法外，还应适度地了解现代物理化学发展的新动向、新趋势。现代物理化学发展的新动向、新趋势集中表现在：从平衡态向非平衡态，从静态向动态，从宏观向微观，从体相向表面相，从线性向非线性，从纳秒、皮秒向飞秒发展。为此，在本书各个章节，对这些发展的新动向和新趋势均有所描述和渗透；此外还有选读材料专门对某些领域的发展动向与趋势做了介绍，着眼于引领学科发展前沿，以供在掌握基本知识、基本方法和基本能力的基础上，进一步扩大知识面，以利于创新能力和实践能力的培养。

0.2 物理化学的研究方法

物理化学是一门自然科学，一般科学研究的方法对物理化学都是完全适用的。如事物都是一分为二的，矛盾的对立与统一这一辩证唯物主义的方法；实践，认识，再实践这一认识论的方法；以数学及逻辑学为工具，通过推理，由特殊到一般的归纳及由一般到特殊的演绎的逻辑推理方法；对复杂事物进行简化，建立抽象的理想化模型，上升为理论后，再回到实践中检验这种科学模型的方法等，在物理化学的研究中被普遍应用。

此外，由于学科本身的特殊性，物理化学还有自己的具有学科特征的理论研究方法，这就是热力学方法、量子力学方法、统计热力学方法。可把它们归纳如下。

0.2.1 宏观方法

热力学方法属于宏观方法。热力学是以大量粒子组成的宏观系统作为研究对象，以经验概括出的热力学第一、第二定律为理论基础，引出或定义了热力学能、焓、熵、亥姆霍兹函数、吉布斯函数，再加上 p、V、T 这些可由实验直接测定的宏观量作为系统的宏观性质，利用这些宏观性质，经过归纳与演绎推理，得到一系列热力学公式或结论，用以解决物质变化过程的能量平衡、相平衡和反应平衡等问题。这一方法的特点是不涉及物质系统内部粒子的微观结构，只涉及物质系统变化前后状态的宏观性质。实践证明，这种宏观的热力学方法是十分可靠的，至今尚未发现实践中与热力学理论所得结论不一致的情况。

0.2.2 微观方法

量子力学方法属于微观方法。量子力学是以个别电子、原子核组成的微观系统作为研究对象，考察的是个别微观粒子的运动状态，即微观粒子在空间某体积微元中出现的概率和所允许的运动能级。将量子力学方法应用于化学领域，得到了物质的宏观性质与其微观结构关系的清晰图像。

0.2.3 从微观到宏观的方法

统计热力学方法属于从微观到宏观的方法。统计热力学方法是在量子力学方法与热力学方法，即微观方法与宏观方法之间架起的一座桥梁，把二者有效地联系在一起。

统计热力学研究的对象与热力学研究的对象一样，都是由大量粒子组成的宏观系统。平衡统计热力学也是研究宏观系统的平衡性质，但它与热力学的研究方法不同，热力学是从宏观系统的一些可由实验直接测定的宏观性质（p、V、T 等）出发，得到另一些宏观性质（热力学能、焓、熵、亥姆霍兹函数、吉布斯函数等），所以是从宏观到宏观的方法；而统计热力学则是从组成系统的微观粒子的性质（质量、大小、振动频率、转动惯量等）出发，通过求统计概率的方法，定义出系统的正则配分函数或粒子配分函数，并把它作为一个桥梁与系统的宏观热力学性质联系起来，即用系综平均代替力学量的长时间观测的平均值，所以统计热力学方法是从微观到宏观的方法，它弥补了热力学方法的不足，填平了从微观到宏观之间难以逾越的鸿沟。

化学动力学所用的方法则是宏观方法与微观方法的交叉、综合运用，用宏观方法构成了宏观动力学，用微观方法则构成了微观动力学。

对于化学、应用化学、化学工艺、化学工程、化工材料、石油化工、生物化工、化工制药、轻工食品、冶金类各专业的学生，学习物理化学时要求掌握热力学方法，理解统计热力学方法，了解量子力学方法。而对于物理化学学时少的一些专业的学生，对于上述方法的要求可适当地取舍。

化学是一门实践性很强的学科，作为化学的一个分支物理化学也不例外，在培养学生创新能力及实践能力方面，实验方法的学习因占有重要地位而不容忽视。鉴于此，许多学校的有关专业物理化学实验已独立设课，为避免重复，本书对物理化学实验方法除非必要否则不多涉及。

学习物理化学时，不但要学好物理化学的基本内容，掌握必要的物理化学基本知识，而且还要注意方法的学习，并积极去实践。可以说

知识＋方法＋实践＝创新能力＋实践能力

无知便无能，但有知不一定有能，只有把知识与方法相结合并积极去实践才能培养创新能力和实践能力。

教师在讲授物理化学时应当把一般科学方法及物理化学特殊方法的讲授放在重要位置。中国有句格言，即

授人以鱼，不如授人以渔

给人一条鱼只能美餐一次，但教给人捕鱼的方法却可使人受用终生。

0.3 物理化学的量、量纲及量的单位

0.3.1 量(物理量)

物理化学中要研究各种量之间的关系(如气体的压力、体积、温度的关系),要掌握各种量的测量和计算方法,因此要正确理解量的定义和各种量的量纲和单位。

物质世界存在的状态和运动形式是多种多样的,既有大小的增减,也有性质、属性的变化。量就是反映这种运动和变化规律的一个最重要的基本概念。一些国际组织,如国际标准化组织(ISO)、国际法制计量组织(OIML)等联合制定的《国际通用计量学基本名词》一书中,把量(quantity)定义为:“现象、物体或物质的可以定性区别和可以定量确定的一种属性。”由此定义可知,一方面,量反映了属性的大小、轻重、长短或多少等概念;另一方面,量又反映了现象、物体和物质在性质上的区别。

量是物理量的简称,凡是可以定量描述的物理现象都是物理量。物理化学中涉及许多物理量。

0.3.2 量的量制与量纲

在科学技术领域中,约定选取的基本量和相应导出量的特定组合叫量制。而以量制中基本量的幂的乘积,表示该量制中某量的表达式,则称为量纲(dimension)。量纲只是表示量的属性,而不是指它的大小。量纲只用于定性地描述物理量,特别是定性地给出导出量与基本量之间的关系。

量纲也常用符号表示,如对量 Q 的量纲用符号写成 $\dim Q$。所有的量纲因素,都规定用正体大写字母表示。SI 的 7 个基本量:长度、质量、时间、电流、热力学温度、物质的量、发光强度的量纲因素分别用正体大写字母 L,M,T,I,Θ,N 和 J 表示。在 SI 中,量 Q 的量纲一般表示为

$$\dim Q = \mathrm{L}^{\alpha}\mathrm{M}^{\beta}\mathrm{T}^{\gamma}\mathrm{I}^{\delta}\Theta^{\epsilon}\mathrm{N}^{\zeta}\mathrm{J}^{\eta} \tag{0-1}$$

如物理化学中体积 V 的量纲为 $\dim V=\mathrm{L}^3$,时间 t 的量纲为 $\dim t=\mathrm{T}$,熵 S 的量纲为 $\dim S=\mathrm{L}^2\mathrm{M}\mathrm{T}^{-2}\Theta^{-1}$。

0.3.3 量的单位与数值

从量的定义可以看出,量有两个特征:一是可定性区别,二是可定量确定。定性区别是指量在物理属性上的差别,按物理属性可把量分为诸如几何量、力学量、电学量、热学量等不同类的量;定量确定是指确定具体的量的大小,要定量确定,就要在同一类量中,选出某一特定的量作为一个称之为单位(unit)的参考量,则这一类中的任何其他量,都可用一个数与这个单位的乘积表示,而这个数就称为该量的数值。由数值乘单位就称为某一量的量值。

量可以是标量,也可以是矢量或张量。对量的定量表示,既可使用符号(量的符号),也可以使用数值与单位之积,一般可表示为

$$Q=\{Q\}\cdot[Q] \tag{0-2}$$

式中，Q 为某一物理量的符号，通常用斜体字母表示；$[Q]$为物理量 Q 的某一单位的符号；而$\{Q\}$则是以单位$[Q]$表示量 Q 的数值。如体积 $V=10\ m^3$，即$\{V\}=10$，$[V]=m^3$。

注意　在定义物理量时不要指定或暗含单位。例如，物质的摩尔体积，不能定义为 1 mol 物质的体积，而应定义为单位物质的量的体积。

0.3.4 国家法定计量单位

1984 年，国务院颁布了《关于在我国统一实行法定计量单位的命令》，规定我国的计量单位一律采用中华人民共和国法定计量单位；国家技术监督局于 1982 年、1986 年及 1993 年先后颁布《中华人民共和国国家标准》GB 3100～3102—1982、1986 及 1993《量和单位》。国际单位制(Le Système International d'unités，简称 SI)是在第 11 届国际计量大会(1960 年)上通过的。国际单位制单位(SI)是我国法定计量单位的基础，凡属国际单位制的单位都是我国法定计量单位的组成部分。我国法定计量单位(在本书正文中一律简称为“单位”)包括：

(i)SI 基本单位(附录Ⅱ表 1)。

(ii)包括 SI 辅助单位在内的具有专门名称的 SI 导出单位(附录Ⅱ表 2)。

(iii)由于人类健康安全防护上的需要而确定的具有专门名称的 SI 导出单位。

(iv)SI 词头。

(v)可与国际单位制并用的我国法定计量单位。

以前常用的某些单位，如 Å、dyn、atm、erg、cal 等为非法定计量单位，已从 1991 年 1 月 1 日起废止。

注意　不要把国际单位制单位(SI)与中华人民共和国法定计量单位相混淆，前者是后者的组成部分而不是全部，即二者并不等价。所以在教材中应强调贯彻执行国家法定计量单位，而不只是执行 SI。

0.3.5 量纲一的量的 SI 单位

由式(0-1)，对于导出量的量纲指数为零的量 GB 3101—1986 称为无量纲量，GB 3101—1993 改称为量纲一的量。例如，物理化学中的化学计量数、相对摩尔质量、标准平衡常数、活度因子等都是量纲一的量。

对于量纲一的量，第一，它们属于物理量，具有一切物理量所具有的特性；第二，它们是可测量的；第三，可以给出特定的参考量作为其单位；第四，同类量间可以进行加减运算。

按国家标准规定，任何量纲一的量的 SI 单位名称都是汉字“一”，符号是阿拉伯数字“1”。说“某量有单位”或“某量无单位”都是错误的。

在表示量纲一的量的量值时要注意：

(i)不能使用 ppm(百万分之一)、pphm(亿分之一)、ppb(十亿分之一)等符号。因为它们既不是计量单位的符号，也不是量纲一的量的单位的专门名称。

(ii)由于百分符号%是纯数字(%=0.01)，所以称质量百分、体积百分或摩尔百分是无意义的；也不可以在这些符号上加上其他信息，如%(m/m)、%(V/V)或%(n/n)，它们的正确表示法应是质量分数、体积分数或摩尔分数。

注意 不要把量的单位与量纲相混淆。量的单位用来确定量的大小，而量纲只是表示量的属性而不是指它的大小。现在把物理化学中涉及的主要物理量的量纲和单位列于表 0-1 中。在以后的各章中出现物理量时，只指明其单位，不再指明其量纲。

表 0-1 物理化学中主要物理量的量纲和单位

物理量	符号	量纲	单位
质量	m	M	kg(千克或公斤)
物质的量	n	N	mol(摩尔)
热力学温度	T	Θ	K(开尔文)
体积	V	L^3	m^3(米^3)
压力(或压强)	p	$ML^{-1}T^{-2}$	Pa(帕，$1\ Pa=1\ N\cdot m^{-2}$)
热量	Q	L^2MT^{-2}	J(焦耳)
功	W	L^2MT^{-2}	J
化学反应计量数	ν_B	1	1(单位为 1，省略不写)
反应进度	ξ	N	mol
热力学能	U	L^2MT^{-2}	J
摩尔热力学能	U_m	$L^2MT^{-2}N^{-1}$	$J\cdot mol^{-1}$(焦耳·摩尔$^{-1}$)
熵	S	$L^2MT^{-2}\Theta^{-1}$	$J\cdot K^{-1}$(焦耳·开尔文$^{-1}$)
摩尔熵	S_m	$L^2MT^{-2}\Theta^{-1}N^{-1}$	$J\cdot K^{-1}\cdot mol^{-1}$(焦耳·开尔文$^{-1}$·摩尔$^{-1}$)
摩尔分数	x_B	1	1(单位为 1，省略不写)
物质的量浓度	c_B	NL^{-3}	$mol\cdot m^{-3}$(摩尔·米$^{-3}$)
溶质 B 的质量摩尔浓度	b_B	NM^{-1}	$mol\cdot kg^{-1}$(摩尔·千克$^{-1}$)
标准平衡常数	$K^{\ominus}$	1	1(单位为 1，省略不写)
动量	P	MLT^{-1}	$kg\cdot m\cdot s^{-1}$(千克·米·秒$^{-1}$)
分子配分函数	q	1	1(单位为 1，省略不写)
时间	t	T	s(秒)
反应速率	v	$NL^{-3}\Theta^{-1}$	$mol\cdot m^{-3}\cdot s^{-1}$(摩尔·米$^{-3}$·秒$^{-1}$)
反应速率系数	k	$N^{1-n}L^{-(3-3n)}T^{-1}$	$mol^{1-n}\cdot m^{-(3-3n)}s^{-1}$①
活化能	E_a	$L^2MT^{-2}N^{-1}$	$J\cdot mol^{-1}$
发光强度	I	J	cd(坎[德拉])
界面张力	σ	MLT^{-2}	$N\cdot m^{-1}$(牛·米$^{-1}$)
电流强度	I	I	A(安培)
电阻	R	$L^2MI^{-2}T^{-3}$	Ω(欧姆)
电导	G	$I^2T^3L^{-2}M^{-1}$	S(西门子，$1S=1\Omega^{-1}$)
电量	Q	IT	C(库仑，$1\ C=1\ A\cdot s$)
电导率	κ	$I^2T^3M^{-1}L^{-3}$	$S\cdot m^{-1}$(西门子·米$^{-1}$)
电极电势	E	$L^2MI^{-1}T^{-3}$	V(伏特)
摩尔电导率	Λ_m	$I^2T^3M^{-1}N^{-1}L^{-3}$	$S\cdot m^2\cdot mol^{-1}$(西门子·米^2·摩尔$^{-1}$)
黏度	η	$ML^{-1}T^{-1}$	$Pa\cdot s$(帕·秒)或 $N\cdot s\cdot m^{-2}$(牛·秒·米$^{-2}$) 或 $kg\cdot m^{-1}\cdot s^{-1}$(千克·米$^{-1}$·秒$^{-1}$)

①n 为反应的总级数。

一些教材中常把一些物理量的单位误称为量纲，例如，把物质的量 n 的单位mol 称为物质的量 n 的量纲，把一级反应速率系数 k 的单位 s^{-1}(或 min^{-1})称为一级反应速率系数 k 的量纲，把 $R=8.314\ 5\ J\cdot K^{-1}\cdot mol^{-1}$ 的单位 $J\cdot K^{-1}\cdot mol^{-1}$ 也称为 R 的量纲。实质上二者的概念是不一样的，不能混淆。

0.3.6 量方程式、数值方程式和单位方程式

在《量和单位》国家标准中包括三种形式的方程式：量方程式 数值方程式和单位方程式。

1. 量方程式

量方程式表示物理量之间的关系。量是与所用单位无关的，因此量的方程式也与单位无关，即无论选用何种单位来表示其中的量都不影响量之间的关系。如摩尔电导率 Λ_m 与电导率 κ、物质的量浓度 c_B 三者之间的关系为

$$\Lambda_m = \frac{\kappa}{c_B}$$

如 κ 及 c_B 的单位都选用 SI 单位的基本单位，即 $S \cdot m^{-1}$ 和 $mol \cdot m^{-3}$，则得到的 Λ_m 的单位也必定是 SI 单位的基本单位所表示的导出单位，即 $S \cdot m^2 \cdot mol^{-1}$。若 κ 及 c_B 的单位选用 $S \cdot cm^{-1}$ 和 $mol \cdot cm^{-3}$，则 Λ_m 的单位为 $S \cdot cm^2 \cdot mol^{-1}$。因为 1 m＝100 cm，所以 $1\ S \cdot m^2 \cdot mol^{-1} = 10^4\ S \cdot cm^2 \cdot mol^{-1}$。所以没有必要指明量方程式中的物理量的单位。因此，以往教材中把 $\Lambda_m = \frac{\kappa}{c_B}$ 表示成

$$\Lambda_m = 1\ 000\kappa / c_B$$

这种暗指量的单位的量方程式不宜使用，否则会造成混乱。

除只包含物理量符号的量方程之外，还包括式(0-2)这种特殊形式的量方程式，即此种方程式中包含数值与单位的乘积。

2. 数值与数值方程式

在表达一个标量时，总要用到数值和单位。标量的数值是该量与单位之比，即式(0-2)可表示成

$$\{Q\} = Q/[Q]$$

对于矢量在坐标上的分量或者说它本身的大小，上式也适用。

量的数值在物理化学中的表格和坐标图中大量出现。列表时，在表头上说明这些数值时，一是要表明数值表示什么量，此外还要表明用的是什么单位，而且表达时还要符合式(0-2)的关系。例如，以纯水的饱和蒸气压 p^*(“$*$”表示纯物质)与热力学温度 T 的关系列表可表示成表 0-2。

表 0-2　水的饱和蒸气压与热力学温度的关系

T/K	$p^*(H_2O)$/Pa	T/K	$p^*(H_2O)$/Pa
303.15	4 242.9	353.15	47 343
323.15	12 360	363.15	70 096
343.15	31 157	373.15	101 325

由表 0-2 可知，T＝373.15 K 时，$p^*(H_2O)$＝101 325 Pa，即表头及表格中所列的物理量、单位及纯数间的关系一一满足方程式(0-2)。

再如，在坐标图中表示纯液体的饱和蒸气压 p^* 与热力学温度 T 的关系时，可用三种方式表示成图 0-1，这是因为从数学上看，横、纵坐标轴都是表示纯数的数轴。当用坐标轴表示

物理量的数值时,须将物理量除以其单位化为纯数才可表示在坐标轴上。

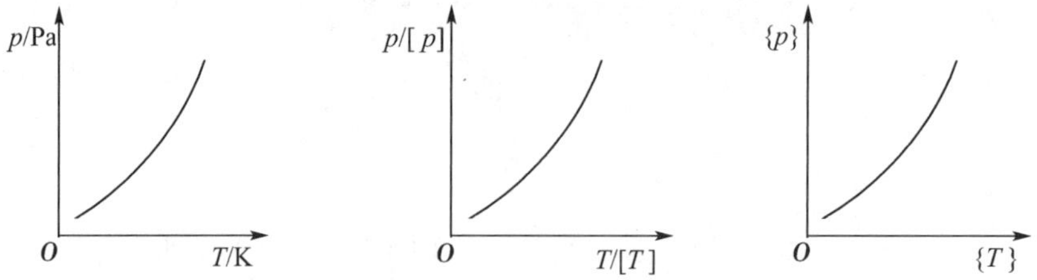

图 0-1 表示蒸气压与温度的关系的三种方式

此外,指数、对数和三角函数中的变量,都应是纯数或是由不同的量组成的导出量的量纲一的组合。例如,物理化学中常见的 $\exp(-E_a/RT)$、$\ln(p/p^{\ominus})$、$\ln(k/s^{-1})$等。所以在量方程表示式中及量的数学运算过程中,当对一物理量进行指数、对数运算时,对非量纲一的量均需除以其单位化为纯数才行。例如,物理化学中常见的一些量方程,可表示成

$$\mathrm{d}\ln\frac{p}{[p]}/\mathrm{d}T=\Delta_l^g H_m/RT^2 \quad 或 \quad \mathrm{d}\ln\{p\}/\mathrm{d}T=\Delta_l^g H_m/RT^2$$

$$\mathrm{d}\ln\frac{k_A}{[k_A]}/\mathrm{d}T=E_a/RT^2 \quad 或 \quad \mathrm{d}\ln\{k_A\}/\mathrm{d}T=E_a/RT^2$$

$$\ln(p/[p])=-\frac{A}{T/\mathrm{K}}+B \quad 或 \quad \ln\{p\}=-\frac{A}{T/\mathrm{K}}+B$$

$$\ln(k_A/\mathrm{s}^{-1})=-\frac{A}{T/\mathrm{K}}+B \quad 或 \quad \ln\{k_A\}=-\frac{A}{T/\mathrm{K}}+B$$

$$\ln\{T\}+(\gamma-1)\ln\{V\}=常数, \quad \mu^*(\mathrm{g})=\mu^{\ominus}(\mathrm{g},T)+RT\ln(p/p^{\ominus})$$

对物理量的文字表述,也须符合量方程式(0-2)。例如,说"物质的量为 n mol""系统吸热为 Q J""热力学温度为 T K"都是错误的。因为物理量 n 中已包含单位 mol,热量 Q 中已包含单位 J,T 中已包含单位 K。正确的表述应为"物质的量为 n""系统吸热为 Q""热力学温度为 T"。

对物理量进行数学运算必须满足量方程式(0-2),如应用量方程式 $pV=nRT$ 进行运算,若已知组成系统的理想气体物质的量 $n=10$ mol,热力学温度 $T=300$ K,系统所占体积 $V=10\ \mathrm{m}^3$,试计算系统的压力。由 $p=\frac{nRT}{V}$ 代入数值与单位,得

$$p=\frac{10\ \mathrm{mol}\times 8.314\ 5\ \mathrm{J\cdot mol^{-1}\cdot K^{-1}}\times 300\ \mathrm{K}}{10\ \mathrm{m}^3}=2\ 494.35\ \mathrm{Pa}$$

即运算过程中,每一物理量均以数值乘单位代入,总的结果也符合量方程式(0-2)。以上的运算也可简化为

$$p=\frac{10\times 8.314\ 5\times 300}{10}\mathrm{Pa}=2\ 494.35\ \mathrm{Pa}$$

如在量方程式中其单位固定,可得到另一形式的方程式,即数值方程式。

数值方程式只给出数值间的关系而不给出量之间的关系。因此在数值方程式中,一定要指明所用的单位,否则就毫无意义。物理化学的公式均表示成量方程式的形式,而在对量的数学运算时,有时涉及数值方程式。

3. 单位方程式

所谓单位方程式就是单位之间的关系式。如表面功 $\delta W_r'=\sigma dA_s$(量方程式),即在可逆过程中环境对系统做的表面微功比例于系统所增加的表面积 dA_s,而 σ 为比例系数,称为表面张力(surface tension)。利用单位方程分析,σ 的 SI 单位必为 $J\cdot m^{-2}=N\cdot m\cdot m^{-2}=N\cdot m^{-1}$,此即单位方程($\sigma$ 为作用在表面单位长度上的力,这就是把 σ 称为表面张力的原因)。

0.3.7 物理量名称中所用术语的规则

按 GB 3101—1993 中的附录 A,当一物理量无专门名称时,其名称通常用系数(coefficient)、因数或因子(factor)、参数或参量(parameter)、比或比率(ratio)、常量或常数(constant)等术语来命名。

1. 系数、因数或因子

在一定条件下,如果量 A 正比于量 B,即 $A=kB$。

(i)若量 A 与量 B 有不同量纲,则 k 称为"系数"。如物理化学中常见的亨利系数、凝固点下降系数、沸点升高系数、反应速率系数等。

(ii)若量 A 和量 B 具有相同的量纲,则 k 称为"因子"。如物理化学中常见的压缩因子、活度因子、渗透因子等。

2. 参数或参量、比或比率

量方程式中的某些物理量或物理量的组合可称为参数或参量,如物理化学中常见的范德华参量、临界参量、指[数]前参量等。由两个量所得量纲一的商常称为比[率],如物理化学中的热容比($C_p/C_V=\gamma$)(以往的一些教材中称 γ 为绝热指数)、溶质 B 的摩尔比($r_B=n_B/n_A$)。

3. 常量或常数

一些物理量如在任何情况下均有同一量值,则称为普适常量或普适常数(universal constant),物理化学中常见的有普适气体常量 R、阿伏伽德罗常量 L、普朗克常量 h、玻耳兹曼常量 k、法拉第常量 F 等。

仅在特定条件下保持量值不变或由数字计算得出量值的其他物理量,有时在名称中也含有"常量或常数"这一术语,但不推广扩大使用。如物理化学中仅有"化学反应的标准平衡常数"用这一术语。

4. 常用术语

(i)形容词"质量[的](massic)"或"比(specific)"加在广度量(extensive quantity)的名称之前,表示该量被质量除所得之商。如物理化学中常见的有质量热容 $c\overset{\text{def}}{=\!=}C/m$、质量体积 $v\overset{\text{def}}{=\!=}V/m$、质量表面 $a_m\overset{\text{def}}{=\!=}A_s/m$ 等。

(ii)形容词"体积[的](volumic)"加在广度量的名称之前,表示该量被体积除所得之商。如物理化学中常见的体积质量 $\rho\overset{\text{def}}{=\!=}m/V$、体积表面 $a_V\overset{\text{def}}{=\!=}A_s/V$ 等。

(iii)术语"摩尔[的](molar)"加在广度量 X 的名称之前,表示该量被物质的量除所得之商。

对于化学反应的摩尔量(molar quantities of reaction)$\Delta_r X_m$，例如，反应的摩尔焓(molar enthalpy of reaction)$\Delta_r H_m$，虽然名称中的形容词“摩尔[的]”在形式上与上面所示的形容词相同，但是其含义却不相同，它们是表示反应的 X[变]除以反应进度[变](extent [change] of reaction)$\Delta\xi$ 的意思，即 $\Delta_r X_m = \Delta X/\Delta\xi$ 或 $\Delta_r X_m = \mathrm{d}X/\mathrm{d}\xi$。

另外，还要注意，“摩尔电导率(molar conductivity)Λ_m”这一量名称中的形容词“摩尔[的]”又有不同的含义，它表示电导率(electrolytic conductivity)κ 除以 B 的物质的量浓度(amount of substance concentration)c_B。

本书的编写力争全面、准确地贯彻执行 GB 3100～3102—1993。积极倡导教材内容表述上的标准化、规范化。

第1章

化学热力学基础

1.0 化学热力学理论的基础和方法

化学热力学理论是建立在热力学第一和第二定律(first and second law of thermodynamics)基础之上的。这两个定律是人们生活实践、生产实践和科学实验的经验总结。它们既不涉及物质的微观结构,也不能用数学加以推导和证明,但它的正确性已被无数次的实验结果所证实,而且从热力学严格地导出的结论都是非常精确和可靠的。不过这都是指在统计意义上的精确性和可靠性。热力学第一定律是有关能量守恒的规律,即能量既不能创造,也不能消灭,仅能由一种形式转化为另一种形式,它是定量研究各种形式能量(热、功 —— 机械功、电功、表面功等)相互转化的理论基础。热力学第二定律是有关热和功等能量形式相互转化的方向与限度的规律,进而推广到有关物质变化过程的方向与限度的普遍规律。

热力学方法(thermodynamic method)从热力学第一和第二定律出发,通过总结、提高、归纳,引出或定义出热力学能 U(thermodynamic energy)、焓 H(enthalpy)、熵 S(entropy)、亥姆霍兹函数 A(Helmholtz function)、吉布斯函数 G(Gibbs function),再加上可由实验直接测定的 p、V、T 共 8 个最基本的热力学函数,应用演绎法,经过逻辑推理,导出一系列热力学公式。通常把不能由实验直接测定的热力学函数 U、H、S、A、G 等,表达成可由实验直接测定的 p、V、T 的函数或结论,进而用以解决物质的 p、V、T 变化,相变化和化学变化等过程的能量效应(功与热)及过程的方向与限度,即平衡问题。这一方法也叫状态函数(state function)法。

热力学方法的特点是:

(i) 只研究物质变化过程中各宏观性质的关系,不考虑物质的微观结构。

(ii) 只研究物质变化过程的始态和终态,而不追究变化过程的中间细节,也不研究变化过程的速率和完成过程所需的时间。

因此,热力学方法属于宏观方法。

本章内容的范畴属于化学热力学基础,而将此基础应用于解决相平衡(第 2、3 章)、化学平衡(第 4 章)、界面层(第 9 章)、电化学及光化学反应的热力学与动力学(第 10 章)中有关平衡问题则构成化学热力学的研究内容。

I 热力学基本概念、热、功

1.1 热力学基本概念

1.1.1 系统和环境

系统(system)—— 热力学研究的对象(是大量分子、原子、离子等物质微粒组成的宏观集合体与空间)。系统与系统之外的周围部分存在边界。

环境(surrounding)—— 与系统通过物理界面(或假想的界面)相隔开并与系统密切相关的周围的物质与空间。

根据系统与环境之间发生物质的质量与能量的传递情况,系统分为三类:

(i) 敞开系统(open system)—— 系统与环境之间通过界面既有物质的质量传递也有能量(以热和功的形式)传递。

(ii) 封闭系统(closed system)—— 系统与环境之间通过界面只有能量传递,而无物质的质量传递。因此封闭系统中物质的质量是守恒的。

(iii) 隔离系统(isolated system)—— 系统与环境之间既无物质的质量传递也无能量传递。因此隔离系统中物质的质量是守恒的,能量也是守恒的。

注意　系统与环境的划分是人为的,并非系统本身有什么本质不同;系统的选择必须根据实际情况,以解决问题方便为原则。

1.1.2 系统的宏观性质

1. 强度性质和广度性质

热力学系统是大量分子、原子、离子等微观粒子组成的宏观集合体。这个集合体所表现出来的集体行为,如 p、V、T、U、H、S、A、G 等叫热力学系统的宏观性质(macroscopic properties)(或简称热力学性质)。

宏观性质分为两类:强度性质(intensive properties)—— 与系统中所含物质的量无关,无加和性(如 p、T 等);广度性质(extensive properties)—— 与系统中所含物质的量有关,有加和性(如 V、U、H 等)。而一种广度性质 / 另一种广度性质 = 强度性质,如摩尔体积 $V_m = V/n$,体积质量 $\rho = m/V$,等等。

2. 可由实验直接测定的最基本的宏观性质

以下几个宏观性质均可由实验直接测定:

(1) 压力

作用在单位面积上的力,用符号 p 表示,量纲 $\dim p = \mathrm{M} \cdot \mathrm{L}^{-1} \cdot \mathrm{T}^{-2}$,单位为 Pa(帕斯卡,简称帕),$1\ \mathrm{Pa} = 1\ \mathrm{N} \cdot \mathrm{m}^{-2}$,是 SI 中的导出单位,物理学中也称压强。

(2) 体积

物质所占据的空间，用符号 V 表示，量纲 $\dim V = L^3$，单位为 m^3(立方米)。

(3) 温度

温度是物质冷热程度的量度，有热力学温度和摄氏温度之分：热力学温度用符号 T 表示，是 SI 基本量，量纲 $\dim T = \Theta$，单位为 K(开尔文)，是 SI 基本单位；摄氏温度，用符号 t 表示，单位为 ℃(摄氏度)，是 SI 辅助单位，1 ℃ = 1 K。二者的关系为 $T/K = t/℃ + 273.15$。

(4) 物质的质量和物质的量

物质的质量(mass of substance)是物质的多少的量度，用符号 m 表示，是 SI 基本量，量纲 $\dim m = M$，单位为 kg(千克或公斤)，是 SI 基本单位。

物质的量(amount of substance)是与物质指定的基本单元数目成正比的量，用符号 n 表示，是 SI 基本量，量纲 $\dim n = N$，单位为 mol(摩尔)，是 SI 基本单位，B 的物质的量 $n_B = N_B/L$，式中 N_B 为 B 的基本单元的数目，$L = 6.022\,045 \times 10^{23}\ mol^{-1}$，称为阿伏伽德罗常量。指定的基本单元可以是原子、分子、离子、自由基、电子等，也可以是分子、离子等的某种组合(如 $N_2 + 3H_2$)或某个分数$\left(如\frac{1}{2}Cu^{2+}\right)$。例如，分别取 H_2 及 $\frac{1}{2}H_2$ 为物质的基本单元，则 1 mol 的 H_2 和 1 mol 的 $\frac{1}{2}H_2$ 相比，其物质的量都是 1 mol，而其质量却是 $m(H_2) = 2m(\frac{1}{2}H_2)$。

注意　物质的量是化学学科中最基础的量之一，对它的正确理解直接关系到对许多物理化学概念的正确理解，诸如，对反应进度、摩尔电导率等的理解就涉及物质的量的基本单元的选择问题。

1.1.3 均相系统和非均相系统

相(phase)的定义是：系统中物理性质及化学性质均匀的部分。相可由纯物质组成也可由混合物或溶液(或熔体)组成，可以是气、液、固等不同形式的聚集态，相与相之间有分界面存在。

系统根据其中所含相的数目，可分为：均相系统(homogeneous system)(或叫单相系统)—— 系统中只含一个相，非均相系统(heterogeneous system)(或叫多相系统)—— 系统中含有一个以上的相。

1.1.4 系统的状态、状态函数和热力学平衡态

1. 系统的状态、状态函数

系统的状态(state)是指系统所处的样子。热力学中采用系统的宏观性质来描述系统的状态，所以系统的宏观性质也称为系统的状态函数(state function)。

2. 热力学平衡态

系统在一定环境条件下，经足够长的时间，其各部分的宏观性质都不随时间而变，此后

将系统隔离，系统的宏观性质仍不改变，此时系统所处的状态叫热力学平衡态(thermodynamic equilibrium state)。

热力学系统必须同时实现以下几个方面的平衡，才能建立热力学平衡态：

(i) 热平衡(thermal equilibrium)—— 系统各部分的温度相等；若系统不是绝热的，则系统与环境的温度也要相等。

(ii) 力平衡(force equilibrium)—— 系统各部分的压力相等，系统与环境的边界不发生相对位移。

(iii) 相平衡(phase equilibrium)—— 若为多相系统，则系统中的各个相可以长时间共存，即各相的组成和数量不随时间而变。

(iv) 化学平衡(chemical equilibrium)—— 若系统各物质间可以发生化学反应，则达到平衡后，系统的组成不随时间改变。

当系统处于一定状态(即热力学平衡态)时，其强度性质和广度性质都具有确定的量值。但是系统的这些宏观性质彼此之间是相互关联的(不完全是独立的)，通常只需确定其中几个性质，其余的性质也就随之而定，系统的状态也就被确定了。

1.1.5 物质的聚集态及状态方程

1. 物质的聚集态

在通常条件下，物质的聚集态主要呈现为气体、液体、固体，分别用正体、小写的符号 g、l、s 表示。在特殊条件下，物质还会呈现等离子体、超临界流体、超导体、液晶等状态。在少数情况下，液体还会呈现不同状态，如液氦 Ⅰ、液氦 Ⅱ、离子液体，而一些单质或化合物纯物质可以呈现不同的固体状态，如固体碳可有无定形、石墨、金刚石、碳 60、碳 70 等状态；固态硫可有正交硫、单斜硫等晶型；固态水也可有六种不同晶型；SiO_2、Al_2O_3 等固体也可呈不同的晶型。气体及液体的共同点是有流动性，因此又称为流体相，用符号 fl 表示；而液体与固体的共同点是分子间空隙小，可压缩性小，故称为凝聚相，用符号 cd 表示。

气、液、固三种不同聚集态的差别主要在于其分子间的距离，从而表现出不同的物理性质。物质呈现不同的聚集态决定于两个因素。主要是内因，即物质内部分子间的相互作用力，分子间吸引力大，促其靠拢；分子间排斥力大，促其离散。其次是外因，主要是环境的温度、压力。对气体，温度高，分子热运动剧烈，促其离散；温度低，作用相反；压力高促其靠拢，压力低作用相反。对液体、固体，上述两种外因虽有影响，但影响不大。

2. 状态方程

对定量、定组成的均相流体(不包括固体，因为某些晶体具有各向异性)系统，系统任意宏观性质是另外两个独立的宏观性质的函数，例如，状态函数 p、V、T 之间有一定的依赖关系，可表示为

$$V = f(T, p)$$

系统的状态函数之间的这种定量关系式，称为状态方程(equation of state)。

(1) 理想气体的状态方程

稀薄气体的体积、压力、温度和物质的量有如下关系

$$pV = nRT \tag{1-1a}$$

若定义 $V_m = \dfrac{V}{n}$ 为摩尔体积，则

$$pV_m = RT \tag{1-1b}$$

式(1-1a) 和式(1-1b) 称为**理想气体状态方程**(ideal gas equation)。R 为普遍适用于各种气体物质的常量，称为**摩尔气体常量**(molar gas constant)。R 的单位为

$$[R] = \frac{[p][V]}{[n][T]} = \frac{(\mathrm{N \cdot m^{-2}})(\mathrm{m^3})}{(\mathrm{mol})\ (\mathrm{K})} = \mathrm{J \cdot mol^{-1} \cdot K^{-1}}$$

由稀薄气体的 p、V_m、T 数据求得

$$R = \lim_{p \to 0}(pV_m)_T / T = 8.314\ 5\ \mathrm{J \cdot mol^{-1} \cdot K^{-1}}$$

理想气体的概念是由稀薄气体的行为抽象出来的。对稀薄气体，分子本身占有的体积与其所占空间相比可以忽略，分子间的相互作用力也可忽略。在 p、V、T 的非零区间，p、V、T、n 的关系准确地符合 $pV = nRT$ 的气体称为**理想气体**。理想气体状态方程包含了前人根据稀薄气体行为提出的**波义耳**(Boyle R) 定律、**盖·吕萨克**(Gay Lussac J) 定律和阿伏伽德罗定律。

(2) 真实气体的状态方程

① 范德华方程

1873 年，**范德华**(van der Waals J H) 综合了前人的想法，认为分子有大小及分子间有相互作用力是真实气体偏离理想气体状态的主要原因。他应用了气体动理学理论概念，提出一个半理论半经验的状态方程：

$$p = \frac{RT}{V_m - b} - \frac{a}{V_m^2} \quad 即 \quad p = \frac{nRT}{V - nb} - a\left(\frac{n}{V}\right)^2 \tag{1-2a}$$

后人称此方程为**范德华方程**(简写为 vdW 方程)。

式(1-2a) 把实际压力视为作用相反的两项的综合，右边第一项称为推斥压力，它来源于分子的热运动(RT) 及分子本身的不可压缩性($V_m \to b$ 时 $p \to \infty$)；右边第二项称为内压力(吸引压力)，它反映分子间相互吸引产生的效果。

范德华方程表示 $V_m \to b$ 时 $p \to \infty$，也就是说，方程中的 b 可理解为气体在高压下的极限体积(包括分子本身占的体积及分子间的空隙)。此极限体积的大小应与温度有关，但为简单起见，范德华假设 b 只与气体的特性有关。范德华将内压力表示为 $a\left(\dfrac{n}{V}\right)^2$，即假设由于分子间吸引而使压力削减的量与气体密度的二次方成比例。这种想法有一定道理，但只能说是一种近似(虽然是颇好的近似)。

范德华方程常表达成如下形式：

$$\left(p + \frac{a}{V_m^2}\right)(V_m - b) = RT \quad 即 \quad \left(p + \frac{n^2 a}{V^2}\right)(V - nb) = nRT \tag{1-2b}$$

范德华方程中的 a 和 b 称为**范德华参量**，它们分别是反映分子间吸引和分子体积的特性

恒量。从范德华方程可看出 a 和 b 的单位是：$[a]=[p][V_m]^2$，$[b]=[V_m]$。范德华应用分子运动论得出 b 等于每摩尔分子本身体积的 4 倍的结论，但这是近似的。

② 维里方程

每种气体的 $\dfrac{pV}{nRT}$ 偏离 1 的程度与气体所处的条件（用温度和压力或温度和 $\dfrac{n}{V}$ 表示）有关。卡末林·昂尼斯（Kammerlingh Onnes H）建议用 $\dfrac{n}{V}$ 或 p 的幂级数表示这种函数关系，即将 $\dfrac{pV}{nRT}$ 表示为

$$\frac{pV}{nRT}=1+\left[B\left(\frac{n}{V}\right)+C\left(\frac{n}{V}\right)^2+D\left(\frac{n}{V}\right)^3+\cdots\right] \tag{1-3a}$$

或

$$\frac{pV}{nRT}=1+[B'p+C'p^2+D'p^3+\cdots] \tag{1-3b}$$

也可写成

$$pV_m=RT\left[1+\frac{B}{V_m}+\frac{C}{V_m^2}+\frac{D}{V_m^3}+\cdots\right] \tag{1-3c}$$

或

$$pV_m=RT[1+B'p+C'p^2+D'p^3+\cdots] \tag{1-3d}$$

B、C、… 和 B'、C'、… 的量值需由实验确定。将某种气体在某温度下测得的若干组 p、V_m 值代入式(1-3)中，可求得最符合该气体在该温度下的实验结果的 B、C、… 和 B'、C'、… 的量值。每种气体的 B、C、… 或 B'、C'、… 是温度的函数，所以有时写成 $B(T)$、$C(T)$… 或 $B'(T)$、$C'(T)$、…（对于气体混合物，则是温度和各组分的组成的函数）。

这种形式的方程称为维里方程，B 和 B' 称为第二维里系数，C 和 C' 称为第三维里系数。维里（virial）不是人名，它的原意是"力"，这里是指 $\dfrac{n}{V}$ 的幂级数形式的方程中各项的系数与分子间力有关。这种幂级数形式的状态方程最初是作为经验式提出的，后来应用统计力学推导出方程(1-3c)，其中第一维里系数、第二维里系数、… 分别反映两分子、三分子、…之间的相互作用。

将由式(1-3c)得出的 p 表示式代入式(1-3d)右边，整理后与式(1-3c)中各项的系数对比，可得到 B、C、… 与 B'、C'、… 的关系 $B'=B/RT$、$C'=C/RT$、…。

压力不太高时，$C\left(\dfrac{n}{V}\right)^2$、$C'p^2$ 及更高次的项很小，实际气体的 p、V、T 关系可表达为

$$pV_m=RT+Bp \tag{1-3e}$$

(3) 混合气体及分压的定义

① 混合气体

设混合气体的质量、温度、压力、体积分别为 m、T、p、V。其中含有气体组分为 A、B、…、S，物质的量分别为 n_A、n_B、…、n_S。总的物质的量 $n=\sum\limits_B n_B$；总的质量 $m=\sum\limits_B n_B M_B$，M_B 为气体 B 的摩尔质量；各气体的摩尔分数 y_B（液体混合物为 x_B）$\xlongequal{\text{def}} n_B/n$，$n=\sum\limits_A n_A$（从

A 开始所有组分的物质的量的加和)。

② 分压的定义

用压力计测出的混合气体的压力 p 是其中各种气体作用的总结果。按照国际纯粹及应用化学联合会(International Union of Pure and Applied Chemistry, IUPAC) 的建议及我国国家标准的规定,混合气体中某气体的**分压力**(partial pressure,简称分压) 定义为该气体的摩尔分数与混合气体总压力的乘积,即

$$p_B \xlongequal{\text{def}} y_B p \tag{1-4}$$

定义式(1-4) 适用于任何混合气体(理想或非理想)。

由此定义必然得出的结论是

$$\sum_B p_B = p \quad (\sum_B y_B = 1) \tag{1-5}$$

即混合气体中各气体的分压之和等于总压力。

③ 理想气体混合物中气体的分压

实验结果表明,理想气体混合物的 p、V、T、n 符合

$$pV = nRT \quad (n = \sum_B n_B) \tag{1-6}$$

由式(1-4) 及式(1-6) 得到

$$p_B = n_B RT/V \quad (\text{理想气体}) \tag{1-7}$$

即理想气体混合物中,每种气体的分压在量值上等于该气体在混合气体的温度下单独占有混合气体的体积时的压力。

注意　式(1-7) 已不作为分压的定义,分压定义是式(1-4)。

(4) 液体及固体的体胀系数和压缩系数

液体、固体或气体的 p-V-T 关系都可用**体胀系数 $\boldsymbol{\alpha}$**(coefficient of thermal expansion) 和**压缩系数 $\boldsymbol{\kappa}$**(coefficient of compressibility) 来表示:

$$\alpha \xlongequal{\text{def}} \frac{1}{V}\left(\frac{\partial V}{\partial T}\right)_p \tag{1-8}$$

$$\kappa \xlongequal{\text{def}} -\frac{1}{V}\left(\frac{\partial V}{\partial p}\right)_T \tag{1-9}$$

因 $(\partial V/\partial p)_T < 0$,故引入负号使 κ 取正值。α 的意思是定压下温度每升高一单位,体积的增加占原体积的分数。κ 的意思是定温下压力每增加一单位,体积的减小占原体积的分数。液体和固体的 α 和 κ 都很小,数量级见表 1-1。

表 1-1　液体和固体的 α、κ 量值与气体的 α、κ 量值的比较

聚集态	α	κ
固体和液体	$\approx 10^{-4}\ K^{-1}$	$\approx 10^{-5}\ MPa^{-1}$
气体	$\approx \frac{1}{T}$	$\approx \frac{1}{p}$

固体的值可比表 1-1 中值小些,液体的值可比表 1-1 中值大些。在一般计算中可以把固体和液体的体积看作不随 T、p 改变的量来处理;气体的 α 和 κ 可由状态方程及定义式(1-8)、

式(1-9)求得。

例如,求理想气体的 α:

由 $V=\dfrac{nRT}{p}$,得 $\left(\dfrac{\partial V}{\partial T}\right)_{p,n}=\dfrac{nR}{p}$,所以

$$\alpha=\frac{1}{V}\left(\frac{\partial V}{\partial T}\right)_{p,n}=\frac{nR}{pV}=\frac{1}{T}$$

1.1.6 系统状态的变化过程

1. 过程

在一定条件下,系统由始态变化到终态的经过称为过程(process)。在过程中,系统的状态未必能够确切描述,因为系统不一定时刻都处于热力学平衡态。不过我们总是假定,始态和终态都是处于热力学平衡态。

系统状态的变化过程分为单纯 p、V、T 变化过程,相变化过程,化学变化过程。

2. 几种主要的单纯 p、V、T 变化过程

(1) 定温过程

若过程的始态、终态的温度相等,且过程中系统的温度等于环境温度,即 $T_1=T_2=T_{su}$,叫定温过程(isothermal process)。

下标"su"表示"环境"。如 T_{su}、p_{su} 分别表示环境的温度和压力(环境施加于系统的压力也称外压,也可用 p_{ex} 表示,"ex"表示"外")。

而定温变化,仅是 $T_1=T_2$,过程中温度可不恒定。

(2) 定压过程

若过程的始态、终态的压力相等,且过程中系统的压力恒定等于环境的压力,即 $p_1=p_2=p_{su}$,叫定压过程(isobaric process)。

而定压变化,仅有 $p_1=p_2$,过程中压力可不恒定。

(3) 定容过程

系统的状态变化过程中体积的量值保持恒定,$V_1=V_2$,叫定容过程(isochoric process)。

本书涉及的一些变化过程通常为单纯 p、V、T 变化过程:

(i) 绝热过程:系统状态变化过程中与环境间的能量传递,仅可能有功的形式而无热的形式,即 $Q=0$,叫绝热过程(adiabatic process)。

(ii) 对抗恒外压膨胀:即系统体积膨胀过程中所对抗的环境的压力 $p_{su}=$常数。

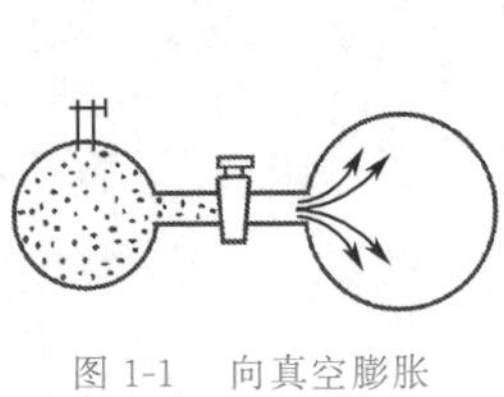

图 1-1 向真空膨胀

(iii) 自由膨胀(free expansion)(或叫向真空膨胀):如图 1-1 所示,左球内充有气体,右球内为真空,活塞打开后,气体向右球膨胀,因为该过程瞬间完成,系统与环境来不及交换热量,所以属于绝热过程,$Q=0$。

(iv) 有时由一个以上单一过程组成循环过程(cyclic process):即系统由始态经一个以上

单一过程组成的连续过程后，又回复到始态。循环过程中，所有状态函数的改变量都为零。如 $\Delta p=0$、$\Delta T=0$、$\Delta U=0$ 等。

3. 相变化过程与饱和蒸气压及临界参量

(1) 相变化过程

相变化(phase transformation)过程是指系统中发生的聚集态的变化过程。如液体的**汽化**(vaporization)、气体的**液化**(liquefaction)、液体的**凝固**(freeze)、固体的**熔化**(fusion)、固体的**升华**(sublimation)、气体的**凝华**(condemsation)以及固体不同**晶型间的转化**(crystal form transition)等。

(2) 液(或固)体的饱和蒸气压

在相变化过程中，有关液体或固体的饱和蒸气压的概念是非常重要的。

设在一密闭容器中装有一种液体及其蒸气，如图 1-2 所示。液体分子和蒸气分子都在不停地运动。温度越高，液体中具有较高能量的分子越多，单位时间内由液相跑到气相的分子越多；另一方面，在气相中运动的分子碰到液面时，有可能受到液面分子的吸引进入液相；蒸气体积质量越大(即蒸气的压力越大)，则单位时间内由气相进入液相的分子越多。单位时间内汽化的分子数超过液化的分子数时，宏观上观察到的是蒸气的压力逐渐增大。单位时间内当液 → 气及气 → 液的分子数目相等时，测量出的蒸气的压力不再随时间而变化。这种不随时间而变化的状态即是平衡状态。相之间的平衡称**相平衡**(phase equilibrium)。达到平衡状态只是宏观上看不出变化，实际上微观上变化并未停止，只不过两种相反的变化速率相等，这叫**动态平衡**。

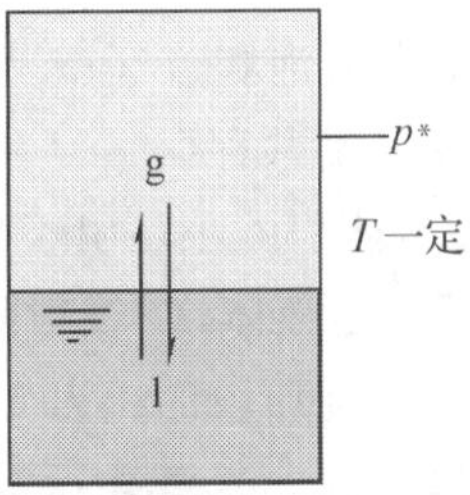

图 1-2　液体的饱和蒸气压

在一定温度下，当液(或固)体与其蒸气达成液(或固)、气两相平衡时，此时气相的压力称为该液(或固)体在该温度下的**饱和蒸气压**(saturated vapor pressure)，简称**蒸气压**。

液体的蒸气压等于外压时的温度称为液体的**沸点**(boiling point)；101.325 kPa 下的沸点叫**正常沸点**(normal boiling point)，100 kPa 下的沸点叫**标准沸点**(standard boiling point)。例如，水的正常沸点为100 ℃，标准沸点为99.67 ℃。

表 1-2 列出不同温度下一些液体的饱和蒸气压。有关液体或固体的饱和蒸气压与温度的具体函数关系，我们将在第 2 章中应用热力学原理推导出来。

表 1-2　$H_2O(l)$、$NH_3(l)$ 和 $C_6H_6(l)$ 的饱和蒸气压

t/℃	$p^*(H_2O)$/kPa	$p^*(NH_3)$/kPa	$p^*(C_6H_6)$/kPa	t/℃	$p^*(H_2O)$/kPa	$p^*(NH_3)$/kPa	$p^*(C_6H_6)$/kPa
−40		0.71		60	19.9	25.8	52.2
−20		1.88		80	47.3		101
0	0.61	4.24		100	101.325		178
20	2.33	8.5	10.0	120	198		
40	7.37	15.3	24.3				

(3) 气体的液化及临界参量

物质处于气体状态时分子间距离较大，体积质量小，引力小，分子运动引起的离散倾向大；而处于液体状态时则恰好相反。要使气体液化，通常是采取降温、加压措施，此两种措施均有可能使物质的体积缩小，由气体状态转化为液体状态。而这种由气体状态转化为液体状态过程中的 p-V-T 的变化关系是遵循着一定规律的。

1869 年安德鲁斯(Andrews T)做了一系列实验，系统地研究了二氧化碳在各种温度下的 p、V 关系，发现了很有意义的规律。后来有人由此得到更精确的实验结果。

如图 1-3 所示每条曲线表示在一定温度下一定量气体的 p 与 V 的关系，称为 p-V 定温线。在一定温度(T_c)以下的 p-V 定温线都有定压段。在 T_1 定温线上 g 至 a 段都是气态，要增加压力才能使体积缩小，到 a 点有液态出现，所以 a 点为饱和蒸气；$a \to b$ 段的变化是饱和蒸气(a) $\to$ 气液两相平衡共存($a \to b$) $\to$ 饱和液体(b)，在这个过程中压力不变，体积缩小是由于气体液化的量逐渐增多；$b \to l$(及 l 以后)是液体，bl 线很陡，表示液体很难压缩。

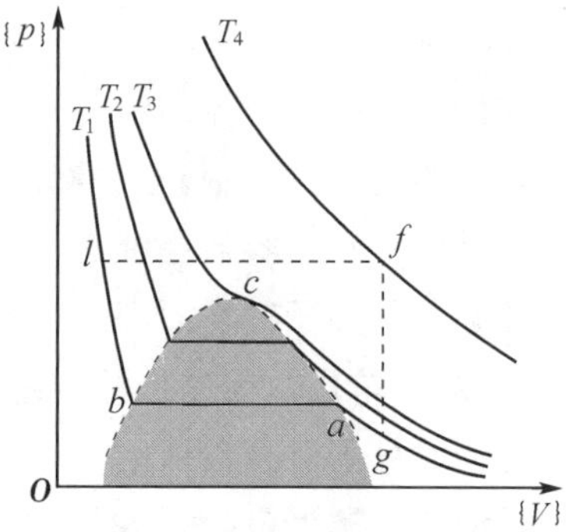

($T_1 < T_2 < T_3 < T_4$)

$T_c(CO_2) = 304.2$ K

图 1-3 p-V 定温线

定压段的压力等于该温度下的蒸气压，也就是在该温度下使蒸气液化所需压力。温度越高，使气体液化所需压力越大；温度越高，定压段越短，表示饱和液体和饱和蒸气的体积质量越接近。随着温度的逐步提高(蒸气压跟着提高)，液体体积质量下降，蒸气体积质量上升，饱和蒸气和饱和液体的体积质量(和折射率等性质)趋于一样，观测(观察或用光学等方法检测)不到有两相界面的存在。此时的温度和压力所标志的状态称为临界状态(critical state)，此温度和压力分别称为临界温度(critical temperature)和临界压力(critical pressure)，在临界温度和临界压力下的摩尔体积称为临界摩尔体积(critical molar volume)。临界温度、临界压力及临界摩尔体积以符号 T_c、p_c 及 $V_{m,c}$ 表示，总称为临界参量(critical parameters)。若干物质的临界参量列于表 1-3。对多数物质来说，$T_c \approx 1.6\ T_b$，$V_{m,c} \approx 2.7\ V_m(l, T_b)$，$p_c$ 在 5 MPa 左右。

表 1-3 物质的临界参量

物质	T_c/K	p_c/MPa	$V_{m,c}$/(10^{-6} m^3 · mol^{-1})	物质	T_c/K	p_c/MPa	$V_{m,c}$/(10^{-6} m^3 · mol^{-1})
He	5.19	0.227	57.3	CO_2	304.2	7.38	94
H_2	33.2	1.30	65	H_2O	647.3	22.05	56
N_2	126.2	3.39	90	C_6H_6	562.1	4.89	259
O_2	154.6	5.05	73.4				

由表 1-3 可见，N_2、O_2 等的 T_c 比常温低很多。过去因在一般低温下无论加多大压力也不能使这些气体液化，所以认为这些气体是不可能液化的。这是由于感性知识不完全、不系统而得到的错误结论。安德鲁斯以 CO_2 为对象进行了系统的实验后，认识到对每种气体，只要温度低于其临界温度，都能在定温下加压使之液化。

由图 1-3 可以看出，温度在 T_c 以下的气体可以经过定温压缩变为液体，如沿 T_1 定温线由 g 经 a、b 到 l。在这个过程中相变是不连续的，也就是说，中间出现两相共存的状态。但 $g \to l$ 的相变也可以是连续的，例如，气体由 g 经 f 到 l 的过程，f 是 $T > T_c$ 及 $p > p_c$ 的任一状态。$g \rightarrow f$ 是气体在定容下升温（压力跟着升高）到 f 点的状态。$f \rightarrow l$ 是气体在 $p > p_c$ 的条件下定压降温（体积跟着缩小）到 l 点的状态。$g \rightarrow f \rightarrow l$ 不越过由 bca 曲线包围的两相共存区，在这个过程中系统体积质量的变化是各处均匀的、连续的，不出现两相共存的状态。这表明气态与液态是可以连续过渡的。

温度在 T_c 以上，压力接近或超过 p_c 的流体称为**超临界流体**(supercritical fluid)。超临界流体由于体积质量大、分子间吸引力强，可以溶解某些物质。降压后超临界流体成为气体，溶解的物质便分离出来。所以超临界流体在萃取分离技术上有重要应用。超临界萃取分离工程是近几年发展起来的新技术。这将在第 2、3 章中进一步讨论。

4. 化学变化过程与反应进度

系统中发生了化学反应，致使系统中物质的性质及组成发生了改变，称为**化学变化过程**(process of chemistry change)，如

$$aA + bB = yY + zZ$$

可简写成

$$\sum_R (-\nu_R R) = \sum_P \nu_P P \tag{1-10}$$

式中，ν_R、ν_P 分别为反应物 R 及产物 P 的化学计量数。

式(1-10) 还可写成更简单形式：

$$0 = \sum_B \nu_B B \tag{1-11}$$

式中，B 为参与化学反应的物质，简称反应参与物（代表反应物 A、B 或产物 Y、Z，可以是分子、原子或离子）；ν_B 称为 **B 的化学计量数**(stoichiometric number of B)，它是量纲一的量，单位为 1。为满足式(1-10) 和式(1-11) 等的关系，则规定 ν_B 对反应物为负，对生成物为正，即 $\nu_A = -a$，$\nu_B = -b$，$\nu_Y = y$，$\nu_Z = z$。

化学中为了表示反应进行的程度，引入了**反应进度**(extent of reaction) 的概念，用符号 ξ 表示。设 $n_{B,0}$ 与 n_B 分别表示反应前（$\xi = 0$）与反应后（$\xi = \xi$）B 的物质的量，则 $n_B - n_{B,0} = \nu_B \xi$，$dn_B = \nu_B d\xi$，于是

$$d\xi \overset{\text{def}}{=\!=} \nu_B^{-1} dn_B \quad 或 \quad \Delta\xi \overset{\text{def}}{=\!=} \nu_B^{-1} \Delta n_B \tag{1-12}$$

式(1-12) 为反应进度的定义式，ξ 的单位为 mol。

20 世纪初，比利时化学家德唐德(Donder De) 最早引入反应进度的概念，我国国家标准、ISO 国际标准分别于 1982 年和 1992 年起引入反应进度的概念。反应进度是化学学科中最基础的量之一。由于化学中引入了该量，使涉及化学反应过程的一些物理量的量纲及单位的标准化表述更为方便、准确和科学，解决了以往化学科学文献以及课程教材中难以处理的量纲或单位中的矛盾。例如，涉及化学反应过程的热力学函数[变]$\Delta_r H_m$、$\Delta_r S_m$、$\Delta_r G_m$ 等以及化学反应转化速率的定义、活化能的单位等，现在都已经理顺，并都有了明确的意义，凡涉及反应过程中的一些物理量的下标“m”，都表明该物理量的单位中含有“mol^{-1}”，指的都是“每摩尔反应进度”。

为帮助初学者对反应进度概念的深化理解，再做以下几点说明：

(i) 反应进度[变]$\Delta\xi = \xi_2 - \xi_1$，若 $\xi_1 = 0$，则 $\Delta\xi = \xi_2 = \xi$；若 $\Delta\xi = 1$ mol，可称为化学反应发生了“1 mol 反应进度”，不能称为发生了“1 mol 反应”，也不能称为发生了“1 个单位（或单元）反应”。因为这里的“mol” 是反应进度 ξ 的单位，“反应” 不是物理量而是一个变化过

程,不存在单位问题。

(ii) 反应进度[变]是针对化学反应整体而言的,它不是特指某一反应参与物的反应进度[变]。即不论用反应参与物中哪一种 B 来表示反应进度[变]$\Delta\xi_B$,其量值都是一致的。如对反应

$$aA + bB \longrightarrow yY + zZ$$

应有

$$\Delta\xi(aA) = \Delta\xi(bB) = \Delta\xi(yY) = \Delta\xi(zZ)$$

但

$$\Delta\xi(A) \neq \Delta\xi(B) \neq \Delta\xi(Y) \neq \Delta\xi(Z)$$

若 $\Delta\xi = 1$ mol,表明 1 mol(aA) 与 1 mol(bB) 完全反应,生成 1 mol(yY) 与1 mol(zZ)。而不能理解为 a mol A 与 b mol B 完全反应,生成 y mol Y 与 z mol Z。因为化学计量数 ν_B 的单位是 1,不是 mol。

(iii) 反应进度[变]$\Delta\xi$ 与计量方程有关,计量方程不同,式(1-12) 中 Δn_B 的基本单元选择不同。对给定反应,由反应计量式分别选择以(aA)、(bB)、(yY)、(zZ) 为 Δn_B 的基本单元,而不以(A)、(B)、(Y)、(Z) 为 Δn_B 的基本单元。

【例 1-1】 以合成氨反应为例,讨论反应进度的有关概念:(1) 反应进度[变] $\Delta\xi$ 是对化学反应整体而言的,反应参与物中任一组分的反应进度的量值相等;(2) 说明 $\Delta\xi = 1$ mol 的含义;(3) 按反应的不同计量方程,选择各组分物质的量的基本单元,由反应进度的定义式计算反应进度[变] $\Delta\xi_B$。

解 对于合成氨反应,计量方程式可写成

$$N_2 + 3H_2 = 2NH_3 \qquad \text{(i)}$$

$$\frac{1}{2}N_2 + \frac{3}{2}H_2 = NH_3 \qquad \text{(ii)}$$

…

(1) 对计量方程(i),有 $\Delta\xi(N_2) = \Delta\xi(3H_2) = \Delta\xi(2NH_3)$

对计量方程(ii),有 $\Delta\xi(\frac{1}{2}N_2) = \Delta\xi(\frac{3}{2}H_2) = \Delta\xi(NH_3)$

无论对计量方程(i) 还是(ii) 都有

$$\Delta\xi(N_2) \neq \Delta\xi(H_2) \neq \Delta\xi(NH_3)$$

(2) 对计量方程(i),当 $\Delta\xi(N_2) = 1$ mol 时,它表明 1 mol(N_2) 与 1 mol($3H_2$) 完全反应,生成 1 mol($2NH_3$),而不能理解为 1 mol(N_2) 与 3 mol(H_2) 完全反应,生成 2 mol(NH_3)。

对计量方程(ii),当 $\Delta\xi(\frac{1}{2}N_2) = 1$ mol 时,它表明 1 mol($\frac{1}{2}N_2$) 与 1 mol($\frac{3}{2}H_2$) 完全反应,生成 1 mol(NH_3),而不能理解为 $\frac{1}{2}$mol(N_2) 与 $\frac{3}{2}$mol(H_2) 完全反应,生成 1 mol(NH_3)。

(3) 计算反应进度[变]$\Delta\xi$ 对应同一反应的指定计量方程式,计量方程不同,Δn_B 的基本单元选择不同。对合成氨反应,由反应进度定义式 $\Delta\xi_B = \frac{\Delta n_B}{\nu_B}$ 可计算:

对计量方程(i),若令 $\Delta n(N_2) = -1$ mol[或令 $\Delta n(3H_2) = -1$ mol,或令 $\Delta n(2NH_3) =$

1 mol]，则

$$\Delta\xi(N_2)=-1\ \text{mol}\times 1/(-1)=1\ \text{mol}$$

$$\Delta\xi(3H_2)=-1\ \text{mol}\times 3/(-3)=1\ \text{mol}$$

$$\Delta\xi(2NH_3)=1\ \text{mol}\times 2/2=1\ \text{mol}$$

即

$$\Delta\xi(N_2)=\Delta\xi(3H_2)=\Delta\xi(2NH_3)=1\ \text{mol}$$

对计量方程(ii)，若令 $\Delta n(\frac{1}{2}N_2)=-1$ mol[或令 $\Delta n(\frac{3}{2}H_2)=-1$ mol，或令 $\Delta n(NH_3)=1$ mol]，则

$$\Delta\xi(\frac{1}{2}N_2)=-1\ \text{mol}\times\frac{1}{2}/(-\frac{1}{2})=1\ \text{mol}$$

$$\Delta\xi(\frac{3}{2}H_2)=-1\ \text{mol}\times\frac{3}{2}/(-\frac{3}{2})=1\ \text{mol}$$

$$\Delta\xi(NH_3)=1\ \text{mol}\times 1/1=1\ \text{mol}$$

即

$$\Delta\xi(\frac{1}{2}N_2)=\Delta\xi(\frac{3}{2}H_2)=\Delta\xi(NH_3)=1\ \text{mol}$$

当不按计量方程的计量数选择 Δn_B 的基本单元时，例如对方程(ii)，若将所有反应参与物都选择为 $\Delta n(N_2)=-1$ mol，$\Delta n(H_2)=-1$ mol，$\Delta n(NH_3)=1$ mol 时，计算 $\Delta\xi_B$，会有

$$\Delta\xi(N_2)=-1\ \text{mol}\times 1/(-\frac{1}{2})=2\ \text{mol}$$

$$\Delta\xi(H_2)=-1\ \text{mol}\times 1/(-\frac{3}{2})=\frac{2}{3}\ \text{mol}$$

$$\Delta\xi(NH_3)=1\ \text{mol}\times 1/1=1\ \text{mol}$$

于是

$$\Delta\xi(N_2)=2\ \text{mol}\neq\Delta\xi(H_2)=\frac{2}{3}\ \text{mol}\neq\Delta\xi(NH_3)=1\ \text{mol}$$

与前述说明(ii) 相悖。

1.1.7　系统状态变化的途径与状态函数法

系统由某始态变化到指定的终态可以通过不同的变化经历来实现，既可以只经历一种过程，也可以连续经历若干个过程，这种不同的变化经历，称为系统状态变化的途径(path)。而在这不同的变化途径中系统的任何状态函数的变化的量值，仅与系统变化的始、终态有关，而与变化经历的不同途径无关。例如，下述理想气体的单纯 p、V、T 变化可通过两个不同途径来实现：

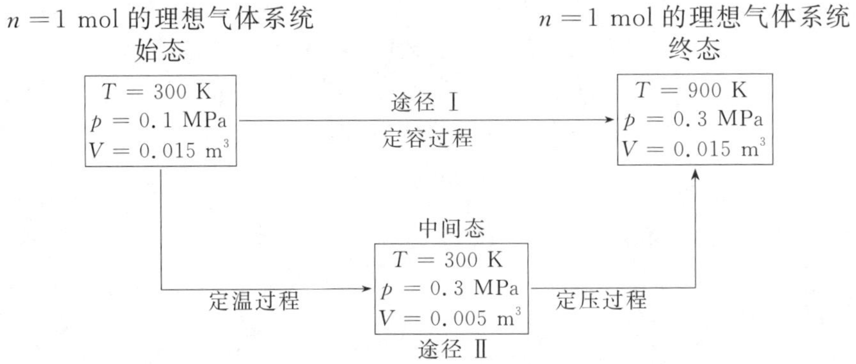

即途径 Ⅰ 仅由一个定容过程组成，此时，途径与过程是等价的；途径 Ⅱ 则由定温及定压两个过程组合而成，此时，途径则是系统由始态到终态所经历的过程的总和。在两种变化途径中，系统的状态函数变化的量值，如 $\Delta T = 600$ K，$\Delta p = 0.2$ MPa，$\Delta V = 0$ 却是相同的，不因途径不同而改变。也就是说，当系统的状态变化时，状态函数的改变量只决定于系统的始态和终态，而与变化的过程或途径无关。即系统状态变化时，有

状态函数的改变量＝系统终态的函数量值－系统始态的函数量值

状态函数的这一特点，在热力学中有广泛的应用。例如，不管实际过程如何，可以根据始态和终态选择理想的过程建立状态函数间的关系，可以选择较简便的途径来计算状态函数的变化等。这种处理方法是热力学中的重要方法，通常称为状态函数法。

1.1.8 偏微分和全微分在描述系统状态变化上的应用

若 $X = f(x, y)$，则其全微分为

$$\mathrm{d}X = \left(\frac{\partial X}{\partial x}\right)_y \mathrm{d}x + \left(\frac{\partial X}{\partial y}\right)_x \mathrm{d}y$$

以一定量纯理想气体，$V = f(p, T)$ 为例：

$$\mathrm{d}V = \left(\frac{\partial V}{\partial p}\right)_T \mathrm{d}p + \left(\frac{\partial V}{\partial T}\right)_p \mathrm{d}T$$

$\left(\frac{\partial V}{\partial p}\right)_T$ 是系统在 T、p、V 的状态下，当 T 不变而改变 p 时，V 对 p 的变化率；$\left(\frac{\partial V}{\partial T}\right)_p$ 是当 p 不变而改变 T 时，V 对 T 的变化率；全微分 $\mathrm{d}V$ 则是当系统的 p 改变 $\mathrm{d}p$，T 改变 $\mathrm{d}T$ 时所引起的 V 的变化量值的总和。在物理化学中，类似这种状态函数的偏微分和全微分是经常用到的。

1.2 热、功

1.2.1 热

由于系统与环境间温度差的存在而引起的系统与环境间能量传递形式，称为**热**(heat)。热以符号 Q 表示，单位为 J。热的计量以环境为准，$Q>0$ 表示环境向系统放热(系统从环境吸热)，$Q<0$ 表示环境从系统吸热(系统向环境放热)。

视频 热、功-1

视频 热、功-2

当系统发生变化的始态、终态确定后，Q 的量值还与具体过程或途径有关，因此，热 Q 不具有状态函数的性质。说系统的某一状态具有多少热是错误的，因为它不是状态函数。对微小变化过程的热用符号 δQ 表示，它表示 Q 的无限小量，这是因为热 Q 不是状态函数，所以不能以全微分 $\mathrm{d}Q$ 表示。

视频 热

1.2.2 功

由于系统与环境间压力差或其他机电"力"的存在而引起的系统与环境间能量传递形式，称为**功**(work)。功以符号 W 表示，单位为 J。按 IUPAC 的建议，功的计量也以环境为准。$W>0$ 表示环境对系统做功(环境以功的形式失去能量)，$W<0$ 表示系统对环境做功(环境以功的形式得到能量)。功也是与过程或途径有关的量，它不是状态函数。对微小变化过程的功以 δW 表示。

视频 功

功可分为体积功和非体积功。所谓**体积功**(volume work)，是指系统发生体积变化时与环境传递的功，用符号 W_V 表示(下标 V 表示"体积"，不代表定容)；所谓**非体积功**(non-volume work)，是指体积功以外的所有其他功，用符号 W' 表示，如机械功、电功、表面功等。

1.2.3 体积功的计算

以下讨论体积功的计算。如图 1-4 所示，一个带有活塞贮有一定量气体的气缸，截面积为 A_s，环境压力为 p_{su}。设活塞在外力方向上的位移为 $\mathrm{d}l$，系统体积改变 $\mathrm{d}V$。环境做功 δW_V，即定义

$$\delta W_V \xlongequal{\text{def}} F_{su}\mathrm{d}l=\left(\frac{F_{su}}{A_s}\right)(A_s\mathrm{d}l)$$

$$F_{su}/A_s=p_{su},\quad A_s\mathrm{d}l=-\mathrm{d}V$$

于是

$$\delta W_V \xlongequal{\text{def}} -p_{su}\mathrm{d}V \tag{1-13}$$

$$W_V=-\int_{V_1}^{V_2}p_{su}\mathrm{d}V \tag{1-14}$$

式(1-13)为体积功的定义式，由式(1-14)出发，可计算各种过程的体积功。

由图 1-4 及式(1-14)可知，体积功包含膨胀功及压缩功，膨胀功为系统对环境做功，其值

为负；而压缩功为环境对系统做功，其值为正。以往的教材中，常把体积功称为膨胀功，显然这是片面的。

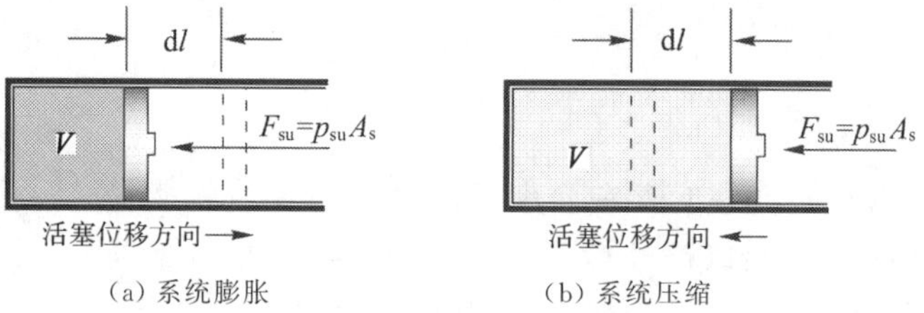

图 1-4　体积功的计算

1. 定容过程的体积功

由式(1-14)，因 $dV=0$，故 $W_V=0$。

2. 气体自由膨胀过程的体积功

如图 1-1 所示，左球内充有气体，右球内为真空，旋通活塞，则气体由左球向右球膨胀，$p_{su}=0$；或取左、右两球均包括在系统之内，即 $dV=0$，则由式(1-14)，均得 $W_v=0$。

3. 对抗恒定外压过程的体积功

对抗恒定外压过程，$p_{su}=$常数，由式(1-14)，有

$$W_V=-\int_{V_1}^{V_2}p_{su}dV=-p_{su}(V_2-V_1)$$

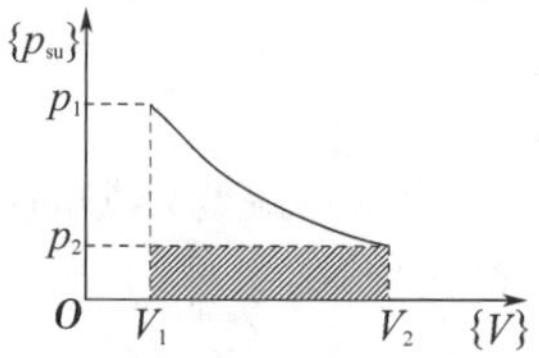

图 1-5　对抗恒定外压过程的功

如图 1-5 所示，对抗恒定外压过程系统所做的功如图中阴影的面积，即 $-W_V$(因为系统做功为负值)。

【例 1-2】 3.00 mol 理想气体，在 100 kPa 的条件下，由 25 ℃ 定压加热到 60 ℃，计算该过程的功。

解　$W_V=-p_{su}(V_2-V_1)=-p_{su}\Delta V=-nR\Delta T=$

$$-3.00\ \text{mol}\times 8.3145\ \text{J}\cdot\text{K}^{-1}\cdot\text{mol}^{-1}\times(333.15-298.15)\text{K}=-873\ \text{J}$$

注　$W_V=-873$ J，表明环境对系统做了负功，也可表示为 $-W_V=873$ J，并说成“系统对环境做功 873 J”。

【例 1-3】 2.00 mol 水在 100 ℃、101.3 kPa 下定温定压汽化为水蒸气，计算该过程的功(已知水在100 ℃ 时的体积质量为 0.958 3 kg · dm^{-3})。

解　$W_V=-p_{su}(V_2-V_1)=-p_{su}(V_g-V_l)=$

$$-101.3\times10^3\ \text{Pa}\times\left[\frac{2.00\ \text{mol}\times 8.3145\ \text{J}\cdot\text{K}^{-1}\cdot\text{mol}^{-1}\times 373.15\ \text{K}}{101.3\times10^3\ \text{Pa}}-\frac{2.00\ \text{mol}\times18.02\times10^{-3}\ \text{kg}\cdot\text{mol}^{-1}}{0.9583\times10^3\ \text{kg}\cdot\text{m}^{-3}}\right]=-6.20\ \text{kJ}$$

(环境做负功，即系统对环境做功)

在远低于临界温度时，$V_g\gg V_l$，若气体可视为理想气体，则

$$W_V\approx-p_{su}V_g=-p_gV_g=-nRT=$$

$$-2.00\ \text{mol}\times 8.3145\ \text{J}\cdot\text{K}^{-1}\cdot\text{mol}^{-1}\times 373.15\ \text{K}=-6.21\ \text{kJ}$$

上两例中都用到了 $p_{su}(V_2-V_1)$，这是各种恒外压过程的共性，但 (V_2-V_1) 的具体含义不同，这取决于过程的特性。又如稀盐酸中投入锌粒后，发生反应：

$$Zn(s) + 2HCl(aq) \longrightarrow ZnCl_2(aq) + H_2(g)(p = 101.325\ kPa)$$

这时$(V_2 - V_1) \approx$ 产生 H_2 的体积,$V(H_2) = n(H_2)RT/p$。因此要具体问题具体分析。

1.3　可逆过程、可逆过程的体积功

如前所述,按过程中变化的内容,有含相变或反应的过程,也有单纯 p、V、T 变化的过程;按过程进行的条件,有定压过程、定温过程、定容过程、绝热过程等各种过程。无论上述哪种过程,都可设想过程按理想的(准静态的或可逆的)模式进行。

1.3.1　准静态过程

若系统由始态到终态的过程是由一连串无限邻近且无限接近于平衡的状态构成,则这样的过程称为准静态过程(quasi-static process)。

现以在定温条件下(即系统始终与一个定温热源相接触)气体的膨胀过程为例来说明准静态过程。

设一个贮有一定量气体的气缸,截面积为 A_s,与一定温热源相接触,如图 1-6 所示。假设活塞无重量,可以自由活动,且与器壁间没有摩擦力。开始时活塞上放有四个重物,使气缸承受的环境压力 $p_{su} = p_1$,即气体的初始压力。以下分别讨论几种不同的定温条件下的膨胀过程。

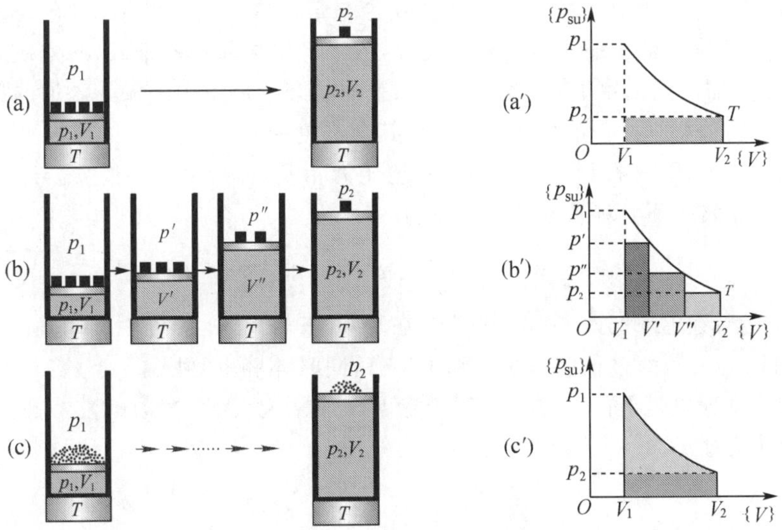

图 1-6　准静态过程

(i) 将活塞上的重物同时取走三个,如图 1-6(a) 所示,环境压力由 p_1 降到 p_2,气缸在 p_2 环境压力下由 V_1 膨胀到 V_2,系统变化前后温度都是 T。过程中系统对环境做功

$$-W_V = p_{su}\Delta V = p_2(V_2 - V_1)$$

相当于如图 1-6(a′) 所示长方形阴影面积。

(ii) 将活塞上重物分三次逐一取走,如图 1-6(b) 所示。环境压力由 p_1 分段经 p'、p'' 降

到 p_2，气体由 V_1 分段经 V'、V'' 膨胀到 V_2（每段膨胀后温度都回到 T）。这时系统对环境做功

$$-W_V = p'(V' - V_1) + p''(V'' - V') + p_2(V_2 - V'')$$

相当于如图 1-6(b′) 所示阶梯形阴影面积。

(iii) 设想活塞上放置一堆无限微小的砂粒（总重量相当于前述的 4 个重物），如图 1-6(c) 所示。开始时气体处于平衡态，气体与环境压力都是 p_1，取走一粒砂后，环境压力降低 dp（微小正量）；膨胀 dV 后，气体压力降为 $(p_1 - dp)$。这时气体与环境内外压力又相等，气体达到新的平衡状态。再将环境压力降低 dp（即再取走一粒砂），气体又膨胀 dV，依此类推，直到膨胀到 V_2，气体与环境压力都是 p_2（所剩的一小堆砂粒相当于前述的一个重物）。在过程中任一瞬间，系统的压力 p 与此时的环境压力 p_{su} 相差极为微小，可以看作 $p_{su} = p$。由于每次膨胀的推动力极小，过程的进展无限慢，系统与环境无限趋近于热平衡，可以看作 $T = T_{su}$。此过程由一连串无限邻近且无限接近于平衡的状态构成。上述过程 $T_{su} =$ 常数，所以 $T = T_{su} =$ 常数，也就是说，在定温下的准静态过程中，系统的温度也是恒定的。

在上述过程中，系统对环境做功

$$-W_V = \int_{V_1}^{V_2} p_{su} dV = \int_{V_1}^{V_2} p dV \tag{1-15a}$$

其量值可用如图 1-6(c′) 所示全部阴影面积来代表。与过程(i)(ii) 相比较，在定温条件下，在无摩擦力的准静态过程中，系统对环境做功$(-W_V)$为最大。

无摩擦力的准静态过程还有一个重要的特点：系统可以由该过程的终态按原途径步步回复，直到系统和环境都恢复到原来的状态。例如，设想由上述过程的终态，在活塞上额外添加一粒无限微小的砂，环境压力增加到$(p_2 + dp)$，气体将被压缩，直到气体压力与环境压力相等，气体达到新的平衡状态。这时可以将原来最后取走的一粒细砂（它处在原来取走时的高度）加上，气体又被压缩一步。依次类推，依序将原来取走的细砂（各处在原来取走时的不同高度）逐一加回到活塞上，气体将回到原来的状态。环境中除额外添加的那粒无限细的砂降低一定高度外（这是完全可以忽略的），其余都复原了。通过具体计算可以得到同样的结论。在此过程的任一瞬间，系统压力与环境压力相差极微，可以看作 $p_{su} = p$。同样可以推知 $T = T_{su} =$ 常数。环境对系统做的体积功

$$W_V = -\int_{V_2}^{V_1} p_{su} dV = -\int_{V_2}^{V_1} p dV \tag{1-15b}$$

由于沿同一定温途径积分，它正好等于在原膨胀过程中系统对环境所做的功，见式(1-15a)。所以这一压缩过程使系统回到了始态，同时环境也复原了。

上述压缩过程也是准静态过程。对于定温压缩来说，无摩擦力的准静态过程中环境对系统所做的功为最小。

1.3.2 可逆过程

设系统按照过程 L 由始态 A 变到终态 B，相应的环境由始态 Ⅰ 变到终态 Ⅱ，假如能够设想一过程 L' 使系统和环境都恢复原来的状态，则原过程 L 称为**可逆过程**(reversible process)。反之，如果不可能使系统和环境都完全复原，则原过程 L 称为**不可逆过程**(irreversible process)。

上述定温下无摩擦力的准静态膨胀过程和压缩过程都是可逆过程。热力学中涉及的可

逆过程都是无摩擦力(以及无黏滞性、电阻、磁滞性等广义摩擦力)的准静态过程。热力学可逆过程具有下列几个特点:

(i) 在整个过程中,系统内部无限接近于平衡。

(ii) 在整个过程中,系统与环境的相互作用无限接近于平衡,因此过程的进展无限缓慢;环境的温度、压力与系统的温度、压力相差甚微,可看作相等,即

$$T_{su}=T,\quad p_{su}=p$$

(iii) 系统和环境能够由终态,沿着原来的途径从相反方向步步回复,直到都恢复到原来的状态。

可逆过程是一种理想的过程,不是实际发生的过程。能觉察到的实际发生的过程,应当在有限的时间内发生有限的状态变化,例如,气体的自由膨胀过程,就是不可逆过程,而热力学中的可逆过程是无限慢的,意味着实际上的静止。但平衡态热力学是不考虑时间变量的,尽管需要无限长的时间才使系统发生某种变化,也还是一种热力学过程。可以设想一些过程无限趋近于可逆过程,譬如在无限接近相平衡条件下发生的相变化(如液体在其饱和蒸气中蒸发,溶质在其饱和溶液中溶解)以及在无限接近化学平衡的情况下发生的化学反应等都可视为可逆过程。

1.3.3　可逆过程的体积功

可逆过程,因 $p_{su}=p$,则由式(1-13),有

$$\delta W_V=-p_{su}\mathrm{d}V=-p\,\mathrm{d}V$$

$$W_V=-\int_{V_1}^{V_2}p\,\mathrm{d}V \tag{1-16a}$$

式中,p、V 都是系统的性质。过程中各状态的 p 和 V 可以用物质的状态方程联系起来,例如 $p=f(T,V)$,则

$$W_V=-\int_{V_1}^{V_2}f(T,V)\mathrm{d}V$$

对于理想气体的膨胀过程,由 $pV=nRT$,得

$$W_V=-\int_{V_1}^{V_2}\frac{nRT}{V}\mathrm{d}V=-nR\int_{V_1}^{V_2}\frac{T}{V}\mathrm{d}V$$

还需知过程中 T 与 V 的关系,才能求出上述积分。

对于理想气体的定温膨胀过程,T 为恒量,得

$$W_V=-nRT\int_{V_1}^{V_2}\frac{\mathrm{d}V}{V}=-nRT\ln\frac{V_2}{V_1} \tag{1-16b}$$

【例 1-4】　求下列过程的体积功:(1)10 mol N_2,由 300 K、1.0 MPa 定温可逆膨胀到 1.0 kPa;(2)10 mol N_2,由 300 K、1.0 MPa 定温自由膨胀到 1.0 kPa;(3) 讨论所得计算结果。(视上述条件下的 N_2 为理想气体)

解　(1) 对理想气体定温可逆过程,由式(1-16b)

$$W_V=-nRT\ln\frac{V_2}{V_1}=nRT\ln\frac{p_2}{p_1}=$$

$$10\ \mathrm{mol}\times 8.314\ 5\ \mathrm{J\cdot mol^{-1}\cdot K^{-1}}\times 300\ \mathrm{K}\times\ln\frac{1\times 10^{-3}\ \mathrm{MPa}}{1.0\ \mathrm{MPa}}=-172.3\ \mathrm{kJ}$$

(2) 自由膨胀过程为不可逆过程，故式(1-16a) 不适用。由式(1-14)，$p_{su}=0$，所以 $W_V=0$。

(3) 对比(1) 和(2) 的结果可知，虽然两过程的始态相同，终态也相同，但做功并不相同，这是因为 W 不是状态函数，其量值与过程有关。

Ⅱ 热力学第一定律

1.4 热力学能、热力学第一定律

1.4.1 热力学能

1840—1848 年，焦耳做了一系列实验，都是在盛有定量水的绝热箱中进行的。使箱外一个重物(M) 下坠，通过适当的装置搅拌水，如图 1-7(a) 所示，或开动电机，如图 1-7(b) 所示，或压缩气体，如图 1-7(c) 所示，使水温升高。总结这些实验结果，引出一个重要的结论：无论以何种方式，无论直接或分成几个步骤，使一个绝热封闭系统从同一始态变到同一终态，所需的功是一定的。这个功只与系统的始态和终态有关。这表明系统存在一个状态函数，在绝热过程中此状态函数的改变量等于过程的功。以符号 U 表示此状态函数，上述结论可表示为

视频

热力学第一定律

$$U_2-U_1 \overset{\text{def}}{=\!=\!=} W \quad \text{(封闭，绝热)} \tag{1-17}$$

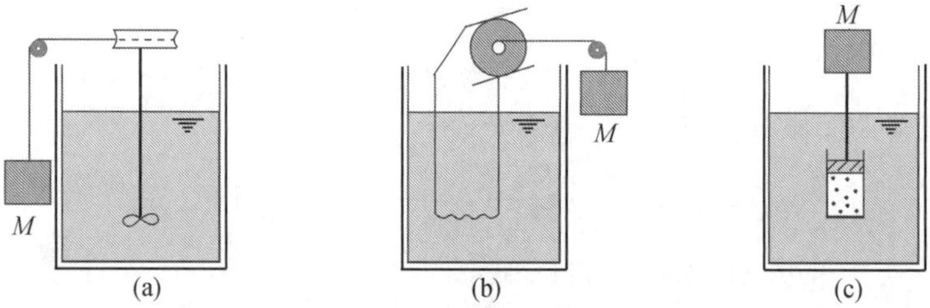

图 1-7 焦耳实验示意图(三种不同做功方式使水温升高)

环境做功可归结为环境中一个重物下坠，即以重物的势能降低为代价，并以此来计量 W。绝热过程中 W 就是环境能量降低的量值。按能量守恒，绝热系统应当增加同样多的能量，于是从式(1-17) 可以推断 U 是系统具有的能量。系统在变化前后是静止的，而且在重力场中的位置也没有改变，可见系统的整体动能和整体势能没有变，$\Delta U=U_2-U_1$ 只代表系统内部能量的增加。根据 GB 3102.8—1993，状态函数 U 称为热力学能(thermodynamic energy)，单位为 J。

焦耳实验的结果还表明，使水温升高单位热力学温度所需的绝热功与水的物质的量成正比，联系式(1-17)，可知 U 是广度性质。

1.4.2　热力学第一定律

式(1-17) 是能量转化与守恒定律应用于封闭系统绝热过程的特殊形式。封闭系统发生的过程一般不是绝热的。当系统与环境之间的能量传递除功的形式之外还有热的形式时，则根据能量守恒，必有

$$U_2 - U_1 = Q + W \quad (\text{封闭}) \tag{1-18}$$

或

$$\Delta U = Q + W \quad (\text{封闭}) \tag{1-19}$$

对于微小的变化

$$\mathrm{d}U = \delta Q + \delta W \quad (\text{封闭}) \tag{1-20}$$

$\mathrm{d}U$ 称为热力学能的微小增量，δQ 和 δW 分别称为微量的热和微量的功。

式(1-19) 及式(1-20) 即为封闭系统的**热力学第一定律**(first law of thermodynamics) 的数学表达式。文字上可表述为：任何系统在平衡态时有一状态函数 U，叫热力学能。封闭系统发生状态变化时其热力学能的改变量 ΔU 等于变化过程中环境传递给系统的热 Q 及功 W(包括体积功和非体积功，即 $W = W_V + W'$) 的总和。式(1-19) 也可作为热力学能的定义式。

热力学第一定律的实质是能量守恒。即封闭系统中的热力学能，不会自行产生或消灭，只能以不同的形式等量地相互转化。因此也可以用"**第一类永动机**(first kind of perpetual motion machine) 不能制成"来表述热力学第一定律。所谓"第一类永动机"是指不需要环境供给能量就可以连续对环境做功的机器。

【例 1-5】　试由式(1-19) 得到下列条件下的特殊式：(1) 隔离系统中的过程；(2) 循环过程；(3) 绝热过程。

解　(1) 隔离系统中的过程，因 $Q = 0$，$W = 0$，所以由式(1-19)，$\Delta U = 0$，即隔离系统的热力学能是守恒的。

(2) 循环过程，因 $\Delta U = 0$，所以由式(1-19)，得

$$Q = -W$$

(3) 绝热过程，因 $Q = 0$，所以由式(1-19)，得

$$\Delta U = W$$

下面再从微观上进一步理解热力学能的物理意义：

从热力学第一定律或热力学能的定义式可知，热力学能是一个状态函数，属广度性质，具有能量的含义和量纲，单位为 J，是一个宏观量。就热力学范畴本身来说，对热力学能的认识仅此而已。

对热力学能的微观理解并不是热力学方法本身所要求的。但从不同角度去了解它，会使我们深化对热力学能的理解。

热力学系统是由大量的运动着的微观粒子(分子、原子、离子等) 所组成的，所以系统的热力学能从微观上可理解为系统内所有粒子所具有的动能(粒子的平动能、转动能、振动能) 和势能(粒子间的相互作用能) 以及粒子内部的动能与势能的总和，而不包括系统的整体动能和整体势能。

注意　对热力学能的微观理解不能作为热力学能的定义。

1.5　定容热、定压热及焓

1.5.1　定容热

对定容且 $W'=0$ 的过程，$W=0$ 或 $\delta W=0$，定容热用 Q_V 表示，由式(1-19)及式(1-20)，有

$$Q_V=\Delta U \quad (\text{封闭,定容},W'=0) \tag{1-21a}$$

视频

定容热、定压热及焓

式(1-21a)表明，在定容且 $W'=0$ 的过程中，封闭系统从环境吸的热，在量值上等于系统热力学能的增加。

注意　Q_V 与 ΔU 只是在给定条件下量值相等，二者的物理概念不同，不能混同。

若系统发生了微小的变化，则有

$$\delta Q_V=\mathrm{d}U \quad (\text{封闭,定容},\delta W'=0) \tag{1-21b}$$

1.5.2　定压热及焓

在定压过程中，体积功 $W_V=-p_{su}\Delta V$，若 $W'=0$，定压热用 Q_p 表示，则由式(1-19)，有

$$\Delta U=Q_p-p_{su}\Delta V$$

即

$$U_2-U_1=Q_p-p_{su}(V_2-V_1)$$

因

$$p_1=p_2=p_{su}$$

所以

$$U_2-U_1=Q_p-(p_2V_2-p_1V_1)$$

或

$$Q_p=(U_2+p_2V_2)-(U_1+p_1V_1)=\Delta(U+pV) \tag{1-22}$$

定义

$$H\overset{\text{def}}{=\!=\!=}U+pV \tag{1-23}$$

则

$$Q_p=\Delta H \quad (\text{封闭,定压},W'=0) \tag{1-24a}$$

式中，H 叫焓(enthalpy)，单位为 J。

式(1-24a)表明：在定压及 $W'=0$ 的过程中，封闭系统从环境所吸收的热，在量值上等于系统焓的增加。

注意　Q_p 与 ΔH 只是在给定条件下量值相等，二者的物理概念不同，不能混同。

若系统发生了微小的变化，则有

$$\delta Q_p=\mathrm{d}H \quad (\text{封闭,定压},\delta W'=0) \tag{1-24b}$$

从焓的定义式(1-23)来理解，焓是状态函数，它等于 $U+pV$，是广度性质，与热力学能有相同的量纲，单位为 J。从式(1-24a)可知，在定压及 $W'=0$ 的过程中，封闭系统吸的热 $Q_p=\Delta H$。

【例 1-6】　已知 1 mol $CaCO_3$(s) 在 900 ℃、101.3 kPa 下分解为 CaO(s) 和 CO_2(g) 时吸热 178 kJ，计算 Q、W_V、ΔU 及 ΔH。

解

$$CaCO_3(s) \longrightarrow CaO(s)+CO_2(g)$$

因定压且 $W'=0$，所以

$$\Delta H=Q_p=178\ \text{kJ}$$

$$W_V = -p_{su}\Delta V = -p\Delta V = -p(V_P - V_R) =$$
$$-p\{V_m[CaO(s)] + V_m[CO_2(g)] - V_m[CaCO_3(s)]\} \approx -pV_m[CO_2(g)]$$

按所给条件，气体可视为理想气体，即 $pV_m[CO_2(g)] = RT$，所以

$$W_V = -RT = -8.314\ 5\ \mathrm{J \cdot K^{-1} \cdot mol^{-1}} \times 1\ 173.15\ \mathrm{K} = -9.75\ \mathrm{kJ}$$
$$\Delta U = Q + W_V = 178\ \mathrm{kJ} + (-9.75\ \mathrm{kJ}) = 168.3\ \mathrm{kJ}$$

【例 1-7】 由 H 和 U 的普遍关系式(1-23)，有

$$\Delta H = \Delta U + \Delta(pV) = \Delta U + (pV)_2 - (pV)_1$$

应用于：(1) 气体的温度变化；(2) 定温、定压下液体(或固体) 的汽化。若气体可看作理想气体，试推出式(1-23) 的特殊式。

解 (1) 理想气体物质的量为 n，$T_1 \rightarrow T_2$，

$$(pV)_2 - (pV)_1 = nRT_2 - nRT_1 = nR\Delta T$$

所以

$$\Delta H = \Delta U + nR\Delta T$$

(2) 液体(或固体) $\xrightarrow{T,p}$ 气体(物质的量为 n)

$$(pV)_2 - (pV)_1 = p(V_g - V_l) \approx pV_g = nRT$$

所以

$$\Delta H = \Delta U + nRT$$

1.6 热力学第一定律的应用

1.6.1 热力学第一定律在单纯 p、V、T 变化过程中的应用

1. 组成不变的均相系统的热力学能及焓

一定量组成不变(无相变化，无化学变化) 的均相系统的任一热力学性质可表示成另外两个独立的热力学性质的函数。如热力学能 U 及焓 H，可表示为

$$U = f(T, V),\ H = f(T, p)$$

则

$$\mathrm{d}U = \left(\frac{\partial U}{\partial T}\right)_V \mathrm{d}T + \left(\frac{\partial U}{\partial V}\right)_T \mathrm{d}V \tag{1-25}$$

$$\mathrm{d}H = \left(\frac{\partial H}{\partial T}\right)_p \mathrm{d}T + \left(\frac{\partial H}{\partial p}\right)_T \mathrm{d}p \tag{1-26}$$

式(1-25) 与式(1-26) 是 p、V、T 变化中 $\mathrm{d}U$ 和 $\mathrm{d}H$ 的普遍式，计算 ΔU、ΔH 可由该两式出发。

2. 热容

(1) 热容的定义

热容(heat capacity) 的定义是：系统在给定条件(如定压或定容) 下，且 $W' = 0$，没有相变化，没有化学变化时，升高单位热力学温度时所吸收的热。以符号 C 表示。即

$$C(T) \xlongequal{\mathrm{def}} \frac{\delta Q}{\mathrm{d}T} \tag{1-27}$$

(2) 摩尔热容

摩尔热容(molar heat capacity)，以符号 C_m 表示。定义为

$$C_m(T) \xlongequal{\mathrm{def}} \frac{C(T)}{n} = \frac{1}{n}\frac{\delta Q}{\mathrm{d}T} \tag{1-28}$$

式中,下标"m"表示"摩尔[的]";n 表示系统的物质的量。

因摩尔热容与升温条件(定容或定压)有关,所以有摩尔定容热容(molar heat capacity at constant volume)、摩尔定压热容(molar heat capacity at constant pressure)分别为

$$C_{V,\mathrm{m}}(T) \xlongequal{\mathrm{def}} \frac{C_V(T)}{n} = \frac{1}{n}\frac{\delta Q_V}{\mathrm{d}T} = \frac{1}{n}\left(\frac{\partial U}{\partial T}\right)_V = \left(\frac{\partial U_\mathrm{m}}{\partial T}\right)_V \tag{1-29}$$

$$C_{p,\mathrm{m}}(T) \xlongequal{\mathrm{def}} \frac{C_p(T)}{n} = \frac{1}{n}\frac{\delta Q_p}{\mathrm{d}T} = \frac{1}{n}\left(\frac{\partial H}{\partial T}\right)_p = \left(\frac{\partial H_\mathrm{m}}{\partial T}\right)_p \tag{1-30}$$

式中,$C_V(T)$ 及 $C_p(T)$ 分别为定容热容和定压热容。

将式(1-29)及式(1-30)分离变量积分,于是有

$$\Delta U = \int_{T_1}^{T_2} nC_{V,\mathrm{m}}(T)\mathrm{d}T \tag{1-31}$$

$$\Delta H = \int_{T_1}^{T_2} nC_{p,\mathrm{m}}(T)\mathrm{d}T \tag{1-32}$$

式(1-31)及式(1-32)对气体分别在定容、定压条件下单纯发生温度改变时计算 ΔU、ΔH 适用,而对液体、固体,式(1-32)在压力变化不大、发生温度变化时可近似应用。

(3)摩尔热容与温度关系的经验式

通过大量实验数据,归纳出如下的 $C_{p,\mathrm{m}} = f(T)$ 关系式:

$$C_{p,\mathrm{m}} = a + bT + cT^2 + dT^3 \tag{1-33}$$

或

$$C_{p,\mathrm{m}} = a + bT + c'T^{-2} \tag{1-34}$$

式中,a、b、c、c'、d 对一定物质均为常数,可由数据表查得(附录 Ⅲ)。

(4)$C_{p,\mathrm{m}}$ 与 $C_{V,\mathrm{m}}$ 的关系

由

$$C_{p,\mathrm{m}} = \frac{1}{n}\left(\frac{\partial H}{\partial T}\right)_p = \left(\frac{\partial H_\mathrm{m}}{\partial T}\right)_p$$

$$C_{V,\mathrm{m}} = \frac{1}{n}\left(\frac{\partial U}{\partial T}\right)_V = \left(\frac{\partial U_\mathrm{m}}{\partial T}\right)_V$$

则

$$C_{p,\mathrm{m}} - C_{V,\mathrm{m}} = \left(\frac{\partial H_\mathrm{m}}{\partial T}\right)_p - \left(\frac{\partial U_\mathrm{m}}{\partial T}\right)_V = \left[\frac{\partial(U_\mathrm{m} + pV_\mathrm{m})}{\partial T}\right]_p - \left(\frac{\partial U_\mathrm{m}}{\partial T}\right)_V =$$

$$\left(\frac{\partial U_\mathrm{m}}{\partial T}\right)_p + p\left(\frac{\partial V_\mathrm{m}}{\partial T}\right)_p - \left(\frac{\partial U_\mathrm{m}}{\partial T}\right)_V \tag{1-35}$$

再由

$$\mathrm{d}U_\mathrm{m} = \left(\frac{\partial U_\mathrm{m}}{\partial T}\right)_V \mathrm{d}T + \left(\frac{\partial U_\mathrm{m}}{\partial V}\right)_T \mathrm{d}V$$

在定压下,上式两边除以 $\mathrm{d}T$,得

$$\left(\frac{\partial U_\mathrm{m}}{\partial T}\right)_p = \left(\frac{\partial U_\mathrm{m}}{\partial T}\right)_V + \left(\frac{\partial U_\mathrm{m}}{\partial V_\mathrm{m}}\right)_T \left(\frac{\partial V_\mathrm{m}}{\partial T}\right)_p$$

代入式(1-35),得

$$C_{p,\mathrm{m}} - C_{V,\mathrm{m}} = \left[\left(\frac{\partial U_\mathrm{m}}{\partial V_\mathrm{m}}\right)_T + p\right]\left(\frac{\partial V_\mathrm{m}}{\partial T}\right)_p \tag{1-36}$$

定压下升温及定容下升温都增加分子的动能,但定压下升温体积要膨胀。$\left(\frac{\partial V_\mathrm{m}}{\partial T}\right)_p$ 是

定压下升温时 V_m 随 T 的变化率，$p\left(\frac{\partial V_m}{\partial T}\right)_p$ 为系统膨胀时对环境做的功；$\left(\frac{\partial U_m}{\partial V_m}\right)_T$ 为定温下分子间势能随体积的变化率，所以 $\left(\frac{\partial U_m}{\partial V_m}\right)_T\left(\frac{\partial V_m}{\partial T}\right)_p$ 为定压下升高单位热力学温度时分子间势能的增加。式(1-36) 表明，定压下升温要比定容下升温多吸收以上两项热量。

注意　液体及固体的 $\left(\frac{\partial V_m}{\partial T}\right)_p$ 很小，气体的 $\left(\frac{\partial U_m}{\partial V_m}\right)_T$ 很小。

3. 理想气体的热力学能、焓及热容

(1) 理想气体的热力学能只是温度的函数

焦耳在 1843 年做了一系列实验。实验装置为用带旋塞的短管连接的两个铜容器(图 1-8)。关闭旋塞，一容器中充入干燥空气至压力约为 2 MPa，另一容器抽成真空。整个装置浸没在一个盛有约 7.5 kg 水的水浴中。待平衡后测定水的温度。然后开启旋塞，空气向真空容器膨胀。待平衡后再测定水的温度。焦耳从测定结果得出结论：空气膨胀前后水的温度不变，即空气温度不变。

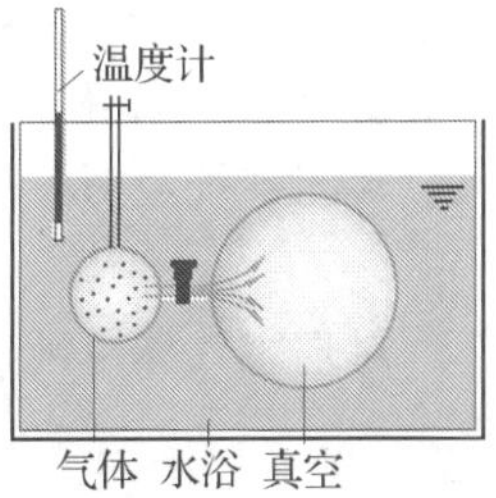

图 1-8　焦耳实验

对实验结果的分析：空气在向真空膨胀时未受到阻力，故 $W_V=0$；焦耳在确定空气膨胀后水的温度时，已消去了室温对水温的影响及水蒸发的影响，因此水温不变，表示 $Q=0$；在焦耳实验中气体进行的过程为自由膨胀过程，这是不做功、不吸热的膨胀；由 $W=0$，$Q=0$ 及 $\Delta U=Q+W_V$(此过程也无其他功，即 $W'=0$) 得 $\Delta U=0$，可知在焦耳实验中空气热力学能不变。也就是说，空气体积改变而热力学能不变时温度不变。也就是说，空气体积(及压力) 改变而温度不变时热力学能不变，即空气的热力学能只是温度的函数。

故由焦耳实验得到结论：物质的量不变(组成及量不变) 时，理想气体的热力学能只是温度的函数。用数学式可表述为

$$U=f(T) \tag{1-37}$$

或

$$\left(\frac{\partial U}{\partial V}\right)_T=0,\quad \left(\frac{\partial U}{\partial p}\right)_T=0 \tag{1-38}$$

焦耳实验不够灵敏，实验中用的温度计只能测准至±0.01 K，而且铜容器和水浴的热容比空气大得多，所以未能测出空气应有的温度变化。较精确的实验表明，实际气体自由膨胀时气体的温度略有改变。不过起始压力愈低，温度变化愈小。由此可以认为，焦耳的结论应只适用于理想气体。

从微观上看，对于一定量、一定组成(即无相变及化学反应) 的气体，在 p、V、T 变化中热力学能可变的是分子的动能和分子间势能。温度的高低反映了分子动能的大小。理想气体无分子间力，在 p、V、T 变化中，热力学能的改变只是分子动能的改变。由此可以理解，理想气体温度不变时，无论体积及压力如何改变，其热力学能不变。

(2) 理想气体的焓只是温度的函数

焓的定义式为 $H=U+pV$，因为对理想气体的 U 及 pV 都只是温度的函数，所以理想气体的焓在物质的量不变(组成及量不变) 时，也只是温度的函数。可用数学式表述为

$$H=f(T) \tag{1-39}$$

或 $$\left(\frac{\partial H}{\partial V}\right)_T=0,\quad \left(\frac{\partial H}{\partial p}\right)_T=0 \tag{1-40}$$

(3) 理想气体的($C_{p,\mathrm{m}}-C_{V,\mathrm{m}}$)是常数

将$\left(\frac{\partial U_\mathrm{m}}{\partial V_\mathrm{m}}\right)_T=0$及$pV_\mathrm{m}=RT$代入式(1-36),得

$$C_{p,\mathrm{m}}-C_{V,\mathrm{m}}=R \quad 或 \quad C_p-C_V=nR \tag{1-41}$$

(4) 理想气体任何单纯的 p、V、T 变化 ΔU、ΔH 的计算

因为理想气体的热力学能及焓只是温度的函数,所以式(1-31)及式(1-32)对理想气体的单纯 p、V、T 变化(包括定压、定容、定温、绝热)均适用。

(5) 理想气体的绝热过程

① 理想气体绝热过程的基本公式

封闭系统经历一个微小的绝热过程,则有

$$\mathrm{d}U=\delta W$$

对理想气体单纯 p、V、T 变化

$$\mathrm{d}U=C_V\mathrm{d}T$$

所以 $$W=\int_{T_1}^{T_2}C_V\mathrm{d}T=\int_{T_1}^{T_2}nC_{V,\mathrm{m}}\mathrm{d}T$$

若视 $C_{V,\mathrm{m}}$ 为常数,则

$$W=nC_{V,\mathrm{m}}(T_2-T_1) \tag{1-42}$$

无论绝热过程是否可逆,式(1-42)均成立。

② 理想气体绝热可逆过程方程式

由 $\mathrm{d}U=\delta W$,若 $\delta W'=0$,则

$$C_V\mathrm{d}T=-p_\mathrm{su}\mathrm{d}V$$

对可逆过程 $p_\mathrm{su}=p$,又 $p=\frac{nRT}{V}$,所以

$$C_V\mathrm{d}T=-nRT\frac{\mathrm{d}V}{V}$$

变换,得 $$\frac{\mathrm{d}T}{T}+\frac{nR}{C_V}\frac{\mathrm{d}V}{V}=0$$

定义 $C_p/C_V\overset{\mathrm{def}}{=\!=\!=}\gamma$,$\gamma$ 叫**热容比**(ratio of the heat capacities),又 $C_p-C_V=nR$,代入上式,得

$$\frac{\mathrm{d}T}{T}+\frac{C_p-C_V}{C_V}\frac{\mathrm{d}V}{V}=0$$

即 $$\frac{\mathrm{d}T}{T}+(\gamma-1)\frac{\mathrm{d}V}{V}=0$$

对理想气体,γ 为常数,积分得

$$\ln\{T\}+(\gamma-1)\ln\{V\}=常数 \tag{1-43}$$

或 $$TV^{\gamma-1}=常数 \tag{1-44}$$

以 $T=\frac{pV}{nR}$,$V=\frac{nRT}{p}$ 代入式(1-43),得

$$pV^{\gamma} = 常数 \tag{1-45}$$

$$Tp^{(1-\gamma)/\gamma} = 常数 \tag{1-46}$$

式(1-44) ～ 式(1-46) 叫**理想气体绝热可逆过程方程式**(equation of adiabatic reversible process of ideal gas)。应用条件必定是:封闭系统,理想气体,$W' = 0$,绝热可逆过程。

③ 理想气体绝热可逆过程的体积功

由体积功定义,对可逆过程

$$W_V = -\int_{V_1}^{V_2} p\,\mathrm{d}V$$

将 $pV^{\gamma} =$ 常数代入,积分后可得

$$W_V = \frac{p_1 V_1}{\gamma - 1}\left[\left(\frac{V_1}{V_2}\right)^{\gamma - 1} - 1\right] \tag{1-47}$$

或

$$W_V = \frac{p_1 V_1}{\gamma - 1}\left[\left(\frac{p_2}{p_1}\right)^{\frac{\gamma - 1}{\gamma}} - 1\right] \tag{1-48}$$

【例 1-8】 计算 2 mol $H_2O(g)$ 在定压下从 400 K 升温到 500 K 时吸的热 Q_p 及 ΔH。已知 $C_{p,\mathrm{m}}(H_2O,g) = a + bT + cT^2$,$a/(\mathrm{J \cdot mol^{-1} \cdot K^{-1}}) = 30.20$,$b/(10^{-3}\,\mathrm{J \cdot mol^{-1} \cdot K^{-2}}) = 9.682$,$c/(10^{-6}\,\mathrm{J \cdot mol^{-1} \cdot K^{-3}}) = 1.117$。

解　$Q_p = \Delta H = n\int_{T_1}^{T_2} C_{p,\mathrm{m}}\mathrm{d}T = n\int_{T_1}^{T_2}(a + bT + cT^2)\mathrm{d}T =$

$$n\left[a(T_2 - T_1) + \frac{b}{2}(T_2^2 - T_1^2) + \frac{c}{3}(T_2^3 - T_1^3)\right] =$$

$$2\ \mathrm{mol} \times \{(30.20\ \mathrm{J \cdot mol^{-1} \cdot K^{-1}}) \times (500\ \mathrm{K} - 400\ \mathrm{K}) + 9.682 \times 10^{-3}\ \mathrm{J \cdot mol^{-1} \cdot K^{-2}} \times [(500\ \mathrm{K})^2 - (400\ \mathrm{K})^2]/2 + 1.117 \times 10^{-6}\ \mathrm{J \cdot mol^{-1} \cdot K^{-3}} \times [(500\ \mathrm{K})^3 - (400\ \mathrm{K})^3]/3\} = 6\ 957\ \mathrm{J}$$

对于 He、Ne、Ar 等单原子气体及许多金属蒸气(如 Na、Cd、Hg),在较宽的温度范围内 $C_{V,\mathrm{m}} \approx \frac{3}{2}R$,$C_{p,\mathrm{m}} \approx \frac{5}{2}R$,所以缺乏实验数据时可用这个近似值。

对于双原子气体及多原子气体,$C_{V,\mathrm{m}} > \frac{3}{2}R$,这是因为双原子及多原子分子除平动能外还有转动能和振动能。在常温下,双原子分子,如 N_2、O_2 等的 $C_{V,\mathrm{m}} \approx \frac{5}{2}R$,$C_{p,\mathrm{m}} \approx \frac{7}{2}R$(温度升高时 $C_{V,\mathrm{m}}$ 随之增大,并逐渐达到 $\frac{7}{2}R$)。

【例 1-9】 设有 1 mol 氮气(理想气体),温度为 0 ℃,压力为 101.3 kPa,试计算下列过程的 Q、W_V、ΔU 及 ΔH(已知 N_2,$C_{V,\mathrm{m}} = \frac{5}{2}R$):(1) 定容加热至压力为 152.0 kPa;(2) 定压膨胀至原来体积的 2 倍;(3) 定温可逆膨胀至原来体积的 2 倍;(4) 绝热可逆膨胀至原来体积的 2 倍。

解　(1) 定容加热

$$W_{V,1} = 0$$

$$V_1 = nR\frac{T_1}{p_1} = \frac{1\ \text{mol} \times 8.314\ 5\ \text{J} \cdot \text{mol}^{-1} \cdot \text{K}^{-1} \times 273.15\ \text{K}}{101.3 \times 10^3\ \text{Pa}} = 22.42\ \text{dm}^3$$

$$T_2 = \frac{p_2V_2}{nR} = \frac{p_2V_1}{nR} = \frac{152.0 \times 10^3\ \text{Pa} \times 22.42 \times 10^{-3}\ \text{m}^3}{1\ \text{mol} \times 8.314\ 5\ \text{J} \cdot \text{mol}^{-1} \cdot \text{K}^{-1}} = 410.0\ \text{K}$$

$$Q_1 = \Delta U_1 = \int_{T_1}^{T_2} nC_{V,\text{m}}\text{d}T = nC_{V,\text{m}}(T_2 - T_1) =$$

$$1\ \text{mol} \times \frac{5}{2} \times 8.314\ 5\ \text{J} \cdot \text{mol}^{-1} \cdot \text{K}^{-1} \times (410.0 - 273.15)\text{K} = 2.845\ \text{kJ}$$

$$\Delta H_1 = \int_{T_1}^{T_2} nC_{p,\text{m}}\text{d}T = n(C_{V,\text{m}} + R)(T_2 - T_1) =$$

$$1\ \text{mol} \times \frac{7}{2} \times 8.314\ \text{J} \cdot \text{mol}^{-1} \cdot \text{K}^{-1} \times (410.0 - 273.15)\text{K} = 3.982\ \text{kJ}$$

(2) 定压膨胀

$$T'_2 = \frac{p_2V_2}{nR} = \frac{2p_1V_1}{nR} = \frac{2 \times 101.3 \times 10^3\ \text{Pa} \times 22.42 \times 10^{-3}\ \text{m}^3}{1\ \text{mol} \times 8.314\ 5\ \text{J} \cdot \text{mol}^{-1} \cdot \text{K}^{-1}} = 546.3\ \text{K}$$

$$\Delta U_2 = \int_{T_1}^{T'_2} nC_{V,\text{m}}\text{d}T = nC_{V,\text{m}}(T'_2 - T_1) =$$

$$1\ \text{mol} \times \frac{5}{2} \times 8.314\ 5\ \text{J} \cdot \text{mol}^{-1} \cdot \text{K}^{-1} \times (546.3 - 273.15)\text{K} = 5.678\ \text{kJ}$$

$$Q_2 = \Delta H_2 = \int_{T_1}^{T'_2} nC_{p,\text{m}}\text{d}T = nC_{p,\text{m}}(T'_2 - T_1) =$$

$$1\ \text{mol} \times \frac{7}{2} \times 8.314\ 5\ \text{J} \cdot \text{mol}^{-1} \cdot \text{K}^{-1} \times (546.3 - 273.15)\text{K} = 7.949\ \text{kJ}$$

$$W_{V,2} = -p\Delta V = -101.3 \times 10^3\ \text{Pa} \times 22.42 \times 10^{-3}\ \text{m}^3 = -2.271\ \text{kJ}$$

(3) 定温可逆膨胀

$$\Delta U_3 = \Delta H_3 = 0$$

$$W_{V,3} = -\int_{V_1}^{V_2} p\text{d}V = -nRT\ln\frac{V_2}{V_1} = -nRT\ln\frac{2V_1}{V_1} =$$

$$-1\ \text{mol} \times 8.314\ 5\ \text{J} \cdot \text{mol}^{-1} \cdot \text{K}^{-1} \times 273.15\ \text{K} \times \ln 2 = -1.574\ \text{kJ}$$

$$Q_3 = -W_{V,3} = 1.574\ \text{kJ}$$

(4) 绝热可逆膨胀

$$Q_4 = 0$$

$$T_1V_1^{\gamma-1} = T_2V_2^{\gamma-1}, \quad \gamma = \frac{7}{5}$$

$$T_2 = \left(\frac{V_1}{V_2}\right)^{\gamma-1} T_1 = 0.5^{\frac{2}{5}} \times 273.15\ \text{K} = 207.0\ \text{K}$$

$$\Delta U_4 = \int_{T_1}^{T_2} nC_{V,\text{m}}\text{d}T = nC_{V,\text{m}}(T_2 - T_1) =$$

$$1\ \text{mol} \times \frac{5}{2} \times 8.314\ 5\ \text{J} \cdot \text{mol}^{-1} \cdot \text{K}^{-1} \times (207.0 - 273.15)\ \text{K} =$$

$$-1.375\ \text{kJ}$$

$$\Delta H_4 = \int_{T_1}^{T_2} nC_{p,m}\mathrm{d}T = nC_{p,m}(T_2 - T_1) =$$

$$1\ \mathrm{mol} \times \frac{7}{2} \times 8.3145\ \mathrm{J \cdot mol^{-1} \cdot K^{-1}} \times (207.0 - 273.15)\mathrm{K} =$$

$$-1.925\ \mathrm{kJ}$$

$$W_{V,4} = \Delta U_4 = -1.375\ \mathrm{kJ}$$

【例 1-10】 1 mol 氧气由 0 ℃，10^6 Pa，经过(1) 绝热可逆膨胀；(2) 对抗恒定外压 $p_{su} = 10^5$ Pa 绝热不可逆膨胀，使气体最后压力为 10^5 Pa，求此两种情况的最后温度及环境对系统做的功。

解 (1) 绝热可逆膨胀

$$\frac{T_2}{T_1} = \left(\frac{p_2}{p_1}\right)^{(\gamma-1)/\gamma}, \quad C_{V,m} = 20.79\ \mathrm{J \cdot mol^{-1} \cdot K^{-1}}$$

$$T_2 = T_1(p_2/p_1)^{(\gamma-1)/\gamma} = 273.15\ \mathrm{K} \times 0.1^{0.286} = 141.4\ \mathrm{K}$$

绝热过程 $W_{V,1} = \Delta U = nC_{V,m}(T_2 - T_1) =$

$$1\ \mathrm{mol} \times 20.79\ \mathrm{J \cdot mol^{-1} \cdot K^{-1}} \times (141.4 - 273.15)\ \mathrm{K} = -2\,739\ \mathrm{J}$$

(2) 绝热恒外压膨胀

因不可逆 $T'_2 \neq T_1(p_2/p_1)^{(\gamma-1)/\gamma}$

由 $$W_{V,2} = -p_{su}\Delta V = -p_{su}(V_2 - V_1) = -p_{su}\left(\frac{nRT'_2}{p_2} - \frac{nRT_1}{p_1}\right)$$

$$W_{V,2} = \Delta U' = nC_{V,m}(T'_2 - T_1)$$

得 $$-p_{su}\left(\frac{nRT'_2}{p_2} - \frac{nRT_1}{p_1}\right) = nC_{V,m}(T'_2 - T_1)$$

故 $$T'_2 = T_1\left(\frac{1 + \frac{2}{5}p_{su}/p_1}{1 + \frac{2}{5}p_{su}/p_2}\right)$$

由此得 $$T'_2 = 202.9\ \mathrm{K}$$

$$W_{V,2} = nC_{V,m}(T'_2 - T_1) =$$

$$1\ \mathrm{mol} \times 20.79\ \mathrm{J \cdot mol^{-1} \cdot K^{-1}} \times (202.9 - 273.15)\mathrm{K} = -1\,460\ \mathrm{J}$$

由此可见，由同一始态经过可逆与不可逆两种绝热变化不可能达到同一终态，即 $T_2 \neq T'_2$，因而此两种过程的热力学能变化值不相同，即 $\Delta U \neq \Delta U'$。

1.6.2 热力学第一定律在相变化过程中的应用

1. 相变热及相变化的焓[变]

系统发生聚集态变化即为相变化(包括汽化、冷凝、熔化、凝固、升华、凝华以及晶型转化等)，相变化过程吸收或放出的热即为相变热。

系统的相变在定温、定压下进行，且 $W' = 0$ 时，由式(1-24a) 可知相变热在量值上等于系统的焓变，即相变焓(enthalpy of phase transition)。可表述为

$$Q_p = \Delta_\alpha^\beta H \tag{1-49}$$

式中，α、β 分别为物质的相态(g、l、s)。通常**摩尔汽化焓**用 $\Delta_{vap}H_m$ 表示，**摩尔熔化焓**用 $\Delta_{fus}H_m$ 表示，**摩尔升华焓**用 $\Delta_{sub}H_m$ 表示，**摩尔晶型转变焓**用 $\Delta_{trs}H_m$ 表示。

注意　不能说相变热就是相变焓，因为二者概念不同，它们只是在定温、定压下、$W'=0$ 时量值相等；定温、定容、$W'=0$ 时，相变热在量值上等于相变的热力学能[变]。

2. 相变化过程的体积功

若系统在定温、定压下由 α 相变到 β 相，则过程的体积功，由式(1-14)，有

$$W_V = -p(V_\beta - V_\alpha) \tag{1-50}$$

若 β 为气相，α 为凝聚相(液相或固相)，因为 $V_\beta \gg V_\alpha$，所以 $W_V = -pV_\beta$。

若气相可视为理想气体，则有

$$W_V = -pV_\beta = -nRT \tag{1-51}$$

3. 相变化过程的热力学能[变]

由式(1-19)，$W'=0$ 时，有

$$\Delta U = Q_p + W_V$$

或

$$\Delta U = \Delta H - p(V_\beta - V_\alpha) \tag{1-52}$$

若 β 为气相，又 $V_\beta \gg V_\alpha$，则

$$\Delta U = \Delta H - pV_\beta$$

若蒸气视为理想气体，则有

$$\Delta U = \Delta H - nRT \tag{1-53}$$

【例 1-11】 2 mol，60 ℃，100 kPa 的液态苯全部变为 60 ℃，24 kPa 的蒸气，请计算该过程的 ΔU、ΔH。[已知 40 ℃ 时，苯的蒸气压为 24.00 kPa，汽化焓为 33.43 kJ·mol^{-1}，假定苯(l)及苯(g)的摩尔定压热容可近似看作与温度无关，分别为 141.5 J·mol^{-1}·K^{-1} 及 94.12 J·mol^{-1}·K^{-1}]

解　设计的计算途径图示如下：

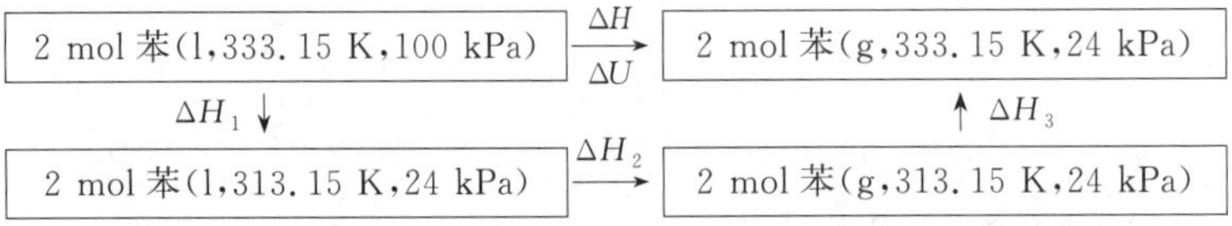
2 mol 苯(l,333.15 K,100 kPa)
ΔH
ΔU
2 mol 苯(g,333.15 K,24 kPa)
ΔH₁
ΔH₃
2 mol 苯(l,313.15 K,24 kPa)
ΔH₂
2 mol 苯(g,313.15 K,24 kPa)

$$\Delta H = \Delta H_1 + \Delta H_2 + \Delta H_3$$

$$\Delta H_1 = nC_{p,m(l)}(T_2 - T_1) =$$
$$2\ \text{mol} \times 141.5\ \text{J}\cdot\text{mol}^{-1}\cdot\text{K}^{-1} \times (313.15 - 333.15)\text{K} = -5.660\ \text{kJ}$$

(对液体，压力变化不大时，压力对焓的影响可忽略)

$$\Delta H_2 = n\Delta_{vap}H_m = 2\ \text{mol} \times 33.43\ \text{kJ}\cdot\text{mol}^{-1} = 66.86\ \text{kJ}$$

$$\Delta H_3 = nC_{p,m(g)}(T_2 - T_1) =$$
$$2\ \text{mol} \times 94.12\ \text{J}\cdot\text{mol}^{-1}\cdot\text{K}^{-1} \times (333.15 - 313.15)\text{K} = 3.765\ \text{kJ}$$

(C_p 视为不随温度改变而改变)

所以

$$\Delta H = \Delta H_1 + \Delta H_2 + \Delta H_3 = 64.97\ \text{kJ}$$

$$\Delta U = \Delta H - \Delta(pV) \approx \Delta H - pV_g = \Delta H - nRT =$$

$$64.97\ \mathrm{kJ} - (2\ \mathrm{mol} \times 8.3145\ \mathrm{J \cdot mol^{-1} \cdot K^{-1}} \times 333.15\ \mathrm{K}) \times 10^{-3} = 59.43\ \mathrm{kJ}$$

【例 1-12】 (1)1 mol 水在 100 ℃,101 325 Pa 定压下蒸发为同温同压下的蒸气(假设为理想气体)吸热 40.67 $\mathrm{kJ \cdot mol^{-1}}$,求上述过程的 Q、W_V、ΔU、ΔH 的量值各为多少?(2) 始态同上,当外界压力恒为50 kPa 时,将水定温蒸发,然后将此 1 mol,100 ℃,50 kPa 的水汽定温可逆加压变为终态(100 ℃,101 325 Pa) 的水汽,求此过程的总 Q、W_V、ΔU 和 ΔH。(3) 如果将1 mol 水(100 ℃,101.325 kPa) 突然移到定温 100 ℃ 的真空箱中,水汽充满整个真空箱,测其压力为 101.325 kPa,求过程的 Q、W_V、ΔU 及 ΔH。

最后比较这 3 种答案,说明什么问题。

解 (1)

$$Q_p = \Delta H = 1\ \mathrm{mol} \times 40.67\ \mathrm{kJ \cdot mol^{-1}} = 40.67\ \mathrm{kJ}$$

$$W_V = -p_{su}(V_g - V_l) \approx -p_{su}V_g = -nRT =$$

$$-1\ \mathrm{mol} \times 8.3145\ \mathrm{J \cdot mol^{-1} \cdot K^{-1}} \times 373.15\ \mathrm{K} = -3.103\ \mathrm{kJ}$$

$$\Delta U = Q_p + W_V = (40.67 - 3.103)\mathrm{kJ} = 37.57\ \mathrm{kJ}$$

(2) 设计的计算途径图示如下:

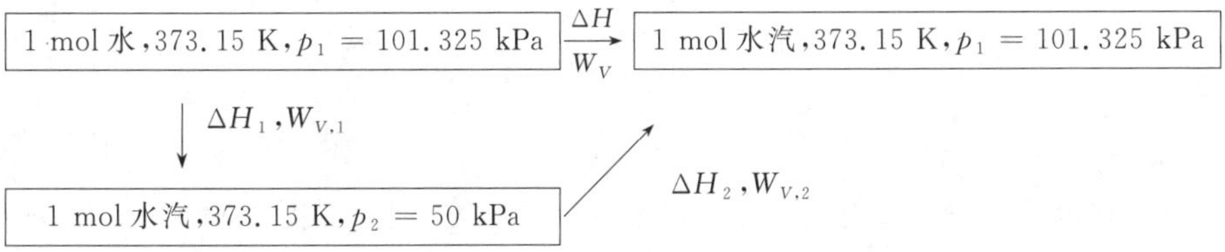

始态、终态和(1) 一样,故状态函数变化也相同,即

$$\Delta H = 40.67\ \mathrm{kJ}, \quad \Delta U = 37.57\ \mathrm{kJ}$$

而

$$W_{V,1} = -p_{su}(V_g - V_l) \approx -p_2V_g = -nRT =$$

$$-1\ \mathrm{mol} \times 8.3145\ \mathrm{J \cdot mol^{-1} \cdot K^{-1}} \times 373.15\ \mathrm{K} = -3.103\ \mathrm{kJ}$$

$$W_{V,2} = -nRT\ln\frac{p_2}{p_1}\text{(注意,这里 } p_2 \text{ 为始态,} p_1 \text{ 为终态)} =$$

$$-1\ \mathrm{mol} \times 8.3145\ \mathrm{J \cdot mol^{-1} \cdot K^{-1}} \times 373.15\ \mathrm{K} \times \ln\frac{50\ \mathrm{kPa}}{101.325\ \mathrm{kPa}} = 2.191\ \mathrm{kJ}$$

$$W_V = W_{V,1} + W_{V,2} = (-3.103 + 2.191)\mathrm{kJ} = -0.912\ \mathrm{kJ}$$

$$Q = \Delta U - W_V = (37.57 + 0.912)\mathrm{kJ} = 38.48\ \mathrm{kJ}$$

(3)ΔU 及 ΔH 值同(1),这是因为(3) 的始、终态与(1) 的始、终态相同,所以状态函数的变化值也相同。

该过程实为向真空闪蒸,故 $W_V = 0$,$Q = \Delta U$。

比较(1)(2)(3) 的计算结果,表明三种变化过程的 ΔU 及ΔH 均相同,因为 U、H 是状态函数,其改变量与过程无关,只决定于系统的始、终态。而三种过程的 Q 及 W_V 量值均不同,因为它们不是系统的状态函数,是与过程有关的量,三种变化始态、终态相同,但所经历的过程不同,故各自的 Q、W_V 也不相同。

1.6.3 热力学第一定律在化学变化过程中的应用

1. 化学反应的摩尔热力学能[变]和摩尔焓[变]

对反应
$$0=\sum_{\mathrm{B}}\nu_{\mathrm{B}}\mathrm{B}$$
反应的摩尔热力学能[变](molar thermodynamic energy [change] for the reaction)$\Delta_{\mathrm{r}}U_{\mathrm{m}}$(“r”表示反应),和反应的摩尔焓[变](molar enthalpy [change] for the reaction)$\Delta_{\mathrm{r}}H_{\mathrm{m}}$,一般可由测量反应进度$\xi_1\rightarrow\xi_2$的热力学能变$\Delta_{\mathrm{r}}U$及焓变$\Delta_{\mathrm{r}}H$,除以反应进度[变]$\Delta\xi$而得,即
$$\Delta_{\mathrm{r}}U_{\mathrm{m}}=\frac{\Delta_{\mathrm{r}}U}{\Delta\xi}=\frac{\nu_{\mathrm{B}}\Delta_{\mathrm{r}}U}{\Delta n_{\mathrm{B}}} \tag{1-54}$$
$$\Delta_{\mathrm{r}}H_{\mathrm{m}}=\frac{\Delta_{\mathrm{r}}H}{\Delta\xi}=\frac{\nu_{\mathrm{B}}\Delta_{\mathrm{r}}H}{\Delta n_{\mathrm{B}}} \tag{1-55}$$
对同一反应,由于反应进度[变]$\Delta\xi$对应指定的计量方程,因此$\Delta_{\mathrm{r}}U_{\mathrm{m}}$和$\Delta_{\mathrm{r}}H_{\mathrm{m}}$都对应指定的计量方程。所以当说$\Delta_{\mathrm{r}}U_{\mathrm{m}}$或$\Delta_{\mathrm{r}}H_{\mathrm{m}}$等于多少时,必须同时指明对应的化学反应计量方程式。$\Delta_{\mathrm{r}}U_{\mathrm{m}}$或$\Delta_{\mathrm{r}}H_{\mathrm{m}}$的单位为“$\mathrm{J\cdot mol^{-1}}$”或“$\mathrm{kJ\cdot mol^{-1}}$”,这里的“$\mathrm{mol^{-1}}$”也是指每摩尔反应进度[变]。

2. 物质的热力学标准态的规定

一些热力学量,如热力学能U、焓H、吉布斯函数G等的绝对值是不能测量的,能测量的仅是当T、p和组成等发生变化时这些热力学量的变化的量值ΔU、ΔH、ΔG。因此,重要的问题是要为物质的状态定义一个基线。标准状态或简称标准态,就是这样一种基线。按GB 3102.8—1993中的规定,标准状态时的压力——标准压力$p^{\ominus}=100\ \mathrm{kPa}$,上标“$\ominus$”表示标准态。

注意　不要把标准压力与标准状况的压力相混淆,标准状况的压力$p=101\ 325\ \mathrm{Pa}$。

气体的标准态:不管是纯气体B还是气体混合物中的组分B,都是规定温度为T,压力$p^{\ominus}$下并表现出理想气体特性的气体纯B的(假想)状态;

液体(或固体)的标准态:不管是纯液体(或固体)B或是液体(或固体)混合物中的组分B,都是规定温度为T,压力$p^{\ominus}$下液体(或固体)纯B的状态。

物质的热力学标准态的温度T是任意的,未作具体规定。不过,许多物质的热力学标准态时的热数据由手册中查到的通常是$T=298.15\ \mathrm{K}$下的数据。

有关溶液中溶剂A和溶质B的标准态的规定将在第2章中学习。

3. 化学反应的标准摩尔焓[变]

对反应
$$0=\sum_{\mathrm{B}}\nu_{\mathrm{B}}\mathrm{B}$$
反应的标准摩尔焓[变]以符号$\Delta_{\mathrm{r}}H_{\mathrm{m}}^{\ominus}(T)$表示,定义为
$$\Delta_{\mathrm{r}}H_{\mathrm{m}}^{\ominus}(T)\overset{\mathrm{def}}{=\!=\!=}\sum_{\mathrm{B}}\nu_{\mathrm{B}}H_{\mathrm{m}}^{\ominus}(\mathrm{B},\beta,T) \tag{1-56}$$
式中,$H_{\mathrm{m}}^{\ominus}(\mathrm{B},\beta,T)$为参与反应的B(B=A,B,Y,Z)单独存在(即纯态)时,温度为T,压力为$p^{\ominus}$,相态为β(β=g,l,s)的摩尔焓。

对反应

$$aA + bB \longrightarrow yY + zZ$$

则有

$$\boxed{\begin{matrix} aA(\beta) \\ H_m^{\ominus}(A,\beta,T) \end{matrix}} + \boxed{\begin{matrix} bB(\beta) \\ H_m^{\ominus}(B,\beta,T) \end{matrix}} \xrightarrow{\Delta_r H_m^{\ominus}(T)} \boxed{\begin{matrix} yY(\beta) \\ H_m^{\ominus}(Y,\beta,T) \end{matrix}} + \boxed{\begin{matrix} zZ(\beta) \\ H_m^{\ominus}(Z,\beta,T) \end{matrix}}$$

即
$$\Delta_r H_m^{\ominus}(T) = yH_m^{\ominus}(Y,\beta,T) + zH_m^{\ominus}(Z,\beta,T) - aH_m^{\ominus}(A,\beta,T) - bH_m^{\ominus}(B,\beta,T) \tag{1-57}$$

因为 B(B=A,B,Y,Z) 的 $H_m^{\ominus}(B,\beta,T)$（在 $p^{\ominus}$、T 下纯 B 的摩尔焓的绝对值）是无法求得的，所以式(1-56) 及式(1-57) 没有实际计算意义，它仅仅是反应的标准摩尔焓[变] 的定义式。

通常，在压力不太高时，$\Delta_r H_m(T)$ 与 $\Delta_r H_m^{\ominus}(T)$ 差别不太大。

4. 热化学方程式

注明具体反应条件（如 T、p、β，焓变）的化学反应方程式叫**热化学方程式**(thermochemical equation)。如

$$2C_6H_5COOH(s,p^{\ominus},298.15\ K) + 15O_2(g,p^{\ominus},298.15\ K) \longrightarrow$$
$$6H_2O(l,p^{\ominus},298.15\ K) + 14CO_2(g,p^{\ominus},298.15\ K) + 6\,445.0\ kJ\cdot mol^{-1}$$

即其标准摩尔焓[变] 为

$$\Delta_r H_m^{\ominus}(298.15\ K) = -6\,445.0\ kJ\cdot mol^{-1}$$

注意　写热化学方程式时，放热用“+” 号，吸热用“−” 号，但用焓变形式表示时，放热 $\Delta_r H_m^{\ominus} < 0$，吸热 $\Delta_r H_m^{\ominus} > 0$。

5. 盖斯定律

盖斯总结实验规律得出：一个化学反应，不管是一步完成或经数步完成，反应的总标准摩尔焓[变] 是相同的，即**盖斯定律**。例如

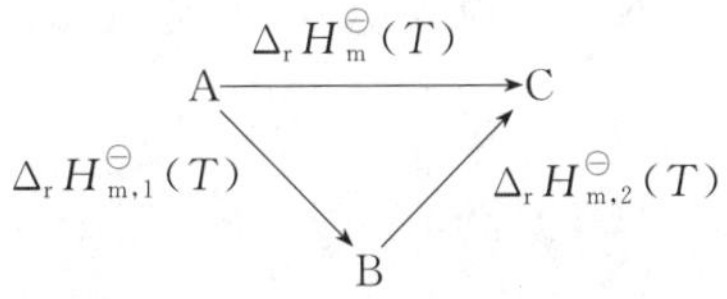

则有
$$\Delta_r H_m^{\ominus}(T) = \Delta_r H_{m,1}^{\ominus}(T) + \Delta_r H_{m,2}^{\ominus}(T)$$

根据盖斯定律，利用热化学方程式的线性组合，可由若干已知反应的标准摩尔焓[变]，求另一反应的标准摩尔焓[变]。

【例 1-13】　已知 298.15 K 时，有

$$C(石墨) + O_2(g) = CO_2(g),\quad \Delta_r H_{m,i}^{\ominus} = -393.15\ kJ\cdot mol^{-1} \tag{i}$$

$$CO(g) + \frac{1}{2}O_2(g) = CO_2(g),\quad \Delta_r H_{m,ii}^{\ominus} = -283.0\ kJ\cdot mol^{-1} \tag{ii}$$

求算反应：
$$C(石墨) + \frac{1}{2}O_2(g) = CO(g),\Delta_r H_{m,iii}^{\ominus} = ? \tag{iii}$$

解　反应(iii) = 反应(i) + (−1) × 反应(ii)，则

$$\Delta_r H_{m,iii}^{\ominus} = \Delta_r H_{m,i}^{\ominus} + (-1) \times \Delta_r H_{m,ii}^{\ominus} =$$
$$-393.15\ kJ\cdot mol^{-1} + (-1) \times (-283.0\ kJ\cdot mol^{-1}) = -110.15\ kJ\cdot mol^{-1}$$

上述题目的计算意义在于：反应(iii) 的 $\Delta_r H_m^{\ominus}(T)$ 不能由实验直接测定，而反应(i) 及反应(ii) 的 $\Delta_r H_m^{\ominus}(T)$ 可由实验测定。因此可由反应(i)、反应(ii) 的数据，求算反应(iii) 的标准摩尔焓变。

【例 1-14】 已知 298.15 K 时，有

$$CO(g)+\frac{1}{2}O_2(g) = CO_2(g),\quad \Delta_r H_{m,i}^{\ominus}=-283.0\ kJ\cdot mol^{-1} \qquad (i)$$

$$H_2(g)+\frac{1}{2}O_2(g) = H_2O(l),\quad \Delta_r H_{m,ii}^{\ominus}=-285.0\ kJ\cdot mol^{-1} \qquad (ii)$$

$$C_2H_5OH(l)+3O_2(g) = 3H_2O(l)+2CO_2(g),\quad \Delta_r H_{m,iii}^{\ominus}=-1\ 370\ kJ\cdot mol^{-1} \qquad (iii)$$

求算：

$$2CO(g)+4H_2(g) = H_2O(l)+C_2H_5OH(l),\ \Delta_r H_{m,iv}^{\ominus}=? \qquad (iv)$$

解 反应(iv)＝反应(i)×2＋反应(ii)×4＋反应(iii)×(－1)，则

$$\Delta_r H_{m,iv}^{\ominus}=\Delta_r H_{m,i}^{\ominus}\times 2+\Delta_r H_{m,ii}^{\ominus}\times 4-\Delta_r H_{m,iii}^{\ominus}=$$

$$[(-283.0\times 2)+(-285.0\times 4)-(-1\ 370)]\ kJ\cdot mol^{-1}=$$

$$-336.0\ kJ\cdot mol^{-1}$$

6. 反应的标准摩尔焓[变] $\Delta_r H_m^{\ominus}(T)$ 的计算

(1) 由 B 的标准摩尔生成焓[变] $\Delta_f H_m^{\ominus}(B,\beta,T)$ 计算

①B 的标准摩尔生成焓[变] $\Delta_f H_m^{\ominus}(B,\beta,T)$ 的定义

B 的标准摩尔生成焓[变]①(standard molar enthalpy [change] of formation) 以符号 $\Delta_f H_m^{\ominus}(B,\ \beta,\ T)$ 表示("f" 表示生成，"β" 表示相态)，定义为在温度 T，由参考状态的单质生成 B($\nu_B=+1$) 时的生成反应的标准摩尔焓[变]。这里所谓的参考状态，一般是指单质在所讨论的温度 T 及标准压力 $p^{\ominus}$ 下最稳定的状态[磷除外，是 P(s，白) 而不是更稳定的 P(s，红)]。书写相应的生成反应的化学反应方程式时，要使 B 的化学计量数 $\nu_B=+1$②。例如，$\Delta_f H_m^{\ominus}(CH_3OH,l,298.15\ K)$ 是下述生成反应(由参考状态的单质生成 B 的反应) 的标准摩尔焓[变] 的简写：

$$C(石墨,298.15\ K,p^{\ominus})+2H_2(g,298.15\ K,p^{\ominus})+\frac{1}{2}O_2(g,298.15\ K,p^{\ominus}) = CH_3OH(l,298.15\ K,p^{\ominus})$$

当然，H_2 和 O_2 应具有理想气体的特性。所说的"摩尔"与一般反应的摩尔焓[变]一样，是指每摩尔反应进度。

根据B的标准摩尔生成焓[变] $\Delta_f H_m^{\ominus}(B,\beta,T)$ 的定义，参考状态时单质的标准摩尔生成焓[变]，在任何温度 T 时均为零。如 $\Delta_f H_m^{\ominus}(C,石墨,T)=0$。

---

①以往的教材中，把标准摩尔生成焓定义为："温度为 T，由最稳定态的单质生成 1 mol B 时反应的标准摩尔焓，称为该温度的 B 的标准摩尔生成焓"。按国家标准规定，定义中规定"生成 1 mol"B 是不妥的，因为在定义任何量时，不应指定或暗含特定单位。再者，以往把标准摩尔生成焓称为"标准摩尔生成热"也是不妥的，这不仅在名称、符号上不规范，而且也将热量 Q 与焓变 ΔH 两个不同物理概念的量混淆了。

②在 B 的标准摩尔生成焓[变] 的定义中，必须锁定 $\nu_B=+1$，因为 $\Delta_r H_m^{\ominus}(T)$ 与指定的化学反应计量方程相对应，锁定 $\nu_B=+1$ 后的生成反应的 $\Delta_r H_m^{\ominus}(T)$ 才能定义为 $\Delta_f H_m^{\ominus}(B,\beta,T)$。有的教材用"生成单位量 B"代替 $\nu_B=+1$，这也未能锁定生成反应的方程式。

由教材和手册中可查得 B 的 $\Delta_f H_m^\ominus(B,\beta,298.15\ K)$ 数据(附录 Ⅲ)。

注意　把标准摩尔生成焓[变]$\Delta_f H_m^\ominus$ 称为标准摩尔生成热是不正确的,因为二者只是在一定条件下量值相等,而物理概念不同。

② 由 $\Delta_f H_m^\ominus(B,\beta,T)$ 计算 $\Delta_r H_m^\ominus(T)$

由式(1-56) 可得

$$\Delta_r H_m^\ominus(T)=\sum_B \nu_B \Delta_f H_m^\ominus(B,\beta,T) \tag{1-58}$$

或

$$\Delta_r H_m^\ominus(298.15\ K)=\sum_B \nu_B \Delta_f H_m^\ominus(B,\beta,298.15\ K) \tag{1-59}$$

如对反应

$$aA(g)+bB(s) = yY(g)+zZ(s)$$

$$\Delta_r H_m^\ominus(298.15\ K)=y\Delta_f H_m^\ominus(Y,g,298.15\ K)+z\Delta_f H_m^\ominus(Z,s,298.15\ K)-a\Delta_f H_m^\ominus(A,g,298.15\ K)-b\Delta_f H_m^\ominus(B,s,298.15\ K)$$

(2) 由 B 的标准摩尔燃烧焓[变]$\Delta_c H_m^\ominus(B,\beta,T)$ 计算

①B 的标准摩尔燃烧焓[变] 的定义

B 的标准摩尔燃烧焓[变](standard molar enthalpy [change] of combustion) 以符号 $\Delta_c H_m^\ominus(B,\beta,T)$ 表示("c" 表示燃烧,"β" 表示相态),定义为在温度 T,B($\nu_B=-1$) 完全氧化成相同温度下指定产物时的燃烧反应的标准摩尔焓[变]。所谓指定产物,如 C、H 完全氧化的指定产物是 $CO_2(g)$ 和 $H_2O(l)$,对其他元素一般数据表上会注明,查阅时应加以注意(附录 Ⅳ)。书写相应的燃烧反应的化学反应的方程式时,要使 B 的化学计量数 $\nu_B=-1$。例如,$\Delta_c H_m^\ominus$(C,石墨,298.15 K) 是下述燃烧反应的标准摩尔焓[变] 的简写:

$$C(\text{石墨},298.15\ K,p^\ominus)+O_2(g,298.15\ K,p^\ominus) = CO_2(g,298.15\ K,p^\ominus)$$

当然,O_2 和 CO_2 应具有理想气体的特性。所说的"摩尔" 与一般反应的摩尔焓[变] 一样,是指每摩尔反应进度。

根据 B 的标准摩尔燃烧焓[变] 的定义,参考状态下的 $H_2O(l)$、$CO_2(g)$ 的标准摩尔燃烧焓[变],在任何温度 T 时均为零。

由 B 的标准摩尔生成焓[变] 及摩尔燃烧焓[变] 的定义可知,$H_2O(l)$ 的标准摩尔生成焓[变] 与 $H_2(g)$ 的标准摩尔燃烧焓[变]、$CO_2(g)$ 的标准摩尔生成焓[变] 与 C(石墨) 的标准摩尔燃烧焓[变] 在量值上相等,但物理含义不同。

注意　标准摩尔燃烧焓[变]$\Delta_c H_m^\ominus$ 不能称为标准摩尔燃烧热,二者虽在一定条件下量值相等,但物理概念不同。

② 由 $\Delta_c H_m^\ominus(B,\beta,T)$ 计算 $\Delta_r H_m^\ominus(T)$

由式(1-56) 可得

$$\Delta_r H_m^\ominus(T)=-\sum_B \nu_B \Delta_c H_m^\ominus(B,\beta,T) \tag{1-60}$$

或

$$\Delta_r H_m^\ominus(298.15\ K)=-\sum_B \nu_B \Delta_c H_m^\ominus(B,\beta,298.15\ K) \tag{1-61}$$

如对反应 $$aA(s)+bB(g) = yY(s)+zZ(g)$$

$$\Delta_r H_m^\ominus(298.15\ K) = -[y\Delta_c H_m^\ominus(Y,s,298.15\ K)+z\Delta_c H_m^\ominus(Z,g,298.15\ K)-a\Delta_c H_m^\ominus(A,s,298.15K)-b\Delta_c H_m^\ominus(B,g,298.15\ K)]$$

【例 1-15】 已知C(石墨)及 $H_2(g)$ 在 25 ℃ 时的标准摩尔燃烧焓分别为$-393.51\ kJ\cdot mol^{-1}$ 及$-285.84\ kJ\cdot mol^{-1}$，水在 25 ℃ 时的汽化焓为 $44.0\ kJ\cdot mol^{-1}$，反应 C(石墨) + $2H_2O(g) \longrightarrow 2H_2(g)+CO_2(g)$ 在 25 ℃ 时的标准摩尔反应焓[变]$\Delta_r H_m^\ominus(298.15\ K)$ 为多少？

解 由题可知

$$\Delta_f H_m^\ominus(H_2O,l,298.15\ K)=\Delta_c H_m^\ominus(H_2,g,298.15\ K)=-285.84\ kJ\cdot mol^{-1}$$

又 $$H_2O(l,298.15\ K,p^\ominus)\xrightarrow{汽化}H_2O(g,298.15\ K,p^\ominus)$$

其相变焓 $$\Delta_{vap}H_m^\ominus(298.15\ K)=\Delta_f H_m^\ominus(H_2O,g,298.15\ K)-\Delta_f H_m^\ominus(H_2O,l,298.15\ K)$$

于是 $$\Delta_f H_m^\ominus(H_2O,g,298.15\ K)=44.0\ kJ\cdot mol^{-1}+(-285.84\ kJ\cdot mol^{-1})=-241.84\ kJ\cdot mol^{-1}$$

因为

$$\Delta_f H_m^\ominus(CO_2,g,298.15\ K)=\Delta_c H_m^\ominus(C,石墨,298.15\ K)=-393.51\ kJ\cdot mol^{-1}$$

则对反应 $$C(石墨)+2H_2O(g)\longrightarrow 2H_2(g)+CO_2(g)$$

由式(1-59)有

$$\begin{aligned}\Delta_r H_m^\ominus(298.15\ K) &= \sum_B \nu_B\Delta_f H_m^\ominus(B,\beta,298.15\ K)=\\ &\Delta_f H_m^\ominus(CO_2,g,298.15\ K)-2\Delta_f H_m^\ominus(H_2O,g,298.15\ K)=\\ &[(-393.51)-2\times(-241.84)]\ kJ\cdot mol^{-1}=\\ &90.17\ kJ\cdot mol^{-1}\end{aligned}$$

【例 1-16】 已知反应：$CH_3COOH(l)+C_2H_5OH(l)\longrightarrow CH_3COOC_2H_5(l)+H_2O(l)$ 在298.15 K 的 $\Delta_r H_m^\ominus(298.15\ K)=-9.200\ kJ\cdot mol^{-1}$，且已知 $C_2H_5OH(l)$ 的 $\Delta_c H_m^\ominus(l,298.15\ K)=-1\ 366.91\ kJ\cdot mol^{-1}$，$CH_3COOH(l)$ 的 $\Delta_c H_m^\ominus(l,\ 298.15\ K)=-873.8\ kJ\cdot mol^{-1}$，$\Delta_f H_m^\ominus(CO_2,g,\ 298.15\ K)=-393.511\ kJ\cdot mol^{-1}$，$\Delta_f H_m^\ominus(H_2O,l,298.15\ K)=-285.838\ kJ\cdot mol^{-1}$。试求 $CH_3COOC_2H_5(l)$ 的 $\Delta_f H_m^\ominus(298.15\ K)$ 为多少？

解 对于反应

$$CH_3COOH(l)+C_2H_5OH(l)\longrightarrow CH_3COOC_2H_5(l)+H_2O(l)$$

由式(1-61)，有

$$\Delta_r H_m^\ominus(298.15\ K)=-\sum_B \nu_B\Delta_c H_m^\ominus(B,\beta,298.15\ K)$$

$$\begin{aligned}\Delta_r H_m^\ominus(298.15\ K)= &-[\Delta_c H_m^\ominus(H_2O,l,298.15\ K)+\Delta_c H_m^\ominus(CH_3COOC_2H_5,l,298.15\ K)-\\ &\Delta_c H_m^\ominus(CH_3COOH,l,298.15\ K)-\Delta_c H_m^\ominus(C_2H_5OH,l,298.15\ K)]\end{aligned}$$

即 $\qquad -9.200 \text{ kJ} \cdot \text{mol}^{-1} = -[0 + \Delta_c H_m^{\ominus}(\text{CH}_3\text{COOC}_2\text{H}_5, l, 298.15 \text{ K}) +$

$$873.8 \text{ kJ} \cdot \text{mol}^{-1} + 1\,366.91 \text{ kJ} \cdot \text{mol}^{-1}]$$

得 $\qquad \Delta_c H_m^{\ominus}(\text{CH}_3\text{COOC}_2\text{H}_5, l, 298.15 \text{ K}) = -2\,231.5 \text{ kJ} \cdot \text{mol}^{-1}$

对 $\text{CH}_3\text{COOC}_2\text{H}_5$ 燃烧反应,书写其反应方程式时,写成 $\nu(\text{CH}_3\text{COOC}_2\text{H}_5) = -1$,则有

$$\text{CH}_3\text{COOC}_2\text{H}_5(l) + 5\text{O}_2(g) \longrightarrow 4\text{CO}_2(g) + 4\text{H}_2\text{O}(l)$$

$$\Delta_c H_m^{\ominus}(\text{CH}_3\text{COOC}_2\text{H}_5, l, 298.15 \text{ K}) = \Delta_r H_m^{\ominus}(298.15 \text{ K})$$

由式(1-59),得

$$\Delta_r H_m^{\ominus}(298.15 \text{ K}) = -\Delta_f H_m^{\ominus}(\text{CH}_3\text{COOC}_2\text{H}_5, l, 298.15 \text{ K}) - 0 +$$

$$4\Delta_f H_m^{\ominus}(\text{CO}_2, g, 298.15 \text{ K}) + 4\Delta_f H_m^{\ominus}(\text{H}_2\text{O}, l, 298.15 \text{ K}) =$$

$$\Delta_c H_m^{\ominus}(\text{CH}_3\text{COOC}_2\text{H}_5, l, 298.15 \text{ K})$$

于是 $\quad \Delta_f H_m^{\ominus}(\text{CH}_3\text{COOC}_2\text{H}_5, l, 298.15 \text{ K}) = -\Delta_c H_m^{\ominus}(\text{CH}_3\text{COOC}_2\text{H}_5, l, 298.15 \text{ K}) +$

$$4 \times \Delta_f H_m^{\ominus}(\text{CO}_2, g, 298.15 \text{ K}) + 4\Delta_f H_m^{\ominus}(\text{H}_2\text{O}, l, 298.15 \text{ K}) =$$

$$[2\,231.5 + 4 \times (-393.511) + 4 \times (-285.838)] \text{ kJ} \cdot \text{mol}^{-1} =$$

$$-485.9 \text{ kJ} \cdot \text{mol}^{-1}$$

7. 反应的标准摩尔焓[变]与温度的关系

利用标准摩尔生成焓[变]或标准摩尔燃烧焓[变]的数据计算反应的标准摩尔焓[变],通常只有 298.15 K 的数据,因此计算所得的是 $\Delta_r H_m^{\ominus}(298.15 \text{ K})$。那么该如何计算任意温度 T 时的 $\Delta_r H_m^{\ominus}(T)$ 呢? 这可由以下关系来推导:

$$
\begin{array}{ccccccc}
\boxed{a\text{A}} & + & \boxed{b\text{B}} & \xrightarrow{\Delta_r H_m^{\ominus}(T_1)} & \boxed{y\text{Y}} & + & \boxed{z\text{Z}} \\
\downarrow \Delta H_{m,1}^{\ominus} & & \downarrow \Delta H_{m,2}^{\ominus} & & \uparrow \Delta H_{m,3}^{\ominus} & & \uparrow \Delta H_{m,4}^{\ominus} \\
\boxed{a\text{A}} & + & \boxed{b\text{B}} & \xrightarrow{\Delta_r H_m^{\ominus}(T_2)} & \boxed{y\text{Y}} & + & \boxed{z\text{Z}}
\end{array}
$$

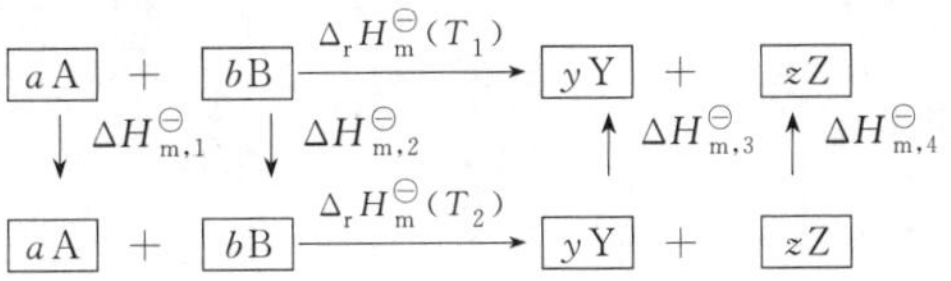

由状态函数的性质可有

$$\Delta_r H_m^{\ominus}(T_1) = \Delta H_{m,1}^{\ominus} + \Delta H_{m,2}^{\ominus} + \Delta_r H_m^{\ominus}(T_2) + \Delta H_{m,3}^{\ominus} + \Delta H_{m,4}^{\ominus}$$

因为 $\qquad \Delta H_{m,1}^{\ominus} = a\int_{T_1}^{T_2} C_{p,m}^{\ominus}(\text{A})\mathrm{d}T, \quad \Delta H_{m,2}^{\ominus} = b\int_{T_1}^{T_2} C_{p,m}^{\ominus}(\text{B})\mathrm{d}T$[①]

$$\Delta H_{m,3}^{\ominus} = -y\int_{T_1}^{T_2} C_{p,m}^{\ominus}(\text{Y})\mathrm{d}T, \quad \Delta H_{m,4}^{\ominus} = -z\int_{T_1}^{T_2} C_{p,m}^{\ominus}(\text{Z})\mathrm{d}T$$

于是有 $\qquad \Delta_r H_m^{\ominus}(T_2) = \Delta_r H_m^{\ominus}(T_1) + \int_{T_1}^{T_2} \sum_B \nu_B C_{p,m}^{\ominus}(\text{B})\mathrm{d}T \qquad$ (1-62)

式中 $\qquad \sum_B \nu_B C_{p,m}^{\ominus}(\text{B}) = y C_{p,m}^{\ominus}(\text{Y}) + z C_{p,m}^{\ominus}(\text{Z}) - a C_{p,m}^{\ominus}(\text{A}) - b C_{p,m}^{\ominus}(\text{B})$

若 $T_2 = T, T_1 = 298.15 \text{ K}$,则式(1-62)变为

$$\Delta_r H_m^{\ominus}(T) = \Delta_r H_m^{\ominus}(298.15 \text{ K}) + \int_{298.15 \text{ K}}^{T} \sum_B \nu_B C_{p,m}^{\ominus}(\text{B}, \beta)\mathrm{d}T \qquad (1\text{-}63)$$

式(1-62)及式(1-63)叫基希霍夫(Kirchhoff)公式。

---

① $C_{p,m}^{\ominus}$ 为标准定压摩尔热容,当压力不太高时,压力对定压摩尔热容的影响可以忽略不计,通常 $C_{p,m} \approx C_{p,m}^{\ominus}$。

注意 式(1-63)应用于298.15 K～T的温度区间,反应参与物在反应过程中没有相变化的情况。当伴随有相变化时,尚需把相变焓考虑进去。

8. 反应的标准摩尔焓[变]与标准摩尔热力学能[变]的关系

在实验测定中,多数情况下测定 $\Delta_r U_m^{\ominus}(T)$ 较为方便。如何从 $\Delta_r U_m^{\ominus}(T)$ 换算成 $\Delta_r H_m^{\ominus}(T)$ 呢?

对于化学反应
$$0=\sum_B \nu_B B$$
根据式(1-56)及焓的定义式(1-23),有
$$\Delta_r H_m^{\ominus}(T)=\sum_B \nu_B H_m^{\ominus}(B,\beta,T)=\sum_B \nu_B U_m^{\ominus}(B,\beta,T)+\sum_B \nu_B[p^{\ominus} V_m^{\ominus}(B,T)]$$

对于凝聚相(液相或固相)的B,标准摩尔体积 $V_m^{\ominus}(B,T)$ 很小,$\sum_B \nu_B[p^{\ominus} V_m^{\ominus}(B,T)]$ 也很小,可以忽略,于是
$$\Delta_r H_m^{\ominus}(T,l或s)\approx \Delta_r U_m^{\ominus}(T,l或s) \tag{1-64}$$
式中,$\Delta_r U_m^{\ominus}(T,l或s)=\sum_B \nu_B U_m^{\ominus}(B,T,l或s)$,代表反应的标准摩尔热力学能[变]。有气体B参加的反应,式(1-64)可以写成
$$\Delta_r H_m^{\ominus}(T)=\Delta_r U_m^{\ominus}(T)+RT\sum_B \nu_B(g) \tag{1-65}$$

由式(1-65)知,当反应的 $\sum_B \nu_B(g)>0$ 时,$\Delta_r H_m^{\ominus}(T)>\Delta_r U_m^{\ominus}(T)$;当反应的 $\sum_B \nu_B(g)<0$ 时,$\Delta_r H_m^{\ominus}(T)<\Delta_r U_m^{\ominus}(T)$。

在定温、定容及 $W'=0$,定温、定压及 $W'=0$ 的条件下进行化学反应时,由式(1-21a)及式(1-24a)也应有
$$Q_V=\Delta_r U,\quad Q_p=\Delta_r H$$
因此,在给定条件下,化学反应热 Q_V 或 Q_p 不再与变化途径有关。

以往常把 $\Delta_r U$、$\Delta_r H$ 或 Q_V、Q_p 称为“定容热效应”和“定压热效应”,按GB 3102.8—1993的有关规定,这种称呼是不妥的,应避免使用(GB中,“热效应”“潜热”“显热”等术语已废止)。但上述关系总是正确的。Q_V 和 Q_p 是反应系统在上述规定条件下吸收(或放出)的热量,$\Delta_r U$、$\Delta_r H$ 则为化学反应的热力学能[变]和焓[变],前者与后者在规定条件下量值相等,但物理含义不同。

【例 1-17】 气相反应 $A(g)+B(g)\longrightarrow Y(g)$ 在 500 ℃ 进行。

已知数据:

物质	$\dfrac{\Delta_f H_m^{\ominus}(298.15\ K)}{kJ\cdot mol^{-1}}$	$\dfrac{298.15\sim773.15\ K 的\ C_{p,m}^{\ominus}}{J\cdot mol^{-1}\cdot K^{-1}}$
A(g)	−235	19.1
B(g)	52	4.2
Y(g)	−241	30.0

试求 $\Delta_r H_m^{\ominus}(298.15\ K)$、$\Delta_r H_m^{\ominus}(773.15\ K)$、$\Delta_r U_m^{\ominus}(773.15\ K)$。

解 由式(1-59),有

$$\Delta_r H_m^{\ominus}(298.15\ \mathrm{K})=\sum_B \nu_B \Delta_f H_m^{\ominus}(\mathrm{B},\beta,298.15\ \mathrm{K})=$$

$$[-(-235)-(52)+(-241)]\ \mathrm{kJ \cdot mol^{-1}}=-58\ \mathrm{kJ \cdot mol^{-1}}$$

由式(1-63)，有

$$\Delta_r H_m^{\ominus}(773.15\ \mathrm{K})=\Delta_r H_m^{\ominus}(298.15\ \mathrm{K})+\int_{298.15\ \mathrm{K}}^{773.15\ \mathrm{K}} \sum_B \nu_B C_{p,m}^{\ominus}(\mathrm{B})\mathrm{d}T$$

而　$\sum_B \nu_B C_{p,m}^{\ominus}(\mathrm{B})=(-19.1-4.2+30.0)\mathrm{J \cdot mol^{-1} \cdot K^{-1}}=6.7\ \mathrm{J \cdot mol^{-1} \cdot K^{-1}}$

所以　$\Delta_r H_m^{\ominus}(773.15\ \mathrm{K})=-58\ \mathrm{kJ \cdot mol^{-1}}+6.7\ \mathrm{J \cdot mol^{-1} \cdot K^{-1}}\times(773.15-298.15)\mathrm{K}$

$$=-54.82\ \mathrm{kJ \cdot mol^{-1}}$$

由式(1-65)，有

$$\Delta_r U_m^{\ominus}(773.15\ \mathrm{K})=\Delta_r H_m^{\ominus}(773.15\ \mathrm{K})-RT\sum_B \nu_B(\mathrm{g})=$$

$$-54.82\ \mathrm{kJ \cdot mol^{-1}}-8.314\,5\ \mathrm{J \cdot mol^{-1} \cdot K^{-1}}\times 773.15\ \mathrm{K}\times(1-1-1)=$$

$$-48.39\ \mathrm{kJ \cdot mol^{-1}}$$

【例 1-18】　假定反应 $\mathrm{A(g)} \rightleftharpoons \mathrm{Y(g)}+\frac{1}{2}\mathrm{Z(g)}$ 可视为理想气体反应，并已知数据：

物质	$\Delta_f H_m^{\ominus}(298.15\ \mathrm{K})/\mathrm{kJ \cdot mol^{-1}}$	$C_{p,m}^{\ominus}=a+bT+c'T^{-2}$		
		$a/\mathrm{J \cdot mol^{-1} \cdot K^{-1}}$	$b/10^{-3}\ \mathrm{J \cdot mol^{-1} \cdot K^{-2}}$	$c'/10^{5}\ \mathrm{J \cdot mol^{-1} \cdot K^{-1}}$
A(g)	−400.0	13.70	6.40	3.12
Y(g)	−300.0	11.40	1.70	−2.00
Z(g)	0	7.80	0.80	−2.24

则该反应的 $\Delta_r H_m^{\ominus}(298.15\ \mathrm{K})$ 及 $\Delta_r H_m^{\ominus}(1\,000\ \mathrm{K})$ 各为多少？

解　由式(1-59)，有

$$\Delta_r H_m^{\ominus}(298.15\ \mathrm{K})=\sum_B \nu_B \Delta_f H_m^{\ominus}(\mathrm{B},\beta,298.15\ \mathrm{K})=-\Delta_f H_m^{\ominus}(\mathrm{A,g},298.15\ \mathrm{K})+$$

$$\Delta_f H_m^{\ominus}(\mathrm{Y,g},298.15\ \mathrm{K})+\frac{1}{2}\Delta_f H_m^{\ominus}(\mathrm{Z,g},298.15\ \mathrm{K})=$$

$$[-(-400)+(-300)+0]\ \mathrm{kJ \cdot mol^{-1}}=100\ \mathrm{kJ \cdot mol^{-1}}$$

由式(1-63)，有

$$\Delta_r H_m^{\ominus}(T)=\Delta_r H_m^{\ominus}(298.15\ \mathrm{K})+\int_{298.15\ \mathrm{K}}^{T} \sum_B \nu_B C_{p,m}^{\ominus}(\mathrm{B})\mathrm{d}T$$

将数据代入，则

$$\sum_B \nu_B C_{p,m}^{\ominus}(\mathrm{B})=[1.60-4.30\times10^{-3}(T/\mathrm{K})-6.24\times10^{5}(T/\mathrm{K})^{-2}]\mathrm{J \cdot mol^{-1} \cdot K^{-1}}$$

将 $\sum_B \nu_B C_{p,m}^{\ominus}(\mathrm{B})$ 代入上式，并积分得

$$\Delta_r H_m^{\ominus}(1\,000\ \mathrm{K})=\Delta_r H_m^{\ominus}(298.15\ \mathrm{K})+\int_{298.15\ \mathrm{K}}^{1\,000\ \mathrm{K}}[1.60-4.30\times10^{-3}(T/\mathrm{K})-$$

$$6.24\times10^{5}\times(T/\mathrm{K})^{-2}]\mathrm{J \cdot mol^{-1} \cdot K^{-1}}\mathrm{d}T=97.69\ \mathrm{kJ \cdot mol^{-1}}$$

9. 摩尔溶解焓与摩尔稀释焓

(1) 摩尔溶解焓

在恒定的 T、p 下，单位物质的量的溶质 B 溶解于溶剂 A 中，形成 B 的摩尔分数为 x_B 的溶液时过程的焓变，以符号 $\Delta_{sol}H_m(B, x_B)$ 表示，称为该组成溶液的**摩尔溶解焓**(molar change of enthalpy on dissolution)。摩尔溶解焓主要与溶质及溶剂的性质及溶液的组成有关，压力的影响往往可以忽略。

(2) 摩尔稀释焓

恒定的 T、p 下，某溶剂中溶质的质量摩尔浓度为 b_1 的溶液用同样的溶剂稀释成为溶质的质量摩尔浓度为 b_2 的溶液时所引起的每单位物质的量的溶质之焓变，以符号 $\Delta_{dil}H_m(b_1 \rightarrow b_2)$ 表示，称为**摩尔稀释焓**(molar change of enthalpy on dilution)。

1.7 节流过程、焦耳-汤姆生效应

真实气体分子间有相互作用力，它的热力学性质与理想气体有所不同。例如，它不遵从理想气体状态方程式，由一定量纯真实气体组成的系统其热力学能和焓都不只是温度的函数，而是 T、V 或 T、p 两个变量的函数，即

$$U = f(T, V) \quad 及 \quad H = f(T, p) \quad (真实气体)$$

焦耳(Joule J)-**汤姆生**(Thomson W)实验(19 世纪 40 年代)证实了上述结论。

视频

真实气体的节流过程

1.7.1 焦耳-汤姆生实验

如图 1-9 所示，用一个多孔塞将绝热圆筒分成两部分。实验时，将左方活塞徐徐推进，维持压力为 p_1，使体积为 V_1 的气体经过多孔塞流入右方，同时右方活塞被缓缓推出，维持压力为 p_2，推出的气体体积为 V_2，$p_1 > p_2$(徐徐推进是为了使左、右两侧气体均容易达成平衡)。实验结果发现，气体流经多孔塞后温度发生改变。这一现象叫**焦耳-汤姆生效应**(简称焦-汤效应)，这一过程又叫**节流过程**(throttling process)。

视频

焦耳-汤姆生实验

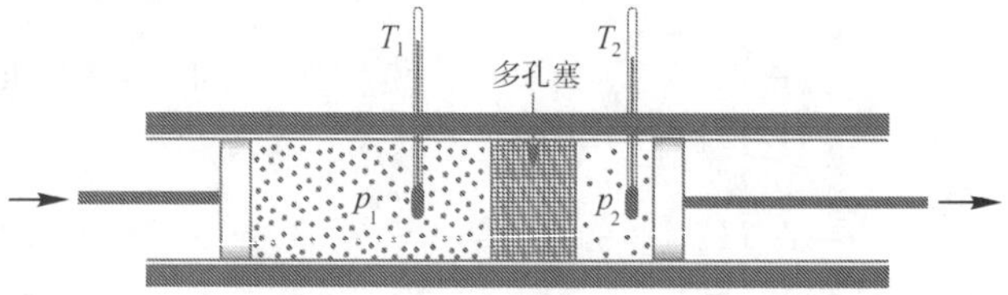

图 1-9 焦耳-汤姆生实验

显而易见，一个有限的压力降发生在多孔塞内，尽管在多孔塞左右活塞的推入和推出过程中使之无限接近平衡状态，但节流过程的全程(包括多孔塞内的过程)仍然是不可逆过程(这一不可逆过程集中发生在多孔塞内)。

1.7.2 节流过程的特点

节流过程中，环境对系统做的总功为

$$W_V = -p_1(0 - V_1) - p_2(V_2 - 0) = p_1V_1 - p_2V_2$$

又因绝热 $Q = 0$

所以，由热力学第一定律 $\Delta U = W_V$

或 $U_2 - U_1 = p_1V_1 - p_2V_2$

移项 $U_2 + p_2V_2 = U_1 + p_1V_1$

由焓的定义，得 $H_2 = H_1$ (1-66)

表明，节流过程的特点是定焓过程(process of isoenthalpy)。

这一特点表明，对真实气体，若 H 只是温度的函数，则不管 p 是否改变，T 改变 H 就改变。T、p 都改变而 H 不变，表明 H 随 T 的改变与随 p 的改变相互抵消。由此可见，真实气体的 H 是 T、p 的函数，而不只是 T 的函数。

注意 节流过程是一个定焓过程，而不是定焓变化。

1.7.3 焦耳-汤姆生系数

定义

$$\mu_{\text{J-T}} \xlongequal{\text{def}} \left(\frac{\partial T}{\partial p}\right)_H \tag{1-67}$$

式中，$\mu_{\text{J-T}}$ 叫焦耳-汤姆生系数(Joule-Thomson coefficient)(简称焦-汤系数)。$\left(\frac{\partial T}{\partial p}\right)_H$ 是在定焓的情况下，节流过程中温度随压力的变化率。

因为 $\partial p < 0$，所以 $\mu_{\text{J-T}} < 0$，表示流体经节流后温度升高；$\mu_{\text{J-T}} > 0$，表示流体经节流后温度下降；$\mu_{\text{J-T}} = 0$，表示流体经节流后温度不变。

各种气体在常温下的 $\mu_{\text{J-T}}$ 值一般都是正的，但氢、氦、氖例外，它们在常温下的 $\mu_{\text{J-T}}$ 值是负的。表1-4列出几种气体在0 ℃、101.325 kPa时的 $\mu_{\text{J-T}}$ 值：

表1-4 气体在0 ℃、101.325 kPa时的 $\mu_{\text{J-T}}$ 值

气体	$\mu_{\text{J-T}}/(10^5\ \text{K}\cdot\text{Pa}^{-1})$	气体	$\mu_{\text{J-T}}/(10^5\ \text{K}\cdot\text{Pa}^{-1})$
H_2	−0.03	O_2	0.31
CO_2	1.30	空气	0.27

节流原理在气体液化及致冷等工艺过程中有重要应用。

【例1-19】 试证：对理想气体 $\mu_{\text{J-T}} = 0$。

证明 节流过程 $\mathrm{d}H = 0$

因为

$$\mathrm{d}H = \left(\frac{\partial H}{\partial T}\right)_p \mathrm{d}T + \left(\frac{\partial H}{\partial p}\right)_T \mathrm{d}p$$

所以

$$\mu_{\text{J-T}} = \left(\frac{\partial T}{\partial p}\right)_H = -\frac{(\partial H/\partial p)_T}{(\partial H/\partial T)_p} = -\frac{(\partial H/\partial p)_T}{C_p}$$

而理想气体 H 只是温度的函数，$(\partial H/\partial p)_T = 0$，所以 $\mu_{\text{J-T}} = 0$。

由此结果可以证明,理想气体经节流时温度不变。

1.7.4 定焓线和转换曲线

前已叙及,节流过程是一个定焓过程,不是定焓变化。这是由于已把气体在多孔塞内的状态变化(一个有限的压力变化)忽略掉了,且把膨胀前后的一系列状态作为平衡态处理,即把在有限时间内进行的不可逆过程理想化为可逆过程。为了说明这一变化规律,我们可进行如下的节流过程实验:首先从一定温度、压力下的气体 T_1、p_1 开始,节流膨胀到 T_2、p_2,进一步膨胀到 T_3、p_3,T_4、p_4,…。若将实验结果画在 T-p 图上,再把各温度、压力状态点(每个状态点都无限接近平衡态)连成一条光滑曲线,即为开始温度、压力为 T_1、p_1 的定焓线(isoenthalpic curve)(图 1-10 中的定焓线 H_4);对同一气体,若改变开始温度、压力,即从 T'_1、p'_1 开始节流膨胀到 T'_2、p'_2,T'_3、p'_3,T'_4、p'_4,…,则得另一条定焓线(图 1-10 中的定焓线 H_6)。如此重复实验,可得一系列不同开始温度、压力下的定焓线,如图 1-10 中 $H_1 \sim H_8$ 所示。各定焓线上任何一点的切线斜率就是实验气体在一定 T、p 下的 $\mu_{\text{J-T}}$。同一定焓线上各点切线斜率彼此不同,说明 $\mu_{\text{J-T}}$ 是 T 和 p 的函数。每条定焓线上均有一最高点,将各定焓线的最高点联结起来得到如图 1-10 中的虚线,称为转换曲线(inversion curve)。转换曲线上 $\mu_{\text{J-T}}=0$;转换曲线左侧 $\mu_{\text{J-T}}>0$,称为致冷区;转换曲线右侧 $\mu_{\text{J-T}}<0$,称为致热区。各种气体有其特有的转换曲线。不言而喻,欲使气体在节流膨胀后降温或液化,必须在该气体的致冷区内进行。工业上如液化空气、液化烃等的生产就是依据上述致冷原理。

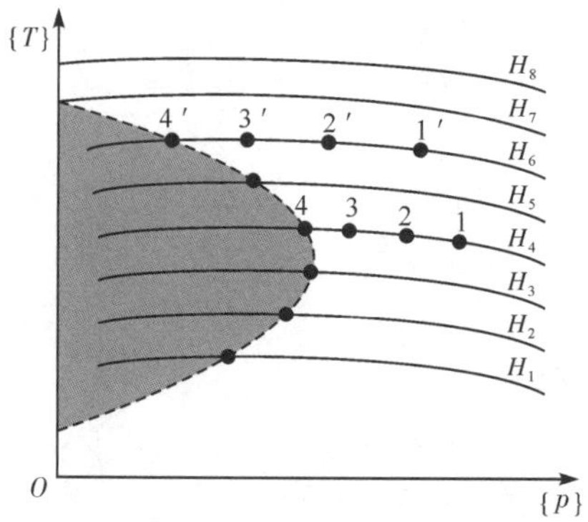

图 1-10 气体在不同开始温度、压力下进行节流膨胀的定焓线及转换曲线

1.8 稳流系统的热力学第一定律

1.8.1 稳流系统

在化工生产中,连续式生产装置是最为普遍的。例如,连续式反应器(反应器可以是槽式、管式或塔式等)装置,流体物料从装置的入口不断流入,在反应器中发生反应后,产物流体从出口不断流出,从而完成了从反应物到产物的生产过程,这种生产装置即为流动系统(流动系统中发生的变化可以是单纯的 p、V、T 变化、相变化、化学变化或几种变化同时进行,且为开放系统)。若:(i) 在所考察的时间内,沿着流体流动的轴向上的各点的流量(质量流量,单位为 $\text{kg}\cdot\text{s}^{-1}$ 或摩尔流量,单位为 $\text{mol}\cdot\text{s}^{-1}$)不随时间而变;(ii) 系统中垂直于流体流动方向的截面上的各点的状态不随时间而变;(iii) 系统中无质量和能量的积累,这样的流动系统称为稳定流动系统,简称为稳流系统(steady flow system)。

如图 1-11 所示,为一稳流系统,质量为 m 的反应物流体物料从截面 1—1 处的入口经过泵流入管道,再经换热器进入列管式反应器,反应后得到产物流体物料从截面 2—2 处的出口流出。取 1—1 和 2—2 之间连续流动中的物料作为所要研究的流动系统,物料以外的周围部分(各种设备)构成环境。

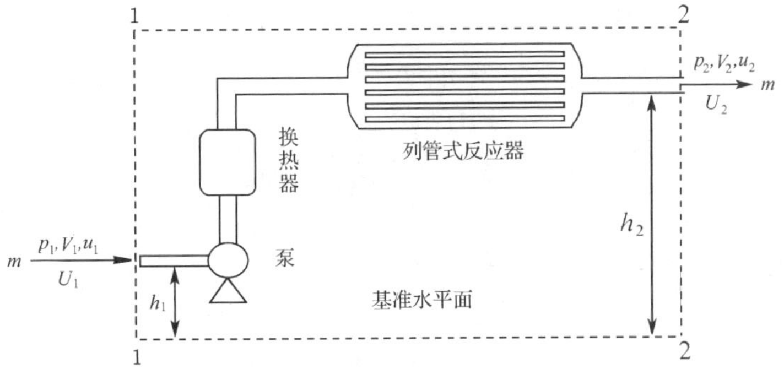

图 1-11　稳流系统

1.8.2　稳流系统的热力学第一定律

1. 系统和环境间功及热的交换

设我们考虑的系统为稳流系统,如图 1-11 所示,通常系统与环境间功的交换有两种,一为流动功,另一为轴功。

在稳流过程中,设质量为 m 的反应物流体物料,从截面 1—1 处的入口,在压力 p_1 下,流进的体积为 V_1,流动过程中环境对系统做功为 p_1V_1,而当此反应物流体物料流经反应器发生反应后,产物流体物料从截面 2—2 处的出口流出时,在压力 p_2 下,流出的体积为 V_2,则环境对系统做功为 $-p_2V_2$。流动过程所做的总功,通常称为流动功,用符号 W_f 表示,即

$$W_f = p_1V_1 - p_2V_2$$

化工生产中的连续生产装置,通常配有泵、鼓风机、压缩机、搅拌桨等动力装置。这些动力装置与系统发生功的交换,通常称为轴功,用符号 W_s 表示。则稳流过程中系统与环境间总的功交换则为 $W = W_f + W_s$。

系统与环境之间的热交换,主要是换热装置(如预热或冷却装置)与系统交换的热量 Q(系统吸热为正,放热为负)。

2. 系统的热力学能、动能及势能的变化

设质量为 m 的流体物料在截面 1—1 入口处,热力学能为 U_1,流速为 u_1,位置高度(相对于基准水平面)为 h_1,经反应器变为产物,质量为 m 流体物料流经截面 2—2 出口处,热力学能为 U_2,流速为 u_2,位置高度(相对于基准水平面)为 h_2,于是质量为 m 的流体物料,经稳流过程的热力学能变化、动能变化和势能变化分别为

$$U_2 - U_1 = \Delta U$$

$$\frac{1}{2}mu_2^2 - \frac{1}{2}mu_1^2 = \frac{1}{2}m\Delta u^2$$

$$mgh_2 - mgh_1 = mg\Delta h$$

式中,g 为重力加速度。

3. 稳流系统的热力学第一定律

根据能量守恒,应有

$$\Delta U + m\Delta u^2/2 + mg\Delta h = Q + W$$

又
$$W = W_f + W_s = (p_1V_1 - p_2V_2) + W_s$$

于是
$$(U_2 - U_1) + m\Delta u^2/2 + mg\Delta h = Q + (p_1V_1 - p_2V_2) + W_s$$

又
$$H = U + pV$$

则
$$\Delta H + m\Delta u^2/2 + mg\Delta h = Q + W_s \tag{1-68a}$$

或
$$\mathrm{d}H + mu\mathrm{d}u + mg\mathrm{d}h = \delta Q + \delta W_s \tag{1-68b}$$

式(1-68) 即为稳流系统的热力学第一定律。

1.8.3 稳流系统的热力学第一定律的应用

化工生产中许多操作属于或接近于稳流过程，把稳流系统热力学第一定律应用于若干特殊的化工过程时，有

(i) 系统在装置的进出口之间动能和势能的变化与其他能量项相比，小到可以忽略时，如流体物料经压缩机、泵、鼓风机等，此时式(1-68a) 变为

$$\Delta H = Q + W_s \tag{1-69}$$

(ii) 当流体流经管道、阀门、换热器、吸收塔、精馏塔、混合器和反应器等设备时，不做轴功，且进、出口的动能和势能变化可以忽略时，则式(1-68a) 变为

$$\Delta H = Q \tag{1-70}$$

式(1-70) 表明，此时，系统与环境交换的热量在量值上等于系统的焓变。

(iii) 流体经过散热很小的压缩机、泵、鼓风机等设备，且进、出口的动能和势能的变化可以忽略不计时，式(1-68a) 变为

$$\Delta H = W_s \tag{1-71}$$

式(1-71) 表明，此时，系统与环境交换的轴功，量值上等于系统的焓变。

Ⅲ 热力学第二定律

1.9 热转化为功的限度、卡诺循环

与热力学第一定律一样，热力学第二定律 (second law of thermodynamics) 也是人们生产实践、生活实践和科学实验的经验总结。从热力学第二定律出发，经过归纳与推理，定义了状态函数 —— 熵(entropy)，以符号 S 表示，用熵判据(entropy criterion)$\left(\mathrm{d}S_{\text{隔}} \geqslant 0 \ \begin{matrix}\text{自发}\\ \text{平衡}\end{matrix}\right)$解决物质变化过程的方向与限度问题。

视频

热力学第二定律文字表述及卡诺定理

因为热力学第二定律的发现和热与功的相互转化的规律深刻联系在一起，所以我们从热与功的相互转化规律进行研究 —— 热能否全部转化为功？热转化为功的限度如何？

1.9.1　热机效率

热机（蒸汽机、内燃机等）的工作过程可以看作一个循环过程。如图 1-12 所示，热机从高温热源（温度 T_1）吸热 $Q_1(>0)$，对环境做功 $W_V(<0)$，同时向低温热源（温度 T_2）放热 $Q_2(<0)$，再从高温热源吸热，完成一个循环。则热机效率（热转化为功的效率）定义为

$$\eta \stackrel{\text{def}}{=\!=\!=} \frac{-W_V}{Q_1} = \frac{Q_1 + Q_2}{Q_1} \tag{1-72}$$

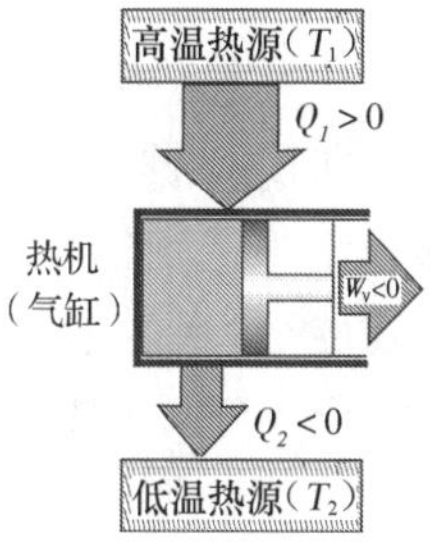

图 1-12　热转化为功的限度

1.9.2　卡诺循环

1824 年法国年轻工程师卡诺（Carnot S）设想了一部理想热机。该热机由两个温度不同的可逆定温过程（膨胀和压缩）和两个可逆绝热过程（膨胀和压缩）构成一循环过程 —— 卡诺循环（Carnot cycle）。以理想气体为工质的卡诺循环如图 1-13 所示。由图 1-13 可知，完成一个循环后，热机所作的净功为 p-V 图上曲线所包围的面积，$W_V<0$。应用热力学第一定律，可有

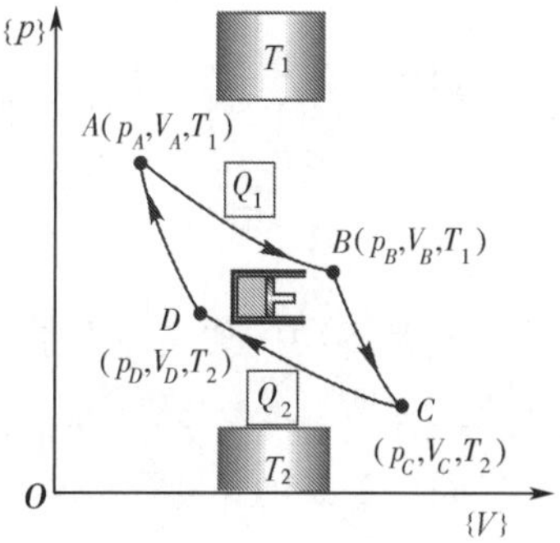

图 1-13　卡诺循环

过程 AB：　$$Q_1 = nRT_1 \ln \frac{V_B}{V_A} \tag{a}$$

过程 CD：　$$Q_2 = nRT_2 \ln \frac{V_D}{V_C} \tag{b}$$

过程 BC：　$$T_1 V_B^{\gamma-1} = T_2 V_C^{\gamma-1}, \gamma = \frac{C_p}{C_V} \tag{c}$$

过程 DA：　$$T_1 V_A^{\gamma-1} = T_2 V_D^{\gamma-1} \tag{d}$$

由式(c)、式(d) 有
$$\frac{V_B}{V_A} = \frac{V_C}{V_D}$$

所以
$$Q_1 + Q_2 = nR(T_1 - T_2) \ln \frac{V_B}{V_A} \tag{e}$$

由式(1-72) 及式(a)、式(e)，得

$$\eta = \frac{-W_V}{Q_1} = \frac{Q_1 + Q_2}{Q_1} = \frac{T_1 - T_2}{T_1} \tag{1-73}$$

结论：理想气体卡诺热机的效率 η 只与两个热源的温度（T_1、T_2）有关，温差愈大，η 愈大。

由式(1-73)，得
$$\frac{Q_1}{T_1} + \frac{Q_2}{T_2} = 0 \tag{1-74}$$

1.9.3 卡诺定理

所有工作在两个一定温度之间的热机，可逆热机的效率最大——卡诺定理(Carnot theorem)，即

$$\eta_{\mathrm{r}}=\frac{T_1-T_2}{T_1} \tag{1-75}$$

式中，η_{r} 的下标“r”表示“可逆”。

视频

卡诺循环

热力学第二定律的建立，在一定程度上受到卡诺定理的启发，而热力学第二定律建立后，反过来又证明了卡诺定理的正确性。

由卡诺定理，可得到推论：

$$\eta \leqslant \frac{T_1-T_2}{T_1} \quad \begin{matrix}\text{不可逆热机}\\ \text{可逆热机}\end{matrix} \tag{1-76}$$

由式(1-73)及式(1-76)，有

$$\frac{Q_1}{T_1}+\frac{Q_2}{T_2} \leqslant 0 \quad \begin{matrix}\text{不可逆热机}\\ \text{可逆热机}\end{matrix} \tag{1-77}$$

1.10 热力学第二定律的经典表述

1.10.1 宏观过程的不可逆性

自然界中一切实际发生的宏观过程，总是：非平衡态$\xrightarrow{\text{自发}}$平衡态(为止)，而不可能：平衡态$\xrightarrow{\text{自发}}$非平衡态。举例如下。

(i) 热 Q 的传递

方向：高温(T_1)$\xrightarrow[\text{自发}]{\text{热}Q\text{传递}}$低温($T_2$)$\Rightarrow T_1'=T_2'$为止(限度)，反过程不能自发。

(ii) 气体膨胀

方向：高压(p_1)$\xrightarrow[\text{自发}]{\text{气体膨胀}}$低压($p_2$)$\Rightarrow p_1'=p_2'$为止(限度)，反过程不能自发。

(iii) 水与酒精混合

方向：水＋酒精$\xrightarrow[\text{自发}]{\text{混合均匀}}$溶液$\Rightarrow$均匀为止(限度)，反过程不能自发。

所谓“自发过程”(spontaneous process)通常是指不需要环境做功就能自动发生的过程。

总结以上自然规律，得到结论：自然界中发生的一切实际过程(指宏观过程，下同)都有一定的方向和限度。不可能自发按原过程逆向进行，即自然界中一切实际发生的宏观过程都是不可逆的。由此归纳出热力学第二定律。

1.10.2 热力学第二定律的经典表述

克劳休斯(Clausius R J E)说法(1850年)：不可能把热由低温物体转移到高温物体，而

不留下其他变化。

开尔文(Kelvin L) 说法(1851 年):不可能从单一热源吸热使之完全变为功,而不留下其他变化。

注意　克劳休斯说法并不意味着热不能由低温物体传到高温物体;开尔文说法也不是说热不能全部转化为功,强调的是不可能不留下其他变化。例如,开动制冷机(如冰箱)可使热由低温物体传到高温物体,但环境消耗了能量(电能);理想气体在可逆定温膨胀过程中,系统从单一热源吸的热全部转变为对环境做的功,但系统的状态发生了变化(膨胀了)。

可以用反证法证明,热力学第二定律的上述两种经典表述是等效的。

此外,也可以用"第二类永动机(second kind of perpetual motion machine) 不能制成"来表述热力学第二定律,这种机器是指从单一热源取热使之全部转化为功,而不留下其他变化。

总之,热力学第二定律的实质是:断定自然界中一切实际发生的宏观过程都是不可逆的,即不可能自发逆转。

1.11　熵、热力学第二定律的数学表达式

1.11.1　熵的定义

视频

熵、热力学第二定律的数学表达式

将式(1-77) 推广到多个热源的无限小循环过程,有

$$\sum \frac{\delta Q}{T_{\text{su}}} \leqslant 0 \begin{array}{c}\text{不可逆热机}\\ \text{可逆热机}\end{array} \overset{\text{或}}{\Rightarrow} \oint \frac{\delta Q}{T_{\text{su}}} \leqslant 0 \begin{array}{c}\text{不可逆热机}\\ \text{可逆热机}\end{array}$$

上式表明,热温商$\left(\frac{\delta Q}{T_{\text{su}}}\right)$,沿任意可逆循环的闭积分等于零,沿任意不可逆循环的闭积分总是小于零 —— 克劳休斯定理(Clausius theorem)。

上式可分成两部分

$$\oint \frac{\delta Q_{\text{r}}}{T} = 0 \quad \text{可逆循环} \tag{1-78}$$

$$\oint \frac{\delta Q_{\text{ir}}}{T_{\text{su}}} < 0 \quad \text{不可逆循环} \quad \text{(克劳休斯不等式)} \tag{1-79}$$

式中,下标"r" 及"ir" 分别表示"可逆" 与"不可逆"。

式(1-78) 表明,若封闭曲线积分等于零,则被积变量$\left(\frac{\delta Q_{\text{r}}}{T}\right)$应为某状态函数的全微分(积分定理)。令该状态函数以 S 表示,即定义

$$\mathrm{d}S \overset{\text{def}}{=\!=\!=} \frac{\delta Q_{\text{r}}}{T} \tag{1-80}$$

式中,S 叫作熵(entropy),单位为$\mathrm{J \cdot K^{-1}}$。

从熵的定义式(1-80) 来理解,熵是状态函数,是广度性质,宏观量,单位为$\mathrm{J \cdot K^{-1}}$,这是

我们对熵的暂时的理解。在本章以后几节的学习中,以及在统计热力学一章中,对它的物理意义将会有进一步的认识。

将式(1-80)积分,有

$$\int_{S_A}^{S_B} \mathrm{d}S = S_B - S_A = \Delta S = \int_A^B \frac{\delta Q_r}{T} \tag{1-81}$$

即熵变 ΔS 可由可逆途径的$\int_A^B \frac{\delta Q_r}{T}$出发来计算。

1.11.2 热力学第二定律的数学表达式

设有一循环过程由两步组成,如图 1-14 所示,将克劳休斯不等式用于图 1-14 则有

$$\int_A^B \frac{\delta Q_{ir}}{T_{su}} + \int_B^A \frac{\delta Q_r}{T} < 0 \quad (\text{不可逆循环})$$

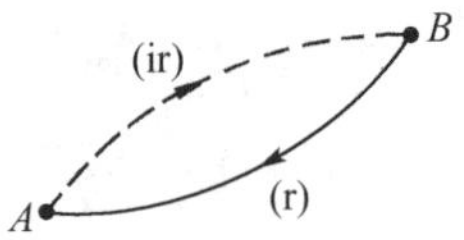

图 1-14 不可逆循环过程

因
$$\int_B^A \frac{\delta Q_r}{T} = -\int_A^B \frac{\delta Q_r}{T}$$

所以
$$\int_A^B \frac{\delta Q_{ir}}{T_{su}} < \int_A^B \frac{\delta Q_r}{T} = \Delta S$$

即
$$\Delta S > \int_A^B \frac{\delta Q_{ir}}{T_{su}} \quad \text{或} \quad \mathrm{d}S > \frac{\delta Q_{ir}}{T_{su}}$$

$$\Delta S = \int_A^B \frac{\delta Q_r}{T} \quad \text{或} \quad \mathrm{d}S = \frac{\delta Q_r}{T}$$

以上两式合并表示

$$\Delta S \geqslant \int_A^B \frac{\delta Q}{T_{su}} \begin{matrix}\text{不可逆}\\ \text{可逆}\end{matrix} \quad \text{或} \quad \mathrm{d}S \geqslant \frac{\delta Q}{T_{su}} \begin{matrix}\text{不可逆}\\ \text{可逆}\end{matrix} \tag{1-82}$$

式(1-82)即为热力学第二定律的数学表达式。

1.11.3 熵增原理及平衡的熵判据

1. 熵增原理

对封闭系统,绝热过程,$\delta Q = 0$,由式(1-82),有

$$\Delta S_{\text{绝热}} \geqslant 0 \begin{matrix}\text{不可逆}\\ \text{可逆}\end{matrix} \quad \text{或} \quad \mathrm{d}S_{\text{绝热}} \geqslant 0 \begin{matrix}\text{不可逆}\\ \text{可逆}\end{matrix} \tag{1-83}$$

式(1-83)表明,封闭系统经绝热过程由一状态达到另一状态熵值不减少 —— 熵增原理(the principle of the increase of entropy)。

熵增原理表明:在绝热条件下,只可能发生 $\mathrm{d}S \geqslant 0$ 的过程,其中 $\mathrm{d}S = 0$ 表示可逆过程;$\mathrm{d}S > 0$ 表示不可逆过程;$\mathrm{d}S < 0$ 的过程是不可能发生的。但可逆过程毕竟是一个理想过程,因此,在绝热条件下,一切可能发生的实际过程都使系统的熵增大,直至达到平衡态。

2. 熵判据

在隔离系统中发生的过程,$\delta Q = 0$,则由式(1-82),有

$$\Delta S_{隔} \geqslant 0 \begin{matrix}不可逆\\可逆\end{matrix} \quad 或 \quad dS_{隔} \geqslant 0 \begin{matrix}不可逆\\可逆\end{matrix} \tag{1-84a}$$

又因为 $\delta W=0$，平衡的熵判据式(1-84a) 还可以表示为

$$\Delta S_{隔} \geqslant 0 \begin{matrix}自发\\平衡\end{matrix} \quad 或 \quad dS_{隔} \geqslant 0 \begin{matrix}自发\\平衡\end{matrix} \tag{1-84b}$$

式(1-84a) 和式(1-84b) 叫平衡的熵判据(entropy criterion of equilibrium)。它表明：

(i) 如果在隔离系统中发生任意有限的或微小的状态变化，若 $\Delta S_{隔}=0$ 或 $dS_{隔}=0$，则该隔离系统处于平衡态。

(ii) 导致隔离系统熵增大，即 $\Delta S_{隔}>0$ 或 $dS_{隔}>0$ 的过程有可能自发发生。

隔离系统与环境不发生相互作用(既无热的交换，也无功的交换)，变化的动力蕴藏在系统内部，因此在隔离系统中可以实际发生的过程都是自发过程。换言之，隔离系统的熵有自发增大的趋势。当达到平衡后，宏观的实际过程不再发生，熵不再继续增加，即隔离系统的熵达到某个极大值。

注意　前已叙及，热力学第二定律的实质是：自然界中一切实际发生的宏观过程(宏观自发过程) 都是不可逆的，即不可能自发逆转。但应指出，不可逆过程可以是自发过程，也可以是非自发过程。例如，在绝热的封闭系统中发生的不可逆过程，可以是自发的(当系统与环境无功的交换时) 也可以是非自发的(当系统与环境有功的交换时)；而在隔离系统中发生的不可逆过程，则一定是自发过程(因为系统与环境既无热的交换，也无功的交换)。

3. 环境熵变的计算

对于封闭系统，可将环境看作一系列热源(或热库)，则 ΔS_{su} 的计算只需考虑热源的贡献，而且总是假定每个热源都足够大且体积固定，在传热过程中温度始终均匀且保持不变，即热源的变化总是可逆的。于是

$$dS_{su}=\frac{(-\delta Q_{sy})}{T_{su}} \quad 或 \quad \Delta S_{su}=-\int\frac{\delta Q_{sy}}{T_{su}} \tag{1-85}$$

若 T_{su} 不变，则

$$\Delta S_{su}=-\frac{Q_{sy}}{T_{su}} \tag{1-86}$$

式中，下标“sy” 表示“系统”，在不至于混淆的情况下，一般省略该下标。

注意　$-Q_{sy}=Q_{su}$。

【例 1-20】　试将图 1-13 中的理想气体卡诺循环表示在温 - 熵(T-S) 图上。

解　卡诺循环由两个定温可逆过程和两个绝热可逆过程(定熵过程) 组成，表示在 T-S 图上，如图 1-15 所示。

【例 1-21】　如图 1-16 所示，某理想气体，从始态 A 出发，分别经定温可逆膨胀和绝热可逆膨胀到体积相同的终态 B 及 C。

(1) 证明在 p-V 图上理想气体定温可逆膨胀线的斜率大于绝热可逆膨胀线的斜率；

(2) 在 p-V 图上表示出两种可逆膨胀过程系统对环境做的体积功，并比较其大小。

解　(1) 对理想气体定温可逆膨胀线 AB，因有

$$pV=C' \quad (常数)$$

则

$$\left(\frac{\partial p}{\partial V}\right)_T=-\frac{C'}{V^2}=-\frac{p}{V}$$

而对理想气体绝热可逆膨胀(定熵)线 AC,因有

$$pV^{\gamma}=C'' \quad (常数)$$

则

$$\left(\frac{\partial p}{\partial V}\right)_S=-\gamma\frac{C''}{V^{\gamma+1}}=-\gamma\frac{p}{V}$$

又因

$$\gamma=\frac{C_p}{C_V}>1$$

则

$$\left(\frac{\partial p}{\partial V}\right)_T>\left(\frac{\partial p}{\partial V}\right)_S$$

(2) 两种膨胀过程系统对环境做的体积功如图 1-16 所示。其中理想气体定温可逆膨胀过程系统对环境做的体积功为 AB 线下斜线所表示的面积,而理想气体绝热可逆过程,系统对环境所做的体积功为 AC 线下阴影所表示的面积。显然前者大于后者(指绝对值。注意,系统对环境做功为负)。

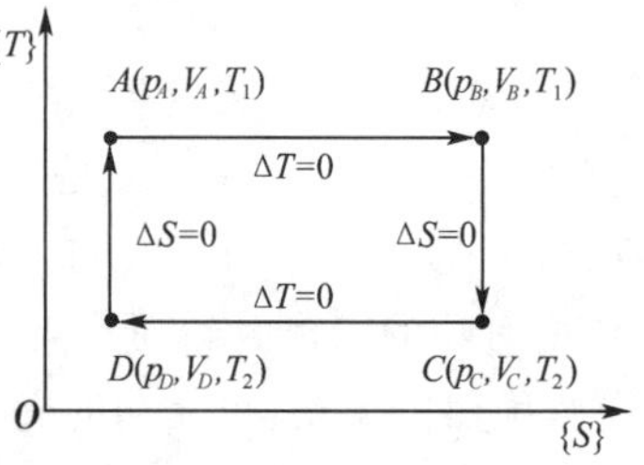

图 1-15

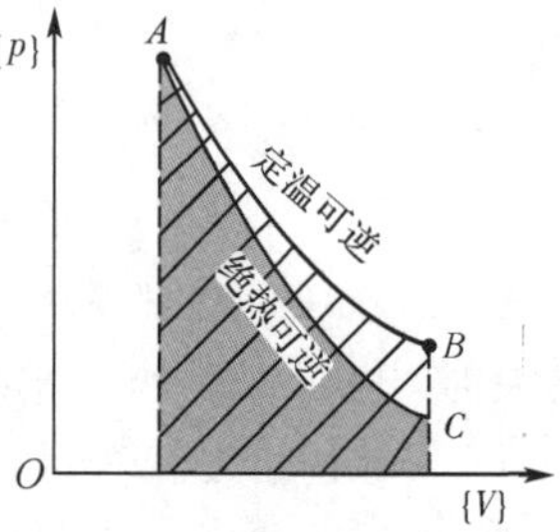

图 1-16

1.12 系统熵变的计算

由 $dS=\frac{\delta Q_r}{T}$ 出发,对定温过程

$$\Delta S=\int\frac{\delta Q_r}{T}=\frac{Q_r}{T} \tag{1-87}$$

式(1-87)对定温可逆的单纯 p、V 变化,可逆的相变化均适用。

1.12.1 单纯 p、V、T 变化过程熵变的计算

1. 实际气体、液体或固体的 p、V、T 变化过程

(1) 定压变温过程

由

$$\delta Q_p=dH=nC_{p,m}dT$$

所以

$$\Delta S=\int\frac{\delta Q_p}{T}=\int_{T_1}^{T_2}\frac{nC_{p,m}dT}{T} \tag{1-88}$$

若将 $C_{p,m}$ 视为常数,则

$$\Delta S=nC_{p,m}\ln\frac{T_2}{T_1} \tag{1-89}$$

显然,若 T↑,则 S↑。

(2) 定容变温过程

由
$$\delta Q_V = \mathrm{d}U = nC_{V,\mathrm{m}}\mathrm{d}T$$

所以
$$\Delta S = \int \frac{\delta Q_V}{T} = \int_{T_1}^{T_2} \frac{nC_{V,\mathrm{m}}\mathrm{d}T}{T} \tag{1-90}$$

若将 $C_{V,\mathrm{m}}$ 视为常数,则

$$\Delta S = nC_{V,\mathrm{m}}\ln\frac{T_2}{T_1} \tag{1-91}$$

显然,若 $T\uparrow$,则 $S\uparrow$。

(3) 液体或固体定温下 p、V 变化过程

定 T 时,当 p、V 变化不大时,对液、固体的熵影响很小,其变化值可忽略不计,即 $\Delta S = 0$。

对实际气体,定 T,而 p、V 变化时,对熵影响较大,且关系复杂,本课程不讨论。

2. 理想气体的 p、V、T 变化过程

由 $\mathrm{d}S = \dfrac{\delta Q_\mathrm{r}}{T} = \dfrac{\mathrm{d}U + p\mathrm{d}V}{T}(\delta W' = 0)$,$\mathrm{d}U = nC_{V,\mathrm{m}}\mathrm{d}T$,则

$$\mathrm{d}S = \frac{nC_{V,\mathrm{m}}\mathrm{d}T}{T} + \frac{nR\mathrm{d}V}{V} \tag{1-92}$$

将 $pV = nRT$ 两端取对数,微分后将 $\dfrac{\mathrm{d}p}{p} + \dfrac{\mathrm{d}V}{V} = \dfrac{\mathrm{d}T}{T}$ 及 $C_{p,\mathrm{m}} - C_{V,\mathrm{m}} = R$ 代入式(1-92),得

$$\mathrm{d}S = \frac{nC_{p,\mathrm{m}}\mathrm{d}T}{T} - \frac{nR\mathrm{d}p}{p} \tag{1-93}$$

及
$$\mathrm{d}S = \frac{nC_{V,\mathrm{m}}\mathrm{d}p}{p} + \frac{nC_{p,\mathrm{m}}\mathrm{d}V}{V} \tag{1-94}$$

若视 $C_{p,\mathrm{m}}$、$C_{V,\mathrm{m}}$ 为常数,将式(1-92)、式(1-93)、式(1-94)积分,可得

$$\Delta S = n(C_{V,\mathrm{m}}\ln\frac{T_2}{T_1} + R\ln\frac{V_2}{V_1}) \tag{1-95}$$

↓ 定容　　↓ 定温

$$\Delta S = nC_{V,\mathrm{m}}\ln\frac{T_2}{T_1} \qquad \Delta S = nR\ln\frac{V_2}{V_1}$$

(若 $T\uparrow$,则 $S\uparrow$)　(若 $V\uparrow$,则 $S\uparrow$)

$$\Delta S = n(C_{p,\mathrm{m}}\ln\frac{T_2}{T_1} + R\ln\frac{p_1}{p_2}) \tag{1-96}$$

↓ 定压　　↓ 定温

$$\Delta S = nC_{p,\mathrm{m}}\ln\frac{T_2}{T_1} \qquad \Delta S = nR\ln\frac{p_1}{p_2}$$

(若 $T\uparrow$,则 $S\uparrow$)　(若 $p\downarrow$,则 $S\uparrow$)

$$\Delta S = n(C_{V,\mathrm{m}}\ln\frac{p_2}{p_1} + C_{p,\mathrm{m}}\ln\frac{V_2}{V_1}) \tag{1-97}$$

↓ 定容　　↓ 定压

$$\Delta S = nC_{V,\mathrm{m}}\ln\frac{p_2}{p_1} \qquad \Delta S = nC_{p,\mathrm{m}}\ln\frac{V_2}{V_1}$$

(若 $p\uparrow$,则 $T\uparrow$,必有 $S\uparrow$)　(若 $V\uparrow$,则 $S\uparrow$)

3. 理想气体定温、定压下的混合过程

如图 1-17 所示，一容器中间以隔板相隔，左右体积分别为 V_1 及 V_2，各充有物质的量为 n_1、n_2 的气体。抽掉隔板，两气体混合可在瞬间完成，本是不可逆过程，可设计一装置使混合过程在定温、定压下以可逆方式进行，据此可推导出两种宏观性质不同的理想气体混合过程熵变计算公式。

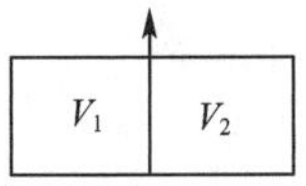

图 1-17　气体混合

$$\Delta_{mix}S = n_1R\ln\frac{V_1+V_2}{V_1} + n_2R\ln\frac{V_1+V_2}{V_2} \tag{1-98}$$

式中，下标“mix”表示“混合”。

因为定温、定压时，有

$$\frac{V_1}{V_1+V_2}=y_1,\quad \frac{V_2}{V_1+V_2}=y_2$$

则式(1-98) 变成

$$\Delta_{mix}S = -R(n_1\ln y_1 + n_2\ln y_2) \tag{1-99}$$

因为 $y_1<1$，$y_2<1$，所以 $\Delta_{mix}S>0$。

式(1-98) 及式(1-99) 可用于宏观性质(如体积、质量) 不同的理想气体(如 N_2 和 O_2) 的混合。对于两份隔开的气体无法凭任何宏观性质加以区别(如隔开的两份同种气体)，则混合后观察不到宏观性质发生变化，可见系统的状态没有改变，因而系统的熵也不变。

【例 1-22】 10 mol 理想气体，由 25 ℃，1.0 MPa 膨胀到 25 ℃，0.1 MPa。假定过程是：(a) 可逆膨胀；(b) 自由膨胀；(c) 对抗恒外压 0.1 MPa 膨胀。计算：(1) 系统的熵变 ΔS_{sy}；(2) 环境的熵变 ΔS_{su}。

解 (1) 题中系统三种变化过程始态相同、终态相同，因此 ΔS_{sy} 相等，即可按可逆途径算出。

$$\Delta S_{sy}=nR\ln\frac{p_1}{p_2}=10\ \text{mol}\times 8.314\ 5\ \text{J}\cdot\text{K}^{-1}\cdot\text{mol}^{-1}\times\ln\frac{1.0\ \text{MPa}}{0.1\ \text{MPa}}=191\ \text{J}\cdot\text{K}^{-1}$$

(2)(a) 可逆过程，$\Delta S_{su}=-\Delta S_{sy}=-191\ \text{J}\cdot\text{K}^{-1}$

(b)$Q=0$，$\Delta S_{su}=0$

(c) $-Q=W_V$ (因 $\Delta U=0$)

$$W_V=-p_{su}(V_2-V_1)=-p_{su}\left(\frac{nRT}{p_2}-\frac{nRT}{p_1}\right)=-nRT\left(\frac{p_{su}}{p_2}-\frac{p_{su}}{p_1}\right)$$

$$\Delta S_{su}=\frac{-Q}{T_{su}}=\frac{W_V}{T}=-nR\left(\frac{p_{su}}{p_2}-\frac{p_{su}}{p_1}\right)=$$

$$-10\ \text{mol}\times 8.314\ 5\ \text{J}\cdot\text{K}^{-1}\cdot\text{mol}^{-1}\times\left(\frac{0.1}{0.1}-\frac{0.1}{1.0}\right)=$$

$$-74.8\ \text{J}\cdot\text{K}^{-1}$$

【例 1-23】 在 101 325 Pa 下，2 mol 氨从 100 ℃ 定压升温到 200 ℃，计算该过程的熵变。已知氨的定压摩尔热容 $C_{p,m}/(\text{J}\cdot\text{K}^{-1}\cdot\text{mol}^{-1})=33.66+29.31\times10^{-4}\,T/\text{K}+21.35\times10^{-6}(T/\text{K})^2$。

解 对定压变温过程，由式(1-88)，有

$$\Delta S=\int_{T_1}^{T_2}\frac{nC_{p,m}dT}{T}=\int_{T_1}^{T_2}\frac{n(a+bT+cT^2)dT}{T}=$$

$$n\left[a\ln\frac{T_2}{T_1}+b(T_2-T_1)+\frac{c}{2}(T_2^2-T_1^2)\right]=$$

$$2\ \text{mol}\times\left[33.66\ \text{J}\cdot\text{K}^{-1}\cdot\text{mol}^{-1}\times\ln\frac{473.15\ \text{K}}{373.15\ \text{K}}+29.31\times10^{-4}\ \text{J}\cdot\text{K}^{-2}\cdot\text{mol}^{-1}\times\right.$$

$$(473.15-373.15)\ \text{K}+\frac{1}{2}\times21.35\times10^{-6}\ \text{J}\cdot\text{K}^{-3}\cdot\text{mol}^{-1}\times$$

$$\left.(473.15^2-373.15^2)\text{K}^2\right]=18.38\ \text{J}\cdot\text{K}^{-1}$$

【例 1-24】 5 mol 氮气，由 25 ℃、1.01 MPa 对抗恒外压 0.101 MPa 绝热膨胀到 0.101 MPa。$C_{p,m}(N_2)=\frac{7}{2}R$。计算 ΔS。

解　始态：$T_1=298.15$ K，$p_1=1.01$ MPa；终态：$T_2=$? $p_2=0.101$ MPa。

先求 T_2：绝热过程($Q=0$)，

$$\Delta U=W_V \tag{a}$$

将此条件下 N_2 视为理想气体，则

$$\Delta U=C_V\Delta T=nC_{V,m}(T_2-T_1)=n\times\frac{5}{2}R(T_2-T_1) \tag{b}$$

$$W_V=-p_{su}\Delta V=-p_2\left(\frac{nRT_2}{p_2}-\frac{nRT_1}{p_1}\right)=nR\left(\frac{p_2}{p_1}T_1-T_2\right) \tag{c}$$

由式(a)、式(b)、式(c) 得

$$\frac{5}{2}(T_2-T_1)=\left(\frac{p_2}{p_1}T_1-T_2\right)$$

$$T_2=\frac{\left(\frac{5}{2}+\frac{p_2}{p_1}\right)T_1}{\frac{5}{2}+1}=\frac{\left(\frac{5}{2}+\frac{0.101\ \text{MPa}}{1.01\ \text{MPa}}\right)\times298.15\ \text{K}}{\frac{5}{2}+1}=221\ \text{K}$$

所以

$$\Delta S=nC_{p,m}\ln\frac{T_2}{T_1}-nR\ln\frac{p_2}{p_1}=$$

$$5\ \text{mol}\times8.3145\ \text{J}\cdot\text{K}^{-1}\cdot\text{mol}^{-1}\times\left(\frac{7}{2}\ln\frac{221\ \text{K}}{298.15\ \text{K}}-\ln\frac{0.101\ \text{MPa}}{1.01\ \text{MPa}}\right)=$$

$$52.2\ \text{J}\cdot\text{K}^{-1}$$

绝热膨胀降温：由式(1-95) 看出，S 随 T、V 增加而增大。但在绝热膨胀中，V 增大而 T 下降，二者对 S 的影响相反。已知绝热可逆过程的 $dS=0$，表示 T 与 V 对 S 的影响正好抵消；不可逆绝热过程 $dS>0$，可见对于相同的 ΔV，不可逆绝热膨胀时 T 的下降小于可逆绝热膨胀。

1.12.2 相变化过程熵变的计算

1. 平衡温度、压力下的相变化过程

平衡温度、压力下的相变化是可逆的相变化过程。因是定温、定压，且$W'=0$，所以有 $Q_p=\Delta H$，又因是定温可逆，故

$$\Delta S = \frac{n\Delta H_{m}}{T} \tag{1-100}$$

ΔH_{m} 为摩尔相变焓。由于 $\Delta_{fus}H_{m}>0$，$\Delta_{vap}H_{m}>0$，因此由式(1-100)可知，同一物质在一定 T、p 下，气、液、固三态的熵值 $S_{m}(s)<S_{m}(l)<S_{m}(g)$。

2. 非平衡温度、压力下的相变化过程

非平衡温度、压力下的相变化是不可逆的相变化过程，其 ΔS 需寻求可逆途径进行计算。

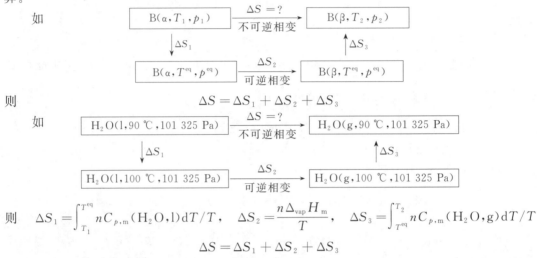

如

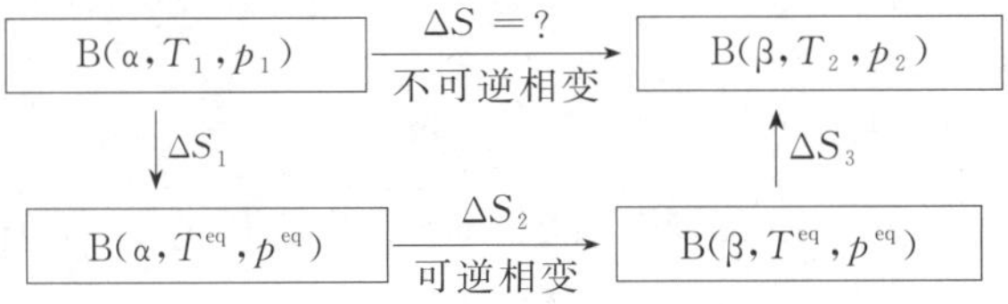

则
$$\Delta S = \Delta S_{1} + \Delta S_{2} + \Delta S_{3}$$

如

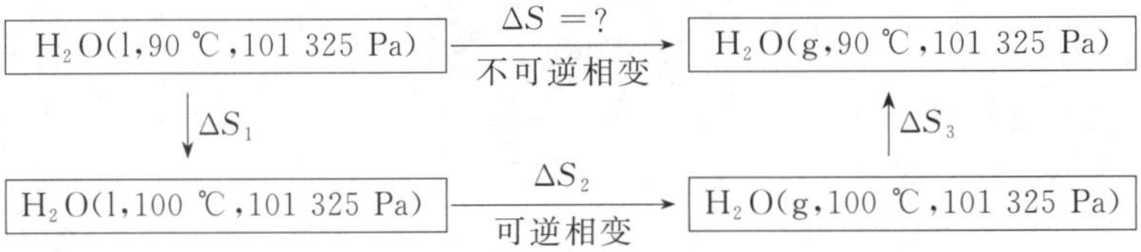

则 $\Delta S_{1} = \int_{T_1}^{T^{eq}} nC_{p,m}(H_2O,l)\,dT/T$，$\Delta S_{2} = \dfrac{n\Delta_{vap}H_{m}}{T}$，$\Delta S_{3} = \int_{T^{eq}}^{T_2} nC_{p,m}(H_2O,g)\,dT/T$

$$\Delta S = \Delta S_{1} + \Delta S_{2} + \Delta S_{3}$$

寻求可逆途径的原则：(i) 途径中的每一过程必须可逆；(ii) 途径中每一过程 ΔS 的计算有相应的公式可利用；(iii) 有每一过程 ΔS 计算式所需的热数据。

【例 1-25】 已知水的正常沸点是 100 ℃，摩尔定压热容 $C_{p,m}=75.20\ J\cdot K^{-1}\cdot mol^{-1}$，汽化焓 $\Delta_{vap}H_{m}=40.67\ kJ\cdot mol^{-1}$，水汽摩尔定压热容 $C_{p,m}=33.57\ J\cdot K^{-1}\cdot mol^{-1}$（$C_{p,m}$ 和 $\Delta_{vap}H_{m}$ 均可视为常数）。(1) 求过程：1 mol H_2O(l, 100 ℃, 101 325 Pa) $\longrightarrow$ 1 mol H_2O(g, 100 ℃, 101 325 Pa) 的 ΔS；(2) 求过程：1 mol H_2O(l, 60 ℃, 101 325 Pa) $\longrightarrow$ 1 mol H_2O(g, 60 ℃, 101 325 Pa) 的 ΔH、ΔU、ΔS。

解 (1) 该过程为定温、定压下的可逆相变过程，由式(1-100)，有

$$\Delta S = \frac{n\Delta_{vap}H_{m}}{T} = \frac{1\ mol \times 40.67 \times 10^{3}\ J\cdot mol^{-1}}{373.15\ K} = 109\ J\cdot K^{-1}$$

(2) 该过程为定温、定压下的不可逆相变过程，设计如下可逆途径计算其熵变：

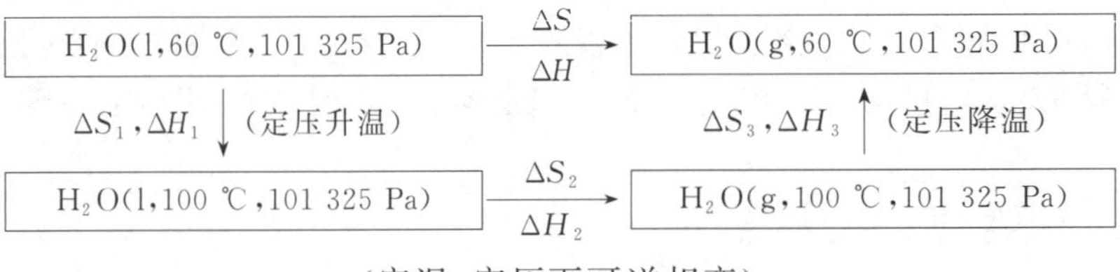

(定温、定压下可逆相变)

$$\Delta H_{1} = \int_{333.15\ K}^{373.15\ K} nC_{p,m}(H_2O,l)\,dT =$$

$$1\ mol \times 75.20\ J\cdot K^{-1}\cdot mol^{-1} \times (373.15-333.15)\ K = 3\ 008\ J$$

$$\Delta H_2 = n \Delta_{\text{vap}} H_m(\text{H}_2\text{O}) = 1 \text{ mol} \times 40.67 \times 10^3 \text{ J} \cdot \text{mol}^{-1} = 40\,670 \text{ J}$$

$$\Delta H_3 = \int_{373.15 \text{ K}}^{333.15 \text{ K}} n C_{p,m}(\text{H}_2\text{O},\text{g}) \mathrm{d}T =$$

$$1 \text{ mol} \times 33.57 \text{ J} \cdot \text{K}^{-1} \cdot \text{mol}^{-1} \times (333.15 - 373.15) \text{ K} = -1\,343 \text{ J}$$

$$\Delta H = \Delta H_1 + \Delta H_2 + \Delta H_3 = 3\,008 \text{ J} + 40\,670 \text{ J} - 1\,343 \text{ J} = 42.34 \text{ kJ}$$

$$\Delta U = \Delta H - nRT =$$

$$42.34 \text{ kJ} - 1 \text{ mol} \times 8.314\,5 \text{ J} \cdot \text{K}^{-1} \cdot \text{mol}^{-1} \times 333.15 \text{ K} \times 10^{-3} = 39.57 \text{ kJ}$$

$$\Delta S_1 = n C_{p,m}(\text{H}_2\text{O},\text{l}) \ln \frac{T_2}{T_1} =$$

$$1 \text{ mol} \times 75.20 \text{ J} \cdot \text{K}^{-1} \cdot \text{mol}^{-1} \times \ln \frac{373.15 \text{ K}}{333.15 \text{ K}} = 8.528 \text{ J} \cdot \text{K}^{-1}$$

$$\Delta S_2 = 109.0 \text{ J} \cdot \text{K}^{-1}$$

$$\Delta S_3 = n C_{p,m}(\text{H}_2\text{O},\text{g}) \ln \frac{T_2}{T_1} =$$

$$1 \text{ mol} \times 33.57 \text{ J} \cdot \text{K}^{-1} \cdot \text{mol}^{-1} \times \ln \frac{333.15 \text{ K}}{373.15 \text{ K}} = -3.806 \text{ J} \cdot \text{K}^{-1}$$

$$\Delta S = \Delta S_1 + \Delta S_2 + \Delta S_3 = (8.528 + 109.0 - 3.806) \text{ J} \cdot \text{K}^{-1} = 113.7 \text{ J} \cdot \text{K}^{-1}$$

【例 1-26】　1 mol 268.2 K 的过冷液态苯,凝结成 268.2 K 的固态苯,问此过程是否能实际发生。已知苯的熔点为 5.5 ℃,摩尔熔化焓 $\Delta_{\text{fus}} H_m = 9\,923 \text{ J} \cdot \text{mol}^{-1}$,摩尔定压热容 $C_{p,m}(\text{C}_6\text{H}_6,\text{l}) = 126.9 \text{ J} \cdot \text{K}^{-1} \cdot \text{mol}^{-1}$,$C_{p,m}(\text{C}_6\text{H}_6,\text{s}) = 122.7 \text{ J} \cdot \text{K}^{-1} \cdot \text{mol}^{-1}$。

解　判断过程能否实际发生须用隔离系统的熵变。首先计算系统的熵变。题中给出苯的凝固点为 5.5 ℃(278.7 K),可近似看成液态苯与固态苯在 5.5 ℃、100 kPa 下呈平衡。设计如下途径可计算 ΔS_{sy}:

$$
\begin{array}{ccc}
\boxed{1 \text{ mol C}_6\text{H}_6(\text{l}), 268.2 \text{ K}, p^{\ominus}} & \xrightarrow[\text{定压}]{\Delta S_{\text{sy}}} & \boxed{1 \text{ mol C}_6\text{H}_6(\text{s}), 268.2 \text{ K}, p^{\ominus}} \\
{\scriptstyle\Delta S_1} \downarrow \text{定压} & & {\scriptstyle\Delta S_3} \uparrow \text{定压} \\
\boxed{1 \text{ mol C}_6\text{H}_6(\text{l}), 278.7 \text{ K}, p^{\ominus}} & \xrightarrow[\text{定压}]{\Delta S_2} & \boxed{1 \text{ mol C}_6\text{H}_6(\text{s}), 278.7 \text{ K}, p^{\ominus}}
\end{array}
$$

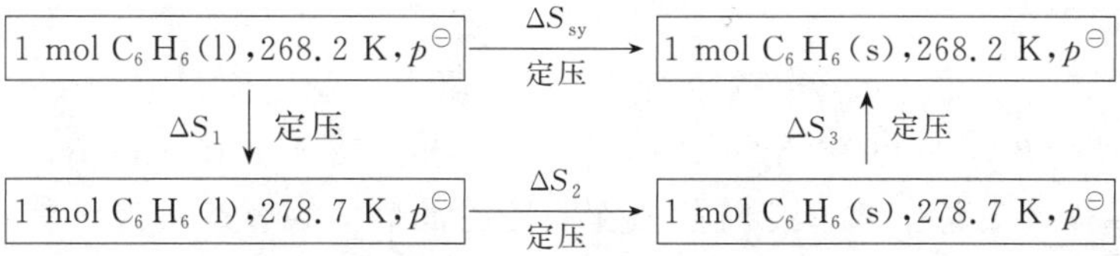

$$\Delta S_{\text{sy}} = \Delta S_1 + \Delta S_2 + \Delta S_3 =$$

$$\int_{268.2 \text{ K}}^{278.7 \text{ K}} n C_{p,m}(\text{C}_6\text{H}_6,\text{l}) \frac{\mathrm{d}T}{T} - \frac{n \Delta_{\text{fus}} H_m}{T} + \int_{278.7 \text{ K}}^{268.2 \text{ K}} n C_{p,m}(\text{C}_6\text{H}_6,\text{s}) \frac{\mathrm{d}T}{T} =$$

$$1 \text{ mol} \times 126.9 \text{ J} \cdot \text{K}^{-1} \cdot \text{mol}^{-1} \times \ln \frac{278.7 \text{ K}}{268.2 \text{ K}} - \frac{1 \text{ mol} \times 9\,923 \text{ J} \cdot \text{mol}^{-1}}{278.7 \text{ K}} +$$

$$1 \text{ mol} \times 122.7 \text{ J} \cdot \text{K}^{-1} \cdot \text{mol}^{-1} \times \ln \frac{268.2 \text{ K}}{278.7 \text{ K}} = -35.50 \text{ J} \cdot \text{K}^{-1}$$

由式(1-86)计算环境熵变

$$\Delta S_{\text{su}} = -\frac{Q_{\text{sy}}}{T_{\text{su}}} = -\frac{\Delta H}{T}$$

$$\Delta H=\Delta H_1+\Delta H_2+\Delta H_3=$$

$$\int_{268.2\ \mathrm{K}}^{278.7\ \mathrm{K}} nC_{p,\mathrm{m}}(\mathrm{C_6H_6,l})\mathrm{d}T-n\Delta_{\mathrm{fus}}H_{\mathrm{m}}+\int_{278.7\ \mathrm{K}}^{268.2\ \mathrm{K}} nC_{p,\mathrm{m}}(\mathrm{C_6H_6,s})\mathrm{d}T=$$

$$1\ \mathrm{mol}\times(126.9-122.7)\ \mathrm{J\cdot K^{-1}\cdot mol^{-1}}\times 10.5\ \mathrm{K}-9\ 923\ \mathrm{J}=$$

$$-9\ 879\ \mathrm{J}$$

$$\Delta S_{\mathrm{su}}=\frac{9\ 879\ \mathrm{J}}{268.2\ \mathrm{K}}=36.83\ \mathrm{J\cdot K^{-1}}$$

$$\Delta S_{\text{隔离}}=\Delta S_{\mathrm{sy}}+\Delta S_{\mathrm{su}}=-35.50\ \mathrm{J\cdot K^{-1}}+36.83\ \mathrm{J\cdot K^{-1}}=1.33\ \mathrm{J\cdot K^{-1}}>0$$

因此,上述相变化有可能实际发生。

Ⅳ 热力学第三定律

1.13 热力学第三定律

1.13.1 热力学第三定律

1906 年,能斯特(Nernst W)根据理查兹(Richards T W)测得的可逆电池电动势随温度变化的数据,提出了称之为"能斯特热定理(Nernst heat theorem)"的假设,1911 年,普朗克(Planck M)对热定理作了修正,后人又对他们的假设进一步修正,形成了热力学第三定律。因此热力学第三定律是科学实验的总结。由于能斯特提出热力学第三定律,对热力学发展有突出贡献,从而荣获 1920 年的诺贝尔化学奖。

1. 热力学第三定律的经典表述

能斯特(1906 年)说法:随着绝对温度趋于零,凝聚系统定温反应的熵变趋于零。后人将此称之为能斯特热定理,也称为热力学第三定律(third law of thermodynamics)。

普朗克(1911 年)说法:凝聚态纯物质在 0 K 时的熵值为零。后经路易斯(Lewis G N)和吉布森(Gibson G E)(1920 年)修正为:纯物质完美晶体在 0 K 时的熵值为零。所谓完美晶体是指晶体中原子或分子只有一种排列形式。例如,NO 晶体可以有 NO 和 ON 两种排列形式,所以不能认为是完美晶体。

2. 热力学第三定律的数学式表述

按照能斯特说法,可表述为

$$\lim_{T\to 0}\Delta S^*(T)=0\ \mathrm{J\cdot K^{-1}} \tag{1-101}$$

按照普朗克修正说法,可表述为

$$S^*(\text{完美晶体},0\ \mathrm{K})=0\ \mathrm{J\cdot K^{-1}}\quad(\text{“}*\text{”为纯物质}) \tag{1-102}$$

1.13.2 规定摩尔熵和标准摩尔熵

根据热力学第二定律

$$S(T)-S(0\ \mathrm{K})=\int_{0\ \mathrm{K}}^{T}\frac{\delta Q_{\mathrm{r}}}{T}$$

而由热力学第三定律，$S(0\ \mathrm{K})=0$，于是，对单位物质的量的 B

$$S_{\mathrm{m}}(\mathrm{B},T)=\int_{0\ \mathrm{K}}^{T}\frac{\delta Q_{\mathrm{r,m}}}{T} \tag{1-103}$$

把 $S_{\mathrm{m}}(\mathrm{B},T)$ 叫 B 在温度 T 时的**规定摩尔熵**(conventional molar entropy)(也叫**绝对熵**)。而标准态下($p^{\ominus}=100$ kPa)的规定摩尔熵又叫**标准摩尔熵**(standard molar entropy)，用 $S_{\mathrm{m}}^{\ominus}(\mathrm{B},\beta,T)$ 表示。

纯物质任何状态下的标准摩尔熵可通过下述步骤求得

$$S_{\mathrm{m}}^{\ominus}(\mathrm{g},T,p^{\ominus})=\int_{0}^{10\ \mathrm{K}}\frac{aT^3}{T}\mathrm{d}T+\int_{10\ \mathrm{K}}^{T_{\mathrm{f}}^{*}}\frac{C_{p,\mathrm{m}}^{\ominus}(\mathrm{s},T)}{T}\mathrm{d}T+\frac{\Delta_{\mathrm{fus}}H_{\mathrm{m}}^{\ominus}}{T_{\mathrm{f}}^{*}}+\int_{T_{\mathrm{f}}^{*}}^{T_{\mathrm{b}}^{*}}\frac{C_{p,\mathrm{m}}^{\ominus}(\mathrm{l},T)}{T}\mathrm{d}T+\frac{\Delta_{\mathrm{vap}}H_{\mathrm{m}}^{\ominus}}{T_{\mathrm{b}}^{*}}+\int_{T_{\mathrm{b}}^{*}}^{T}\frac{C_{p,\mathrm{m}}^{\ominus}(\mathrm{g},T)}{T}\mathrm{d}T \tag{1-104}$$

式中，aT^3 是因为在 10 K 以下，实验测定 $C_{p,\mathrm{m}}^{\ominus}$ 难以进行，而用德拜(Debye P) 推出的理论公式

$$C_{V,\mathrm{m}}=aT^3 \tag{1-105}$$

式中，a 为一物理常数，低温下晶体的 $C_{p,\mathrm{m}}$ 与 $C_{V,\mathrm{m}}$ 几乎相等。

通常在手册中可查到 B 的标准摩尔熵 $S_{\mathrm{m}}^{\ominus}(\mathrm{B},\beta,298.15\ \mathrm{K})$。

1.14　化学反应熵变的计算

有了标准摩尔熵的数据，则在温度 T 时化学反应 $0=\sum_{\mathrm{B}}\nu_{\mathrm{B}}\mathrm{B}$ 的标准摩尔熵[变] 可由下式计算

$$\Delta_{\mathrm{r}}S_{\mathrm{m}}^{\ominus}(T)=\sum_{\mathrm{B}}\nu_{\mathrm{B}}S_{\mathrm{m}}^{\ominus}(\mathrm{B},\beta,T) \tag{1-106}$$

或

$$\Delta_{\mathrm{r}}S_{\mathrm{m}}^{\ominus}(298.15\ \mathrm{K})=\sum_{\mathrm{B}}\nu_{\mathrm{B}}S_{\mathrm{m}}^{\ominus}(\mathrm{B},\beta,298.15\ \mathrm{K}) \tag{1-107}$$

如对反应 $a\mathrm{A(g)}+b\mathrm{B(s)}=\!=\!=y\mathrm{Y(g)}+z\mathrm{Z(s)}$，当 $T=298.15$ K 时，有

$$\Delta_{\mathrm{r}}S_{\mathrm{m}}^{\ominus}(298.15\ \mathrm{K})=yS_{\mathrm{m}}^{\ominus}(\mathrm{Y,g},298.15\ \mathrm{K})+zS_{\mathrm{m}}^{\ominus}(\mathrm{Z,s},298.15\ \mathrm{K})-aS_{\mathrm{m}}^{\ominus}(\mathrm{A,g},298.15\ \mathrm{K})-bS_{\mathrm{m}}^{\ominus}(\mathrm{B,s},298.15\ \mathrm{K})$$

温度为 T 时，$\Delta_{\mathrm{r}}S_{\mathrm{m}}^{\ominus}(T)$ 可由下式计算：

$$\Delta_{\mathrm{r}}S_{\mathrm{m}}^{\ominus}(T)=\Delta_{\mathrm{r}}S_{\mathrm{m}}^{\ominus}(298.15\ \mathrm{K})+\int_{298.15\ \mathrm{K}}^{T}\frac{\sum_{\mathrm{B}}\nu_{\mathrm{B}}C_{p,\mathrm{m}}^{\ominus}(\mathrm{B})\mathrm{d}T}{T} \tag{1-108}$$

【例 1-27】　二氧化碳甲烷化的反应为

$$\mathrm{CO_2(g)+4H_2(g)\rightleftharpoons CH_4(g)+2H_2O(g)}$$

已知有关物质的热力学数据如下：

物质	$\dfrac{S_{\mathrm{m}}^{\ominus}(298.15\ \mathrm{K})}{\mathrm{J\cdot mol^{-1}\cdot K^{-1}}}$	$\dfrac{C_{p,\mathrm{m}}(298.15\sim800.15\ \mathrm{K})}{\mathrm{J\cdot mol^{-1}\cdot K^{-1}}}$	物质	$\dfrac{S_{\mathrm{m}}^{\ominus}(298.15\ \mathrm{K})}{\mathrm{J\cdot mol^{-1}\cdot K^{-1}}}$	$\dfrac{C_{p,\mathrm{m}}(298.15\sim800.15\ \mathrm{K})}{\mathrm{J\cdot mol^{-1}\cdot K^{-1}}}$
$CO_2(g)$	213.93	45.56	$CH_4(g)$	186.52	49.56
$H_2(g)$	130.75	28.33	$H_2O(g)$	188.95	36.02

计算该反应在 800.15 K 时的 $\Delta_r S_m^\ominus$。

解　$\Delta_r S_m^\ominus(298.15\ \text{K}) = \sum_B \nu_B S_m^\ominus(\text{B},\beta,298.15\ \text{K}) = -172.51\ \text{J}\cdot\text{K}^{-1}\cdot\text{mol}^{-1}$

$$\sum_B \nu_B C_{p,m}(\text{B},298.15 \sim 800.15\ \text{K}) = -37.28\ \text{J}\cdot\text{K}^{-1}\cdot\text{mol}^{-1}$$

$$\Delta_r S_m^\ominus(800.15\ \text{K}) = \Delta_r S_m^\ominus(298.15\ \text{K}) + \int_{298.15\ \text{K}}^{800.15\ \text{K}} \frac{\sum_B \nu_B C_{p,m}(\text{B})\text{d}T}{T} =$$

$$-172.51\ \text{J}\cdot\text{K}^{-1}\cdot\text{mol}^{-1} + \int_{298.15\ \text{K}}^{800.15\ \text{K}} \frac{-37.28\ \text{J}\cdot\text{K}^{-1}\cdot\text{mol}^{-1}}{T}\text{d}T =$$

$$-209.31\ \text{J}\cdot\text{K}^{-1}\cdot\text{mol}^{-1}$$

V　熵与无序和有序

1.15　熵是系统无序度的量度

1.15.1　系统各种变化过程的熵变与系统无序度的关系

1. p、V、T 变化过程的熵变与系统的无序度

由式(1-89)及式(1-91)可知，系统在定压或定容条件下升温，则 $\Delta S > 0$，即熵增加。我们知道，当升高系统的温度时，必然引起系统中物质分子的热运动程度的加剧，也即系统内物质分子的无序度(randomness，或称为混乱度)增大。

从式(1-95)可知，对理想气体定温变容过程，若系统体积增大，则 $\Delta S > 0$，即熵增加，显然在定温下，系统体积增加，分子运动空间增大，必导致系统内物质分子的无序度增大。同理，从式(1-99)可知，对于理想气体定温、定压下的混合过程，$\Delta S > 0$，是系统的熵增加过程，也是系统内物质分子无序度增加的过程。

2. 相变化过程的熵变与系统的无序度

从式(1-100)可知，通过相变化过程熵变的计算结果，在相同 T、p 下，$S_m(\text{s}) < S_m(\text{l}) < S_m(\text{g})$，也是系统的熵增加与系统的无序度同步增加。

3. 化学变化过程的熵变与系统的无序度

例如

$$H_2O(\text{g}) \longrightarrow H_2(\text{g}) + \frac{1}{2}O_2(\text{g})$$

$\Delta_r S_m^\ominus(298.15\ \text{K}) = 44.441\ \text{J}\cdot\text{K}^{-1}\cdot\text{mol}^{-1} > 0$，是熵增加的反应，伴随着系统无序度增加(反应后分子数增加)。凡是分子数增加的反应都是熵增加的反应。

1.15.2　熵是系统无序度的量度

归纳以上情况，我们可以得出结论：熵的量值是系统内部物质分子的无序度的量度，系统的无序度愈大，则熵的量值愈高，即系统的熵增加与系统的无序度的增加是同步的。

联系到熵判据式(1-84)，自然得到：在隔离系统中，实际发生的过程的方向总是从有序到无序。

1.16　熵与热力学概率

1.16.1　分布的微观状态数与概率

设有一个盒子总体积为 V，分为左、右两侧，两侧体积相等，各为 $V/2$。现按以下情况讨论分子(同种分子)在盒子两侧分布的微观状态数：

(i) 只有一个分子 A。则分子 A 在盒子左、右两侧分布的微观状态数 $\Omega=2^1=2$，即分子分布的可能的微观状态为

A			A

分布的方式有两种，即(1,0)、(0,1)。

(ii) 有 A、B 两个分子。则分子 A、B 在盒子左、右两侧分布的微观状态数 $\Omega=2^2=4$，即分子分布的可能的微观状态为

AB		A	B
B	A		AB

分布的方式有三种，即(2,0)、(1,1)、(0,2)。

(iii) 有 A、B、C 三个分子。则分子 A、B、C 在盒子左、右两侧分布的微观状态数 $\Omega=2^3=8$，即分子分布的可能的微观状态为

ABC		A	BC
B	AC	C	AB
BC	A	AC	B
AB	C		ABC

分布的方式有 4 种，即(3,0)、(1,2)、(2,1)、(0,3)。

(iv) 有 A、B、C、D 四个分子。则分子 A、B、C、D 在盒子左、右两侧分布的微观状态数 $\Omega=2^4=16$，即分子分布的可能的微观状态为

ABCD		ABC	D
ABD	C	ACD	B
BCD	A	AB	CD
AC	BD	AD	BC
CD	AB	BD	AC

BC	AD	D	ABC
C	ABD	B	ACD
A	BCD		ABCD

分布的方式有 5 种，即(4,0)、(3,1)、(2,2)、(1,3)、(0,4)。

根据统计热力学的基本假设之一：分布的每种微观状态出现的可能性是等概率的。同时把实现某种分布方式的微观状态数定义为**热力学概率**(thermodynamic probability)，用符号 W_D 表示，$W_D \geqslant 1$(正整数)。如以上情况(iv)中，(4,0)分布的 $W(4,0)=1$，(2,2)分布的 $W(2,2)=6$ 等。需要指出的是，热力学概率与数学概率不同，**数学概率**(mathematics probability)定义为

$$P_D = \frac{W_D}{\sum W_D} = \frac{W_D}{\Omega} \tag{1-109}$$

$0 \leqslant P_D \leqslant 1$。如以上情况(iv)中 $P(4,0)=\frac{1}{16}$，$P_D(2,2)=\frac{6}{16}$。由等概率假设，任何分布的每种微观状态的数学概率 $P_D=\frac{1}{\Omega}$。

由上面的讨论可以看出，随着盒子中的分子数目 N 的增加，总的微观状态数 $\Omega = 2^N$ 迅速增加，但所有分子全部集中在某一侧的分布方式的热力学概率总是 1(最小)，其数学概率 $P_D = \left(\frac{1}{2}\right)^N$ 则愈来愈小。通过计算可知，当 $N=10$ 时，分子集中分布在盒子左、右两侧的数学概率 $P_D(\text{左或右}) = \left(\frac{1}{2}\right)^{10} = \frac{1}{1\,024}$；当 $N=20$ 时，$P_D(\text{左或右}) = \left(\frac{1}{2}\right)^{20} \approx \frac{1}{10^6}$；而 $N=L=6.022\times10^{23}$ 时，数学概率 $P_D(\text{左或右}) = \left(\frac{1}{2}\right)^L \approx 0$，即这种极为有序的分布方式实际上已不可能出现。

与上相反，随着盒子中的分子数目的增加，左、右两侧均匀等量分布[(iv)中的(2,2)分布]的 W_D 愈来愈大，当 $N=L=6.022\times10^{23}$ 这样的数量级时，由统计热力学可以证明 $W_D \to \Omega$，即由均匀分布，这种热力学概率 W_D 最大的分布方式可以代表系统一切其他形式的分布，包括热力学系统的平衡分布。

1.16.2 玻耳兹曼关系式

1.16.1 节情况(iv)中，所有分子 A、B、C、D 都集中到同一侧，即(4,0)或(0,4)的分布方式所对应的系统的宏观状态，显然是在所有分布方式中有序性最高的状态；而分子均匀等量分布，即(2,2)的分布方式所对应的系统的宏观状态，显然是在所有分布方式中无序性最高的状态。可想而知，有序性最高的宏观状态所对应的热力学概率 W_D 最小，而无序性最高的宏观状态所对应的热力学概率 W_D 最大。前已叙及，系统熵的增加与系统的无序性的增加是

同步的。于是玻耳兹曼提出

$$S = k\ln W_D \tag{1-110}$$

式(1-110)称为玻耳兹曼关系式(Boltzmann relation),k 为玻耳兹曼常量。而当 $N \to \infty$,$W_D \to \Omega$,则

$$S = k\ln \Omega \tag{1-111}$$

玻耳兹曼关系式又从统计热力学角度,证明了熵是系统无序度的量度,即 Ω(无序度或混乱度) 愈大,S 愈大。

1.17　熵与生命及耗散结构

1.17.1　生命及耗散结构

在平衡态热力学中,第二定律告诉我们:在隔离系统中,实际发生的过程的方向都是趋于熵增大;或从另一角度说,实际发生的过程的方向总是从有序到无序。然而大家熟知,自然界中生命有机体的发生和发展过程却是从无序到有序。例如,一些植物长出美丽的花朵,蝴蝶形成有漂亮图案的翅膀,金鱼有特有的颜色和体态特征,老虎、金钱豹、斑马皮毛上形成有规律的特定颜色的条纹或斑块,一切生命有机体出现这种时空有序结构的现象是十分普遍的。这是否与热力学第二定律相矛盾呢?

20 世纪 50 年代,普里高津(Prigogine I,1977 年诺贝尔化学奖获得者)、昂色格(Onsager L,1968 年诺贝尔化学奖获得者)创建和发展了非平衡态热力学。普里高津把上述生命有机体从无序到有序的时空结构称为耗散结构(dissipation structure),或叫自组织现象(self organization)。按非平衡态热力学的观点,从无序到有序的时空结构的形成是有条件的。

1.17.2　熵流和熵产生

非平衡态热力学所讨论的中心问题是熵产生。

由热力学第二定律知　　$dS \geqslant \dfrac{\delta Q}{T_{su}}$　$\begin{matrix}\text{不可逆}\\ \text{可逆}\end{matrix}$

定义

$$d_eS \xlongequal{\text{def}} \frac{\delta Q}{T_{su}} \tag{1-112}$$

对封闭系统,d_eS 是系统与环境进行热量交换引起的熵流(entropy flow);对敞开系统,d_eS 则是系统与环境进行热量和物质交换共同引起的熵流,可以有 $d_eS > 0$,$d_eS < 0$ 或 $d_eS = 0$。

由热力学第二定律,对不可逆过程,有

$$dS > \frac{\delta Q}{T_{su}}$$

若将 dS 分解为两部分,即 $dS = d_eS + d_iS$,则

$$d_iS \xlongequal{\text{def}} dS - d_eS \tag{1-113}$$

d_iS 是系统内部由于进行不可逆过程而产生的熵，称为熵产生(entropy production)。

对隔离系统，$d_eS = 0$，则

$$dS = d_iS \geqslant 0 \quad \begin{matrix}\text{不可逆}\\ \text{可逆}\end{matrix} \qquad \text{即} \qquad d_iS \geqslant 0 \quad \begin{matrix}\text{不可逆}\\ \text{可逆}\end{matrix} \tag{1-114}$$

由此可得出，熵产生是一切不可逆过程的表征($d_iS > 0$)，即可用 d_iS 量度过程的不可逆程度。

1.17.3 形成耗散结构的条件

普里高津认为，形成耗散结构的条件是：

(i) 系统必须远离平衡态。在远离平衡态下，环境向系统供给足够的负熵流，才可能形成新的稳定性结构，即所谓“远离平衡态是有序之源”。

(ii) 系统必须是开放的。这种开放系统通过与环境交换物质与能量，从环境引入负熵流，以抵消自身的熵产生，使系统的总熵逐渐减小，才可能从无序走向有序。例如，生命有机体都是由蛋白质、脂肪、碳水化合物、无机盐、微量元素和大量的水，按照十分复杂的组成和严格有规律的排列，形成的时空有序结构。但从非平衡态热力学观点看，生命有机体都是开放系统，它与环境时刻进行着物质和能量交换，即吸取有序低熵的大分子，排出无序高熵的小分子，从而不断地输出熵或输入负熵，以维持其远离平衡的耗散结构。

(iii) 涨落导致有序。普里高津指出，在非平衡态条件下，任何一种有序态的出现都是某种无序态的定态(是收支平衡的稳定态，而非热力学平衡态)失去稳定，而使得某些涨落被放大的结果。处于稳定态时，涨落只是一种微扰，会逐步衰减，系统又回到原来状态。如果系统处于不稳定临界状态，涨落则不但不会衰减，反而会放大成宏观数量级，使系统从一个不稳定状态跃迁到一个新的有序状态。这就是涨落导致有序。

Ⅵ 亥姆霍兹函数、吉布斯函数

1.18 亥姆霍兹函数、亥姆霍兹函数判据

1.18.1 亥姆霍兹函数

由热力学第二定律

$$dS \geqslant \frac{\delta Q}{T_{su}} \quad \begin{matrix}\text{不可逆}\\ \text{可逆}\end{matrix}$$

对定温过程，则

$$\Delta S \geqslant \frac{Q}{T_{su}}$$

所以

$$T_{su}(S_2 - S_1) \geqslant Q$$

定温时　$T_2S_2 - T_1S_1 = \Delta(TS) \geqslant Q$

又由热力学第一定律　$Q = \Delta U - W$

所以　$\Delta(TS) \geqslant \Delta U - W$

或　$-\Delta(U - TS) \geqslant -W$

定义
$$A \stackrel{\text{def}}{=\!=} U - TS \tag{1-115}$$

A 称为亥姆霍兹函数(Helmholtz function)或叫亥姆霍兹自由能(Helmholtz free energy)，因为 U、TS 都是状态函数，所以 A 也是状态函数，是广度性质，都有与 U 相同的单位。于是

$$-\Delta A_T \geqslant -W \quad \begin{matrix}\text{不可逆}\\ \text{可逆}\end{matrix}$$

即
$$\Delta A_T \leqslant W \quad \begin{matrix}\text{不可逆}\\ \text{可逆}\end{matrix} \quad \text{或} \quad \mathrm{d}A_T \leqslant \delta W \quad \begin{matrix}\text{不可逆}\\ \text{可逆}\end{matrix} \tag{1-116}$$

式(1-116)表明，系统在定温可逆过程中所做的功($-W$)，在量值上等于亥姆霍兹函数 A 的减少；系统在定温不可逆过程中所做的功($-W$)，在量值上恒小于亥姆霍兹函数 A 的减少。

1.18.2　亥姆霍兹函数判据

在定温、定容下，$-\int p_{su}\mathrm{d}V = 0$，所以 $W = W'$。于是

$$\mathrm{d}A_{T,V} \leqslant \delta W' \quad \begin{matrix}\text{不可逆}\\ \text{可逆}\end{matrix} \tag{1-117}$$

若 $\delta W' = 0$，则

$$\mathrm{d}A_{T,V} \leqslant 0 \quad \begin{matrix}\text{自发}\\ \text{平衡}\end{matrix} \quad \text{或} \quad \Delta A_{T,V} \leqslant 0 \quad \begin{matrix}\text{自发}\\ \text{平衡}\end{matrix} \tag{1-118}$$

式(1-118)叫亥姆霍兹函数判据(Helmholtz function criterion)。它指明，在定温、定容且 $W' = 0$ 时，过程只能向亥姆霍兹函数减小的方向自发地进行，直到 $\Delta A_{T,V} = 0$ 时系统达到平衡。

1.19　吉布斯函数、吉布斯函数判据

1.19.1　吉布斯函数

对定温过程，已有　$\Delta(TS) \geqslant \Delta U - W$

若再加定压条件，$p_1 = p_2 = p_{su}$，则

$$W = -p_{su}(V_2 - V_1) + W' = -p_2V_2 + p_1V_1 + W' = -\Delta(pV) + W'$$

所以
$$\Delta(TS) \geqslant \Delta U + \Delta(pV) - W'$$
$$-[\Delta U + \Delta(pV) - \Delta(TS)] \geqslant -W'$$
$$-\Delta(U + pV - TS) \geqslant -W'$$
$$\Delta(H - TS) \leqslant W'$$

定义
$$G \stackrel{\text{def}}{=\!=} H - TS = U + pV - TS = A + pV \tag{1-119}$$

G 称为吉布斯函数(Gibbs function)或吉布斯自由能(Gibbs free energy)。因为 H、TS 都是

状态函数，所以 G 也是状态函数，是广度性质，有与 H 相同的单位，于是

$$\Delta G_{T,p} \leqslant W' \begin{matrix}\text{不可逆}\\ \text{可逆}\end{matrix} \quad \text{或} \quad \mathrm{d}G_{T,p} \leqslant \delta W' \begin{matrix}\text{不可逆}\\ \text{可逆}\end{matrix} \tag{1-120}$$

式(1-120)表明，系统在定温、定压可逆过程中所做的非体积功($-W'$)，在量值上等于吉布斯函数 G 的减少；而在定温、定压不可逆过程中所做的非体积功($-W'$)，在量值上恒小于 G 的减少。

1.19.2 吉布斯函数判据

由

$$\Delta G_{T,p} \leqslant W' \begin{matrix}\text{不可逆}\\ \text{可逆}\end{matrix} \quad \text{或} \quad \mathrm{d}G_{T,p} \leqslant \delta W' \begin{matrix}\text{不可逆}\\ \text{可逆}\end{matrix} \tag{1-121}$$

若 $W'=0$ 或 $\delta W'=0$ 时，则

$$\Delta G_{T,p} \leqslant 0 \begin{matrix}\text{自发}\\ \text{平衡}\end{matrix} \quad \text{或} \quad \mathrm{d}G_{T,p} \leqslant 0 \begin{matrix}\text{自发}\\ \text{平衡}\end{matrix} \tag{1-122}$$

式(1-122)叫吉布斯函数判据(Gibbs function criterion)。它指明，定温、定压且 $W'=0$ 或 $\delta W'=0$ 时，过程只能自发地向吉布斯函数 G 减小的方向自发地进行，直到 $\Delta G_{T,p}=0$ 时，系统达到平衡。

1.20 p、V、T 变化及相变化过程 ΔA、ΔG 的计算

由 $G=H-TS$ 及 $A=U-TS$ 两个定义式出发，对定温的单纯 p、V 变化过程及相变化过程均可利用

$$\Delta A=\Delta U-T\Delta S \quad \text{及} \quad \Delta G=\Delta H-T\Delta S \tag{1-123}$$

计算过程的 ΔA 及 ΔG。对化学反应过程 ΔG 的计算将在第 4 章中讨论。

1.20.1 定温的单纯 p、V 变化过程 ΔA、ΔG 的计算

由式(1-116)

$$\mathrm{d}A_T \leqslant \delta W \quad \begin{matrix}\text{不可逆}\\ \text{可逆}\end{matrix}$$

若过程为定温、可逆，则有

$$\mathrm{d}A_T=\delta W_{\mathrm{r}}=-p\mathrm{d}V+\delta W'_{\mathrm{r}}$$

若 $\delta W'_{\mathrm{r}}=0$ 则

$$\mathrm{d}A_T=-p\mathrm{d}V$$

积分上式，得

$$\Delta A_T=-\int_{V_1}^{V_2} p\mathrm{d}V \tag{1-124}$$

式(1-124)适用于封闭系统，$W'=0$ 时，气、液、固体的定温、可逆的单纯 p、V 变化过程的 ΔA 的计算。

若气体为理想气体，将 $pV=nRT$ 代入式(1-124)，得

$$\Delta A_T=-nRT\ln\frac{V_2}{V_1}=nRT\ln\frac{p_2}{p_1} \tag{1-125}$$

式(1-125)的应用条件除式(1-124)的全部条件外，还必须是理想气体系统。

由 $G=A+pV$，则

$$dG=dA+p\,dV+V\,dp$$

对定温、可逆，且 $\delta W'_r=0$ 的过程，则 $dA=-p\,dV$，代入上式，得

$$dG_T=V\,dp$$

积分上式，得

$$\Delta G_T=\int_{p_1}^{p_2}V\,dp \tag{1-126}$$

式(1-126)适用于封闭系统，$W'=0$ 时，气、液、固体的定温、可逆的单纯 p、V 变化过程的 ΔG 的计算。

若气体为理想气体，将 $pV=nRT$ 代入式(1-126)，得

$$\Delta G_T=nRT\ln\frac{p_2}{p_1}=-nRT\ln\frac{V_2}{V_1} \tag{1-127}$$

式(1-127)的应用条件除式(1-126)的全部条件外，还必须是理想气体系统。

比较式(1-125)及式(1-127)，对理想气体定温过程显然有

$$\Delta G_T=\Delta A_T=nRT\ln\frac{p_2}{p_1}=-nRT\ln\frac{V_2}{V_1}$$

【例 1-28】 5 mol 理想气体在 25 ℃ 下由 1.0 MPa 膨胀到 0.1 MPa，计算下列过程的 ΔA 和 ΔG：(1) 定温可逆膨胀；(2) 自由膨胀。

解　无论实际过程是(1)还是(2)，都可按定温可逆途径计算同一状态变化的状态函数改变量。

$$\Delta A_T=-\int_{V_1}^{V_2}p\,dV=-nRT\int_{V_1}^{V_2}\frac{dV}{V}=-nRT\ln\frac{V_2}{V_1}=-nRT\ln\frac{p_1}{p_2}=$$

$$-5\ \text{mol}\times 8.314\ 5\ \text{J}\cdot\text{K}^{-1}\cdot\text{mol}^{-1}\times 298.15\ \text{K}\times\ln\frac{1.0\ \text{MPa}}{0.1\ \text{MPa}}=$$

$$-28.54\ \text{kJ}$$

$$\Delta G_T=\Delta A_T=-28.54\ \text{kJ}$$

1.20.2　相变化过程 ΔA 及 ΔG 的计算

1. 定温、定压下可逆相变化过程 ΔA 及 ΔG 的计算

由式(1-119)，因定温、定压下可逆相变化有 $\Delta H=T\Delta S$，则 $\Delta G=0$。

对定温、定压下，由凝聚相变为蒸气相，且气相可视为理想气体时，由

$$\Delta U=\Delta H-nRT$$

则

$$\Delta A=\Delta H-nRT-T\Delta S=-nRT$$

2. 不可逆相变化过程 ΔA 及 ΔG 的计算

计算不可逆相变的 ΔA、ΔG 时，如同非平衡温度、压力下的不可逆相变的熵变 ΔS 的计算方法一样，需设计一条可逆途径，途径中包括可逆的 p、V、T 变化步骤及可逆的相变化步骤，步骤如何选择视所给数据而定。

【例 1-29】 (1) 已知 −5 ℃ 过冷水和冰的饱和蒸气压分别为 421 Pa 和 401 Pa，−5 ℃

水和冰的体积质量分别为 1.0 g·cm^{-3} 和 0.91 g·cm^{-3}；或(2) 水在 0 ℃、100 kPa(近似为 0 ℃ 时液固平衡压力) 凝固焓 ΔH_m(凝固) = −6 009 J·mol^{-1}，0 ℃ 水和冰的体积质量分别为 1.0 g·cm^{-3} 和 0.91 g·cm^{-3}，在 0 ℃ 与 −5 ℃ 间水和冰的平均摩尔定压热容分别为 75.3 J·K^{-1}·mol^{-1} 和 37.6 J·K^{-1}·mol^{-1}。求在 −5 ℃、100 kPa 下 5 mol 水凝结为冰的 ΔG 和 ΔA。

解　(1) $p^\ominus$ = 100 kPa，p_l^* = 421 Pa，p_s^* = 401 Pa，拟出计算途径：

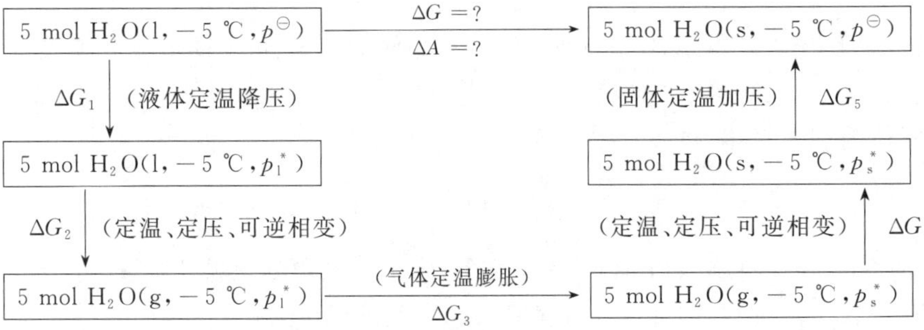
5 mol H_2O(l, −5 ℃, $p^\ominus$)
ΔG = ?
ΔA = ?
5 mol H_2O(s, −5 ℃, $p^\ominus$)
ΔG_1
(液体定温降压)
(固体定温加压)
ΔG_5
5 mol H_2O(l, −5 ℃, p_l^*)
5 mol H_2O(s, −5 ℃, p_s^*)
ΔG_2
(定温、定压、可逆相变)
(定温、定压、可逆相变)
ΔG_4
5 mol H_2O(g, −5 ℃, p_l^*)
(气体定温膨胀)
ΔG_3
5 mol H_2O(g, −5 ℃, p_s^*)

$$\Delta G = \Delta G_1 + \Delta G_2 + \Delta G_3 + \Delta G_4 + \Delta G_5$$

$$\Delta G_2 = 0,\ \Delta G_4 = 0$$

对液体及固体
$$\Delta G_T = \int V\mathrm{d}p = V\Delta p = n\frac{M}{\rho}\Delta p$$

则

$$\Delta G_1 = \frac{5\ \mathrm{mol} \times 18 \times 10^{-3}\ \mathrm{kg \cdot mol^{-1}}}{1.0 \times 10^3\ \mathrm{kg \cdot m^{-3}}} \times (421\ \mathrm{Pa} - 1 \times 10^5\ \mathrm{Pa}) = -9.0\ \mathrm{J}$$

$$\Delta G_5 = \frac{5\ \mathrm{mol} \times 18 \times 10^{-3}\ \mathrm{kg \cdot mol^{-1}}}{0.91 \times 10^3\ \mathrm{kg \cdot m^{-3}}} \times (1 \times 10^5\ \mathrm{Pa} - 401\ \mathrm{Pa}) = 9.9\ \mathrm{J}$$

对理想气体，由式(1-127)，有

$$\Delta G_3 = \int_{p_l^*}^{p_s^*} V\mathrm{d}p = nRT\ln\frac{p_s^*}{p_l^*} =$$

$$5\ \mathrm{mol} \times 8.314\,5\ \mathrm{J \cdot K^{-1} \cdot mol^{-1}} \times 268.15\ \mathrm{K} \times \ln\frac{401\ \mathrm{Pa}}{421\ \mathrm{Pa}} =$$

$$-542.6\ \mathrm{J}$$

$$\Delta G = (-9.0 + 9.9 - 542.6)\mathrm{J} = -541.7\ \mathrm{J}$$

液体和固体的 $V\Delta p \ll$ 气体的 $\int V\mathrm{d}p$，并且 ΔG_1 和 ΔG_5 的正负号相反，所以有理由认为 $(\Delta G_1 + \Delta G_5) \ll \Delta G_3$，得到

$$\Delta G \approx \Delta G_3 = -542.6\ \mathrm{J}$$

$$\Delta A = \Delta G - \Delta(pV) \xlongequal{\text{定压}} \Delta G - p\Delta V \approx \Delta G$$

(2) 根据给出的数据拟出下列计算途径，先按 1 mol 物质计算

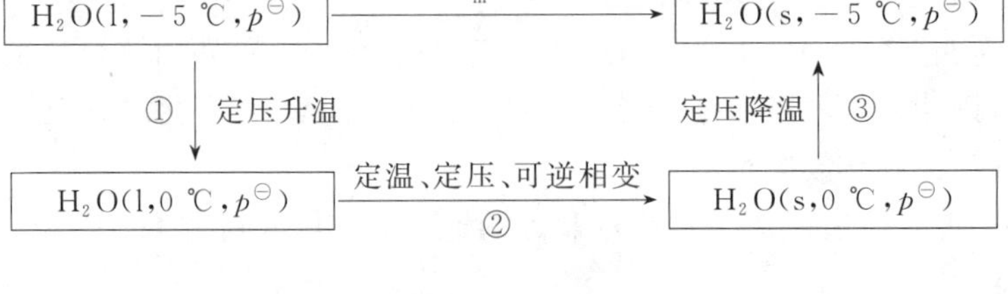
H_2O(l, −5 ℃, $p^\ominus$)
ΔG_m = ?
H_2O(s, −5 ℃, $p^\ominus$)
① 定压升温
定压降温 ③
H_2O(l, 0 ℃, $p^\ominus$)
定温、定压、可逆相变
②
H_2O(s, 0 ℃, $p^\ominus$)

方法(a)

$$\begin{cases}\Delta G_m = \Delta H_m - (268.15\ \text{K})\Delta S_m \\ \Delta H_m = \Delta H_{m,1} + \Delta H_{m,2} + \Delta H_{m,3} \\ \Delta S_m = \Delta S_{m,1} + \Delta S_{m,2} + \Delta S_{m,3}\end{cases}$$

$$\Delta H_{m,1} = \int_{268.15\ \text{K}}^{273.15\ \text{K}} C_{p,m}(\text{l})\,\mathrm{d}T, \quad \Delta S_{m,1} = \int_{268.15\ \text{K}}^{273.15\ \text{K}} \frac{C_{p,m}(\text{l})}{T}\,\mathrm{d}T$$

$$\Delta H_{m,3} = \int_{273.15\ \text{K}}^{268.15\ \text{K}} C_{p,m}(\text{s})\,\mathrm{d}T, \quad \Delta S_{m,3} = \int_{273.15\ \text{K}}^{268.15\ \text{K}} \frac{C_{p,m}(\text{s})}{T}\,\mathrm{d}T$$

$$\Delta H_{m,2} = -\Delta_{\text{fus}} H_m^{\ominus}(273.15\ \text{K}, p^{\ominus}), \quad \Delta S_{m,2} = \frac{\Delta H_2}{273.15\ \text{K}}$$

计算得 $$\Delta G_m = -108.9\ \text{J} \cdot \text{mol}^{-1}$$

对 5 mol H_2O $$\Delta G = 5\ \text{mol} \times (-108.9\ \text{J} \cdot \text{mol}^{-1}) = -544.5\ \text{J}$$

方法(b)

$$\Delta G_m = \Delta G_{m,1} + \Delta G_{m,2} + \Delta G_{m,3}, \ \Delta G_{m,2} = 0$$

$$\Delta G_{m,1} = -\int_{268.15\ \text{K}}^{273.15\ \text{K}} S_m(\text{l})\,\mathrm{d}T, \ \Delta G_{m,3} = -\int_{273.15\ \text{K}}^{268.15\ \text{K}} S_m(\text{s})\,\mathrm{d}T$$

(若要分别计算 $\Delta G_{m,1}$ 和 $\Delta G_{m,3}$，则需要熵的“绝对值”，但($\Delta G_{m,1} + \Delta G_{m,3}$)可用给出数据计算)

$$\Delta G_{m,1} + \Delta G_{m,3} = \int_{268.15\ \text{K}}^{273.15\ \text{K}} [S_m(\text{s}) - S_m(\text{l})]\,\mathrm{d}T = \int_{268.15\ \text{K}}^{273.15\ \text{K}} \Delta S_m(\text{凝固})\,\mathrm{d}T$$

由 $\left(\frac{\partial S}{\partial T}\right)_p = \frac{C_p}{T}$ 得

$$\left\{\frac{\partial [\Delta S_m]}{\partial T}\right\}_p = \frac{\Delta C_p}{T}$$

$$\Delta S(T) = \Delta S(273.15\ \text{K}) + \int_{273.15\ \text{K}}^{T} \frac{\Delta C_p\,\mathrm{d}T}{T} = \frac{\Delta H(273.15\ \text{K})}{273.15\ \text{K}} + \Delta C_p \ln \frac{T}{273.15\ \text{K}}$$

由此算出 $$\Delta G_m = \Delta G_{m,1} + \Delta G_{m,3} = -108.9\ \text{J} \cdot \text{mol}^{-1}$$

(求 $\int \Delta S(T)\,\mathrm{d}T$ 时，应用 $\ln T\mathrm{d}T = \mathrm{d}(T\ln T) - T\mathrm{d}\ln T$)

Ⅶ　热力学函数的基本关系式

1.21　热力学基本方程、吉布斯-亥姆霍兹方程

到上节为止，我们以热力学第一、第二定律为基础，共引出或定义了 5 个状态函数 U、H、S、A、G，再加上可由实验直接测定的 p、V、T 共 8 个最基本最重要的热力学状态函数。它们之间的关系，首先是它们的定义式 $H = U + pV$，$A = U - TS$，$G = H - TS = U + pV - TS = A$

$+pV$，可表示成如图 1-18 所示。此外，本节及下一节应用热力学第一、第二定律还可以推导出另一些很重要的热力学函数间的关系式。

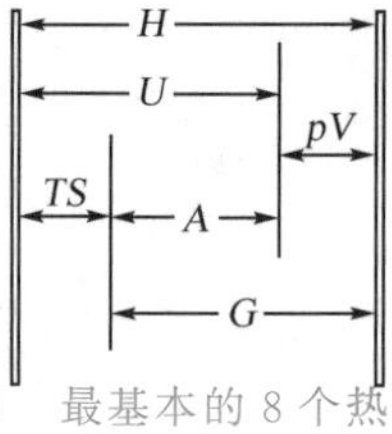

图 1-18　最基本的 8 个热力学状态函数之间的关系

1.21.1　热力学基本方程

在封闭系统中，若发生一微小可逆过程，由热力学第一、二定律，有 $\mathrm{d}U=\delta Q_\mathrm{r}+\delta W_\mathrm{r}$，$\mathrm{d}S=\dfrac{\delta Q_\mathrm{r}}{T}$ 及 $\delta W'_\mathrm{r}=0$ 时，则 $\delta W_\mathrm{r}=-p\mathrm{d}V$，于是

$$\mathrm{d}U=T\mathrm{d}S-p\mathrm{d}V \tag{1-128}$$

微分 $A=U-TS$ 结合式(1-128)，得

$$\mathrm{d}A=-S\mathrm{d}T-p\mathrm{d}V \tag{1-130}$$

微分 $H=U+pV$ 结合式(1-128)，得

$$\mathrm{d}H=T\mathrm{d}S+V\mathrm{d}p \tag{1-129}$$

微分 $G=H-TS$ 结合式(1-129)，得

$$\mathrm{d}G=-S\mathrm{d}T+V\mathrm{d}p \tag{1-131}$$

式(1-128) ～ 式(1-131) 称为**热力学基本方程**(master equation of thermodynamics)。

四个热力学基本方程，分别加上相应的条件，如

式(1-128)，若 $\mathrm{d}V=0\Rightarrow\left(\dfrac{\partial U}{\partial S}\right)_V=T$，若 $\mathrm{d}S=0\Rightarrow\left(\dfrac{\partial U}{\partial V}\right)_S=-p$　(1-132)

式(1-129)，若 $\mathrm{d}p=0\Rightarrow\left(\dfrac{\partial H}{\partial S}\right)_p=T$，若 $\mathrm{d}S=0\Rightarrow\left(\dfrac{\partial H}{\partial p}\right)_S=V$　(1-133)

式(1-130)，若 $\mathrm{d}V=0\Rightarrow\left(\dfrac{\partial A}{\partial T}\right)_V=-S$，若 $\mathrm{d}T=0\Rightarrow\left(\dfrac{\partial A}{\partial V}\right)_T=-p$　(1-134)

式(1-131)，若 $\mathrm{d}p=0\Rightarrow\left(\dfrac{\partial G}{\partial T}\right)_p=-S$，若 $\mathrm{d}T=0\Rightarrow\left(\dfrac{\partial G}{\partial p}\right)_T=V$　(1-135)

式(1-128) ～ 式(1-135) 的应用条件是：(i) 封闭系统；(ii) 无非体积功；(iii) 可逆过程。不过，当用于由两个独立变量可以确定系统状态的系统，包括：(i) 定量纯物质单相系统；(ii) 定量、定组成的单相系统；(iii) 保持相平衡及化学平衡的系统时，相当于具有可逆过程的条件。

1.21.2　吉布斯 - 亥姆霍兹方程

由 $\left(\dfrac{\partial G}{\partial T}\right)_p=-S$，有

$$\left[\frac{\partial(G/T)}{\partial T}\right]_p=\frac{1}{T}\left(\frac{\partial G}{\partial T}\right)_p-\frac{G}{T^2}=-\frac{S}{T}-\frac{G}{T^2}=-\frac{(TS+G)}{T^2}=-\frac{H}{T^2}$$

即

$$\left[\frac{\partial(G/T)}{\partial T}\right]_p=-\frac{H}{T^2} \tag{1-136}$$

同理，有

$$\left[\frac{\partial(A/T)}{\partial T}\right]_V=-\frac{U}{T^2} \tag{1-137}$$

式(1-136) 及式(1-137) 叫吉布斯 - 亥姆霍兹方程。这两个方程在第 4 章及第 10 章有重要应用。

1.22 麦克斯韦关系式、热力学状态方程

1.22.1 麦克斯韦关系式

推导麦克斯韦关系式需要数学的一个结论。

若 $Z=f(x,y)$，且 Z 有连续的二阶偏微商，则必有

$$\frac{\partial^2 Z}{\partial x \partial y}=\frac{\partial^2 Z}{\partial y \partial x}$$

即二阶偏微商与微分先后顺序无关。

把以上结论应用于热力学基本方程有

$$\mathrm{d}U=T\mathrm{d}S-p\mathrm{d}V$$

$\swarrow \mathrm{d}S=0$　　　　$\searrow \mathrm{d}V=0$

$$\left(\frac{\partial U}{\partial V}\right)_S=-p \qquad \left(\frac{\partial U}{\partial S}\right)_V=T$$

V 一定，对 S 微分 $\downarrow$　　　　$\downarrow$ S 一定，对 V 微分

$$\left(\frac{\partial^2 U}{\partial V \partial S}\right)=-\left(\frac{\partial p}{\partial S}\right)_V=\left(\frac{\partial^2 U}{\partial S \partial V}\right)=\left(\frac{\partial T}{\partial V}\right)_S$$

$$\downarrow$$

$$-\left(\frac{\partial p}{\partial S}\right)_V=\left(\frac{\partial T}{\partial V}\right)_S \tag{1-138}$$

同理，将上述结论应用于 $\mathrm{d}H=T\mathrm{d}S+V\mathrm{d}p$，$\mathrm{d}A=-S\mathrm{d}T-p\mathrm{d}V$，$\mathrm{d}G=-S\mathrm{d}T+V\mathrm{d}p$ 可得

$$\left(\frac{\partial T}{\partial p}\right)_S=\left(\frac{\partial V}{\partial S}\right)_p \tag{1-139}$$

$$\left(\frac{\partial S}{\partial V}\right)_T=\left(\frac{\partial p}{\partial T}\right)_V \tag{1-140}$$

$$\left(\frac{\partial S}{\partial p}\right)_T=-\left(\frac{\partial V}{\partial T}\right)_p \tag{1-141}$$

式(1-138) ～ 式(1-141) 叫麦克斯韦关系式(Maxwell's relations)。各式表示的是系统在同一状态下的两种变化率量值相等。因此，应用于某种场合等式左右可以代换。常用的是式(1-140) 及式(1-141)，这两等式右边的变化率是可以由实验直接测定的，而左边则不能，于是需要时可用等式右边的变化率代替等式左边的变化率。

1.22.2 热力学状态方程

由
$$\mathrm{d}U=T\mathrm{d}S-p\mathrm{d}V$$

定温下
$$\mathrm{d}U_T=T\mathrm{d}S_T-p\mathrm{d}V_T$$

等式两边除以 $\mathrm{d}V_T$，即
$$\frac{\mathrm{d}U_T}{\mathrm{d}V_T}=T\frac{\mathrm{d}S_T}{\mathrm{d}V_T}-p$$

$$\left(\frac{\partial U}{\partial V}\right)_T = T\left(\frac{\partial S}{\partial V}\right)_T - p$$

由麦克斯韦关系式
$$\left(\frac{\partial S}{\partial V}\right)_T = \left(\frac{\partial p}{\partial T}\right)_V$$

于是
$$\left(\frac{\partial U}{\partial V}\right)_T = T\left(\frac{\partial p}{\partial T}\right)_V - p \tag{1-142}$$

同理，由 $\mathrm{d}H = T\mathrm{d}S + V\mathrm{d}p$，并用麦克斯韦关系式

$$\left(\frac{\partial S}{\partial p}\right)_T = -\left(\frac{\partial V}{\partial T}\right)_p$$

可得
$$\left(\frac{\partial H}{\partial p}\right)_T = -T\left(\frac{\partial V}{\partial T}\right)_p + V \tag{1-143}$$

式(1-142) 及式(1-143) 都叫**热力学状态方程**(state equation of thermodynamics)。

注意　热力学函数关系式推导的最终目的，通常是把不能由实验直接测定的热力学函数 $X\left(X = U、H、S、A、G、\left(\frac{\partial U}{\partial V}\right)_T、\left(\frac{\partial H}{\partial p}\right)_T、\cdots\right)$ 或其改变量 ΔX 变成可由实验测定的热力学参量(如 $p、V、T、\frac{\partial V}{\partial T}、\frac{\partial p}{\partial T}、\cdots$) 的函数关系，例如式(1-142)、式(1-143) 等。这样就可以由实验测得的热力学数据计算 ΔX。

【例 1-30】　证明

$$\left(\frac{\partial H}{\partial V}\right)_T = T\left(\frac{\partial p}{\partial T}\right)_V + V\left(\frac{\partial p}{\partial V}\right)_T$$

证明　由热力学基本方程 $\mathrm{d}H = T\mathrm{d}S + V\mathrm{d}p$，得

$$\left(\frac{\partial H}{\partial V}\right)_T = T\left(\frac{\partial S}{\partial V}\right)_T + V\left(\frac{\partial p}{\partial V}\right)_T$$

将麦克斯韦关系式 $\left(\frac{\partial S}{\partial V}\right)_T = \left(\frac{\partial p}{\partial T}\right)_V$ 代入上式，得

$$\left(\frac{\partial H}{\partial V}\right)_T = T\left(\frac{\partial p}{\partial T}\right)_V + V\left(\frac{\partial p}{\partial V}\right)_T$$

【例 1-31】　假定某实际气体遵守下列状态方程：

$$pV_{\mathrm{m}} = RT + \alpha p \qquad (\alpha \text{ 为大于零的常数})$$

试证明：(1) 该气体的 C_V 与体积无关，只是温度的函数；(2) 该气体的焦-汤系数 $\mu_{\text{J-T}} < 0$。

证明　(1) 因为
$$C_V = \left(\frac{\partial U}{\partial T}\right)_V$$

所以
$$\left(\frac{\partial C_V}{\partial V}\right)_T = \left[\frac{\partial}{\partial V}\left(\frac{\partial U}{\partial T}\right)_V\right]_T = \left[\frac{\partial}{\partial T}\left(\frac{\partial U}{\partial V}\right)_T\right]_V$$

将热力学状态方程 $\left(\frac{\partial U}{\partial V}\right)_T = T\left(\frac{\partial p}{\partial T}\right)_V - p$ 代入上式得

$$\left(\frac{\partial C_V}{\partial V}\right)_T = \left\{\frac{\partial}{\partial T}\left[T\left(\frac{\partial p}{\partial T}\right)_V - p\right]_T\right\}_V$$

由状态方程 $pV_m = RT + \alpha p$，得

$$\left(\frac{\partial p}{\partial T}\right)_V = \frac{R}{V_m - \alpha}$$

所以
$$\left(\frac{\partial C_V}{\partial V}\right)_T = \left\{\frac{\partial}{\partial T}\left[\frac{RT}{V_m - \alpha} - p\right]_T\right\}_V = 0$$

故 C_V 与体积无关。

(2) 因为
$$H = f(T, p)$$

所以
$$\mathrm{d}H = \left(\frac{\partial H}{\partial T}\right)_p \mathrm{d}T + \left(\frac{\partial H}{\partial p}\right)_T \mathrm{d}p = 0$$

则
$$\left(\frac{\partial T}{\partial p}\right)_H = -\frac{(\partial H/\partial p)_T}{(\partial H/\partial T)_p}$$

即
$$\mu_{\text{J-T}} = -\frac{(\partial H/\partial p)_T}{(\partial H/\partial T)_p}$$

将热力学状态方程$\left(\frac{\partial H}{\partial p}\right)_T = V - T\left(\frac{\partial V}{\partial T}\right)_p$ 及 $C_p = \left(\frac{\partial H}{\partial T}\right)_p$ 代入上式得

$$\mu_{\text{J-T}} = \frac{T\left(\frac{\partial V}{\partial T}\right)_p - V}{C_p} = \frac{T\left(\frac{\partial V_m}{\partial T}\right)_p - V_m}{C_{p,m}}$$

由状态方程 $pV_m = RT + \alpha p$ 得$\left(\frac{\partial V_m}{\partial T}\right)_p = \frac{R}{p}$，则

$$\mu_{\text{J-T}} = \frac{\frac{RT}{p} - V_m}{C_{p,m}} = -\frac{\alpha}{C_{p,m}}$$

因
$$\alpha > 0,\quad C_{p,m} > 0$$

故
$$\mu_{\text{J-T}} < 0$$

【例 1-32】 证明：(1)$\left(\frac{\partial C_V}{\partial V}\right)_T = T\left(\frac{\partial^2 p}{\partial T^2}\right)_V$；(2)$\left(\frac{\partial C_p}{\partial p}\right)_T = -T\left(\frac{\partial^2 V}{\partial T^2}\right)_p$。并对理想气体证明 C_V 与 V 无关，C_p 与 p 无关，它们只是温度的函数。

证明　(1) 因为 $C_V = \left(\frac{\partial U}{\partial T}\right)_V$，所以

$$\left(\frac{\partial C_V}{\partial V}\right)_T = \left[\frac{\partial}{\partial V}\left(\frac{\partial U}{\partial T}\right)_V\right]_T = \left[\frac{\partial}{\partial T}\left(\frac{\partial U}{\partial V}\right)_T\right]_V$$

将热力学状态方程$\left(\frac{\partial U}{\partial V}\right)_T = T\left(\frac{\partial p}{\partial T}\right)_V - p$ 代入上式，得

$$\left(\frac{\partial C_V}{\partial V}\right)_T = \left\{\frac{\partial}{\partial T}\left[T\left(\frac{\partial p}{\partial T}\right)_V - p\right]\right\}_V =$$

$$T\left(\frac{\partial^2 p}{\partial T^2}\right)_V + \left(\frac{\partial p}{\partial T}\right)_V - \left(\frac{\partial p}{\partial T}\right)_V = T\left(\frac{\partial^2 p}{\partial T^2}\right)_V$$

对于理想气体，$p=\frac{nRT}{V}$，有$\left(\frac{\partial p}{\partial T}\right)_V=\frac{nR}{V}$，则

$$\left(\frac{\partial^2 p}{\partial T^2}\right)_V=\left[\frac{\partial}{\partial T}\left(\frac{\partial p}{\partial T}\right)_V\right]_V=\left[\frac{\partial}{\partial T}\left(\frac{nR}{V}\right)\right]_V=0$$

即
$$\left(\frac{\partial C_V}{\partial V}\right)_T=0$$

表明理想气体 C_V 与 V 无关，只是温度的函数。

(2) 因为 $C_p=\left(\frac{\partial H}{\partial T}\right)_p$，所以

$$\left(\frac{\partial C_p}{\partial p}\right)_T=\left[\frac{\partial}{\partial p}\left(\frac{\partial H}{\partial T}\right)_p\right]_T=\left[\frac{\partial}{\partial T}\left(\frac{\partial H}{\partial p}\right)_T\right]_p$$

将热力学状态方程$\left(\frac{\partial H}{\partial p}\right)_T=-T\left(\frac{\partial V}{\partial T}\right)_p+V$代入上式，得

$$\left(\frac{\partial C_p}{\partial p}\right)_T=\left\{\frac{\partial}{\partial T}\left[-T\left(\frac{\partial V}{\partial T}\right)_p+V\right]_T\right\}_p=$$

$$-T\left(\frac{\partial^2 V}{\partial T^2}\right)_p-\left(\frac{\partial V}{\partial T}\right)_p+\left(\frac{\partial V}{\partial T}\right)_p=-T\left(\frac{\partial^2 V}{\partial T^2}\right)_p$$

对于理想气体，$V=\frac{nRT}{p}$，有$\left(\frac{\partial V}{\partial T}\right)_p=\frac{nR}{p}$，则

$$\left(\frac{\partial^2 V}{\partial T^2}\right)_p=\left[\frac{\partial}{\partial T}\left(\frac{\partial V}{\partial T}\right)_p\right]_p=\left[\frac{\partial}{\partial T}\left(\frac{nR}{p}\right)\right]_p=0$$

即
$$\left(\frac{\partial C_p}{\partial p}\right)_T=0$$

表明理想气体 C_p 与 p 无关，只是温度的函数。

Ⅷ 化学势

1.23 多组分系统及其组成标度

1.23.1 混合物、溶液

含一个以上组分(关于组分的严格定义将在第 2.1 节中学习)的系统称为**多组分系统**(multicomponent system)，可进一步区分为

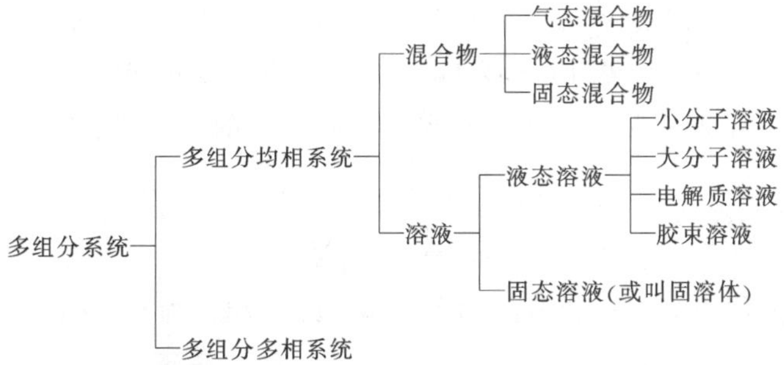

(i) 对溶液(solution)，将其中的组分区分为溶剂(solvent，相对量大的组分)和溶质(solute，相对量小的组分；如果是气体或固体溶解于液体中构成溶液，通常把被溶解的气体或固体称为溶质，而液体称为溶剂)，且对溶剂及溶质分别采用不同的热力学标准态(见 2.6 节)进行热力学处理。

(ii) 对混合物(mixture)，则不区分溶剂和溶质，将其中任意组分 B 均采用相同的热力学标准态(即 T、$p^{\ominus}$ 下的纯液态 B)进行热力学处理(见 2.5 节)。

(iii) 本书主要讨论液态混合物及液态溶液(简称溶液)，但处理它们的热力学方法对固态混合物及固态溶液也是适用的。

(iv) 本书将在第 2 章集中讨论液态混合物、小分子溶液及电解质溶液，在第 11 章集中讨论大分子溶液和胶束溶液。

(v) 对多组分多相系统，将在后续的章节中陆续涉及。例如，第 3 章中将会用图解的方法讨论单组分多相系统和多组分多相系统的相平衡问题。在第 11 章中将讨论溶胶、乳状液、悬浮液(体)等多组分多相系统的性质和应用。

1.23.2　混合物的组成标度、溶液中溶质 B 的组成标度

1. 混合物常用的组成标度

在 GB 3102.8—1993 中，有关混合物的组成标度如下：

(1)B 的分子浓度(molecular concentration of B)

$$C_B \xlongequal{\text{def}} N_B/V \tag{1-144}$$

式中，N_B 为混合物的体积 V 中 B 的分子数。C_B 的单位为 m^{-3}。

(2)B 的质量浓度(mass concentration of B)

$$\rho_B \xlongequal{\text{def}} m_B/V \tag{1-145}$$

式中，m_B 为混合物的体积 V 中 B 的质量。ρ_B 的单位为 $kg \cdot m^{-3}$。

(3)B 的质量分数(mass fraction of B)

$$w_B \xlongequal{\text{def}} m_B/\sum_A m_A \tag{1-146}$$

式中，m_B 代表 B 的质量；$\sum_A m_A$ 代表混合物的质量。w_B 为量纲一的量，其单位为 1。

注意　不能把 w_B 写成 B% 或 w_B%，也不能称为 B 的“质量百分浓度”或 B 的“质量百分数”。例如，将 $w(H_2SO_4)=0.15$ 写成 $H_2SO_4\%=15\%$ 是错误的。

(4)B 的浓度(concentration of B)或 B 的物质的量浓度(amount of substance concentration of B)

$$c_B \overset{\text{def}}{=\!=\!=} n_B/V \tag{1-147}$$

式中，n_B 为混合物的体积 V 中所含 B 的物质的量。c_B 的单位为 $mol \cdot m^{-3}$，常用单位为 $mol \cdot dm^{-3}$。

注意　式(1-147)中的混合物的体积 V 不能理解为溶液的体积。由于混合物体积 V 在指定压力 p 时还要受温度 T 的影响，因此在热力学研究中选它作为溶液中溶质 B 的组成标度是很不方便的。有关溶液中溶质 B 的组成标度将在下面提到。

(5)B 的摩尔分数(mole fraction of B)

$$x_B[\text{或 } y_B\text{——对气体混合物而言，见 1.1.5 节(3)}] \overset{\text{def}}{=\!=\!=} n_B/\sum_A n_A \tag{1-148}$$

式中，n_B 为 B 的物质的量；$\sum_A n_A$ 代表混合物的物质的量。x_B 为量纲一的量，其单位为 1。x_B 也称为 **B 的物质的量分数**(amount of substance fraction of B)。

(6)B 的体积分数(volume fraction of B)

$$\varphi_B \overset{\text{def}}{=\!=\!=} x_B V^*_{m,B}/\sum_A x_A V^*_{m,A} \tag{1-149}$$

式中，x_A 和 x_B 分别代表 A 和 B 的摩尔分数；$V^*_{m,A}$、$V^*_{m,B}$ 分别代表与混合物相同的温度 T 和压力 p 时纯 A 和纯 B 的摩尔体积；$\sum_A$ 代表对所有物质求和。φ_B 为量纲一的量，其单位为 1。

注意　不允许把 $\varphi_B=0.02$ 写成“2% 的 B”或“B%=0.02”。

2. 溶液中溶质 B 的组成标度

对液态或固态溶液，溶质 B 的组成标度是**溶质 B 的质量摩尔浓度**(molality of solute B)和**溶质 B 的摩尔比**(mole ratio of solute B)。热力学中，对溶液的处理方法与对混合物的处理方法是不同的，对溶液中溶质 B 的处理方法与对溶剂 A 的处理方法也是不同的，故对组成变量的选择不同。国家标准中对溶质的组成标度特别加上了“溶质 B[的](of solute B)”，一般不宜省略。

(1) 溶质 B 的质量摩尔浓度

$$b_B(\text{或 } m_B) \overset{\text{def}}{=\!=\!=} n_B/m_A \tag{1-150}$$

式中，n_B 代表溶质 B 的物质的量；m_A 代表溶剂 A 的质量。b_B(或 m_B)的单位为 $mol \cdot kg^{-1}$。

溶质 B 的质量摩尔浓度 b_B 也可以用下式定义

$$b_B(\text{或 } m_B) \overset{\text{def}}{=\!=\!=} n_B/(n_A M_A) \tag{1-151}$$

式中，n_A 和 n_B 分别代表溶剂 A 和溶质 B 的物质的量；M_A 代表溶剂 A 的摩尔质量。

有时在某些场合，特别是在化学动力学一章中也用“溶质 B 的摩尔分数 x_B”或“溶质 B 的

浓度 c_B”作为溶液中溶质B的组成标度。b_B 与 x_B 的关系为

$$b_B = x_B \Big/ \left[(1 - \sum_B x_B) M_A\right] \tag{1-152}$$

或

$$x_B = M_A b_B \Big/ (1 + M_A \sum_B b_B) \tag{1-153}$$

式(1-152)、式(1-153)中，$\sum_B$ 代表对所有溶质B求和。在足够稀薄的溶液中，$n_B \ll n_A$，$\sum_B x_B \ll 1$，$M_A \sum_B b_B \ll 1$，则式(1-152)和式(1-153)相应变为

$$b_B \approx x_B / M_A \tag{1-154}$$

或

$$x_B \approx M_A b_B \tag{1-155}$$

b_B 与 c_B 的关系为

$$b_B = c_B / (\rho - c_B M_B) \tag{1-156}$$

或

$$c_B = b_B \rho / (1 + b_B M_B) \tag{1-157}$$

式(1-156)、式(1-157)中，ρ 代表混合物的质量浓度(mass concentration)。在足够稀薄的溶液中 $\rho = \rho_A$，ρ_A 代表溶剂A的质量浓度，$c_B M_B \ll 1$，$b_B M_B \ll 1$，则式(1-156)、式(1-157)变为

$$b_B \approx c_B / \rho_A \tag{1-158}$$

$$c_B \approx b_B \rho_A \tag{1-159}$$

(2) 溶质B的摩尔比

$$r_B \xlongequal{\text{def}} n_B / n_A \tag{1-160}$$

式中，n_A、n_B 分别代表溶剂A、溶质B的物质的量。r_B 为量纲一的量，其单位为1。

【例1-33】 现有50 g甲苯与50 g苯组成的混合物，试计算：(1) 混合物的质量分数；(2) 混合物的摩尔分数。

解　(1) $w(C_6H_6) = \dfrac{50\ \text{g}}{50\ \text{g} + 50\ \text{g}} = 0.50$

(2) $x(C_6H_6) = \dfrac{50\ \text{g}/(78.12\ \text{g}\cdot\text{mol}^{-1})}{50\ \text{g}/(92.15\ \text{g}\cdot\text{mol}^{-1}) + 50\ \text{g}/(78.12\ \text{g}\cdot\text{mol}^{-1})} = 0.541\ 2$

【例1-34】 15 ℃时，20 g甲醛溶于30 g水中，所得系统的体积质量为 $1.111 \times 10^6\ \text{g}\cdot\text{m}^{-3}$。(1) 若将该系统视为溶液，计算溶质甲醛的质量摩尔浓度；(2) 若将该系统视为混合物，计算甲醛的摩尔分数；(3) 若将该系统视为混合物，计算甲醛的物质的量浓度。

解　(1) $b_B = \dfrac{n_B}{m_A} = \dfrac{20\ \text{g}/(30.03\ \text{g}\cdot\text{mol}^{-1})}{30 \times 10^{-3}\ \text{kg}} = 22.20\ \text{mol}\cdot\text{kg}^{-1}$

(2) $x_B = \dfrac{n_B}{n_A + n_B} = \dfrac{20\ \text{g}/(30.03\ \text{g}\cdot\text{mol}^{-1})}{30\ \text{g}/(18.02\ \text{g}\cdot\text{mol}^{-1}) + 20\ \text{g}/(30.03\ \text{g}\cdot\text{mol}^{-1})} = 0.285\ 7$

(3) $c_B = \dfrac{n_B}{V} = \dfrac{20\ \text{g}/(30.03\ \text{g}\cdot\text{mol}^{-1})}{(20 + 30) \times 10^{-3}\ \text{kg}/(1.111 \times 10^3\ \text{kg}\cdot\text{m}^{-3})} = 1.48 \times 10^4\ \text{mol}\cdot\text{m}^{-3}$

1.24 摩尔量与偏摩尔量

视频

偏摩尔量

系统的状态函数中 V、U、H、S、A、G 等为广度性质，对单组分(即纯物质)系统，若系统由 B 组成，其物质的量为 n_B，则有 $V_{m,B}^{*} \overset{\text{def}}{=\!=} V/n_B$，$U_{m,B}^{*} \overset{\text{def}}{=\!=} U/n_B$，$H_{m,B}^{*} \overset{\text{def}}{=\!=} H/n_B$，$S_{m,B}^{*} \overset{\text{def}}{=\!=} S/n_B$，$A_{m,B}^{*} \overset{\text{def}}{=\!=} A/n_B$，$G_{m,B}^{*} \overset{\text{def}}{=\!=} G/n_B$。它们分别叫 B 的摩尔体积(molar volume)，摩尔热力学能(molar thermodynamic energy)，摩尔焓(molar enthalpy)，摩尔熵(molar entropy)，摩尔亥姆霍兹函数(molar Helmhotz function)，摩尔吉布斯函数(molar Gibbs function)，它们都是强度性质。这是 GB 3102.8—1993 给出的关于摩尔量(molar quantity) 的定义。

但对于由一个以上的纯组分混合构成的多组分均相系统(混合物或溶液)，则其广度性质与混合前的纯组分的广度性质的总和通常并不相等(质量除外)，现以广度性质体积 V 为例，例如，25 ℃、101.325 kPa 时

$$18.07\ \text{cm}^3\ H_2O(l) + 5.74\ \text{cm}^3\ C_2H_5OH(l) = 23.30\ \text{cm}^3[(H_2O + C_2H_5OH)](l) \neq 23.81\ \text{cm}^3[(H_2O + C_2H_5OH)](l)$$

即混合后体积缩小了，这是因为对液态混合物或溶液混合前后各组分的分子间力有所改变的缘故。

因此，用摩尔量的概念已不能描述多组分系统的热力学性质，而必须引入新的概念，这就是偏摩尔量(partial molar quantity)。

1.24.1 偏摩尔量的定义

设 X 代表 V、U、H、S、A、G 这些广度性质，则对多组分均相系统，其量值不仅为温度、压力(不考虑其他广义力) 所决定，还与系统的物质组成有关，故有

$$X = f(T, p, n_A, n_B, \cdots)$$

其全微分则为

$$dX = \left(\frac{\partial X}{\partial T}\right)_{p,n_B} dT + \left(\frac{\partial X}{\partial p}\right)_{T,n_B} dp + \left(\frac{\partial X}{\partial n_A}\right)_{T,p,n(C,C\neq A)} dn_A + \left(\frac{\partial X}{\partial n_B}\right)_{T,p,n(C,C\neq B)} dn_B + \cdots$$

定义

$$X_B \overset{\text{def}}{=\!=} \left(\frac{\partial X}{\partial n_B}\right)_{T,p,n(C,C\neq B)} \tag{1-161}$$

式中，X_B 叫偏摩尔量；下标 T、p 表示 T、p 恒定；$n(C, C \neq B)$ 表示除组分 B 外，其余所有组分(以 C 代表) 均保持恒定不变。X_B 代表

$$V_B = \left(\frac{\partial V}{\partial n_B}\right)_{T,p,n(C,C\neq B)}$$ ，叫偏摩尔体积(partial molar volume，以下类推)

$$U_B = \left(\frac{\partial U}{\partial n_B}\right)_{T,p,n(C,C\neq B)}$$ ，叫偏摩尔热力学能

$$H_B = \left(\frac{\partial H}{\partial n_B}\right)_{T,p,n(C,C\neq B)}$$，叫偏摩尔焓

$$S_B = \left(\frac{\partial S}{\partial n_B}\right)_{T,p,n(C,C\neq B)}$$，叫偏摩尔熵

$$A_B = \left(\frac{\partial A}{\partial n_B}\right)_{T,p,n(C,C\neq B)}$$，叫偏摩尔亥姆霍兹函数

$$G_B = \left(\frac{\partial G}{\partial n_B}\right)_{T,p,n(C,C\neq B)}$$，叫偏摩尔吉布斯函数

于是

$$dX = \left(\frac{\partial X}{\partial T}\right)_{p,n_B} dT + \left(\frac{\partial X}{\partial p}\right)_{T,n_B} dp + X_A dn_A + X_B dn_B + \cdots$$

若 $dT=0$，$dp=0$，则

$$dX = X_A dn_A + X_B dn_B + \cdots = \sum_{B=A}^{S} X_B dn_B \tag{1-162}$$

当 X_B 视为常数时，积分上式，得

$$X = \sum_{B=A}^{S} n_B X_B \tag{1-163}$$

式(1-163)称为偏摩尔量加和公式，适用于任何广度性质，例如，对混合物或溶液的体积 V，则

$$V = n_A V_A + n_B V_B + \cdots + n_S V_S$$

关于偏摩尔量的概念有以下几点要注意：

(i) 偏摩尔量的含义：偏摩尔量 X_B 是在 T、p 以及除 n_B 外所有其他组分的物质的量都保持不变的条件下，任意广度性质 X 随 n_B 的变化率。也可理解为在定温、定压下，向大量的某一定组成的混合物或溶液中加入单位物质的量的B时引起的系统的广度性质 X 的改变量。

(ii) 只有系统的广度性质才有偏摩尔量，而偏摩尔量则为强度性质。

(iii) 只有在定温、定压下，某广度性质对组分B的物质的量的偏微分才叫偏摩尔量。

(iv) 任何偏摩尔量都是状态函数，且为 T、p 和组成的函数。

(v) 由偏摩尔量的定义式(1-161)知，它可正、可负。例如，在 $MgSO_4$ 稀水溶液($b_B <$ 0.07 mol·kg^{-1})中添加 $MgSO_4$，溶液的体积不是增加而是缩小(由于 $MgSO_4$ 有很强的水合作用)。

(vi) 纯物质的偏摩尔量就是摩尔量，即 $X_B = X^*_{m,B}$。

【例1-35】 在溶剂A中于定温、定压下，溶有溶质B、C、D、…，则溶质B的偏摩尔体积可理解为“定温、定压下，该溶液中单位物质的量的组分B的体积”，这种理解正确吗？为什么？

解　不正确。若如此理解，则偏摩尔体积一定是正值(因为体积是物质占有的空间，其值必为正)。而事实并非如此，偏摩尔量可正、可负，偏摩尔体积也不例外。如前述，$MgSO_4$ 的稀水溶液中($b_B <$ 0.07 mol·kg^{-1})，$MgSO_4$ 的偏摩尔体积就是负值。

对偏摩尔量内涵的正确理解，其依据应是偏摩尔量的定义式(1-161)，它是多组分均相系统的某广度量 X($X=V$、U、H、S、A、G)在 T、p 一定及除组分B外，其他各组分物质的量均不变的条件下 X 对 n_B($B\neq C$，$C=A$、C、D、…，其物质的量均不变)的偏微商(即 X 对 n_B 的变化率)，这个偏微商可正、可负。

1.24.2 不同组分同一偏摩尔量之间的关系

定温、定压下微分式(1-163),得

$$\mathrm{d}X=\sum_{\mathrm{B}}n_{\mathrm{B}}\mathrm{d}X_{\mathrm{B}}+\sum_{\mathrm{B}}X_{\mathrm{B}}\mathrm{d}n_{\mathrm{B}}$$

将上式与式(1-162) 比较,得

$$\sum_{\mathrm{B}}n_{\mathrm{B}}\mathrm{d}X_{\mathrm{B}}=0 \tag{1-164}$$

将式(1-164) 除以 $n=\sum_{\mathrm{B}}n_{\mathrm{B}}$,得

$$\sum_{\mathrm{B}}x_{\mathrm{B}}\mathrm{d}X_{\mathrm{B}}=0 \tag{1-165}$$

式(1-164)、式(1-165) 都叫吉布斯-杜亥姆(Gibbs-Duhem) 方程。它表示混合物或溶液中不同组分同一偏摩尔量间的关系。

若为 A、B 二组分混合物或溶液,则

$$x_{\mathrm{A}}\mathrm{d}X_{\mathrm{A}}=-x_{\mathrm{B}}\mathrm{d}X_{\mathrm{B}} \tag{1-166}$$

由式(1-166) 可见,在一定的温度、压力下,当混合物(或溶液) 的组成发生微小变化时,两个组分的偏摩尔量不是独立变化的,如果一个组分的偏摩尔量增大,则另一个组分的偏摩尔量必然减小。

1.24.3 同一组分不同偏摩尔量间的关系

混合物或溶液中同一组分,如组分 B,它的不同偏摩尔量如 V_{B}、U_{B}、H_{B}、S_{B}、A_{B}、G_{B} 等之间的关系类似于纯物质各摩尔量之间的关系。如

$$H_{\mathrm{B}}=U_{\mathrm{B}}+pV_{\mathrm{B}} \tag{1-167}$$

$$A_{\mathrm{B}}=U_{\mathrm{B}}-TS_{\mathrm{B}} \tag{1-168}$$

$$G_{\mathrm{B}}=H_{\mathrm{B}}-TS_{\mathrm{B}}=U_{\mathrm{B}}+pV_{\mathrm{B}}-TS_{\mathrm{B}}=A_{\mathrm{B}}+pV_{\mathrm{B}} \tag{1-169}$$

$$(\partial G_{\mathrm{B}}/\partial p)_{T,n_{\mathrm{A}}}=V_{\mathrm{B}} \tag{1-170}$$

$$[\partial(G_{\mathrm{B}}/T)/\partial T]_{p,n_{\mathrm{B}}}=-H_{\mathrm{B}}/T^2 \tag{1-171}$$

1.25 化学势、化学势判据

化学势是化学热力学中最重要的一个物理量。我们将看到,相平衡或化学平衡的条件首先要通过化学势来表达;利用化学势可以建立物质平衡判据,即相平衡判据和化学平衡判据。

1.25.1 化学势的定义

混合物或溶液中,组分 B 的偏摩尔吉布斯函数 G_{B} 在化学热力学中有特殊的重要性,又把它叫作化学势(chemical potential),用符号 μ_{B} 表示。所以化学势的定义式为

$$\mu_{\mathrm{B}}\overset{\mathrm{def}}{=\!=\!=}G_{\mathrm{B}}=\left(\frac{\partial G}{\partial n_{\mathrm{B}}}\right)_{T,p,n(\mathrm{C},\mathrm{C}\neq\mathrm{B})} \tag{1-172}$$

1.25.2 多组分组成可变系统的热力学基本方程

1. 多组分组成可变的均相系统的热力学基本方程

对多组分组成可变的均相系统(混合物或溶液),有

$$G = f(T, p, n_A, n_B \cdots)$$

其全微分为

$$dG = \left(\frac{\partial G}{\partial T}\right)_{p,n_B} dT + \left(\frac{\partial G}{\partial p}\right)_{T,n_B} dp + \left(\frac{\partial G}{\partial n_A}\right)_{T,p,n(C,C\neq A)} dn_A + \left(\frac{\partial G}{\partial n_B}\right)_{T,p,n(C,C\neq B)} dn_B + \cdots$$

或
$$dG = \left(\frac{\partial G}{\partial T}\right)_{p,n_B} dT + \left(\frac{\partial G}{\partial p}\right)_{T,n_B} dp + \sum_B \left(\frac{\partial G}{\partial n_B}\right)_{T,p,n(C,C\neq B)} dn_B$$

在组成不变的条件下与式(1-131)对比,有

$$\left(\frac{\partial G}{\partial T}\right)_{p,n_B} = -S, \quad \left(\frac{\partial G}{\partial p}\right)_{T,n_B} = V$$

再结合式(1-172),于是有

$$dG = -SdT + Vdp + \sum_B \mu_B dn_B \tag{1-173}$$

再由 $dG = dA + d(pV) = dA + pdV + Vdp$,结合式(1-173),得

$$dA = -SdT - pdV + \sum_B \mu_B dn_B \tag{1-174}$$

由 $dA = dU - d(TS) = dU - TdS - SdT$,结合式(1-174),得

$$dU = TdS - pdV + \sum_B \mu_B dn_B \tag{1-175}$$

而由 $dU = dH - d(pV) = dH - pdV - Vdp$,结合式(1-175),得

$$dH = TdS + Vdp + \sum_B \mu_B dn_B \tag{1-176}$$

式(1-173)~式(1-176)为多组分组成可变的均相系统的热力学基本方程。它不仅适用于组成可变的均相封闭系统,也适用于均相敞开系统。

由式(1-174),若 $dT = 0, dV = 0, dn_C = 0$(除 B 而外的组分的物质的量均保持恒定),则

$$\mu_B = \left(\frac{\partial A}{\partial n_B}\right)_{T,V,n(C,C\neq B)} \tag{1-177}$$

由式(1-175),若 $dS = 0, dV = 0, dn_C = 0$,则

$$\mu_B = \left(\frac{\partial U}{\partial n_B}\right)_{S,V,n(C,C\neq B)} \tag{1-178}$$

由式(1-176),若 $dS = 0, dp = 0, dn_C = 0$,则

$$\mu_B = \left(\frac{\partial H}{\partial n_B}\right)_{S,p,n(C,C\neq B)} \tag{1-179}$$

式(1-177)~式(1-179)中的三个偏微商也叫化学势。

注意 只有式(1-172)中的偏微商既是化学势又是偏摩尔量,而式(1-177)~式(1-179)只叫化学势而不是偏摩尔量。

设有纯 B,若物质的量为 n_B,则

$$G^*(T, p, n_B) = n_B G^*_{m,B}(T, p) \tag{1-180}$$

将上式微分，移项后，有

$$\left(\frac{\partial G^*}{\partial n_{\mathrm{B}}}\right)_{T,p}=\mu_{\mathrm{B}}=G^*_{\mathrm{m,B}}(T,p) \tag{1-181}$$

式(1-181) 表明，纯物质的化学势等于该物质的摩尔吉布斯函数。

2. 多组分组成可变的多相系统的热力学基本方程

对于多组分组成可变的多相系统，则式(1-173) ～ 式(1-176) 中等式右边各项要对系统中所有相加和(用 $\sum_{\alpha}$ 表示)，例如

$$\mathrm{d}U=\sum_{\alpha}T^{\alpha}\mathrm{d}S^{\alpha}-\sum_{\alpha}p^{\alpha}\mathrm{d}V^{\alpha}+\sum_{\alpha}\sum_{\mathrm{B}}\mu_{\mathrm{B}}^{\alpha}\mathrm{d}n_{\mathrm{B}}^{\alpha} \tag{1-182}$$

当各相 T、p 相同时，式(1-182) 变为

$$\mathrm{d}U=T\mathrm{d}S-p\mathrm{d}V+\sum_{\alpha}\sum_{\mathrm{B}}\mu_{\mathrm{B}}^{\alpha}\mathrm{d}n_{\mathrm{B}}^{\alpha} \tag{1-183}$$

1.25.3 物质平衡的化学势判据

物质平衡包括相平衡及化学反应平衡。设系统是封闭的，但系统内物质可从一相转移到另一相，或有些物质可因发生化学反应而增多或减少。对于处于热平衡及力平衡的系统(不一定处于物质平衡)，若 $\delta W'=0$，由热力学第一定律 $\mathrm{d}U=\delta Q-p\mathrm{d}V$，代入式(1-183)，得

$$T\mathrm{d}S-\delta Q+\sum_{\alpha}\sum_{\mathrm{B}}\mu_{\mathrm{B}}^{\alpha}\mathrm{d}n_{\mathrm{B}}^{\alpha}=0$$

再由热力学第二定律 $T\mathrm{d}S\geqslant\delta Q$，代入上式，得

$$\sum_{\alpha}\sum_{\mathrm{B}}\mu_{\mathrm{B}}^{\alpha}\mathrm{d}n_{\mathrm{B}}^{\alpha}\leqslant 0\ \begin{matrix}\text{自发}\\ \text{平衡}\end{matrix} \tag{1-184}$$

式(1-184) 就是由热力学第二定律得到的物质平衡的化学势判据(chemical potential criterion of substance equilibrium) 的一般形式。

式(1-184) 表明，当系统未达物质平衡时，可自发地发生 $\sum_{\alpha}\sum_{\mathrm{B}}\mu_{\mathrm{B}}^{\alpha}\mathrm{d}n_{\mathrm{B}}^{\alpha}<0$ 的过程，直至 $\sum_{\alpha}\sum_{\mathrm{B}}\mu_{\mathrm{B}}^{\alpha}\mathrm{d}n_{\mathrm{B}}^{\alpha}=0$ 时达到物质平衡。

1. 相平衡条件

考虑混合物或溶液中 $\mathrm{B}(\alpha)\xrightleftharpoons{T,p}\mathrm{B}(\beta)$

若在无非体积功及定温、定压条件下，组分 B 有 $\mathrm{d}n_{\mathrm{B}}$ 由 α 相转移到 β 相，由式(1-184)，有

$$\mu_{\mathrm{B}}^{\alpha}\mathrm{d}n_{\mathrm{B}}^{\alpha}+\mu_{\mathrm{B}}^{\beta}\mathrm{d}n_{\mathrm{B}}^{\beta}\leqslant 0$$

因为 $$\mathrm{d}n_{\mathrm{B}}^{\alpha}=-\mathrm{d}n_{\mathrm{B}}^{\beta}$$

所以 $$(\mu_{\mathrm{B}}^{\alpha}-\mu_{\mathrm{B}}^{\beta})\mathrm{d}n_{\mathrm{B}}^{\beta}\geqslant 0$$

因为 $$\mathrm{d}n_{\mathrm{B}}^{\beta}>0$$

所以 $$(\mu_{\mathrm{B}}^{\alpha}-\mu_{\mathrm{B}}^{\beta})\geqslant 0\ \begin{matrix}\text{自发}\\ \text{平衡}\end{matrix} \tag{1-185}$$

式(1-185) 即为相平衡的化学势判据(chemical potential criterion of phase equilibrium)。表明在一定 T、p 下，若 $\mu_{\mathrm{B}}^{\alpha}=\mu_{\mathrm{B}}^{\beta}$，则组分 B 在 α、β 两相中达成平衡，这就是相平

衡条件。若 $\mu_B^\alpha > \mu_B^\beta$，则 B 有从 α 相转移到 β 相的自发趋势。

对纯物质，因为 $\mu_B^\alpha = G_{m,B}^*(\alpha)$，$\mu_B^\beta = G_{m,B}^*(\beta)$，即纯 B* 达成两相平衡的条件是 $G_{m,B}^*(\alpha) = G_{m,B}^*(\beta)$。

2. 化学反应平衡条件

以下讨论均相系统中，化学反应 $0=\sum_B \nu_B B$ 的平衡条件。

设化学反应按方程 $0=\sum_B \nu_B B$，发生的反应进度为 $d\xi$，则有 $dn_B = \nu_B d\xi$，于是，由式(1-184)，对均相系统

$$\sum_B \mu_B dn_B = \sum_B \nu_B \mu_B d\xi \leqslant 0 \begin{matrix}\text{自发}\\\text{平衡}\end{matrix} \tag{1-186}$$

式(1-186) 即为化学反应平衡的化学势判据(chemical potential criterion of chemical reaction equilibrium)。表明，$\sum_B \nu_B \mu_B < 0$ 时，有向 $d\xi > 0$ 的方向自发地发生反应的趋势，直至 $\sum_B \nu_B \mu_B = 0$ 时，达到反应平衡，这就是化学反应的平衡条件(equilibrium condition of chemical reaction)。如对反应

$$aA + bB \longrightarrow yY + zZ$$

反应的平衡条件是

$$a\mu_A + b\mu_B = y\mu_Y + z\mu_Z$$

若定义

$$\boldsymbol{A} \overset{\text{def}}{=\!=} -\sum_B \nu_B \mu_B \tag{1-187}$$

式中，$\boldsymbol{A}$ 叫化学反应的亲和势(potential of chemical reaction)。

$$\begin{cases}\boldsymbol{A}=0,\text{反应处于平衡态}\\ \boldsymbol{A}>0,\text{反应向右自发进行}\\ \boldsymbol{A}<0,\text{反应向左自发进行}\end{cases} \tag{1-188}$$

【例 1-36】　试比较纯苯在下表所列不同状态下，其化学势的相对大小。已知纯苯的正常沸点为 353.25 K。

序号	相态	强度状态(T,p)	化学势
1	l	353.25 K,101 325 Pa	μ_1
2	g	353.25 K,101 325 Pa	μ_2
3	l	353.25 K,202 650 Pa	μ_3
4	g	353.25 K,202 650 Pa	μ_4

解　纯苯在正常沸点(即 101 325 Pa 下的沸点：353.25 K)时，处于液⇌气两相平衡，由相平衡条件式(1-185)，应有

$$\mu_1 = \mu_2$$

纯苯在 353.25 K，当外压为 202 650 Pa 时，该外压大于纯苯液在该温度下的饱和蒸气压 101 325 Pa，则由式(1-185) 可知，此时，自发的相变化方向应是气→液，故有 $\mu_4 > \mu_3$。

又因为对纯物质，由热力学基本方程式(1-131) 有：$dG_m^* = -S_m^* dT + V_m^* dp$，则 $\left(\frac{\partial G_m^*}{\partial p}\right)_T = V_m^* > 0$，而其化学势 μ^* 即是其摩尔吉布斯函数 G_m^*，即 $\left(\frac{\partial \mu^*}{\partial p}\right)_T = V_m^* > 0$，同时

$V_m^*(g) > V_m^*(l)$，所以 $\mu_3 > \mu_1$，$\mu_4 > \mu_2$。

故纯苯在表中的不同相态及不同强度状态下的化学势的相对大小为

$$\mu_4 > \mu_3 > \mu_2 = \mu_1$$

【例 1-37】 某物质 B 溶于互不相溶的两液相 α、β 中，该物质在 α 相中以 B 的形式存在，而在 β 相中，则缔合成 B_2 的形式存在。试推导出物质 B 及 B_2 在 α、β 两相中的平衡条件。

解 B 和 B_2 在 α、β 两相中的缔合过程达平衡时，可视为如下化学反应的平衡过程：

$$2B(\alpha) \rightleftharpoons B_2(\beta)$$

则由化学反应平衡条件式(1-186)，应有

$$\mu_{B_2(\beta)} - 2\mu_{B(\alpha)} = 0$$

即

$$2\mu_{B(\alpha)} = \mu_{B_2(\beta)}$$

1.26 气体的化学势、逸度

由化学势的定义式(1-172)知，化学势也是系统的状态函数，它与系统的温度、压力、组成有关。本节讨论气体的化学势与 T、p 及组成的关系，即气体(包括理想气体、真实气体及其混合物)化学势的表达式和逸度的概念。

1.26.1 理想气体的化学势表达式

1. 纯理想气体的化学势表达式

由式(1-181)可知，纯物质的化学势等于该物质的摩尔吉布斯函数，即

$$\mu^* = G_m^*$$

结合式(1-131)，则有

$$d\mu^* = -S_m^* dT + V_m^* dp$$

在定温条件下，上式化为

$$d\mu^* = V_m^* dp$$

对于理想气体，$V_m^* = \dfrac{RT}{p}$，于是有

$$d\mu^* = \frac{RT}{p} dp$$

$$\int_{\mu^\ominus}^{\mu^*} d\mu^* = \int_{p^\ominus}^{p} \frac{RT}{p} dp$$

则

$$\mu^*(g,T,p) = \mu^\ominus(g,T) + RT\ln\frac{p}{p^\ominus} \tag{1-189}$$

式(1-189)即为纯理想气体的化学势表达式(纯理想气体的化学势与温度、压力的关系式)。式中，$p^\ominus$ 代表标准压力；$\mu^\ominus(g,T)$ 为纯理想气体标准态化学势，这个标准态是温度为 T、压力为 $p^\ominus$ 下的纯理想气体状态(假想状态)，因为压力已经给定，所以它仅是温度的函数，即 $\mu^\ominus(g,T) = f(T)$；$\mu^*(g,T,p)$ 为纯理想气体任意状态化学势，这个任意状态的温度与标准态相同，也为 T，而压力 p 是任意给定的，故 $\mu^*(g,T,p) = f(T,p)$，即纯理想气体的化学势

是温度和压力的函数。

式(1-189) 常简写为

$$\mu^*(g)=\mu^{\ominus}(g,T)+RT\ln\frac{p}{p^{\ominus}} \tag{1-190}$$

2. 理想气体混合物中任意组分 B 的化学势表达式

对混合理想气体来说,其中每种气体的行为与该气体单独占有混合气体总体积时的行为相同。所以混合气体中某气体组分 B 的化学势表达式与该气体在纯态时的化学势表达式相似,即

$$\mu_B(g,T,p,y_C)=\mu_B^{\ominus}(g,T)+RT\ln\frac{p_B}{p^{\ominus}} \tag{1-191}$$

式中,$\mu_B^{\ominus}(g,T)$ 为标准态化学势,这个标准态与式(1-189) 中的标准态相同,即纯 B(或说 B 单独存在时) 在温度为 T、压力为 $p^{\ominus}$ 下呈理想气体特性时的状态(假想状态);y_C 表示除 B 以外的所有其他组分的摩尔分数,显然 $y_B+y_C=1$。

式(1-191) 常简写为

$$\mu_B(g)=\mu_B^{\ominus}(g,T)+RT\ln\frac{p_B}{p^{\ominus}} \tag{1-192}$$

式中　　$\mu_B=f(T,p,y_C)$, $\mu_B^{\ominus}=f(T)$

1.26.2　真实气体的化学势表达式、逸度

1. 纯真实气体的化学势表达式、逸度

对于真实气体,在压力比较高时,就不能用式(1-190) 表示其化学势,因为此时 $V_m^* \neq \frac{RT}{p}$。求真实气体的化学势可用真实气体状态方程,如范德华方程、维里方程等,代入积分项中,但积分过程和结果很复杂。为了使真实气体的化学势表达式具有理想气体化学势表达式那种简单形式,路易斯引入了逸度的概念,用符号 $\tilde{p}$ 表示,即

$$\mu^*(g)=\mu^{\ominus}(g,T)+RT\ln\frac{\tilde{p}}{p^{\ominus}} \text{①} \tag{1-193}$$

式(1-193) 与式(1-190) 形式相似,只是用逸度 $\tilde{p}$ 代换了压力 p,而保持了公式的简单形式。为了在 $p\to 0$ 时,能使式(1-193) 还原为式(1-190),则要求 $\tilde{p}$ 符合下式

$$\lim_{p\to 0}\frac{\tilde{p}}{p}=\lim_{p\to 0}\varphi=1 \tag{1-194}$$

式(1-193) 及式(1-194) 即为逸度(fugacity)$\tilde{p}$ 的定义式,φ② 为逸度因子(fugacity factor)。$\tilde{p}$

---

①GB 3102.8—1993,逸度定义为

$$\tilde{p}_B=\lambda_B\lim_{p\to 0}(y_Bp/\lambda_B)$$

而 λ_B 定义为 $\lambda_B=\exp(\mu_B/RT)$,μ_B 为 B 的化学势,T 为热力学温度,而 λ_B 叫绝对活度。本书关于逸度的定义与此定义是等效的。

②国家标准中并没有逸度因子 φ 的定义,本书仍采用以往的定义。

与 p 有相同的量纲，单位为 Pa，而 φ 则为量纲一的量，单位为 1。可把 $\widetilde{p}$ 理解为修正后的压力 $\widetilde{p}=\varphi p$，则

$$\mu^*(\mathrm{g})=\mu^{\ominus}(\mathrm{g},T)+RT\ln\frac{\varphi p}{p^{\ominus}} \tag{1-195}$$

式(1-193)及式(1-195)中的 $\mu^{\ominus}(\mathrm{g},T)$ 为标准态的化学势。这个标准态与式(1-190)中的标准态是相同的，因为在引入逸度的概念时，并未涉及气体标准态选择的任何改变。

关于逸度 $\widetilde{p}$ 与逸度因子 φ 的计算，可参考化工热力学等专业课程，此处不再叙述，仅指出 $\widetilde{p}$ 与 φ 都是温度、压力的函数。

2. 真实混合气体中任意组分 B 的化学势表达式、路易斯-兰德尔规则

对真实混合气体中任一组分 B 的化学势表达式，由式(1-192)，有

$$\mu_{\mathrm{B}}(\mathrm{g})=\mu_{\mathrm{B}}^{\ominus}(\mathrm{g},T)+RT\ln\frac{\widetilde{p}_{\mathrm{B}}}{p^{\ominus}} \tag{1-196}$$

式中

$$\widetilde{p}_{\mathrm{B}}=y_{\mathrm{B}}\widetilde{p}^* \tag{1-197}$$

式(1-197)叫路易斯-兰德尔(Lewis-Randall)规则。$\mu_{\mathrm{B}}^{\ominus}(\mathrm{g},T)$ 与式(1-192)的含义相同。y_{B} 为混合气体中组分 B 的摩尔分数。$\widetilde{p}^*$ 则为在相同温度、压力下 B 单独存在时的逸度。

【例 1-38】 某实际气体的状态方程为

$$pV_{\mathrm{m}}=RT\left(1+\frac{ap}{1+ap}\right)$$

V_{m} 为摩尔体积，a 是温度的函数。试导出该气体逸度与压力的关系式。

解 将方程变换为

$$V_{\mathrm{m}}-\frac{RT}{p}=\frac{aRT}{1+ap}$$

$$\ln\varphi=\ln(\widetilde{p}/p)=\frac{1}{RT}\int_0^p\left(V_{\mathrm{m}}-\frac{RT}{p}\right)\mathrm{d}p=\frac{1}{RT}\int_0^p\frac{aRT}{1+ap}\mathrm{d}p=\int_0^p\frac{a}{1+ap}\mathrm{d}p=\ln(1+ap)$$

则

$$\ln\{\widetilde{p}\}=\ln(1+ap)+\ln\{p\}=\ln\{(p+ap^2)\}$$

$$\widetilde{p}=p+ap^2$$

本节得到的气体系统各有关组分的化学势表达式见表 1-5。

表 1-5 气体系统有关组分的化学势表达式

系统性质	组　分	化学势表达式
理想系统	纯理想气体	$\mu^*(\mathrm{g})=\mu^{\ominus}(\mathrm{g},T)+RT\ln\frac{p}{p^{\ominus}}$
	理想气体混合物中组分 B	$\mu_{\mathrm{B}}(\mathrm{g})=\mu_{\mathrm{B}}^{\ominus}(\mathrm{g},T)+RT\ln\frac{p_{\mathrm{B}}}{p^{\ominus}}$
真实系统	纯真实气体	$\mu^*(\mathrm{g})=\mu^{\ominus}(\mathrm{g},T)+RT\ln\frac{\widetilde{p}}{p^{\ominus}}$ 或 $\mu^*(\mathrm{g})=\mu_{\mathrm{B}}^{\ominus}(\mathrm{g},T)+RT\ln\frac{\varphi p}{p^{\ominus}}$
	真实气体混合物中组分 B	$\mu_{\mathrm{B}}(\mathrm{g})=\mu_{\mathrm{B}}^{\ominus}(\mathrm{g},T)+RT\ln\frac{\widetilde{p}_{\mathrm{B}}}{p^{\ominus}}$

习　题

一、思考题

1-1 在一绝热容器中盛有水，其中浸有电热丝，通电加热(图 1-19)。将不同对象看作系统，则上述加热过程的 Q 或 W 大于、小于还是等于零？(1) 以电热丝为系统；(2) 以水为系统；(3) 以容器内所有物质为系统；(4) 将容器内物质以及电源和其他一切有影响的物质看作整个系统。

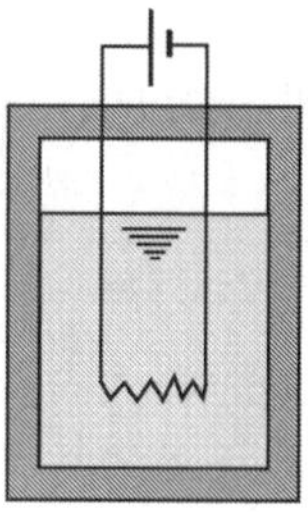

图 1-19

1-2 (1) 使某一封闭系统由某一指定的始态变到某一指定的终态。Q、W、$Q+W$、ΔU 中哪些量能确定，哪些量不能确定？为什么？(2) 若在绝热条件下，使系统由某一指定的始态变到某一指定的终态，那么上述各量是否完全确定？为什么？

1-3 一定量 101 325 Pa、100 ℃ 的水变成同温、同压下的水汽，若视水汽为理想气体，因过程的温度不变，则该过程的 $\Delta U = 0$，$\Delta H = 0$，此结论对不对？为什么？

1-4 定压或定容摩尔热容 $C_{p,\mathrm{m}}$、$C_{V,\mathrm{m}}$ 是不是状态函数？

1-5 "$\Delta_r H_m^\ominus(T)$ 是在温度 T、压力 $p^\ominus$ 下进行反应的标准摩尔焓[变]" 这种说法对吗？为什么？

1-6 标准摩尔燃烧焓定义为："在标准状态及温度 T 下，1 mol B 完全氧化生成指定产物的焓变" 这个定义对吗？有哪些不妥之处？

1-7 试用热力学第二定律证明：在 p-V 图上，(1) 两定温可逆线不会相交；(2) 两绝热可逆线不会相交；(3) 一条绝热可逆线与一条定温可逆线只交一次。

1-8 一理想气体系统自某一始态出发，分别进行定温的可逆膨胀和不可逆膨胀，能否达到同一终态？若自某一始态出发，分别进行可逆的绝热膨胀和不可逆的绝热膨胀，能否达到同一终态？为什么？

1-9 试分别指出系统发生下列状态变化的 ΔU、ΔH、ΔS、ΔA 和 ΔG 中何者必定为零：(1) 任何封闭系统经历了一个循环过程；(2) 在绝热密闭的刚性容器内进行的化学反应；(3) 一定量理想气体的组成及温度都保持不变，但体积和压力发生变化；(4) 某液体由始态 (T, p^*) 变成同温、同压的饱和蒸气，其中 p^* 为该液体在温度 T 时的饱和蒸气压；(5) 任何封闭系统经任何可逆过程到某一终态；(6) 气体节流膨胀过程。

1-10 100 ℃、101 325 Pa 下的水向真空汽化为同温同压下的水蒸气，是自发过程，所以其 $\Delta G < 0$，对不对？为什么？

1-11 热力学基本方程 $\mathrm{d}G = -S\mathrm{d}T + V\mathrm{d}p$ 应用的条件是什么？

1-12 多组分均相系统可区分为混合物及溶液(液体及固体溶液)，区分的目的是什么？

1-13 混合物的组成标度有哪些？溶质 B 的组成标度有哪些？某混合物，含 B 的质量分数为 0.20，把它表示成 $w_B = 0.20$ 及 $w_B\% = 20\%$，哪个是正确的？

1-14 偏摩尔量 V_B、U_B、H_B、S_B、A_B、G_B，它们都是状态函数，对不对？

1-15 哪个偏微商既是化学势又是偏摩尔量？哪些偏微商称为化学势但不是偏摩尔量？

1-16 比较 $\mathrm{d}G = -S\mathrm{d}T + V\mathrm{d}p$ 及 $\mathrm{d}G = -S\mathrm{d}T + V\mathrm{d}p + \sum_B \mu_B \mathrm{d}n_B$ 的应用对象和条件。

1-17 化学势在解决相平衡及化学平衡上有什么用处？如何解决？

1-18 理想气体混合物组分 B 的化学势表达式为 $\mu_B(\mathrm{g}) = \mu_B^\ominus(\mathrm{g}, T) + RT\ln\frac{p_B}{p^\ominus}$，$\mu_B^\ominus(\mathrm{g}, T)$ 为标准态的化学势，这个标准态指的是怎样的状态？真实气体混合物组分 B 化学势表达式中，其标准态化学势的标准态与它是否相同？

二、计算题及证明(推导)题

1-1 10 mol 理想气体由 25 ℃、1.0 MPa 膨胀到 25 ℃、0.10 MPa。设过程为：(1) 向真空膨胀；(2) 对抗

恒外压 0.10 MPa 膨胀。分别计算以上各过程的功。

1-2 求下列定压过程的体积功 W_V:(1)10 mol 理想气体由 25 ℃ 定压膨胀到 125 ℃;(2) 在 100 ℃、0.100 MPa 下 5 mol 水变成 5 mol 水蒸气(设水蒸气可视为理想气体,水的体积与水蒸气的体积比较可以忽略);(3) 在 25 ℃、0.100 MPa 下 1 mol CH_4 燃烧生成二氧化碳和水。

1-3 473 K、0.2 MPa,1 dm^3 的双原子分子理想气体,连续经过下列变化:(Ⅰ) 定温可逆膨胀到 3 dm^3;(Ⅱ) 定容升温使压力升到 0.2 MPa;(Ⅲ) 保持 0.2 MPa 降温到初始温度 473 K。
(1) 在 p-V 图上表示出该循环全过程;(2) 计算各步及整个循环过程的 W_V、Q、ΔU 及 ΔH。已知双原子分子理想气体 $C_{p,m}=\frac{7}{2}R$。

1-4 10 mol 理想气体从 2×10^6 Pa、10^{-3} m^3 定容降温使压力降到 2×10^5 Pa,再定压膨胀到 10^{-2} m^3。求整个过程的 W、Q、ΔU 和 ΔH。

1-5 10 mol 理想气体由 25 ℃、10^6 Pa 膨胀到 25 ℃、10^5 Pa,设过程为:(1) 自由膨胀;(2) 对抗恒外压 10^5 Pa 膨胀;(3) 定温可逆膨胀。分别计算以上各过程的 W_V、Q、ΔU 和 ΔH。

1-6 氢气从 1.43 dm^3、3.04×10^5 Pa 和 298.15 K,可逆绝热膨胀到 2.86 dm^3。氢气的 $C_{p,m}=28.8\ J\cdot K^{-1}\cdot mol^{-1}$,按理想气体处理。(1) 求终态的温度和压力;(2) 求该过程的 Q、W_V、ΔU 和 ΔH。

1-7 2 mol 单原子理想气体,由 600 K、1.000 MPa 对抗恒外压 100 kPa 绝热膨胀到 100 kPa。计算该过程的 Q、W_V、ΔU 和 ΔH。

1-8 在 298.15 K、6×101.3 kPa 压力下,1 mol 单原子理想气体进行绝热膨胀,最终压力为 101.3 kPa,若为(1) 可逆膨胀;(2) 对抗恒外压 101.3 kPa 膨胀,求上述二绝热膨胀过程的气体的最终温度,气体对外界所做的功,气体的热力学能变化及焓变。(已知 $C_{p,m}=\frac{5}{2}R$)

1-9 1 mol 水在 100 ℃、101 325 Pa 下变成同温同压下的水蒸气(视水蒸气为理想气体),然后定温可逆膨胀到 10 132.5 Pa,计算全过程的 ΔU、ΔH。已知水的摩尔汽化焓 $\Delta_{vap}H_m(373.15\ K)=40.67\ kJ\cdot mol^{-1}$。

1-10 已知反应

$CO(g)+H_2O(g)\longrightarrow CO_2(g)+H_2(g)$,$\Delta_r H_m^{\ominus}(298.15\ K)=-41.2\ kJ\cdot mol^{-1}$

$CH_4(g)+2H_2O(g)\longrightarrow CO_2(g)+4H_2(g)$,$\Delta_r H_m^{\ominus}(298.15K)=165.0\ kJ\cdot mol^{-1}$

计算下列反应的 $\Delta_r H_m^{\ominus}(298.15\ K)$

$CH_4(g)+H_2O(g)\longrightarrow CO(g)+3H_2(g)$

1-11 利用附录 Ⅲ 中 $\Delta_f H_m^{\ominus}(B,\beta,298.15\ K)$ 数据,计算下列反应的 $\Delta_r H_m^{\ominus}(298.15\ K)$ 及 $\Delta_r U_m^{\ominus}(298.15\ K)$。假定反应中各气体物质可视为理想气体。

(1) $H_2S(g)+\frac{3}{2}O_2(g)\longrightarrow H_2O(l)+SO_2(g)$

(2) $CO(g)+2H_2(g)\longrightarrow CH_3OH(l)$

(3) $Fe_2O_3(s)+2Al(s)\longrightarrow \alpha\text{-}Al_2O_3(s)+2Fe(s)$

1-12 25 ℃ 时,$H_2O(l)$ 及 $H_2O(g)$ 的标准摩尔生成焓[变]分别为 $-285.838\ kJ\cdot mol^{-1}$ 及 $-241.825\ kJ\cdot mol^{-1}$。计算水在 25 ℃ 时的汽化焓。

1-13 已知反应 C(石墨)$+H_2O(g)\longrightarrow CO(g)+H_2(g)$ 的 $\Delta_r H_m^{\ominus}(298.15\ K)=133\ kJ\cdot mol^{-1}$,计算该反应在 125 ℃ 时的 $\Delta_r H_m^{\ominus}$。假定各物质在 25 ~ 125 ℃ 的平均摩尔定压热容:

物质	$C_{p,m}^{\ominus}/(J\cdot K^{-1}\cdot mol^{-1})$	物质	$C_{p,m}^{\ominus}/(J\cdot K^{-1}\cdot mol^{-1})$
C(石墨)	8.64	$CO(g)$	29.11
$H_2(g)$	28.0	$H_2O(g)$	33.51

1-14 计算下列反应的 $\Delta_r H_m^\ominus(298.15\ \mathrm{K})$ 及 $\Delta_r U_m^\ominus(298.15\ \mathrm{K})$：

$$CH_4(g) + 2H_2O(g) \longrightarrow CO_2(g) + 4H_2(g)$$

已知数据：

物质	$\Delta_f H_m^\ominus(298.15\ \mathrm{K})/(\mathrm{kJ \cdot mol^{-1}})$	$\Delta_c H_m^\ominus(298.15\ \mathrm{K})/(\mathrm{kJ \cdot mol^{-1}})$
$H_2O(l)$	-285.81	
$H_2O(g)$	-241.81	
$CH_4(g)$		-890.31

1-15 从附录 Ⅲ 查必要的热数据，求反应 $CaCO_3(s) \longrightarrow CaO(s) + CO_2(g)$ 的 $\Delta_r H_m^\ominus = f(T)$ 方程式及 1 000 ℃、100 kPa 下进行的 Q、W_V、$\Delta_r U_m^\ominus$ 和 $\Delta_r H_m^\ominus$。

1-16 试从 $H = f(T, p)$ 出发，证明：若一定量某种气体从 298.15 K、100 kPa 定温压缩时系统的焓增加，则气体在 298.15 K、100 kPa 下的节流膨胀系数（即焦 - 汤系数）$\mu_{J\text{-}T} < 0$。

1-17 由 $V = f(T, p)$ 出发，证明 $\left(\frac{\partial T}{\partial V}\right)_p \left(\frac{\partial V}{\partial p}\right)_T \left(\frac{\partial p}{\partial T}\right)_V = -1$。

1-18 证明：(1) $\left(\frac{\partial U}{\partial T}\right)_p = C_p - p\left(\frac{\partial V}{\partial T}\right)_p$；(2) $\left(\frac{\partial H}{\partial T}\right)_V = C_V + V\left(\frac{\partial p}{\partial T}\right)_V$。

1-19 1 mol 理想气体由 25 ℃、1 MPa 膨胀到 0.1 MPa，假定过程分别为：(1) 定温可逆膨胀；(2) 向真空膨胀。计算各过程的熵变。

1-20 2 mol、27 ℃、20 dm^3 理想气体，在定温条件下膨胀到 49.2 dm^3，假定过程为：(1) 可逆膨胀；(2) 自由膨胀；(3) 对抗恒外压 1.013×10^5 Pa 膨胀。计算各过程的 Q、W_V、ΔU、ΔH 及 ΔS。

1-21 5 mol 某理想气体（$C_{p,m} = 29.10\ \mathrm{J \cdot K^{-1} \cdot mol^{-1}}$），由始态（400 K，200 kPa）分别经下列不同过程变到该过程所指定的终态。试分别计算各过程的 Q、W_V、ΔU、ΔH 及 ΔS。(1) 定容加热到 600 K；(2) 定压冷却到 300 K；(3) 对抗恒外压 100 kPa，绝热膨胀到 100 kPa；(4) 绝热可逆膨胀到 100 kPa。

1-22 将 1 mol 苯蒸气由 79.9 ℃、40 kPa 冷凝为 60 ℃、100 kPa 的液态苯，求此过程的 ΔS。（已知苯的标准沸点即 100 kPa 下的沸点为 79.9 ℃，在此条件下，苯的汽化焓为 30 878 $\mathrm{J \cdot mol^{-1}}$，液态苯的质量热容为 1.799 $\mathrm{J \cdot K^{-1} \cdot g^{-1}}$）

1-23 1 mol 水由始态（100 kPa，标准沸点 372.8 K）向真空蒸发变成 372.8 K、100 kPa 水蒸气。计算该过程的 ΔS（已知水在 372.8 K 时的汽化焓为 40.60 $\mathrm{kJ \cdot mol^{-1}}$）。

1-24 已知 1 mol、-5 ℃、100 kPa 的过冷液态苯完全凝固为 -5 ℃、100 kPa 固态苯的熵变化为 $-35.5\ \mathrm{J \cdot K^{-1}}$，固态苯在 -5 ℃ 时的蒸气压为 2 280 Pa，摩尔熔化焓为 9 874 $\mathrm{J \cdot mol^{-1}}$。计算过冷液态苯在 -5 ℃ 时的蒸气压。

1-25 已知水的正常沸点是 100 ℃，摩尔定压热容 $C_{p,m} = 75.20\ \mathrm{J \cdot K^{-1} \cdot mol^{-1}}$，汽化焓 $\Delta_{vap} H_m = 40.67\ \mathrm{kJ \cdot mol^{-1}}$，水汽摩尔定压热容 $C_{p,m} = 33.57\ \mathrm{J \cdot K^{-1} \cdot mol^{-1}}$，$C_{p,m}$ 和 $\Delta_{vap} H_m$ 均可视为常数。(1) 求过程：1 mol H_2O(l，100 ℃，101 325 Pa) → 1mol H_2O(g，100 ℃，101 325Pa) 的 ΔS；(2) 求过程：1 mol H_2O(l，60 ℃，101 325 Pa) → 1 mol H_2O(g，60 ℃，101 325 Pa) 的 ΔU、ΔH、ΔS。

1-26 已知 -5 ℃ 时，固态苯的蒸气压为 2 279 Pa，液态苯的蒸气压为 2 639 Pa。苯蒸气可视为理想气体。计算下列状态变化的 ΔG：

$$\boxed{C_6H_6(l, -5\ ℃, 1.013 \times 10^5\ \mathrm{Pa})} \longrightarrow \boxed{C_6H_6(s, -5\ ℃, 1.013 \times 10^5\ \mathrm{Pa})}$$

1-27 4 mol 理想气体从 300 K、$p^\ominus$ 下定压加热到 600 K，求此过程的 ΔU、ΔH、ΔS、ΔA、ΔG。已知此理想气体的 $S_m^\ominus(300\ \mathrm{K}) = 150.0\ \mathrm{J \cdot K^{-1} \cdot mol^{-1}}$，$C_{p,m}^\ominus = 30.00\ \mathrm{J \cdot K^{-1} \cdot mol^{-1}}$。

1-28 将装有 0.1 mol 乙醚液体的微小玻璃泡放入 35 ℃、101 325 Pa、10 dm^3 的恒温瓶中，其中已充满 $N_2(g)$，将小玻璃泡打碎后，乙醚全部汽化，形成的混合气体可视为理想气体。已知乙醚在 101 325 Pa 时的正常沸点为 35 ℃，其汽化焓为 25.10 $\mathrm{kJ \cdot mol^{-1}}$。计算：(1) 混合气体中乙醚的分压；(2) 氮气的 ΔH、ΔS、

ΔG；(3) 乙醚的 ΔH、ΔS、ΔG。

1-29 已知 25 ℃ 时下列数据，计算 25 ℃ 时甲醇的饱和蒸气压 p^*。

物质	$\Delta_f H_m^\ominus/(kJ\cdot mol^{-1})$	$S_m^\ominus/(J\cdot K^{-1}\cdot mol^{-1})$
$H_2(g)$	0	130.57
$O_2(g)$	0	205.03
C(石墨)	0	5.740
$CH_3OH(l)$	−238.7	127.0
$CH_3OH(g)$	−200.7	239.7

1-30 已知 298 K 时石墨和金刚石的标准摩尔燃烧焓分别为 $-393.511\ kJ\cdot mol^{-1}$ 和 $-395.407\ kJ\cdot mol^{-1}$，标准摩尔熵分别为 $5.694\ J\cdot K^{-1}\cdot mol^{-1}$ 和 $2.439\ J\cdot K^{-1}\cdot mol^{-1}$，体积质量分别为 $2.260\ g\cdot cm^{-3}$ 和 $3.520\ g\cdot cm^{-3}$。(1) 计算 C(石墨)$\longrightarrow$C(金刚石) 的 $\Delta G_m^\ominus(298\ K)$；(2) 在 25 ℃ 时需多大压力才能使上述转变成为可能(石墨和金刚石的压缩系数均可近似视为零)。

1-31 试求 298 K 时，将 1 mol Hg(l) 从 $p^\ominus$ 变到 $100p^\ominus$ 时的 ΔH_m、ΔS_m 和 ΔG_m。已知 Hg(l) 的体胀系数 $\alpha=\frac{1}{V}\left(\frac{\partial V}{\partial T}\right)_p=1.82\times10^{-4}K^{-1}$，Hg(l) 的体积质量 $\rho=13.534\times10^3\ kg\cdot m^{-3}$，Hg 的相对原子质量为 200.16。并假定 Hg(l) 的体积随压力的变化可忽略不计。

1-32 推导出 1 mol 范德华气体在定温下由状态(p_1, V_1)变化至状态(p_2, V_2)时的 ΔU、ΔH、ΔS、ΔA 和 ΔG 的计算式。

1-33 在 T-S 图上(图 1-20)表示理想气体卡诺循环，并用图上面积表示：

(1) 定温可逆压缩过程的功；

(2) 一个卡诺循环过程的功；

(3) 两个绝热可逆过程的 ΔG 之和。

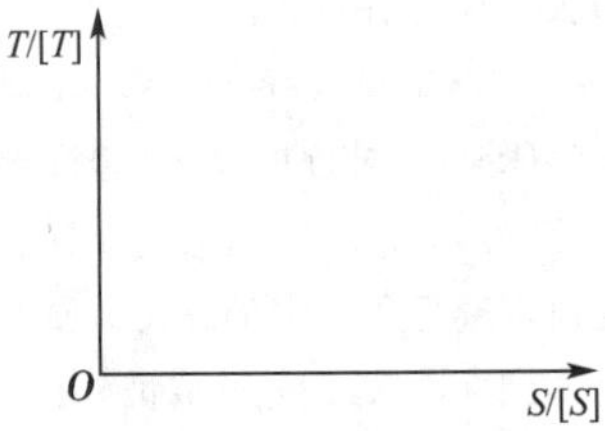

图 1-20　T-S 图

1-34 证明：对于纯理想气体(1) $\left(\frac{\partial T}{\partial p}\right)_S=\frac{V}{C_p}$；(2) $\left(\frac{\partial T}{\partial V}\right)_S=-\frac{p}{C_V}$。

1-35 证明：(1) 气体自由膨胀过程(定热力学能过程)的焦-汤系数为

$$\mu_{J\text{-}T}=\left(\frac{\partial T}{\partial V}\right)_U=\frac{p-T\left(\frac{\partial p}{\partial T}\right)_V}{C_V}$$

(2) 节流膨胀过程(定焓过程)的焦-汤系数为

$$\mu_{J\text{-}T}=\left(\frac{\partial T}{\partial p}\right)_H=\frac{T\left(\frac{\partial V}{\partial T}\right)_p-V}{C_p}$$

(3) 理想气体自由膨胀及节流膨胀过程 $\mu_{J\text{-}T}=0$。

1-36 试从热力学基本方程出发，证明理想气体$\left(\frac{\partial H}{\partial p}\right)_T=0$。

1-37 证明：$\left(\frac{\partial U}{\partial p}\right)_T=-T\left(\frac{\partial V}{\partial T}\right)_p-p\left(\frac{\partial V}{\partial p}\right)_T$。

1-38 证明对满足$\left(p+\frac{a}{V_m^2}\right)(V_m-b)=RT$ 方程式的范德华气体：

(1) $\left(\frac{\partial S}{\partial V}\right)_T=\frac{R}{V_m-b}$；(2) $\left(\frac{\partial U}{\partial V}\right)_T=\frac{a}{V_m^2}$。

1-39 对一定量组成不变的气体，试证$\left(\frac{\partial p}{\partial V}\right)_T\left(\frac{\partial V}{\partial T}\right)_p\left(\frac{\partial T}{\partial p}\right)_V=-1$。

三、是非题、选择题、填空题

（一）是非题（下述各题中的说法是否正确？正确的在题后括号内画“√”，错误的画“×”）

1-1 隔离系统的热力学能是守恒的。（　）

1-2 1 mol、100 ℃、101 325 Pa 下水变成同温同压下的水蒸气，该过程 $\Delta U = 0$。（　）

1-3 $\Delta_f H_m^{\ominus}$(C，金刚石，298.15 K) = 0。（　）

1-4 298.15 K 时，H_2(g) 的标准摩尔燃烧焓[变]与 H_2O(l) 的标准摩尔生成焓[变]量值上相等。（　）

1-5 反应 $CO(g)+\frac{1}{2}O_2(g) \longrightarrow CO_2(g)$ 的标准摩尔焓[变]$\Delta_r H_m^{\ominus}(T)$ 即是 CO_2(g) 的标准摩尔生成焓[变]$\Delta_f H_m^{\ominus}(T)$。（　）

1-6 绝热过程都是定熵过程。（　）

1-7 由同一始态出发，系统经历一个绝热不可逆过程所能达到的终态与经历一个绝热可逆过程所能达到的终态是不相同的。（　）

1-8 系统经历一个可逆循环过程，其熵变 $\Delta S > 0$。（　）

1-9 隔离系统的熵是守恒的。（　）

1-10 298.15 K 时稳定态的单质，其标准摩尔熵 $S_m^{\ominus}$(B，稳定相态，298.15 K) = 0。（　）

1-11 100 ℃、101 325 Pa 时 H_2O(l) 变为 H_2O(g)，该过程的熵变为 0。（　）

1-12 一定量理想气体的熵只是温度的函数。（　）

1-13 100 ℃、101 325 Pa 的水变为同温同压下水汽，该过程 $\Delta G < 0$。（　）

1-14 系统由状态 1 经定温、定压过程变化到状态 2，非体积功 $W' > 0$，且有 $W' > \Delta G$ 和 $\Delta G < 0$，则此状态变化一定能发生。（　）

1-15 任何一个偏摩尔量均是温度、压力和组成的函数。（　）

1-16 $\left(\frac{\partial U}{\partial n_B}\right)_{S,V,n(C,C\neq B)}$ 是偏摩尔热力学能，不是化学势。（　）

（二）选择题（选择正确答案的编号，填在各题题后的括号内）

1-1 热力学能是系统的状态函数，若某一系统从一始态出发经一循环过程又回到始态，则系统热力学能的增量是（　）。

A. $\Delta U = 0$　　B. $\Delta U > 0$　　C. $\Delta U < 0$

1-2 焓是系统的状态函数，定义为 $H \overset{\text{def}}{=\!=} U + pV$，若系统发生状态变化时，焓的变化为 $\Delta H = \Delta U + \Delta(pV)$，式中 $\Delta(pV)$ 的含义是（　）。

A. $\Delta(pV) = \Delta p \Delta V$　　B. $\Delta(pV) = p_2V_2 - p_1V_1$　　C. $\Delta(pV) = p\Delta V + V\Delta p$

1-3 1 mol 理想气体从 p_1、V_1、T_1 分别经(1) 绝热可逆膨胀到 p_2、V_2、T_2；(2) 绝热恒外压膨胀到 p'_2、V'_2、T'_2，若 $p_2 = p'_2$，则（　）。

A. $T'_2 = T_2, V'_2 = V_2$　　B. $T'_2 > T_2, V'_2 < V_2$　　C. $T'_2 > T_2, V'_2 > V_2$

1-4 某 B 的标准摩尔燃烧焓[变]为 $\Delta_c H_m^{\ominus}$(B，β，298.15 K) = −200 kJ·mol^{-1}，则该 B 燃烧时的反应标准摩尔焓[变]$\Delta_r H_m^{\ominus}$(298.15 K) 为（　）。

A. −200 kJ·mol^{-1}　　B. 0　　C. 200 kJ·mol^{-1}　　D. 40 kJ·mol^{-1}

1-5 已知 CH_3COOH(l)、CO_2(g)、H_2O(l) 的标准摩尔生成焓[变]$\Delta_f H_m^{\ominus}$(298.15 K)/(kJ·mol^{-1}) 分别为 −484.5，−393.5，−285.8，则 CH_3COOH(l) 的标准摩尔燃烧焓[变]$\Delta_c H_m^{\ominus}$(l，298.15 K)/(kJ·mol^{-1}) 为（　）。

A. −874.1　　B. 0　　C. −194.8　　D. 194.8

1-6 以下（　）反应中的 $\Delta_r H_m^{\ominus}(T)$ 可称为 CO_2(g) 的标准摩尔生成焓[变]$\Delta_f H_m^{\ominus}(CO_2, g, T)$。

A. C(石墨) + O_2(g) ⟶ CO_2(g)　$\Delta_r H_m^{\ominus}(T)$

　$p^{\ominus}$　　$p^{\ominus}$　　$p^{\ominus}$

B. C(石墨) + O_2(g) ⟶ CO_2(g)　$\Delta_r H_m^{\ominus}(T)$

　总压力为 $p^{\ominus}$

C. CO(g) + $\frac{1}{2}O_2$(g) ⟶ CO_2(g)　$\Delta_r H_m^{\ominus}(T)$

　$p^{\ominus}$　　$p^{\ominus}$　　$p^{\ominus}$

1-7 非理想气体绝热可逆压缩过程的 ΔS(　　)。

A. $=0$　　B. >0　　C. <0

1-8 1 mol 理想气体从 p_1、V_1、T_1 分别经(1) 绝热可逆膨胀到 p_2、V_2、T_2;(2) 绝热对抗恒外压膨胀到 p'_2、V'_2、T'_2,若 $p_2 = p'_2$,则(　　)。

A. $T'_2 = T_2, V'_2 = V_2, S'_2 = S_2$　　B. $T'_2 > T_2, V'_2 < V_2, S'_2 < S_2$

C. $T'_2 > T_2, V'_2 > V_2, S'_2 > S_2$

1-9 同一温度、压力下,一定量某纯物质的熵值(　　)。

A. S(气) > S(液) > S(固)　　B. S(气) < S(液) < S(固)

C. S(气) = S(液) = S(固)

1-10 一定条件下,一定量的纯铁与碳钢相比,其熵值是(　　)。

A. S(纯铁) > S(碳钢)　　B. S(纯铁) < S(碳钢)　　C. S(纯铁) = S(碳钢)

1-11 某系统如图 1-21 所示。抽去隔板,则系统的熵(　　)。

1 mol O_2 20 ℃,V	1 mol N_2 20 ℃,V

图 1-21

A. 增加　　B. 减少　　C. 不变

1-12 某系统如图 1-22 所示。抽去隔板,则系统的熵(　　)。

1 mol N_2 20 ℃,V	1 mol N_2 20 ℃,V

图 1-22

A. 增加　　B. 减少　　C. 不变

1-13 对封闭的单组分均相系统且 $W' = 0$ 时,$\left(\frac{\partial G}{\partial p}\right)_T$ 的值应(　　)。

A. <0　　B. >0　　C. $=0$　　D. 无法判断

1-14 下面哪一个关系式是不正确的?(　　)

A. $\left(\frac{\partial G}{\partial T}\right)_p = -S$　　B. $\left(\frac{\partial G}{\partial p}\right)_T = V$

C. $\left[\frac{\partial (A/T)}{\partial T}\right]_V = -\frac{U}{T^2}$　　D. $\left[\frac{\partial (G/T)}{\partial T}\right]_p = -\frac{H}{T}$

1-15 物质的量为 n 的理想气体定温压缩,当压力由 p_1 变到 p_2 时,其 ΔG 是(　　)。

A. $nRT\ln\frac{p_1}{p_2}$　　B. $\int_{p_1}^{p_2}\frac{n}{RT}p\,\mathrm{d}p$　　C. $V(p_2 - p_1)$　　D. $nRT\ln\frac{p_2}{p_1}$

1-16 在 α、β 两相中都含有 A 和 B 两种物质,当达到相平衡时,下列三种情况,正确的是(　　)。

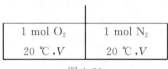

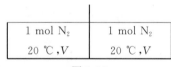

A. $\mu_A^\alpha = \mu_B^\alpha$　　B. $\mu_A^\alpha = \mu_A^\beta$　　C. $\mu_A^\alpha = \mu_B^\beta$

（三）填空题（在以下各小题中画有"____"处或表格中填上答案）

1-1 物理量 Q（热量）、T（热力学温度）、V（系统体积）、W（功），其中属于状态函数的是 ________；与过程有关的量是 ________；状态函数中属于广度量的是 ________；属于强度量的是 ________。

1-2 物质的体胀系数 α 和压缩系数 κ 定义如下：

$$\alpha = \frac{1}{V}\left(\frac{\partial V}{\partial T}\right)_p,\quad \kappa = -\frac{1}{V}\left(\frac{\partial V}{\partial p}\right)_T$$

则理想气体的 $\alpha =$ __________，$\kappa =$ __________。

1-3 $Q_V = \Delta U_V$ 应用条件是 ________；________；________。

1-4 焦-汤系数 $\mu_{J\text{-}T} \overset{\text{def}}{=\!=}$ ________，$\mu_{J\text{-}T} > 0$ 表示节流膨胀后温度 ________ 节流膨胀前温度。

1-5 若已知 $H_2O(g)$ 及 $CO(g)$ 在 298.15 K 时的标准摩尔生成焓[变] $\Delta_f H_m^\ominus(298.15\ K)$ 分别为 $-242\ kJ \cdot mol^{-1}$ 及 $-111\ kJ \cdot mol^{-1}$，则 $H_2O(g) + C(石墨) \longrightarrow H_2(g) + CO(g)$ 反应的标准摩尔焓[变]为 ________。

1-6 已知反应

(i) $CO(g) + H_2O(g) \longrightarrow CO_2(g) + H_2(g)$，$\Delta_r H_m^\ominus(298.15\ K) = -41.2\ kJ \cdot mol^{-1}$

(ii) $CH_4(g) + 2H_2O(g) \longrightarrow CO_2(g) + 4H_2(g)$，$\Delta_r H_m^\ominus(298.15\ K) = 165.0\ kJ \cdot mol^{-1}$

则(iii) $CH_4(g) + H_2O(g) \longrightarrow CO(g) + 3H_2(g)$ 反应的 $\Delta_r H_m^\ominus(298.15\ K)$ 为 ________。

1-7 已知 298.15 K 时 $C_2H_4(g)$、$C_2H_6(g)$ 及 $H_2(g)$ 的标准摩尔燃烧焓[变] $\Delta_c H_m^\ominus(298.15\ K)$ 分别为 $-1\ 411\ kJ \cdot mol^{-1}$、$-1\ 560\ kJ \cdot mol^{-1}$ 及 $-285.8\ kJ \cdot mol^{-1}$，则 $C_2H_4(g) + H_2(g) \longrightarrow C_2H_6(g)$ 反应的标准摩尔焓[变] $\Delta_r H_m^\ominus(298.15\ K)$ 是 ________。

1-8 热力学第二定律的经典表述之一为 ________，其数学表达式为 ________。

1-9 熵增原理表述为 ________。

1-10 在隔离系统中进行的可逆过程 ΔS ________；进行的不可逆过程 ΔS ________。

1-11 纯物质完美晶体 ________ 时熵值为零。

1-12 试从熵的统计意义判断表中所列过程的熵变是 $\Delta S > 0$ 还是 $\Delta S < 0$，请将判断结果填在表中。

变化过程	熵变 ΔS（>0 还是 <0）
苯乙烯聚合成聚苯乙烯	ΔS
气体在催化剂上吸附	ΔS
液态苯汽化为气态苯	ΔS

1-13 一定量纯物质均相流体的 $\left(\frac{\partial A}{\partial V}\right)_T =$ ____，$\left(\frac{\partial G}{\partial T}\right)_p =$ ____，$\left(\frac{\partial S}{\partial T}\right)_p =$ ____，$\left(\frac{\partial S}{\partial T}\right)_V =$ ____。

1-14 填写下表中所列公式的应用条件。

公式	应用条件
$\Delta A = W$	
$dG = -SdT + Vdp$	
$\Delta G = \Delta H - T\Delta S$	

1-15 8 mol 某理想气体（$C_{p,m} = 29.10\ J \cdot K^{-1} \cdot mol^{-1}$）由始态（400 K，0.20 MPa）分别经下列三个不同过程变到该过程所指定的终态，分别计算各过程的 Q、W、ΔU、ΔH、ΔS、ΔA 和 ΔG，将结果填入下表。过程Ⅰ：定温可逆膨胀到 0.10 MPa；过程Ⅱ：自由膨胀到 0.10 MPa；过程Ⅲ：定温下对抗恒外压 0.10 MPa 膨胀到0.10 MPa。

过程	W/kJ	Q/kJ	ΔU/kJ	ΔH/kJ	$\Delta S/(\mathrm{J \cdot K^{-1}})$	ΔA/kJ	ΔG/kJ
Ⅰ							
Ⅱ							
Ⅲ							

1-16 5 mol、−2 ℃、101 325 Pa 下的过冷水，在定温、定压下凝结为 −2 ℃、101 325 Pa 的冰。计算该过程的 Q、W、ΔU、ΔH、ΔS、ΔA 和 ΔG，将结果填入下表中。(已知：冰在 0 ℃、101 325 Pa 下的熔化焓为 5.858 kJ·$\mathrm{mol^{-1}}$，水和冰的摩尔定压热容分别是 $C_{p,\mathrm{m}}(\mathrm{l}) = 75.31\ \mathrm{J \cdot K^{-1} \cdot mol^{-1}}$，$C_{p,\mathrm{m}}(\mathrm{s}) = 37.66\ \mathrm{J \cdot K^{-1} \cdot mol^{-1}}$，水和冰的体积质量可近似视为相等)

W/kJ	Q/kJ	ΔU/kJ	ΔH/kJ	$\Delta S/(\mathrm{J \cdot K^{-1}})$	ΔA/kJ	ΔG/kJ

1-17 理想气体混合物中组分 B 的化学势 μ_B 与温度 T 及组分 B 的分压 p_B 的关系是 $\mu_\mathrm{B} =$ ________，其标准态选为________。

计算题答案

1-1 (1) 0；(2) −22.31 kJ　**1-2** (1) −8.314 kJ；(2) −15.51 kJ；(3) 4.958 kJ

1-3 (2) $\Delta U_\mathrm{I} = 0$，$\Delta H_\mathrm{I} = 0$，$Q_\mathrm{I} = -W_\mathrm{I} = 219.5$ J；$Q_\mathrm{II} = \Delta U_\mathrm{II} = 998.9$ J，$\Delta H_\mathrm{II} = 1\ 398$ J，$W_\mathrm{II} = 0$；$W_\mathrm{III} = 400.0$ J，$Q_\mathrm{III} = \Delta H_\mathrm{III} = -1\ 398$ J，$\Delta U_\mathrm{III} = -998.9$ J；循环过程 $\Delta U = 0$，$\Delta H = 0$，$Q = -W \approx -180$ J

1-4 $\Delta U = \Delta H = 0$，$Q = -W = 1.8$ kJ

1-5 (1) 0，0，0，0；(2) −22.3 kJ，22.3 kJ，0，0；(3) −57.1 kJ，57.1 kJ，0，0

1-6 (1) 225 K，1.14 × 10^5 Pa；(2) 0，−262 J，−262 J，−368.4 J

1-7 0，−5.39 kJ，−5.39 kJ，−8.98 kJ

1-8 (1) 145.6 K，$W = -1\ 902$ J，$\Delta U = -1\ 902$ J，$Q = 0$，$\Delta H = -3\ 171$ J；
(2) 198.8 K，$W = \Delta U = -1\ 239$ J，$\Delta H = -2\ 065$ J

1-9 $\Delta H = 40.67$ kJ，$\Delta U = 37.57$ kJ　**1-10** 206.2 kJ·$\mathrm{mol^{-1}}$

1-11 (1) −562.6 kJ·$\mathrm{mol^{-1}}$，−558.9 kJ·$\mathrm{mol^{-1}}$；(2) −128.0 kJ·$\mathrm{mol^{-1}}$，−120.6 kJ·$\mathrm{mol^{-1}}$；
(3) −847.7 kJ·$\mathrm{mol^{-1}}$，−847.7 kJ·$\mathrm{mol^{-1}}$

1-12 44.01 kJ　**1-13** 135 kJ·$\mathrm{mol^{-1}}$　**1-14** 165.1 kJ·$\mathrm{mol^{-1}}$，160.1 kJ·$\mathrm{mol^{-1}}$

1-15 162.8 kJ·$\mathrm{mol^{-1}}$，−10.6 kJ，152.3 kJ·$\mathrm{mol^{-1}}$，162.8 kJ·$\mathrm{mol^{-1}}$

1-19 19.14 J·$\mathrm{K^{-1}}$，19.14 J·$\mathrm{K^{-1}}$　**1-20** (1) 4.49 kJ，−4.49 kJ，0，0，15 J·$\mathrm{K^{-1}}$；
(2) 0，0，0，0，15 J·$\mathrm{K^{-1}}$；(3) 2.96 kJ，−2.96 kJ，0，0，15.2 J·$\mathrm{K^{-1}}$

1-21 (1) 20.79 kJ，0，20.79 kJ，29.10 kJ，42.15 J·$\mathrm{K^{-1}}$；
(2) −14.55 kJ，4.15 kJ，−10.05 kJ，−14.55 kJ，−41.86 J·$\mathrm{K^{-1}}$；
(3) 0，−5.94 kJ，−5.94 kJ，−8.31 kJ，6.40 J·$\mathrm{K^{-1}}$；
(4) 0，−7.47 kJ，−7.47 kJ，−10.46 kJ，0

1-22 −103 J·$\mathrm{K^{-1}}$　**1-23** 108.9 J·$\mathrm{K^{-1}}$　**1-24** 2 680 Pa

1-25 (1) 109 J·$\mathrm{K^{-1}}$；(2) 39.57 kJ，42.34 kJ，113.7 J·$\mathrm{K^{-1}}$　**1-26** −327.0 J·$\mathrm{mol^{-1}}$

1-27 26.02 kJ，36.00 kJ，83.18 J·$\mathrm{K^{-1}}$，−203.9 kJ，−193.9 kJ

1-28 (1) 25 620 Pa；(2) 0，0，0；(3) 2 510 J，9.288 J·$\mathrm{K^{-1}}$，−352.2 J

1-29 1.69 × 10^4 Pa　**1-30** (1) 2.867 kJ·$\mathrm{mol^{-1}}$；(2) $p > 1.510 \times 10^9$ Pa

1-31 $\Delta H_\mathrm{m} = 138.5\ \mathrm{J \cdot mol^{-1}}$，$\Delta S_\mathrm{m} = -26.65 \times 10^{-3}\ \mathrm{J \cdot K^{-1} \cdot mol^{-1}}$，$\Delta G_\mathrm{m} = 146.4\ \mathrm{J \cdot mol^{-1}}$

第2章

相平衡热力学

2.0 相平衡热力学研究的内容和方法

2.0.1 相平衡热力学

相平衡热力学(thermodynamics of phase equilibrium)主要是应用热力学原理研究多相系统中相态的变化方向与限度的规律。具体地说，就是研究温度、压力及组成等因素对相平衡状态的影响，包括单组分系统的相平衡及多组分系统的相平衡。相平衡研究方法包括解析法和图解法。图解法将在第3章讨论。

2.0.2 相律

相律(phase rule)是各种相平衡系统所遵守的共同规律，它体现出各种相平衡系统所具有的共性，根据相律可以确定对相平衡系统有影响的因素有几个，在一定条件下平衡系统中最多可以有几个相存在等。

2.0.3 单组分系统相平衡热力学

单组分系统相平衡热力学是把热力学原理应用于解决纯物质有关相平衡的规律，主要是两相平衡的条件和平衡时温度、压力间的关系。表征纯物质两相平衡时温度、压力间关系的方程是克拉珀龙(Clapeyron B P E)方程，它是克拉珀龙首先在1834年得到的，后克劳休斯(Clausius R)又用热力学原理导出。这一方程是将热力学原理应用于解决各类平衡问题的典范。例如，应用克劳休斯-克拉珀龙方程可很好地解决纯物质液$\rightleftharpoons$气或固$\rightleftharpoons$气两相平衡时饱和蒸气压和温度的依赖关系，满足了化学实验和化工生产中的许多实际需要。

2.0.4 多组分系统相平衡热力学

多组分系统相平衡热力学则是用多组分系统热力学原理解决有关混合物或溶液的相平衡问题。有关混合物或溶液的相平衡规律，早在1803年亨利(Henry W)就从实验中总结出有关微溶气体在一定温度下于液体中溶解度的经验规律；1887年拉乌尔(Raoult F M)在研究非挥发性溶质在一定温度下溶解于溶剂构成稀溶液时，总结出非挥发性溶质引起溶剂蒸气压下降的经验规律。当多组分系统热力学理论逐渐完善之后，这些经验规律均可由多组分系统热力学理论推导出来。在此之后，1901 年和 1907 年，路易斯(Lewis G H) 又分别引入逸度和活度的概念，为处理多组分真实系统的相平衡和化学平衡问题铺平了道路。

Ⅰ 相 律

2.1 相 律

2.1.1 基本概念

1. 相数

关于相的定义已在 1.1 节中给出。而平衡时，系统相的数目称为**相数**(number of phase)，用符号 ϕ 表示。

2. 系统的状态与强度状态

状态(state) 是指系统中各相的广度性质和强度性质共同确定的状态；**强度状态**(intensive state) 是仅由各相强度性质所确定的系统的状态。如某指定温度、压力下的 1 kg 水和 10 kg 水属不同状态，但都属于同一强度状态。区分系统的状态与强度状态对学习第 3 章相平衡强度状态图是很有帮助的。

3. 影响系统状态的广度变量和强度变量

影响系统状态的广度变量是各相的物质的量(或质量)，影响系统状态的强度变量通常是各相的温度、压力和组成，而影响系统的强度状态的变量仅为强度变量，即系统中各相的温度、压力和组成。

4. 物种数和(独立) 组分数

物种数(number of substances) 是指平衡系统中存在的化学物质数，用符号 S 表示；**(独立) 组分数**(number of components) 用符号 C 表示，并由下式定义：

$$C \xlongequal{\text{def}} S - R - R' \tag{2-1}$$

式中，S 为物种数；R 为独立的化学反应计量式数目，对于同时进行多个化学反应的复杂平衡系统，R 由下式确定：

$$R = S - e \quad (S > e) \tag{2-2}$$

式中，S 为物种数，e 为组成所有物种 S 的物质的基本单元数(或元素总数目)，该式的应用条件是 $S > e$。例如，将 C(s)、O_2(g)、CO(g)、CO_2(g) 放入一密闭容器中，常温下它们之间不发生反应，因此 $R = 0$；高温时发生以下反应：

$$\mathrm{C(s)} + \frac{1}{2}\mathrm{O_2(g)} \rightleftharpoons \mathrm{CO(g)} \tag{i}$$

$$\mathrm{C(s)} + \mathrm{O_2(g)} \rightleftharpoons \mathrm{CO_2(g)} \tag{ii}$$

$$\mathrm{CO(g)} + \frac{1}{2}\mathrm{O_2(g)} \rightleftharpoons \mathrm{CO_2(g)} \tag{iii}$$

$$C(s) + CO_2(g) \rightleftharpoons 2CO(g) \qquad (iv)$$

由式(2-2)，$S = 4(C、O_2、CO、CO_2)$，$e = 2(C、O_2)$，则

$$R = S - e = 4 - 2 = 2$$

即上述复杂反应系统中只有 2 个反应是独立的，其余的 2 个反应可由 2 个独立的反应的线性组合得到，即反应(iii) = 反应(ii) − 反应(i)；反应(iv) = 反应(i) × 2 − 反应(ii)。

R' 为除一相中各物质的摩尔分数之和为 1 这个关系以外的不同物种的组成间的独立关系数，它包括：

(i) 当规定系统中部分物种只通过化学反应由另外物种生成时，由此可能带来的同一相的组成关系。

例如，由 $NH_4HS(s)$ 分解，建立如下的反应平衡：

$$NH_4HS(s) \rightleftharpoons NH_3(g) + H_2S(g)$$

则系统的 $S = 3$，$R = 1$，$R' = 1[n(NH_3, g) : n(H_2S, g) = 1 : 1$，是由化学反应带来的同一相的组成关系]。

(ii) 当把电解质在溶液中的离子也视为物种时，由电中性条件带来的同一相的组成关系。

例如，对于 NaCl 水溶液构成的系统，若把 NaCl、H_2O 选择为物种，则系统的 $S = 2$，$R = 0$，$R' = 0$，$C = S - R - R' = 2 - 0 - 0 = 2$；若把 Na^+、Cl^-、H^+、OH^-、H_2O 选为物种，则 $S = 5$，$R = 1$(存在电离平衡：$H_2O = H^+ + OH^-$)，$R' = 2$[有 $n(H^+) : n(OH^-) = 1 : 1$，是由电离平衡带来的同一相的组成关系及 Na^+、H^+、Cl^-、OH^- 正、负离子的电中性关系]，$C = S - R - R' = 5 - 1 - 2 = 2$，两种处理方法虽物种数 S 选法不同，但组分数 C 相同。

5. 自由度数

自由度数(number of degrees of freedom) 为用以确定相平衡系统的强度状态的独立强度变量数，用符号 f 表示；用以确定系统状态的独立变量(包括广度变量和强度变量) 数，用符号 F 表示。

2.1.2　相律的数学表达式

相律是吉布斯(Gibbs J W) 在深入研究相平衡规律时推导出来的，其数学表达式为

$$f = C - \phi + 2 \qquad (2\text{-}3a)$$

$$F = C + 2 \qquad (2\text{-}3b)$$

若除了推导相律时列举的强度变量间的独立关系数外，对平衡态的性质再添加 b 个特殊规定(如规定 T 或 p 不变、$x_B^\alpha = x_B^\beta$ 等)，剩下的可独立改变的强度变量数为 f'，则

$$f' = f - b \qquad (2\text{-}4)$$

式中，f' 称为**条件(或剩余) 自由度数**。

2.1.3　相律的推导

由自由度数的含义可知：

$$\text{自由度数}=[\text{系统中的变量(广度变量+强度变量)总数}]-[\text{系统中各变量间的独立关系数}] \tag{2-5}$$

1. 系统中的变量总数

系统中 α 相的广度变量有：n^{α}

系统中 α 相的强度变量有：$T^{\alpha}, p^{\alpha}, x_{B}^{\alpha}(\alpha=1,2,\cdots,\phi; B=1,2,\cdots,S)$

系统中的变量总数为

$$(2+S)\phi+\phi$$

2. 平衡时，系统中各变量间的独立关系数

(i) 平衡时各相温度相等，即 $T^1=T^2=\cdots=T^{\phi}$，共有$(\phi-1)$个等式。

(ii) 平衡时各相压力相等，即 $p^1=p^2=\cdots=p^{\phi}$，共有$(\phi-1)$个等式。

(iii) 每相中物质的摩尔分数之和等于 1，即 $\sum_{B=A}^{S} x_{B}^{\alpha}=1(\alpha=1,2,\cdots,\phi)$，共有$\phi$个等式。

(iv) 相平衡时，每种物质在各相中的化学势相等，即

$$\mu_{B}^{\alpha}=\mu_{B}^{\beta}$$

式中，$\beta=2,3,\cdots,\phi$；$B=1,2,\cdots,S$，共有 $S(\phi-1)$ 个等式。

(v) 可能存在的 R 及 R'

平衡时，系统中变量间的独立关系的总数为

$$(2+S)(\phi-1)+\phi+R+R'$$

于是
$$F=[(2+S)\phi+\phi]-[(2+S)(\phi-1)+\phi+R+R']$$

即
$$F=(S-R-R')+2$$

因 F 中有ϕ个独立的广度变量(各相的量)，所以

$$f=(S-R-R')-\phi+2$$

又
$$C\overset{\text{def}}{=\!=}S-R-R'$$

则
$$F=C+2,\quad f=C-\phi+2$$

即式(2-3b)、式(2-3a)。

【例 2-1】 试确定 $H_2(g)+I_2(g)=\!=\!=2HI(g)$ 的平衡系统中，在下述情况下的(独立)组分数：(1) 反应前只有 $HI(g)$；(2) 反应前 $H_2(g)$ 及 $I_2(g)$ 两种气体的物质的量相等；(3) 反应前有任意量的 $H_2(g)$ 与 $I_2(g)$。

解　由式(2-1)，有
$$C=S-R-R'$$

(1) 因为 $S=3, R=1, R'=1$，所以 $C=3-1-1=1$；

(2) 因为 $S=3, R=1, R'=1$，所以 $C=3-1-1=1$；

(3) 因为 $S=3, R=1, R'=0$，所以 $C=3-1-0=2$。

【例 2-2】 试确定下述平衡系统中的 f 及 F，并说明 f 中包括的强度变量是什么？F 中包括的强度变量及广度变量是什么？(1) 由 $CO_2(s)$ 与 $CO_2(g)$ 建立的平衡系统；(2) 由 $HgO(s)$ 分解为 $Hg(g)$ 及 $O_2(g)$ 建立的平衡系统。

解　由式(2-1)有
$$C=S-R-R'$$

(1) 因为 $S=1, R=0, R'=0$，所以 $C=1-0-0=1$。

由式(2-3a)
$$f=C-\phi+2$$

因为 $\phi=2$，所以，$f=1-2+2=1$。

$f=1$ 是指系统的强度变量温度 T 或压力 p，二者中只有 1 个可以在保持系统原有相数的情况下，在一定范围内独立改变。

由式(2-3b)
$$F=C+2$$
$$F=3$$

其中包括 1 个强度变量，即温度 T 及压力 p 二者之一和 2 个广度变量，即 $n(CO_2,g)$ 及 $n(CO_2,s)$ 分别为气、固两相 CO_2 的物质的量 —— 平衡时，系统中这 3 个变量可以在保持系统原有相数不变的情况下独立改变。

(2) 因为 $S=3, R=1, R'=1$，所以 $C=3-1-1=1$。

由式(2-3a)
$$f=C-\phi+2=1-2+2=1$$

$f=1$ 是指系统的强度变量温度 T 或压力 p，二者之中只有 1 个可以在保持系统原有相数的情况下，在一定范围内独立改变。

由式(2-3b)
$$F=C+2$$
$$F=3$$

其中包括 1 个强度变量，即温度 T 或压力 p 二者之一和 2 个广度变量，即 $n(HgO,s)$ 及 $n(Hg,g):n(O_2,g)=1:\frac{1}{2}$—— 平衡时，系统中这 3 个变量可以在保持系统原有相数不变的情况下，在一定范围内独立改变。

【例 2-3】 Na_2CO_3 与 H_2O 可以生成水化物：

$$Na_2CO_3\cdot H_2O(s),\quad Na_2CO_3\cdot 7H_2O(s),\quad Na_2CO_3\cdot 10H_2O(s)$$

(1) 试指出在标准压力 $p^{\ominus}$ 下，与 Na_2CO_3 的水溶液、$H_2O(s)$ 平衡共存的水化物最多可有几种？(2) 试指出 30 ℃ 时，与 $H_2O(g)$ 平衡共存的 Na_2CO_3 水化物(固) 最多可有几种？

解　由式(2-1)，有
$$C=S-R-R'$$

因为
$$S=5, R=3, R'=0(\text{水与 } Na_2CO_3 \text{ 均为任意量})$$

所以
$$C=S-R-R'=5-3-0=2$$

(1) 因为压力已固定为 $p^{\ominus}$，即 $b=1$，则由式(2-4)
$$f'=f-b=C-\phi+2-1=C-\phi+1$$

因为 $f'=0$ 时，ϕ 最多，故
$$0=C-\phi+1=2-\phi+1=3-\phi$$
$$\phi=3$$

这 3 个相中，除 Na_2CO_3 的水溶液(液相) 及冰 $H_2O(s)$ 外，还有 1 个相，这就是 Na_2CO_3 水化物(固相)—— 即最多只能有 1 种 Na_2CO_3 水化物(固相) 与 Na_2CO_3 水溶液及冰平衡共存。

(2) 因为温度已固定为 30 ℃，则由式(2-4)
$$f'=C-\phi+1=3-\phi$$

当 $f'=0$ 时，平衡相数最多，故
$$\phi=3$$

这 3 个相中，除已有的水蒸气 $H_2O(g)$ 外，还可有 2 个水化物(固相) 与之构成平衡系统 —— 即最多有两种 Na_2CO_3 水化物(固相) 与 $H_2O(g)$ 平衡共存。

【例 2-4】 指出下列平衡系统的(独立)组分数 C、相数 ϕ 及自由度数 f:

(1)$NH_4Cl(s)$ 放入一抽空容器中,与其分解产物 $NH_3(g)$ 和 $HCl(g)$ 达成平衡;(2)任意量的 $NH_3(g)$、$HCl(g)$ 及 $NH_4Cl(s)$ 达成平衡;(3)$NH_4HCO_3(s)$ 放入一抽空容器中,与其分解产物 $NH_3(g)$、$H_2O(g)$ 和 $CO_2(g)$ 达成平衡。

解 (1) 存在的平衡反应为 $NH_4Cl(s) \rightleftharpoons NH_3(g) + HCl(g)$,所以 $S=3,R=1,R'=1[n(NH_3,g):n(HCl,g)=1:1]$。又 $\phi=2$,则 $C=3-1-1=1,f=C-\phi+2=1-2+2=1$。

(2) 存在的平衡反应为 $NH_4Cl(s) \rightleftharpoons NH_3(g) + HCl(g)$,所以 $S=3,R=1$,但 $R'=0$(因为3种物质为任意量,$NH_3(g)$ 与 $HCl(g)$ 不存在由反应带来的组成关系),又 $\phi=2$,所以 $C=S-R-R'=3-1-0=2,f=C-\phi+2=2-2+2=2$。

(3) 存在的平衡反应为 $NH_4HCO_3(s) \rightleftharpoons NH_3(g) + H_2O(g) + CO_2(g)$,所以 $S=4,R=1,R'=2[n(NH_3,g):n(H_2O,g):n(CO_2,g)=1:1:1$,即存在 2 个独立的由反应带来的组成关系],又 $\phi=2$,所以 $C=4-1-2=1,f=C-\phi+2=1-2+2=1$。

【例 2-5】 试求下述系统的(独立)组分数:(1) 由任意量 $CaCO_3(s)$、$CaO(s)$、$CO_2(g)$ 反应达到平衡的系统;(2) 仅由 $CaCO_3(s)$ 部分分解达到平衡的系统。

解 (1) 因为 $S=3,R=1[CaCO_3(s) \rightleftharpoons CaO(s)+CO_2(g)],R'=0$,故 $C=2$。即可用 $CaCO_3(s)$、$CaO(s)$、$CO_2(g)$ 中的任何两种物质形成含 3 种物质的系统的各种可能状态。

(2) 由于 $CaCO_3(s)$、$CaO(s)$、$CO_2(g)$ 不在同一相内,即不存在同一相中的不同物质的组成关系,所以 $S=3,R=1,R'=0$,故 $C=2$。即由 $CaCO_3(s)$ 一种物质只能形成含 3 种物质系统的各种强度状态[因为总是存在 $n(CaO)=n(CO_2)$,即各相的量不能任意],所以要形成各种状态仍需2种物质。因此,"$CaCO_3(s)$ 部分分解"这句话只能指出所说系统的性质。

相律是 f、C、ϕ 三者的关系,当 f、ϕ 易确定而C 有疑问时,可由 f、ϕ 算C,即 $C=f+\phi-2$。对该系统,因为$\phi=3$(两固相一气相),$f=1[T$ 一定,则平衡时 $p(CO_2)$ 一定],所以 $C=1+3-2=2$。

Ⅱ 单组分系统相平衡热力学

2.2 克拉珀龙方程

视频

克拉珀龙方程

2.2.1 单组分系统两相平衡关系

研究单组分系统两相平衡,包括:液 $\rightleftharpoons$ 气、固 $\rightleftharpoons$ 气、固 $\rightleftharpoons$ 液、液(α)$\rightleftharpoons$液(β)、固(α)$\rightleftharpoons$固(β) 等两相平衡。

应用相律 $f=C-\phi+2$ 于单组分系统两相平衡,因为 $C=1,\phi=2$,则

$$f=1-2+2=1$$

表明,单组分系统两相平衡时,温度和压力两个强度变量中,只有一个是独立可变的,若改变

压力，温度即随之而定，反之亦然。二者之间必定存在着相互依赖的函数关系，这个关系可用热力学原理推导出来，这就是克拉珀龙方程。

2.2.2　克拉珀龙方程

设若纯 B^* 在温度 T、压力 p 下，在 α、β 两相间达成平衡，表示成

$$B^*(\alpha, T, p) \xrightleftharpoons{\text{平衡}} B^*(\beta, T, p)$$

则由纯物质两相平衡条件，有

$$G_m^*(B^*, \alpha, T, p) = G_m^*(B^*, \beta, T, p)$$

若改变该平衡系统的温度或压力，在温度 $T \to T + dT$，压力 $p \to p + dp$ 下重新建立平衡，即

$$B^*(\alpha, T + dT, p + dp) \xrightleftharpoons{\text{平衡}} B^*(\beta, T + dT, p + dp)$$

则有 $$G_m^*(B^*, \alpha, T, p) + dG_m^*(\alpha) = G_m^*(B^*, \beta, T, p) + dG_m^*(\beta)$$

显然 $$dG_m^*(\alpha) = dG_m^*(\beta)$$

由热力学基本方程式(1-131)，可得

$$-S_m^*(\alpha)dT + V_m^*(\alpha)dp = -S_m^*(\beta)dT + V_m^*(\beta)dp$$

移项，整理得 $$\frac{dp}{dT} = \frac{S_m^*(\beta) - S_m^*(\alpha)}{V_m^*(\beta) - V_m^*(\alpha)} = \frac{\Delta_\alpha^\beta S_m^*}{\Delta_\alpha^\beta V_m^*}$$

因 $\Delta_\alpha^\beta S_m^* = \dfrac{\Delta_\alpha^\beta H_m^*}{T}$，代入上式得

$$\frac{dp}{dT} = \frac{\Delta_\alpha^\beta H_m^*}{T\Delta_\alpha^\beta V_m^*} \tag{2-6}$$

式(2-6) 称为克拉珀龙(Clapeyron B E P) 方程①。式(2-6) 还可写成

$$\frac{dT}{dp} = \frac{T\Delta_\alpha^\beta V_m^*}{\Delta_\alpha^\beta H_m^*} \tag{2-7}$$

式(2-6) 或式(2-7) 表示纯物质在任意两相(α 与 β) 间建立平衡时，其平衡温度 T、平衡压力 p 二者的依赖关系，即要保持纯物质两相平衡，温度、压力不能同时独立改变，若其中一个变化，另一个必按式(2-6) 或式(2-7) 的关系改变。式(2-6) 是平衡压力随平衡温度改变的变化率；式(2-7) 则是平衡温度随平衡压力改变的变化率。例如，若将式(2-6) 应用于纯物质的液、气两相平衡，它就是纯液体的饱和蒸气压随温度变化的依赖关系，而将式(2-7) 应用于纯物质的固、液两相平衡时，它就是纯固体的熔点随外压的改变而变化的依赖关系。

分析式(2-6)，若 $\Delta_\alpha^\beta H_m^* > 0$，$\Delta_\alpha^\beta V_m^* > 0$(或 $\Delta_\alpha^\beta H_m^* < 0$，$\Delta_\alpha^\beta V_m^* < 0$)，则

$$\frac{dp}{dT} > 0, \quad T\uparrow \Rightarrow p\uparrow$$

若 $\Delta_\alpha^\beta H_m^* > 0$，$\Delta_\alpha^\beta V_m^* < 0$(或 $\Delta_\alpha^\beta H_m^* < 0$，$\Delta_\alpha^\beta V_m^* > 0$)，则

---

① 克拉珀龙方程是克拉珀龙于 1834 年分析了包括气液平衡的卡诺循环而首先得到，而后又于 1850 年由克劳休斯用严格的热力学方法推导出来，故有的教材又把它称为克劳休斯 - 克拉珀龙方程。

$$\frac{\mathrm{d}p}{\mathrm{d}T}<0,\quad T\uparrow \Rightarrow p\downarrow$$

注意　在应用式(2-6)及式(2-7)计算时，一定要理顺 $\Delta_\alpha^\beta H_m^*$ 与 $\Delta_\alpha^\beta V_m^*$ 变化方向的一致性，即始态均为 α，终态均为 β。

【例 2-6】 当温度从 99.50 ℃ 增加到 100 ℃ 时，水的饱和蒸气压增加了 1.807 kPa。已知在 100 ℃ 时，水和水汽的摩尔体积分别为 $0.018\,77\times10^{-3}\ \mathrm{m^3\cdot mol^{-1}}$ 及 $30.20\times10^{-3}\ \mathrm{m^3\cdot mol^{-1}}$。试计算水的 $\Delta_{vap}H_m^*$。

解　由克拉珀龙方程式(2-6)，得

$$\frac{\mathrm{d}p}{\mathrm{d}T}=\frac{\Delta_{vap}H_m^*}{T[V_m^*(\mathrm{g})-V_m^*(\mathrm{l})]}$$

$$\int_{p_1^*}^{p_2^*}\mathrm{d}p^*=\frac{\Delta_{vap}H_m^*}{[V_m^*(\mathrm{g})-V_m^*(\mathrm{l})]}\int_{T_1}^{T_2}\frac{\mathrm{d}T}{T}\quad(\Delta_{vap}H_m^*\ \text{视为与温度无关的常数})$$

则
$$\Delta p^*=\Delta_{vap}H_m^*\ln(T_2/T_1)/[V_m^*(\mathrm{g})-V_m^*(\mathrm{l})]$$

$$\Delta_{vap}H_m^*=\Delta p^*[V_m^*(\mathrm{g})-V_m^*(\mathrm{l})]/\ln(T_2/T_1)=$$
$$1.807\times10^3\ \mathrm{Pa}\times(30.20-0.018\,77)\times10^{-3}\ \mathrm{m^3\cdot mol^{-1}}/\ln(373.15\ \mathrm{K}/372.65\ \mathrm{K})=$$
$$40.67\ \mathrm{kJ\cdot mol^{-1}}$$

【例 2-7】 在 0 ℃ 附近，纯水和纯冰呈平衡，已知 0 ℃ 时，冰与水的摩尔体积分别为 $0.019\,64\times10^{-3}\ \mathrm{m^3\cdot mol^{-1}}$ 和 $0.018\,00\times10^{-3}\ \mathrm{m^3\cdot mol^{-1}}$，冰的摩尔熔化焓为 $\Delta_{fus}H_m^*=6.029\ \mathrm{kJ\cdot mol^{-1}}$，试确定 0 ℃ 时冰的熔点随压力的变化率 $\mathrm{d}T/\mathrm{d}p$。

解　此为固 ⇌ 液两相平衡。由式

$$\frac{\mathrm{d}T}{\mathrm{d}p}=\frac{T[V_m^*(\mathrm{l})-V_m^*(\mathrm{s})]}{\Delta_{fus}H_m^*}$$

代入所给数据，得

$$\frac{\mathrm{d}T}{\mathrm{d}p}=\frac{273.15\ \mathrm{K}\times(0.018\,00-0.019\,64)\times10^{-3}\ \mathrm{m^3\cdot mol^{-1}}}{6.029\times10^3\ \mathrm{J\cdot mol^{-1}}}=-7.400\times10^{-8}\ \mathrm{K\cdot Pa^{-1}}$$

计算结果表明，冰的熔点随压力升高而降低。

【例 2-8】 有人提出用 10.10 MPa，100 ℃ 的液态 Na(l) 作原子反应堆的液体冷却剂。试根据克拉珀龙方程判断金属钠在该条件下是否为液态。已知钠在 101.325 kPa 压力下的熔点为 97.6 ℃，摩尔熔化焓为 $3.05\ \mathrm{kJ\cdot mol^{-1}}$，固态和液态钠的摩尔体积分别为 $24.16\times10^{-6}\ \mathrm{m^3\cdot mol^{-1}}$ 及 $24.76\times10^{-6}\ \mathrm{m^3\cdot mol^{-1}}$。

解　本题意是计算 10.10 MPa 下金属钠的熔点，若该熔点低于 100 ℃，则金属钠为液态，若该熔点高于 100 ℃，则金属钠为固态。

由克拉珀龙方程式

$$\frac{\mathrm{d}T}{\mathrm{d}p}=\frac{T[V_m^*(\mathrm{l})-V_m^*(\mathrm{s})]}{\Delta_{fus}H_m^*},\qquad \frac{\mathrm{d}T}{T}=\frac{[V_m^*(\mathrm{l})-V_m^*(\mathrm{s})]}{\Delta_{fus}H_m^*}\mathrm{d}p$$

则
$$\mathrm{d}\ln\{T\}=\frac{(24.76-24.16)\times10^{-6}\ \mathrm{m^3\cdot mol^{-1}}}{3.05\times10^3\ \mathrm{J\cdot mol^{-1}}}\mathrm{d}p$$

$$\ln\left(\frac{T}{370.75\ \mathrm{K}}\right)=1.967\times10^{-10}\ \mathrm{Pa^{-1}}\times(10.10-0.101\,325)\times10^6\ \mathrm{Pa}$$

解得 $T = 371.5\ \mathrm{K} < 373.15\ \mathrm{K}$，故 10.10 MPa 下，100 ℃ 时，金属钠为液态。

2.3　克劳休斯 - 克拉珀龙方程

视频

克劳休斯 - 克拉珀龙方程

2.3.1　凝聚相(液或固相) $\xrightleftharpoons{T,p}$ 气相的两相平衡

以液相 $\xrightleftharpoons{T,p}$ 气相两相平衡为例。由克拉珀龙方程式(2-6)，得

$$\frac{\mathrm{d}p^*}{\mathrm{d}T} = \frac{\Delta_{\mathrm{vap}} H_{\mathrm{m}}^*}{T[V_{\mathrm{m}}^*(\mathrm{g}) - V_{\mathrm{m}}^*(\mathrm{l})]}$$

作以下近似处理：

(i) 因为 $V_{\mathrm{m}}^*(\mathrm{g}) \gg V_{\mathrm{m}}^*(\mathrm{l})$，所以 $[V_{\mathrm{m}}^*(\mathrm{g}) - V_{\mathrm{m}}^*(\mathrm{l})] \approx V_{\mathrm{m}}^*(\mathrm{g})$。

(ii) 若气体视为理想气体，则 $V_{\mathrm{m}}^*(\mathrm{g}) = \dfrac{RT}{p^*}$，代入上式，得

$$\frac{\mathrm{d}p^*}{\mathrm{d}T} = \frac{\Delta_{\mathrm{vap}} H_{\mathrm{m}}^*}{RT^2} p^*$$

可写成

$$\frac{\mathrm{d}\ln\{p^*\}}{\mathrm{d}T} = \frac{\Delta_{\mathrm{vap}} H_{\mathrm{m}}^*}{RT^2} \tag{2-8}$$

式(2-8) 叫克劳休斯 - 克拉珀龙(Clausius-Clapeyron) 方程(微分式)，简称克 - 克方程。

由于克 - 克方程是在克拉珀龙方程基础上做了两项近似处理而得到的，所以式(2-8) 的精确度不如式(2-6) 和式(2-7) 高。还要注意到式(2-8) 只能用于凝聚相(液或固) $\xrightleftharpoons{T,p}$ 气相两相平衡，而不能应用于固 $\xrightleftharpoons{T,p}$ 液或固 $\xrightleftharpoons{T,p}$ 固两相平衡，即式(2-8) 的应用范围同式(2-6)、式(2-7) 相比有局限性。

2.3.2　克 - 克方程的积分式

1. 不定积分式

若视 $\Delta_{\mathrm{vap}} H_{\mathrm{m}}^*$ 为与温度 T 无关的常数，将式(2-8) 进行不定积分，得

$$\ln\{p^*\} = -\frac{\Delta_{\mathrm{vap}} H_{\mathrm{m}}^*}{RT} + B \tag{2-9}$$

若以 $\ln\{p^*\}$ 对 $\dfrac{1}{T/\mathrm{K}}$ 作图，如图 2-1 所示。

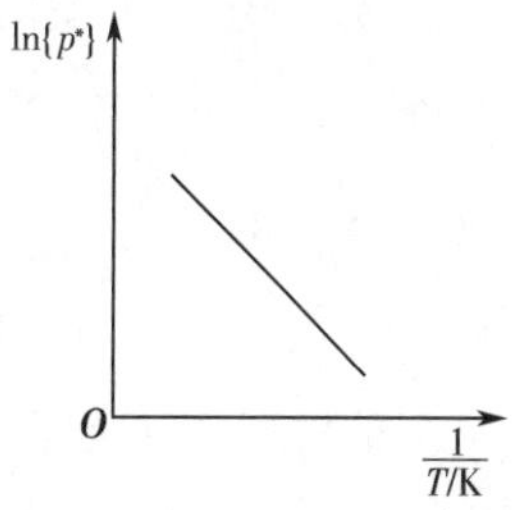

图 2-1　$\ln\{p^*\}$-$\dfrac{1}{T/\mathrm{K}}$ 图

由直线的斜率可求 $\Delta_{\mathrm{vap}} H_{\mathrm{m}}^*$，由截距可确定常数 B。

2. 定积分式

将 $\Delta_{\mathrm{vap}} H_{\mathrm{m}}^*$ 视为常数，把式(2-8) 分离变量积分，代入上、下限，得

$$\ln\frac{p_2}{p_1} = \frac{\Delta_{\mathrm{vap}} H_{\mathrm{m}}^*}{R}\left(\frac{1}{T_1} - \frac{1}{T_2}\right) \tag{2-10}$$

对固 $\xrightleftharpoons{T,p}$ 气两相平衡，式(2-10) 可变为

$$\ln\frac{p_2}{p_1}=\frac{\Delta_{\text{sub}}H_{\text{m}}^*}{R}\left(\frac{1}{T_1}-\frac{1}{T_2}\right) \tag{2-11}$$

2.3.3 特鲁顿规则

在缺少 $\Delta_{\text{vap}}H_{\text{m}}^*$ 数据时，可利用特鲁顿规则（Trouton rule）求取，即对不缔合性液体

$$\frac{\Delta_{\text{vap}}H_{\text{m}}^*}{T_{\text{b}}^*}=88\ \text{J}\cdot\text{K}^{-1}\cdot\text{mol}^{-1} \tag{2-12}$$

式中，T_{b}^* 为纯液体的正常沸点。

2.3.4 液体的蒸发焓 $\Delta_{\text{vap}}H_{\text{m}}^*$ 与温度的关系

式(2-10)是视 $\Delta_{\text{vap}}H_{\text{m}}^*$ 为与温度无关的常数，积分式(2-8)而得的。若精确计算，则要考虑 $\Delta_{\text{vap}}H_{\text{m}}^*$ 与温度的关系。这一关系可应用热力学原理推得

$$\frac{\text{d}(\Delta_{\text{vap}}H_{\text{m}}^*)}{\text{d}T}\approx\Delta_{\text{l}}^{\text{g}}C_{p,\text{m}}(T) \tag{2-13}$$

2.3.5 外压对液(或固)体饱和蒸气压的影响

在一定温度下，若作用于纯液(或固)体上的外压增加，则液(或固)体的饱和蒸气压增加。以液体为例，其定量关系也可由热力学原理推导出来，即

$$\frac{\text{d}p^*(\text{l})}{\text{d}p}=\frac{V_{\text{m}}^*(\text{l})}{V_{\text{m}}^*(\text{g})} \tag{2-14}$$

式中，$p^*(\text{l})$ 和 p 分别为液体的饱和蒸气压和液体所受的外压。因 $V_{\text{m}}^*(\text{l})/V_{\text{m}}^*(\text{g})>0$，它表明外压增加，液体的饱和蒸气压增大；又因 $V_{\text{m}}^*(\text{g})\gg V_{\text{m}}^*(\text{l})$，所以外压增加，液体的饱和蒸气压增加的并不大。通常外压对蒸气压的影响可以忽略。

【例 2-9】 氢醌的饱和蒸气压数据如下：

	t/℃	p^*/Pa		t/℃	p^*/Pa
液⇌气	192.0	5 332.7	固⇌气	132.4	133.3
	216.5	13 334.4		163.5	1 333.0

试根据以上数据计算：(1) 氢醌的 $\Delta_{\text{vap}}H_{\text{m}}^*$，$\Delta_{\text{fus}}H_{\text{m}}^*$，$\Delta_{\text{sub}}H_{\text{m}}^*$（设均为与温度无关的常数）；(2) 气、液、固三相共存时的温度、压力；(3) 氢醌在 500 K 沸腾时的外压。

解 (1) 对液⇌气两相平衡，由克 - 克方程式(2-10)，得

$$\Delta_{\text{vap}}H_{\text{m}}^*=\frac{RT_2T_1}{T_2-T_1}\times\ln\frac{p_2^*}{p_1^*}=$$

$$\frac{8.314\ 5\ \text{J}\cdot\text{mol}^{-1}\cdot\text{K}^{-1}\times489.65\ \text{K}\times465.15\ \text{K}}{(489.65-465.15)\ \text{K}}\times\ln\frac{13\ 334.4\ \text{Pa}}{5\ 332.7\ \text{Pa}}=$$

$$70.83\ \text{kJ}\cdot\text{mol}^{-1}$$

对固⇌气两相平衡，由克 - 克方程式(2-10)，得

$$\Delta_{\text{sub}}H_{\text{m}}^{*}=\frac{RT_1T_2}{T_2-T_1}\times\ln\frac{p_2^{*}}{p_1^{*}}=$$

$$\frac{8.3145\ \text{J}\cdot\text{mol}^{-1}\cdot\text{K}^{-1}\times405.55\ \text{K}\times436.65\ \text{K}}{(436.65-405.55)\ \text{K}}\times\ln\frac{1\ 333.0\ \text{Pa}}{133.3\ \text{Pa}}=$$

$$109.0\ \text{kJ}\cdot\text{mol}^{-1}$$

因为

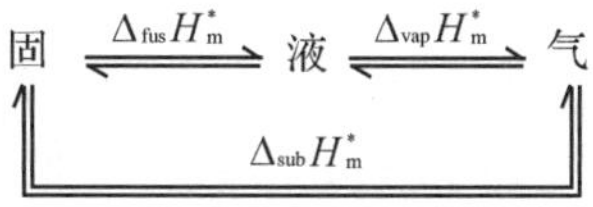

则
$$\Delta_{\text{sub}}H_{\text{m}}^{*}=\Delta_{\text{fus}}H_{\text{m}}^{*}+\Delta_{\text{vap}}H_{\text{m}}^{*}$$

所以

$$\Delta_{\text{fus}}H_{\text{m}}^{*}=\Delta_{\text{sub}}H_{\text{m}}^{*}-\Delta_{\text{vap}}H_{\text{m}}^{*}=109.0\ \text{kJ}\cdot\text{mol}^{-1}-70.83\ \text{kJ}\cdot\text{mol}^{-1}=38.17\ \text{kJ}\cdot\text{mol}^{-1}$$

(2) 三相平衡共存时，即

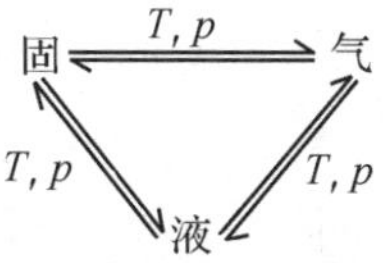

所以各相的温度、压力应分别相等。而

液⇌气平衡时
$$\ln\{p^{*}(\text{l})\}=-\frac{\Delta_{\text{vap}}H_{\text{m}}^{*}}{RT}+B \tag{a}$$

固⇌气平衡时
$$\ln\{p^{*}(\text{s})\}=-\frac{\Delta_{\text{sub}}H_{\text{m}}^{*}}{RT}+B' \tag{b}$$

把已知数据分别代入式(a)、式(b)，得

(a) $B=\ln\{p^{*}(\text{l})\}+\dfrac{\Delta_{\text{vap}}H_{\text{m}}^{*}}{RT}=$

$$\ln 5\ 332.7+\frac{70.83\times10^{3}\ \text{J}\cdot\text{mol}^{-1}}{8.314\ 5\ \text{J}\cdot\text{mol}^{-1}\cdot\text{K}^{-1}\times465.15\ \text{K}}=26.90$$

(b) $B'=\ln\{p^{*}(\text{s})\}+\dfrac{\Delta_{\text{sub}}H_{\text{m}}^{*}}{RT}=$

$$\ln 1\ 333.0+\frac{109.0\times10^{3}\ \text{J}\cdot\text{mol}^{-1}}{8.314\ 5\ \text{J}\cdot\text{mol}^{-1}\cdot\text{K}^{-1}\times436.65\ \text{K}}=37.23$$

因为三相平衡时，$p^{*}(\text{s})=p^{*}(\text{l})$，$T(\text{s})=T(\text{l})$，所以式(a)＝式(b)，得

$$T=\frac{\Delta_{\text{sub}}H_{\text{m}}^{*}-\Delta_{\text{vap}}H_{\text{m}}^{*}}{R(B'-B)}=\frac{\Delta_{\text{fus}}H_{\text{m}}^{*}}{R(B'-B)}=$$

$$\frac{38.17\times10^{3}\ \text{J}\cdot\text{mol}^{-1}}{8.314\ 5\ \text{J}\cdot\text{mol}^{-1}\cdot\text{K}^{-1}\times(37.23-26.90)}=444.4\ \text{K}$$

而
$$\ln\{p^{*}(\text{l})\}=-\frac{\Delta_{\text{vap}}H_{\text{m}}}{RT}+B=$$

$$-\frac{70.83\times10^{3}\ \mathrm{J\cdot mol^{-1}}}{8.3145\ \mathrm{J\cdot mol^{-1}\cdot K^{-1}}\times444.4\ \mathrm{K}}+26.90=7.730$$

得 $p^{*}(\mathrm{l})=2\ 274.5\ \mathrm{Pa}=p^{*}(\mathrm{s})$，即三相平衡压力。

(3) 若将氢醌加热至 500 K 沸腾，此时的外压应等于该温度下氢醌的饱和蒸气压。

$$\ln\{p^{*}(\mathrm{l})\}=-\frac{\Delta_{\mathrm{vap}}H_{\mathrm{m}}^{*}}{RT_{\mathrm{b}}^{*}}+B=$$

$$-\frac{70.83\times10^{3}\ \mathrm{J\cdot mol^{-1}}}{8.3145\ \mathrm{J\cdot mol^{-1}\cdot K^{-1}}\times500\ \mathrm{K}}+26.90=9.861$$

得

$$p_{\mathrm{ex}}=p^{*}(\mathrm{l})=19\ 173.2\ \mathrm{Pa}$$

2.3.6 热棒技术

热棒是一种无动力源的热虹吸管，是一种高效传热元件。由一根密封的金属管和管内充装的工质组成，金属管材料是碳钢或其他合金材料，内充工质是氨、二氧化碳等。管的上部置于空气中，一般装有散热翅片，称为冷凝段；管的下部埋入冻土中，称为蒸发段。在一定外部温度条件下，封闭管内实现工质气-液转换，完成热棒两端热量传递过程。当冷凝段的温度低于蒸发段时，热传递开始。热管顶部的蒸气在冷凝段冷凝放出潜热，这些潜热随之散发到大气中。蒸气冷凝形成液滴通过重力作用返回管底部蒸发段。返回的液滴促进蒸发段液体沸腾散热，和土体进行热交换，吸收土体热量形成蒸气。这些蒸气沿着热棒管壁上升到冷凝段形成一个液-气转换的相态循环，伴随发生土体和热棒之间的热交换，从而为附近土体降温(图 2-2)。

热棒的传热效果具有以下特征：

(1) 很高的导热性能。热棒内部主要是液体的气、液相变传热，因此具有很高的传热能力，相对于单位质量的普通实心金属棒可以多传递几个数量级的热量。

(2) 优良的等温性。热棒内的纯物质的蒸气处于饱和状态，饱和蒸气从蒸发段流向冷凝段所产生的压降很小，根据 Clausuis-Clapeyron 方程可知，温降亦很小，因而热棒具有优良的等温性。

(3) 热开关性。当热源温度高于某一温度时，热棒开始工作，当热源温度低于这一温度时，热棒就不传热，停止工作。

(4) 热二极管。只允许热量向一个方向流动，而不允许向相反方向流动。

热棒的这些节能绿色环保特征，是其广泛应用于冻土工程中的基础。青藏铁路沿线多年冻土全段长 550 km，实际通过多年冻土地段 460 km，其中年平均地温高于 −1 ℃ 地段约为 310 km。这种多年冻土热稳定性差，一旦受到外界热干扰，其温度状况难以恢复。用热棒来冷冻这些冻土地基，可以确保地基稳定。2001 年青藏铁路开始热棒路基工程试验，基本上都是在路基坡脚处和护道平台处设置不同长度和间距的热棒(图 2-3)。自 2001 年青藏铁路开工建设以来，我国热棒技术的理论和试验研究得以深化和发展，热棒工程应用理论和技术逐渐在业界处于领先地位，我国也逐渐成为世界上热棒技术应用范围最广、工程规模最大的国家。

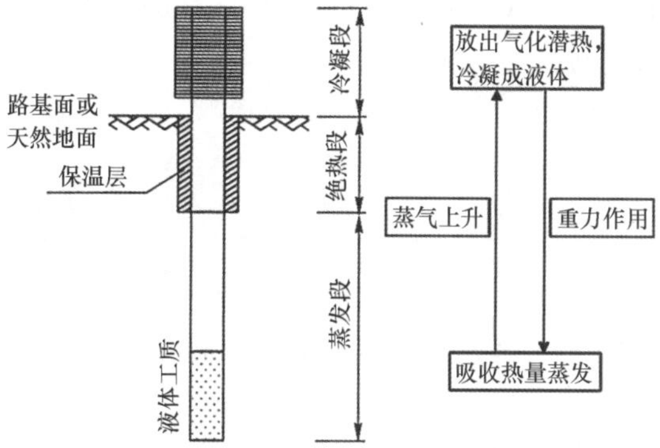

图 2-2　热棒结构及传热机理示意图

图 2-3　青藏铁路热棒路基

Ⅲ　多组分系统相平衡热力学

视频

拉乌尔定律、亨利定律

2.4　拉乌尔定律、亨利定律

2.4.1　液态混合物及溶液的气液平衡

如图 2-4 所示，设由组分 A、B、C、… 组成液态混合物或溶液。T 一定时，达到气液两相平衡。平衡时，液态混合物或溶液中各组分的摩尔分数分别为 x_A、x_B、x_C、…(已不是开始混合时的组成)；而气相混合物中各组分的摩尔分数分别为 y_A、y_B、y_C、…。一般地，$x_A \neq y_A$、$x_B \neq y_B$、$x_C \neq y_C$、…(因为各组分的蒸发能力不一样)。此时，气态混合物的总压力 p，即为温度 T 下该液态混合物或溶液的饱和蒸气压。按分压定义有 $p_A = y_A p$、$p_B = y_B p$、$p_C = y_C p$、…，则

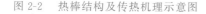

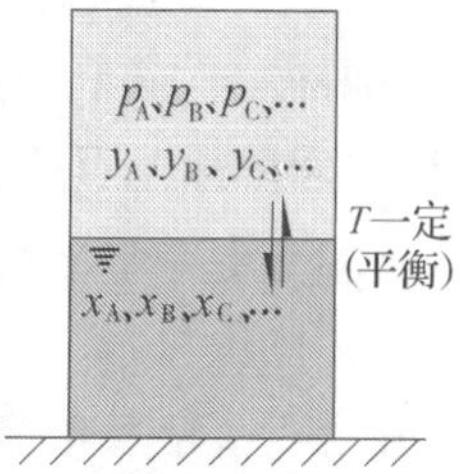

图 2-4　稀溶液的气液平衡

$$p = p_A + p_B + p_C + \cdots = \sum_B p_B$$

若其中某组分是不挥发的，则其蒸气压很小，可以略去不计。

对由 A、B 二组分形成的液态混合物或溶液(设溶液中组分 A 代表溶剂，组分 B 代表溶质)，若组分 B(或溶质) 不挥发，则 $p = p_A$。

液态混合物或溶液的饱和蒸气压不仅与液态混合物或溶液中各组分的性质及温度有关，而且还与组成有关。这种关系一般较为复杂，但对稀溶液则有简单的经验规律。

2.4.2　拉乌尔定律

1887 年，拉乌尔根据实验总结出一条经验规律，可表述为：平衡时，稀溶液中溶剂 A 在气

相中的蒸气分压 p_A 等于同一温度下该纯溶剂的饱和蒸气压 p_A^* 与该溶液中溶剂的摩尔分数 x_A 的乘积。这就是拉乌尔定律(Raoult's law),其数学表达式为

$$p_A = p_A^* x_A \tag{2-15}$$

若溶液由溶剂 A 和溶质 B 组成,则有

$$p_A = p_A^*(1 - x_B) \quad 即 \quad (p_A^* - p_A)/p_A^* = x_B \tag{2-16}$$

拉乌尔定律的适用条件及对象是稀溶液中的溶剂。

【例 2-10】 25 ℃ 时水的饱和蒸气压为 133.3 Pa,若一甘油水溶液中甘油的质量分数 $w_B = 0.100$,问溶液上方的饱和蒸气压为多少?

解　甘油为不挥发性溶质,溶入水中后,使水的蒸气压下降,因为溶液较稀,可应用拉乌尔定律计算溶液的蒸气压。

以 100 g 溶液为计算基准,先计算溶液中甘油的摩尔分数 x_B,即

$$x_B = \frac{n_B}{n_A + n_B} =$$

$$\frac{100\ \text{g} \times 0.100/(92.1\ \text{g}\cdot\text{mol}^{-1})}{100\ \text{g} \times 0.900/(18.0\ \text{g}\cdot\text{mol}^{-1}) + 100\ \text{g} \times 0.100/(92.1\ \text{g}\cdot\text{mol}^{-1})} = 0.020$$

则由拉乌尔定律

$$p_A = p_A^* x_A = p_A^*(1 - x_B) = 133.3\ \text{Pa} \times (1 - 0.020) = 131\ \text{Pa}$$

2.4.3　亨利定律

1803 年,亨利通过实验研究发现:如图 2-5 所示,一定温度下,微溶气体 B 在溶剂 A 中的摩尔分数 x_B 与该气体在气相中的平衡分压 p_B 成正比。这就是亨利定律(Henry's law),其数学表达式为

$$x_B = k'_{x,B} p_B \tag{2-17}$$

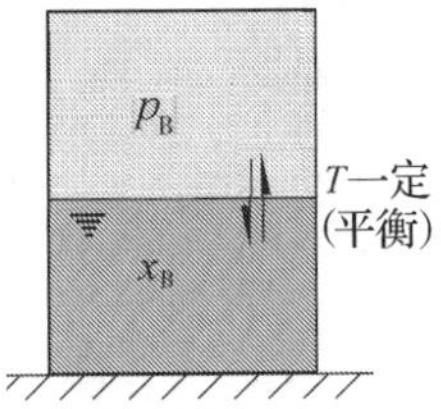

图 2-5　气体 B 的溶解平衡

式中,$k'_{x,B}$ 为亨利系数(Henry's coefficient),其单位为压力单位的倒数,即为 Pa^{-1}。它的大小与温度、压力以及溶剂、溶质的性质均有关。

实验表明,亨利定律也适用于稀溶液中挥发性溶质的气、液平衡(如乙醇水溶液)。所以亨利定律又可表述为:在一定温度下,稀溶液中挥发性溶质 B 在平衡气相中的分压力 p_B 与该溶质 B 在平衡液相中的摩尔分数 x_B 成正比。其数学表达式为

$$p_B = k_{x,B} x_B \tag{2-18}$$

式中,$k_{x,B}$ 为亨利系数。与式(2-17)比较,显然 $k_{x,B} = \dfrac{1}{k'_{x,B}}$,所以 $k_{x,B}$ 与 p_B 有相同的单位,即单位为 Pa。它的大小也与温度、压力以及溶剂、溶质的性质有关。

2.4.4　亨利定律的不同形式

因为稀溶液中溶质B的组成标度可用 b_B(或 m_B)、x_B、c_B 等表示,所以亨利定律也可有不

同形式，如

$$p_B = k_{b,B} b_B \tag{2-19}$$

$$p_B = k_{c,B} c_B \tag{2-20}$$

还可以表示成

$$c_B = k'_{c,B} p_B \tag{2-21}$$

$$b_B = k'_{b,B} p_B \tag{2-22}$$

所以应用亨利定律时，要注意由手册中所查得亨利系数与所对应的数学表达式。如果知道亨利系数的单位，就可知道它所对应的数学表达式。

注意　在应用亨利定律时还要求稀溶液中的溶质在气、液两相中的分子形态必须相同。如 HCl 溶解于苯中所形成的稀溶液，HCl 在气相和苯中分子形态均为 HCl 分子，可应用亨利定律；而 HCl 溶解于水中则成 H^+ 与 Cl^- 离子形态，与气相中的分子形态 HCl 不同，故不能直接应用亨利定律。

【例 2-11】 0 ℃、101 325 Pa 下的氧气，在水中的溶解度为 $4.490\times10^{-2}\ dm^3\cdot kg^{-1}$，试求 0 ℃ 时，氧气在水中溶解的亨利系数 $k_x(O_2)$ 和 $k_b(O_2)$。

解　由亨利定律　　$p_B = k_{x,B} x_B$（或 $p_B = k_{b,B} b_B$）

因为 0 ℃、101 325 Pa 时，氧气的摩尔体积为 $22.4\ dm^3\cdot mol^{-1}$，所以

$$x_B = \frac{\dfrac{4.490\times10^{-2}\ dm^3}{22.4\ dm^3\cdot mol^{-1}}}{\dfrac{1\,000\ g}{18.0\ g\cdot mol^{-1}} + \dfrac{4.490\times10^{-2}\ dm^3}{22.4\ dm^3\cdot mol^{-1}}} = 3.61\times10^{-5}$$

$$k_{x,B} = \frac{p_B}{x_B} = \frac{101\,325\ Pa}{3.61\times10^{-5}} = 2.81\ GPa$$

又

$$b_B = \frac{4.490\times10^{-2}\ dm^3\cdot kg^{-1}}{22.4\ dm^3\cdot mol^{-1}} = 2.00\times10^{-3}\ mol\cdot kg^{-1}$$

$$k_{b,B} = \frac{p_B}{b_B} = \frac{101\,325\ Pa}{2.00\times10^{-3}\ mol\cdot kg^{-1}} = 5.10\times10^{7}\ Pa\cdot kg\cdot mol^{-1}$$

2.5　理想液态混合物

2.5.1　理想液态混合物的定义和特征

1. 理想液态混合物的定义

在一定温度下，液态混合物中任意组分 B 在全部组成范围内（$x_B=0 \rightarrow x_B=1$）都遵守拉乌尔定律 $p_B = p_B^* x_B$ 的液态混合物，叫理想液态混合物（mixture of ideal liquid）。

2. 理想液态混合物的微观和宏观特征

（1）微观特征

(i) 理想液态混合物中各组分间的分子间作用力与各组分在混合前纯组分的分子间作用力相同（或几近相同），可表示为 $f_{AA}=f_{BB}=f_{AB}$。f_{AA} 表示纯组分 A 与 A 分子间作用力，f_{BB} 表示纯组分 B 与 B 分子间作用力，而 f_{AB} 表示 A 与 B 混合后 A 与 B 分子间作用力。

(ii) 理想液态混合物中各组分的分子体积大小几近相同，可表示为 V(A分子) = V(B分子)。

(2) 宏观特征

由于理想液态混合物具有上述微观特征，于是在宏观上反映出如下的特征：

(i) 由一个以上纯组分 $\xrightarrow[\text{混合}(T,p)]{\Delta_{\text{mix}}H=0}$ 理想液态混合物，其中，“mix” 表示混合，即由纯组分在定温、定压下混合成理想液态混合物，混合过程的焓变为零。

(ii) 由一个以上纯组分 $\xrightarrow[\text{混合}(T,p)]{\Delta_{\text{mix}}V=0}$ 理想液态混合物，即由纯组分在定温、定压下混合成理想液态混合物，混合过程的体积变化为零。

2.5.2 理想液态混合物中任意组分的化学势

如图 2-6 所示，设有一理想液态混合物在温度 T、压力 p 下与其蒸气呈平衡，若该理想液态混合物中任意组分 B 的化学势以 $\mu_B(\text{l},T,p,x_C)$ 表示（x_C 表示除 B 以外的所有其他组分的摩尔分数，应有 $x_B+\sum_C x_C=1$），简化表示成 $\mu_B(\text{l})$。假定与之呈平衡的蒸气可视为理想气体混合物，该理想气体混合物中组分 B 的化学势为 $\mu_B(\text{pgm},T,p_B=y_Bp,y_C)$，简化表示成 $\mu_B(\text{g})$。

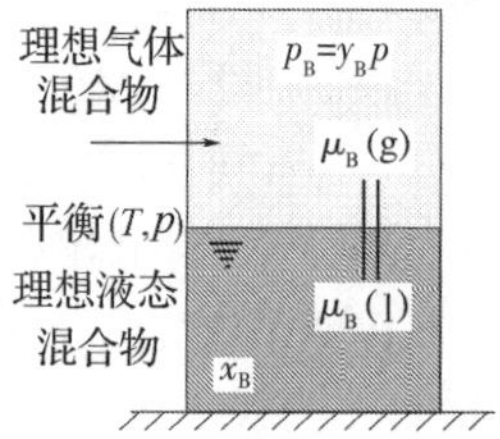

图 2-6 理想液态混合物的气液平衡

由相平衡条件式(1-185)，对上述系统，在 T、p 下达成气液两相平衡且气相视为理想气体时，任意组分B在两相中的化学势应相等，即有

$$\mu_B(\text{l},T,p,x_C)=\mu_B(\text{pgm},T,p_B=y_Bp,y_C)$$

或简化写成

$$\mu_B(\text{l})=\mu_B(\text{g})$$

而由式(1-192)

$$\mu_B(\text{g})=\mu_B^{\ominus}(\text{g},T)+RT\ln\frac{p_B}{p^{\ominus}}$$

所以

$$\mu_B(\text{l})=\mu_B^{\ominus}(\text{g},T)+RT\ln\frac{p_B}{p^{\ominus}}$$

又因为理想液态混合物中任意组分 B 都遵守拉乌尔定律，则 $p_B=p_B^*x_B$，代入上式得

$$\mu_B(\text{l})=\mu_B^{\ominus}(\text{g},T)+RT\ln\frac{p_B^*x_B}{p^{\ominus}}=\mu_B^{\ominus}(\text{g},T)+RT\ln\frac{p_B^*}{p^{\ominus}}+RT\ln x_B \tag{2-23}$$

令

$$\mu_B^*=\mu_B^{\ominus}(\text{g},T)+RT\ln\frac{p_B^*}{p^{\ominus}}$$

对纯液体 B，其饱和蒸气压 p_B^* 是 T、p 的函数，则 μ_B^* 也是 T、p 的函数，以 $\mu_B^*(\text{l},T,p)$ 表示。以往教材中，常把 $\mu_B^*(\text{l},T,p)$ 作为标准态的化学势。但GB 3102.8—1993 中，不管是纯液体 B 还是混合物中组分 B 的标准态已选定为温度 T、压力 $p^{\ominus}$ (=100 kPa) 下液体纯 B 的状态，标准态的化学势用 $\mu_B^{\ominus}(\text{l},T)$ 表示。$p^{\ominus}$ 与 p 的差别引起的 $\mu_B^{\ominus}(\text{l},T)$ 与 $\mu_B^*(\text{l},T,p)$ 的差别可由式(1-126) 得到，即

$$\mu_B^*(\text{l},T,p)=\mu_B^{\ominus}(\text{l},T)+\int_{p^{\ominus}}^{p}V_{\text{m,B}}^*(\text{l},T,p)\text{d}p \tag{2-24}$$

把式(2-24)代入式(2-23)，得

$$\mu_{\mathrm{B}}(\mathrm{l})=\mu_{\mathrm{B}}^{\ominus}(\mathrm{l},T)+RT\ln x_{\mathrm{B}}+\int_{p^{\ominus}}^{p}V_{\mathrm{m,B}}^{*}(\mathrm{l},T,p)\mathrm{d}p \tag{2-25}$$

式(2-25)即为理想液态混合物中任意组分B的化学势表达式。在通常压力下，p 与 $p^{\ominus}$ 差别不大时，对凝聚态物质的化学势值影响不大，所以式(2-25)中的积分项可以忽略不计，而简化为

$$\mu_{\mathrm{B}}(\mathrm{l})=\mu_{\mathrm{B}}^{\ominus}(\mathrm{l},T)+RT\ln x_{\mathrm{B}} \tag{2-26}$$

式(2-26)即为理想液态混合物中组分B的化学势表达式的简化式，以后经常用到。式中，$\mu_{\mathrm{B}}^{\ominus}(\mathrm{l},T)$ 即为标准态的化学势，这个标准态就是在1.6节按GB 3102.8—1993所选的标准态，也即温度为 T、压力为 $p^{\ominus}$（=100 kPa）下的纯液体B的状态。这里还应注意到，对理想液态混合物中的各组分，不区分为溶剂和溶质，都选择相同的标准态，任意组分B的化学势表达式都是式(2-26)。

2.5.3　理想液态混合物的混合性质

在定温、定压下，由若干纯组分混合成理想液态混合物时，混合过程的体积不变，焓不变，但熵增大，吉布斯函数减少，是自发过程。这些都称为理想液态混合物的混合性质(properties of mixing)。用公式表示，即

$$\Delta_{\mathrm{mix}}V=0 \tag{2-27}$$

$$\Delta_{\mathrm{mix}}H=0 \tag{2-28}$$

$$\Delta_{\mathrm{mix}}S=-R\sum n_{\mathrm{B}}\ln x_{\mathrm{B}} \tag{2-29a}$$

$$\Delta_{\mathrm{mix}}G=RT\sum n_{\mathrm{B}}\ln x_{\mathrm{B}} \tag{2-30a}$$

若生成的液态混合物的物质的量为单位物质的量，则

$$\Delta_{\mathrm{mix}}S_{\mathrm{m}}=-R\sum x_{\mathrm{B}}\ln x_{\mathrm{B}} \tag{2-29b}$$

$$\Delta_{\mathrm{mix}}G_{\mathrm{m}}=RT\sum x_{\mathrm{B}}\ln x_{\mathrm{B}} \tag{2-30b}$$

以下举例证明：

将式(2-26)除以温度 T，得

$$\frac{\mu_{\mathrm{B}}(\mathrm{l})}{T}=\frac{\mu_{\mathrm{B}}^{\ominus}(\mathrm{l},T)}{T}+R\ln x_{\mathrm{B}}$$

在定压、定组成的条件下，将上式对 T 求偏导，得

$$\left\{\frac{\partial[\mu_{\mathrm{B}}(\mathrm{l})/T]}{\partial T}\right\}_{p,x_{\mathrm{B}}}=\left\{\frac{\partial[\mu_{\mathrm{B}}^{\ominus}(\mathrm{l},T)/T]}{\partial T}+0\right\}_{p,x_{\mathrm{B}}}=\left\{\frac{\partial[\mu_{\mathrm{B}}^{*}(\mathrm{l},T)/T]}{\partial T}\right\}_{p}$$

由 $\left[\dfrac{\partial(G/T)}{\partial T}\right]_{p}=-\dfrac{H}{T^{2}}$，得

$$\left\{\frac{\partial[\mu_{\mathrm{B}}(\mathrm{l})/T]}{\partial T}\right\}_{p,x_{\mathrm{B}}}=-\frac{H_{\mathrm{B}}}{T^{2}},\quad\left\{\frac{\partial[\mu_{\mathrm{B}}^{*}(\mathrm{l},T)/T]}{\partial T}\right\}_{p}=-\frac{H_{\mathrm{m,B}}^{*}}{T^{2}}$$

所以

$$H_{\mathrm{B}}=H_{\mathrm{m,B}}^{*}$$

得 $$\Delta_{mix}H = \sum_B n_B H_B - \sum_B n_B H^*_{m,B} = 0$$

即为式(2-28)。

式(2-27)、式(2-29)和式(2-30)留给读者自己证明。

理想液态混合物的混合性质是宏观表现,从微观上也可以理解。根据其微观特征,理想液态混合物中无论同类还是异类分子,分子之间的作用力相同,各类分子的体积相等,故各种分子在混合物中受力情况与在纯组分中几乎等同,混合时不发生体积变化,分子间势能也不改变,因而在定温、定压下混合时不伴随放热、吸热现象,故焓不变。另一方面,混合物中各种分子的受力情况相同,在空间分布的概率均等。根据这种模型,可用统计方法推导出和上述结果一样的混合熵。

【例 2-12】 在 300 K 时,5 mol A 和 5 mol B 形成理想液态混合物,求 $\Delta_{mix}V$、$\Delta_{mix}H$、$\Delta_{mix}S$ 和 $\Delta_{mix}G$。

解 $$\Delta_{mix}V = 0,\quad \Delta_{mix}H = 0$$

$$\Delta_{mix}S = -R\sum n_B \ln x_B = (-8.3145\ \mathrm{J\cdot K^{-1}\cdot mol^{-1}} \times 5\ \mathrm{mol} \times \ln 0.5) \times 2 = 57.63\ \mathrm{J\cdot K^{-1}}$$

$$\Delta_{mix}G = RT\sum n_B \ln x_B = (8.3145\ \mathrm{J\cdot K^{-1}\cdot mol^{-1}}) \times 300\ \mathrm{K} \times 5\ \mathrm{mol} \times \ln 0.5) \times 2 = -17\,290\ \mathrm{J}$$

【例 2-13】 对理想液态混合物,试证明 $\left(\dfrac{\partial \Delta_{mix}G}{\partial p}\right)_T = 0$;$\left[\dfrac{\partial(\Delta_{mix}G/T)}{\partial T}\right]_p = 0$。

证明 因为 $$\Delta_{mix}G = RT\sum n_B \ln x_B$$

所以 $$\left[\frac{\partial \Delta_{mix}G}{\partial p}\right]_T = 0$$

又 $$\left[\frac{\partial(\Delta_{mix}G/T)}{\partial T}\right]_p = -\frac{\Delta_{mix}H}{T^2}$$

其中 $$\Delta_{mix}H = 0$$

则 $$\left[\frac{\partial(\Delta_{mix}G/T)}{\partial T}\right]_p = 0$$

2.5.4 理想液态混合物的气液平衡

以 A、B 均能挥发的二组分理想液态混合物的气液平衡为例,如图 2-7 所示,平衡时,有

$$p = p_A + p_B$$

1. 平衡气相的蒸气总压与平衡液相组成的关系

由于两组分都遵守拉乌尔定律,故

$$p_A = p_A^* x_A,\quad p_B = p_B^* x_B$$

则 $$p = p_A + p_B = p_A^* x_A + p_B^* x_B$$

又
$$x_A = 1 - x_B$$
故得
$$p = p_A^* + (p_B^* - p_A^*)x_B \tag{2-31}$$
式(2-31) 即为二组分理想液态混合物平衡气相的蒸气总压 p 与平衡液相组成 x_B 的关系式。它是一个直线方程。当 T 一定，$p_A^* > p_B^*$ 时，可用图 2-8 表示 p_A 与 x_A（直线 $\overline{p_A^* B}$），p_B 与 x_B（直线 $\overline{A p_B^*}$）以及 $p = f(x_B)$ 的关系（直线 $\overline{p_A^* p_B^*}$）。

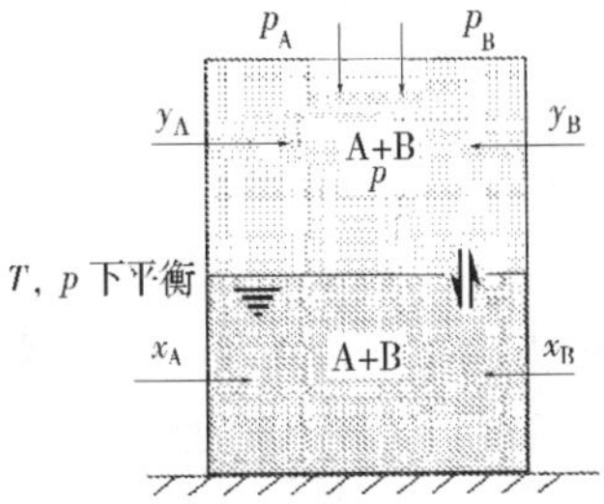

图 2-7　二组分理想液态混合物的气液平衡

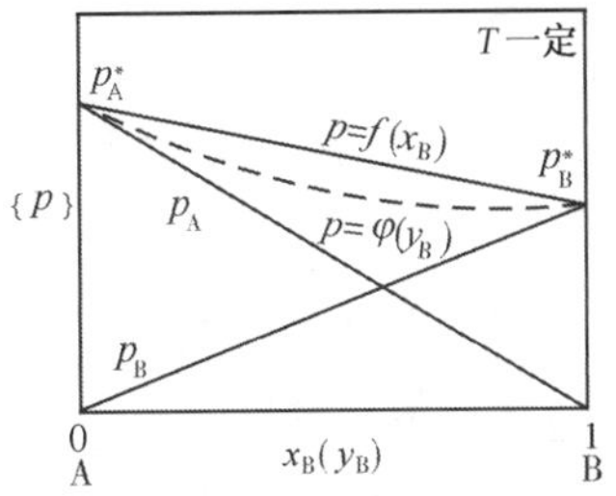

图 2-8　二组分理想液态混合物的蒸气压 - 组成图

2. 平衡气相组成与平衡液相组成的关系

由分压定义 $p_A = y_A p$，$p_B = y_B p$ 和拉乌尔定律 $p_A = p_A^* x_A$，$p_B = p_B^* x_B$，得
$$y_A / x_A = p_A^* / p, \quad y_B / x_B = p_B^* / p \tag{2-32}$$
由式(2-32) 可知，若 $p_A^* > p_B^*$，则对二组分理想液态混合物，在一定温度下达成气液平衡时必有 $p_A^* > p > p_B^*$，于是必有 $y_A > x_A$，$y_B < x_B$。这表明易挥发组分（蒸气压大的组分）在气相中的摩尔分数总是大于平衡液相中的摩尔分数，难挥发组分（蒸气压小的组分）则相反。

3. 平衡气相的蒸气总压与平衡气相组成的关系

由 $p = p_A^* + (p_B^* - p_A^*)x_B$ 及 $y_B / x_B = p_B^* / p$，可得
$$p = \frac{p_A^* p_B^*}{p_B^* - (p_B^* - p_A^*)y_B} \tag{2-33}$$
由式(2-33) 可知，p 与 y_B 的关系不是直线关系。如图 2-8 所示，即 $p = \varphi(y_B)$ 所表示的虚曲线。

【例 2-14】　在 85 ℃，101.3 kPa，甲苯(A) 及苯(B) 组成的液态混合物达到沸腾。该液态混合物可视为理想液态混合物。试计算该混合物的液相及气相组成。已知苯的正常沸点为 80.1 ℃，甲苯在 85 ℃ 时的蒸气压为 46.0 kPa。

解　由式(2-31) 可计算 85 ℃，101.3 kPa 下该理想液态混合物沸腾时（气液两相平衡）的液相组成，即
$$p = p_A^* + (p_B^* - p_A^*)x_B$$
已知 85 ℃ 时，$p_A^* = 46.0$ kPa，需求出 85 ℃ 时 $p_B^* = ?$

由特鲁顿规则式(2-12)，得
$$\Delta_{vap}H_m^*(C_6H_6, l) = 88\ J \cdot mol^{-1} \cdot K^{-1} \times T_b^*(C_6H_6, l) =$$
$$88\ J \cdot mol^{-1} \cdot K^{-1} \times (273.15 + 80.1)\ K = 31.10\ kJ \cdot mol^{-1}$$
再由克 - 克方程式(2-10)，得

$$\ln\frac{p_B^*(358.15\ \mathrm{K})}{p_B^*(353.25\ \mathrm{K})}=\frac{31.10\times10^3\ \mathrm{J\cdot mol^{-1}}}{8.314\,5\ \mathrm{J\cdot mol^{-1}\cdot K^{-1}}}\times\left(\frac{1}{353.25\ \mathrm{K}}-\frac{1}{358.15\ \mathrm{K}}\right)$$

解得

$$p_B^*(358.15\ \mathrm{K})=117.1\ \mathrm{kPa}$$

于是，在 85 ℃ 时

$$x_B=\frac{p-p_A^*}{p_B^*-p_A^*}=\frac{(101.3-46.0)\mathrm{kPa}}{(117.1-46.0)\mathrm{kPa}}=0.778$$

$$x_A=1-x_B=0.222$$

$$y_B=\frac{p_B}{p}=\frac{p_B^*x_B}{p}=\frac{117.1\ \mathrm{kPa}\times0.778}{101.3\ \mathrm{kPa}}=0.899$$

$$y_A=1-0.899=0.101$$

【例 2-15】 液体 A 和 B 可形成理想液态混合物。把组成为 $y_A=0.4$ 的蒸气混合物放入一带有活塞的气缸中进行恒温压缩（温度为 t），已知温度 t 时 p_A^* 和 p_B^* 分别为 40 530 Pa 和 121 590 Pa。(1) 计算刚开始出现液相时的蒸气总压；(2) 求 A 和 B 的液态混合物在 101 325 Pa 下沸腾时液相的组成。

解 (1) 刚开始出现液相时气相组成仍为 $y_A=0.4$，$y_B=0.6$，而 $p_B=py_B$，故

$$p=p_B/y_B=p_B^*x_B/y_B \tag{a}$$

又

$$p=p_A^*+(p_B^*-p_A^*)x_B \tag{b}$$

联立式(a)、式(b)，代入 $y_B=0.6$，$p_A^*=40\ 530\ \mathrm{Pa}$，$p_B^*=121\ 590\ \mathrm{Pa}$，解得 $x_B=0.333$。再代入式(a)，解得 $p=67\ 583.8\ \mathrm{Pa}$。

(2) 由式(b) $101\ 325\ \mathrm{Pa}=40\ 530\ \mathrm{Pa}+(121\ 590\ \mathrm{Pa}-40\ 530\ \mathrm{Pa})x_B$

解得

$$x_B=0.75$$

2.6 理想稀溶液

2.6.1 理想稀溶液的定义和气液平衡

1. 理想稀溶液的定义

一定温度下，溶剂和溶质分别遵守拉乌尔定律和亨利定律的无限稀薄溶液称为理想稀溶液(ideal dilute solution)。在这种溶液中，溶质分子间距离很远，溶剂和溶质分子周围几乎都是溶剂分子。

理想稀溶液的定义与理想液态混合物的定义不同，理想液态混合物不区分为溶剂和溶质，任意组分都遵守拉乌尔定律；而理想稀溶液区分为溶剂和溶质（通常溶液中含量多的组分叫溶剂，含量少的组分叫溶质），溶剂遵守拉乌尔定律，溶质却不遵守拉乌尔定律，而遵守亨利定律。理想稀溶液的微观和宏观特征也不同于理想液态混合物，理想稀溶液中的各组分分子体积并不相同，溶质与溶剂分子间的相互作用和溶剂与溶质分子各自之间的相互作用也不相同；宏观上，当溶剂和溶质混合成理想稀溶液时，会产生吸热或放热现象及体积变化。

2. 理想稀溶液的气液平衡

对溶剂、溶质都挥发的二组分理想稀溶液，在达成气液两相平衡时，当溶质的组成标度

分别用 x_B、b_B 表示时，溶液的气相平衡总压与溶液中溶质的组成标度的关系，有

$$p = p_A + p_B$$

将式(2-15)、式(2-18) 和式(2-19) 代入上式，得

$$p = p_A^* x_A + k_{x,B} x_B \tag{2-34}$$

$$p = p_A^* x_A + k_{b,B} b_B \tag{2-35}$$

若溶质不挥发，则溶液的气相平衡总压仅为溶剂的气相平衡分压 $p = p_A = p_A^* x_A$。

【例 2-16】 在 60 ℃，把水(A) 和有机物(B) 混合，形成两个液层。一层(α) 为水中含质量分数 w_B =0.17 有机物的稀溶液；另一层(β) 为有机物液体中含质量分数 w_A =0.045 水的稀溶液。若两液层均可看作理想稀溶液，求此混合系统的气相总压及气相组成。已知在 60 ℃ 时 $p_A^* = 19.97$ kPa，$p_B^* = 40.00$ kPa，有机物的相对分子质量为 $M_r = 80$。

解　理想稀溶液，溶剂符合拉乌尔定律，溶质符合亨利定律。水相以 α 表示，有机相用 β 表示，则有

$$p = p_A^\alpha + p_B^\alpha = p_A^* x_A^\alpha + k_{x,B}^\alpha x_B^\alpha = p_B^\beta + p_A^\beta = p_B^* x_B^\beta + k_{x,A}^\beta x_A^\beta$$

平衡时，$p_A^\alpha = p_A^\beta$，$p_B^\alpha = p_B^\beta$，则

$$p = p_A^* x_A^\alpha + p_B^* x_B^\beta =$$

$$1.997 \times 10^4\ \text{Pa} \times \frac{83\ \text{g}/(18\ \text{g} \cdot \text{mol}^{-1})}{83\ \text{g}/(18\ \text{g} \cdot \text{mol}^{-1}) + 17\ \text{g}/(80\ \text{g} \cdot \text{mol}^{-1})} +$$

$$4.000 \times 10^4\ \text{Pa} \times \frac{95.5\ \text{g}/(80\ \text{g} \cdot \text{mol}^{-1})}{95.5\ \text{g}/(80\ \text{g} \cdot \text{mol}^{-1}) + 4.5\ \text{g}/(18\ \text{g} \cdot \text{mol}^{-1})} = 52.17\ \text{kPa}$$

$$y_A = \frac{p_A^* x_A^\alpha}{p} = \frac{1.997 \times 10^4\ \text{Pa} \times 0.956}{5.217 \times 10^4\ \text{Pa}} = 0.366$$

$$y_B = 1 - y_A = 0.634$$

2.6.2　理想稀溶液中溶剂和溶质的化学势

把理想稀溶液中的组分区分为溶剂和溶质，并采用不同的标准态加以研究，得到不同形式的化学势表达式，这种区分法是出于实际需要和处理问题的方便。

1. 溶剂 A 的化学势

理想稀溶液的溶剂遵守拉乌尔定律，所以溶剂的化学势与温度 T 及组成 x_A(A 代表溶剂) 关系的导出与理想液态混合物中任意组分 B 的化学势表达式的导出方法一样，结果与式(2-26) 相似，即

$$\mu_A(\text{l}) = \mu_A^\ominus(\text{l}, T) + RT\ln x_A \tag{2-36}$$

式中，x_A 为溶液中溶剂 A 的摩尔分数；$\mu_A^\ominus(\text{l}, T)$ 为标准态的化学势，此标准态选为纯液体 A 在 T、$p^\ominus$ 下的状态，即 1.6 节中所选的标准态。

由于 ISO 及 GB 已选定 b_B 为溶液中溶质 B 的组成标度，故对理想稀溶液中的溶剂，有

$$x_A = \frac{1/M_A}{1/M_A + \sum_B b_B} = \frac{1}{1 + M_A \sum_B b_B}$$

式中，$\sum_B b_B$ 为理想稀溶液中所有溶质的质量摩尔浓度的总和。

由
$$\ln x_{\mathrm{A}}=\ln\frac{1}{1+M_{\mathrm{A}}\sum_{\mathrm{B}}b_{\mathrm{B}}}=-\ln(1+M_{\mathrm{A}}\sum_{\mathrm{B}}b_{\mathrm{B}})$$

对理想稀溶液，则 $M_{\mathrm{A}}\sum_{\mathrm{B}}b_{\mathrm{B}}\ll 1$，于是

$$-\ln(1+M_{\mathrm{A}}\sum_{\mathrm{B}}b_{\mathrm{B}})=-M_{\mathrm{A}}\sum_{\mathrm{B}}b_{\mathrm{B}}+(M_{\mathrm{A}}\sum_{\mathrm{B}}b_{\mathrm{B}})^2/2+\cdots\approx-M_{\mathrm{A}}\sum_{\mathrm{B}}b_{\mathrm{B}}$$

故对理想稀溶液中溶剂 A 的化学势的表达式，当用溶质的质量摩尔浓度表示时，式(2-36) 可改写成

$$\mu_{\mathrm{A}}(\mathrm{l})=\mu_{\mathrm{A}}^{\ominus}(\mathrm{l},T)-RTM_{\mathrm{A}}\sum_{\mathrm{B}}b_{\mathrm{B}} \tag{2-37}$$

2. 溶质 B 的化学势①

由于ISO及GB仅选用b_{B}作为溶液中溶质B的组成标度，因此我们只讨论溶质的组成标度用 b_{B} 表示时的化学势表达式。

设有一理想稀溶液，温度 T、压力 p 下与其蒸气呈平衡，假定其溶质均挥发，溶质 B 的化学势用 $\mu_{b,\mathrm{B}}$(溶质，T，p，b_{C}) 表示(b_{C} 表示除溶质 B 以外的其他溶质 C 的质量摩尔浓度)，简化表示为 $\mu_{b,\mathrm{B}}$(溶质)。假定与之呈平衡的蒸气可视为理想气体混合物，该理想气体混合物中组分 B(即挥发到气相的溶质 B) 的化学势为 $\mu_{\mathrm{B}}(\mathrm{pgm},T,p_{\mathrm{B}}=y_{\mathrm{B}}p,y_{\mathrm{C}})$，简化表示成 $\mu_{\mathrm{B}}(\mathrm{g})$。

由相平衡条件式(1-185)，上述系统达到气液两相平衡时，组分 B 在两相中的化学势应相等，即有

$$\mu_{b,\mathrm{B}}(\text{溶质},T,p,b_{\mathrm{C}})=\mu_{\mathrm{B}}(\mathrm{pgm},T,p_{\mathrm{B}}=y_{\mathrm{B}}p,y_{\mathrm{C}})$$

或简写成
$$\mu_{b,\mathrm{B}}(\text{溶质})=\mu_{\mathrm{B}}(\mathrm{g})$$

由式(1-192)，得

$$\mu_{b,\mathrm{B}}(\text{溶质})=\mu_{\mathrm{B}}^{\ominus}(\mathrm{g},T)+RT\ln\frac{p_{\mathrm{B}}}{p^{\ominus}}$$

又因理想稀溶液中的溶质 B 遵守亨利定律，将 $p_{\mathrm{B}}=k_{b,\mathrm{B}}b_{\mathrm{B}}$ 代入上式得

$$\mu_{b,\mathrm{B}}(\text{溶质})=\mu_{\mathrm{B}}^{\ominus}(\mathrm{g},T)+RT\ln\frac{k_{b,\mathrm{B}}b_{\mathrm{B}}}{p^{\ominus}}=\mu_{\mathrm{B}}^{\ominus}(\mathrm{g},T)+RT\ln\frac{k_{b,\mathrm{B}}b^{\ominus}}{p^{\ominus}}+RT\ln\frac{b_{\mathrm{B}}}{b^{\ominus}} \tag{2-38}$$

式中，$b^{\ominus}=1\ \mathrm{mol\cdot kg^{-1}}$，叫溶质 B 的标准质量摩尔浓度。

令

$$\mu_{b,\mathrm{B}}(\text{溶质},T,p,b^{\ominus})=\mu_{\mathrm{B}}^{\ominus}(\mathrm{g},T)+RT\ln\frac{k_{b,\mathrm{B}}b^{\ominus}}{p^{\ominus}}$$

其中 $\mu_{b,\mathrm{B}}$ 是溶液中溶质 B 的化学势($b_{\mathrm{B}}=b^{\ominus}$)。对于一定的溶剂和溶质，它是温度和压力的函数。当压力选定为 $p^{\ominus}$ 时，用 $\mu_{b,\mathrm{B}}^{\ominus}$(溶质，$T$，$b^{\ominus}$) 表示，即标准态的化学势。这一标准态是指温度为 T、压力为 $p^{\ominus}$ 下，溶质 B 的质量摩尔浓度 $b_{\mathrm{B}}=b^{\ominus}$，又遵守亨利定律的溶液的(假想) 状态，如图 2-9 所示。

①由于ISO及GB未选用x_{B}及c_{B}作为溶液中溶质B的组成标度，故本书不再讨论用该两种组成标度表示的溶质B的化学势表达式。

$\mu_{b,B}^{\ominus}$(溶质,T,$b^{\ominus}$) 与 $\mu_{b,B}$(溶质,T,p,$b^{\ominus}$) 的关系为

$$\mu_{b,B}(\text{溶质},T,p,b^{\ominus})=\mu_{b,B}^{\ominus}(\text{溶质},T,b^{\ominus})+\int_{p^{\ominus}}^{p}V_{B}^{\infty}(\text{溶质},T,p)\mathrm{d}p \tag{2-39}$$

式中,V_B^{∞} 为理想稀溶液("∞"表示无限稀薄) 中溶质 B 的偏摩尔体积。

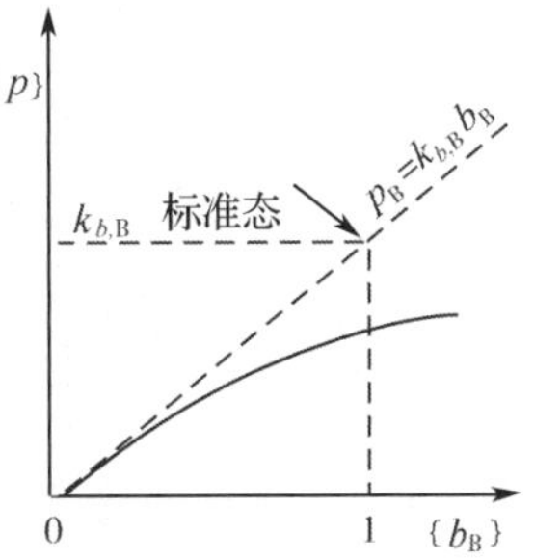

图 2-9　理想稀溶液中溶质 B 的标准态(以 b_B 表示)

将式(2-39) 代入式(2-38),则有

$$\mu_{b,B}(\text{溶质})=\mu_{b,B}^{\ominus}(\text{溶质},T,b^{\ominus})+RT\ln\frac{b_B}{b^{\ominus}}+\int_{p^{\ominus}}^{p}V_{B}^{\infty}(\text{溶质},T,p)\mathrm{d}p \tag{2-40}$$

当 p 与 $p^{\ominus}$ 差别不大时,对凝聚相的化学势值影响不大,式(2-40) 中的积分项可以略去,于是式(2-38) 可近似表示为

$$\mu_{b,B}(\text{溶质})=\mu_{b,B}^{\ominus}(\text{溶质},T,b^{\ominus})+RT\ln\frac{b_B}{b^{\ominus}} \tag{2-41}$$

或简写成

$$\mu_{b,B}=\mu_{b,B}^{\ominus}(T)+RT\ln\frac{b_B}{b^{\ominus}} \tag{2-42}$$

式(2-41) 及式(2-42) 就是理想稀溶液中溶质B的组成标度用溶质B的质量摩尔浓度 b_B 表示时,溶质 B 的化学势表达式。

注意　式(2-41) 中溶质B的标准态化学势的标准态的选择与理想稀溶液中溶剂A的标准态化学势的标准态的选择[式(2-36)] 不同,前已述及,对多组分均相系统区分为混合物和溶液;对混合物则不分为溶剂和溶质,对其中任何组分均选用同样的标准态[式(2-26)];而对溶液则区分为溶剂和溶质,且对溶剂和溶质采用不同的标准态[对溶剂,见式(2-36);对溶质,见式(2-42) 及图 2-9]。这是在热力学中,处理多组分理想系统时,采用理想液态混合物及理想稀溶液的定义所带来的必然结果。这种处理方法也为处理多组分均相实际系统带来了方便。

【例 2-17】　设葡萄糖在人体血液中和尿中的质量摩尔浓度分别为 $5.50\times10^{-3}\ \mathrm{mol\cdot kg^{-1}}$ 和 $5.50\times10^{-5}\ \mathrm{mol\cdot kg^{-1}}$,若将 1 mol 葡萄糖从尿中可逆地转移到血液中,肾脏至少需做多少功?(设体温为 36.8 ℃)

解　由 $W'=\Delta G_m(T,p)$,而

$$\Delta G_m(T,p)=\Delta\mu=\mu(\text{葡萄糖,血液中})-\mu(\text{葡萄糖,尿中})$$

因为葡萄糖在人体血液中和尿中的浓度均很稀薄,所以均可视为理想稀溶液。由理想稀溶液中溶质化学势表达式(2-42)(可近似取做相同的标准态),有

$$\mu(\text{葡萄糖,血液中})=\mu_{b,B}^{\ominus}(T)+RT\ln\frac{b(\text{葡萄糖,血液中})}{b^{\ominus}}$$

$$\mu(\text{葡萄糖,尿中})=\mu_{b,B}^{\ominus}(T)+RT\ln\frac{b(\text{葡萄糖,尿中})}{b^{\ominus}}$$

于是 $\Delta\mu=\mu(\text{葡萄糖,血液中})-\mu(\text{葡萄糖,尿中})=RT\ln\dfrac{b(\text{葡萄糖,血液中})}{b(\text{葡萄糖,尿中})}=$

$$8.3145\ \mathrm{J\cdot mol^{-1}\cdot K^{-1}}\times 309.95\ \mathrm{K}\times\ln\frac{5.50\times10^{-3}\ \mathrm{mol\cdot kg^{-1}}}{5.50\times10^{-5}\ \mathrm{mol\cdot kg^{-1}}}=$$

$$11.9\ \mathrm{kJ\cdot mol^{-1}}$$

2.7 理想稀溶液的分配定律

2.7.1 分配定律(液-液平衡)

在一定温度、压力下,当溶质B在共存的且不互溶的两液相α、β中形成理想稀溶液,其质量摩尔浓度分别为b_B^α、b_B^β,则平衡时b_B^α/b_B^β为一常数。即

$$b_B^\alpha/b_B^\beta=K \tag{2-43}$$

式(2-43)即为理想稀溶液的**分配定律**(distribution law),K称为**分配系数**(distribution coefficient),为量纲一的量,单位为1。分配定律是化工生产中萃取分离操作的理论基础。

式(2-43)可用热力学方法推得。由式(2-42),对理想稀溶液,溶质B在α、β两相中的化学势分别为

$$\mu_{b,B}^\alpha=\mu_{b,B}^{\ominus,\alpha}(T)+RT\ln(b_B^\alpha/b^\ominus)$$
$$\mu_{b,B}^\beta=\mu_{b,B}^{\ominus,\beta}(T)+RT\ln(b_B^\beta/b^\ominus)$$

由相平衡条件式(1-185),平衡时则有$\mu_{b,B}^\alpha=\mu_{b,B}^\beta$,于是

$$\mu_{b,B}^{\ominus,\alpha}(T)+RT\ln(b_B^\alpha/b^\ominus)=\mu_{b,B}^{\ominus,\beta}(T)+RT\ln(b_B^\beta/b^\ominus)$$

整理,得

$$\ln(b_B^\alpha/b_B^\beta)=[\mu_{b,B}^{\ominus,\beta}(T)-\mu_{b,B}^{\ominus,\alpha}(T)]/RT$$

当温度一定,p与$p^\ominus$差别不大时,对指定的溶剂及溶质,上式右边为常数,即

$$b_B^\alpha/b_B^\beta=K$$

注意　分配定律仅适用于溶质B在两溶剂相中分子形态相同的情况。

2.7.2 萃　取

萃取操作是化工生产中用以进行物质分离提取的重要方法之一,它依据的物理化学原理就是分配定律。萃取就是利用被萃取的溶质在互不相溶的两液相中溶解度的较大差异,通过被萃取溶质的相转移来实现溶质的分离的。萃取剂通常是有机溶剂(有机相),被萃取相通常是水溶液(水相)。由于被萃取的溶质在有机相(萃取剂)中的溶解度远大于在水相中的溶解度。被萃取的溶质从水相转移到有机相,使其在有机相中富集起来。萃取平衡后,再进一步进行分离处理,得到纯被萃取物。我国科学家屠呦呦以乙醚为萃取剂从青蒿中萃取出治疗疟疾病的青蒿素,从而获得2015年生理学或医学诺贝尔奖。

2.7.3 超临界流体萃取分离新技术

20世纪60年代开始,在前人的启发下,不少研究者发现,处于临界压力和临界温度以上

的流体对有机化合物的溶解能力显著增加，通常可增加几个数量级，十分惊人。近 20 年来应用这一特异现象，迅速发展起来超临界流体萃取分离的新技术。

下面以超临界 CO_2 流体作萃取剂的萃取分离过程为例来介绍这一新技术。

超临界 CO_2 流体萃取分离示意图如图 2-10 所示。被萃取液（通常是含有溶质 B 的水溶液）装入萃取釜。CO_2 气体经热交换器冷凝成液体，用压缩机把压力提升到工艺过程所需的压力（应高于 CO_2 的临界压力），同时调节温度使其成为超临界 CO_2 流体。CO_2 流体作为萃取剂从萃取釜底部进入，与被萃取液充分接触，选择性溶解出被萃取的化学物质 B。含溶解萃取物 B 的高压 CO_2 流体经节流阀降压到 CO_2 临界压力以下变为气态 CO_2，进入分离釜。由于气态 CO_2 溶解能力急剧下降而析出被萃取出的物质 B，自动分离成溶质 B 和 CO_2 气体。萃取出的物质 B，定期从分离釜底部放出后收集，而 CO_2 气体经热交换器冷凝成 CO_2 液体再循环使用，也可不时补充新鲜 CO_2 气体。如此循环操作则可利用超临界 CO_2 流体的高溶解性能不断地把萃取液中的溶质 B 抽提出来。

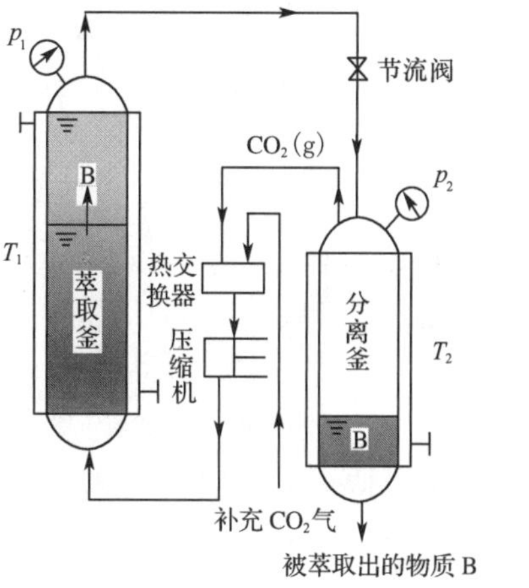

图 2-10　超临界 CO_2 流体萃取分离示意图

有关超临界 CO_2 流体作萃取剂的优越性，将在下一章讨论 CO_2 相图时再加介绍。

目前超临界 CO_2 流体萃取分离技术被广泛应用于天然香料、饮料（脱咖啡因、啤酒花中 α-酸萃取）、食用油（大豆油、沙棘油）及中草药有效成分的提取。

2.8　理想稀溶液的依数性

所谓“依数性”顾名思义是依赖于数量的性质。理想稀溶液中溶剂的蒸气压下降、凝固点降低（析出固态纯溶剂时）、沸点升高（溶质不挥发时）及渗透压等的量值均与理想稀溶液中所含溶质的数量有关，这些性质都称为理想稀溶液的**依数性**（colligative properties）。

视频

理想稀溶液的依数性

2.8.1　蒸气压下降

对二组分理想稀溶液，溶剂的蒸气压下降

$$\Delta p = p_A^* - p_A = p_A^* x_B$$

即 Δp 的量值正比理想稀溶液中所含溶质的数量——溶质的摩尔分数 x_B，其比例系数即为纯 A 的饱和蒸气压 p_A^*。

2.8.2　凝固点下降（析出固态纯溶剂时）（液-固平衡）

当理想稀溶液冷却到凝固点时，析出的可能是纯溶剂，也可能是溶剂和溶质一起析出。

当只析出纯溶剂时，即与固态纯溶剂成平衡的理想稀溶液的凝固点 T_f 比相同压力下纯溶剂的凝固点 T_f^* 低，实验结果表明，凝固点降低的量值与理想稀溶液中所含溶质的数量成正比，即

$$\Delta T_f \xlongequal{\text{def}} T_f^* - T_f = k_f b_B \tag{2-44}$$

比例系数 k_f 叫**凝固点降低系数**(freezing point lowering coefficients)，它与溶剂性质有关，而与溶质性质无关。

式(2-44)是实验所得结果，但可用热力学方法把它推导出来，下面为推导过程：

设有一理想稀溶液，溶剂摩尔分数为 x_A，设该溶液在压力 p 时，凝固点为 T。当在 T、p 下建立凝固平衡时，可表示如下

$$A(l, x_A) \xrightleftharpoons{T, p} A(s)$$

由液、固两相平衡条件和式(1-185)，有

$$\mu_A(l, x_A) = G_{m,A}^*(s)$$

在 p 一定时，若 $x_A \to x_A + dx_A$，而相应的凝固点由 $T \to T + dT$，在此条件下再建立新的凝固平衡。这时由平衡条件，应有

$$\mu_A(l, x_A) + d\mu_A(l, x_A) = G_{m,A}^*(s) + dG_{m,A}^*(s)$$

于是

$$d\mu_A(l, x_A) = dG_{m,A}^*(s)$$

因为

$$\mu_A(l, x_A) = f(T, p, x_A)$$

$$G_{m,A}^*(s) = f(T, p)$$

则 p 不变，T 及 x_A 变化时，以上函数的全微分为

$$d\mu_A(l, x_A) = \left[\frac{\partial \mu_A(l, x_A)}{\partial T}\right]_{p, x_A} dT + \left[\frac{\partial \mu_A(l, x_A)}{\partial x_A}\right]_{p, T} dx_A$$

$$dG_{m,A}^*(s) = \left[\frac{\partial G_{m,A}^*(s)}{\partial T}\right]_p dT$$

所以

$$\underbrace{\left[\frac{\partial \mu_A(l, x_A)}{\partial T}\right]_{p, x_A}}_{= -S_{m,A}} dT + \underbrace{\left[\frac{\partial \mu_A(l, x_A)}{\partial x_A}\right]_{p, T}}_{= \frac{RT}{x_A}} dx_A = \underbrace{\left[\frac{\partial G_{m,A}^*(s)}{\partial T}\right]_p}_{= -S_{m,A}^*(s)} dT$$

$$-S_{m,A} dT + RT \frac{dx_A}{x_A} = -S_{m,A}^*(s) dT$$

$$RT(dx_A / x_A) = [S_{m,A} - S_{m,A}^*(s)] dT$$

而

$$\Delta S_{m,A} = \frac{H_{m,A} - H_{m,A}^*(s)}{T} = \frac{\Delta H_{m,A}}{T}$$

这里的 $\Delta S_{m,A}$、$\Delta H_{m,A}$ 为单位物质的量的纯固体 A 在 T、p 下可逆溶解过程的熵变和焓变。因为是稀溶液，所以 $\Delta H_{m,A} \approx \Delta_{fus} H_{m,A}^*(s)$(纯固体 A 的摩尔熔化焓)。

因为

$$RT \frac{dx_A}{x_A} = \Delta_{fus} H_{m,A}^* \frac{dT}{T}$$

分离变量积分
$$\int_{x_A=1}^{x_A}\frac{\mathrm{d}x_A}{x_A}=\int_{T_f^*}^{T_f}\frac{\Delta_{fus}H_{m,A}^*}{RT^2}\mathrm{d}T$$

加近似条件：视 $\Delta_{fus}H_{m,A}^*$ 为与 T 无关的常数，于是

$$\ln x_A=-\frac{\Delta_{fus}H_{m,A}^*}{R}\left(\frac{1}{T_f}-\frac{1}{T_f^*}\right)=-\frac{\Delta_{fus}H_{m,A}^*(T_f^*-T_f)}{RT_f^*T_f}$$

设 $\Delta T_f=T_f^*-T_f$，则

$$\Delta T_f=-\frac{RT_f^*T_f}{\Delta_{fus}H_{m,A}^*}\ln x_A$$

由上式可知，因为 $T_f^*>0$，$T_f>0$，$\Delta_{fus}H_{m,A}^*>0$，$\ln x_A<0$，所以必有 $T_f^*>T_f$，即理想稀溶液的凝固点在只析出纯溶剂的条件下必然比纯溶剂的凝固点降低。

再加两个近似条件：(i) 对稀溶液 $T_fT_f^*=(T_f^*)^2$；(ii) 因为 $x_B\ll 1$，则

$$-\ln x_A=-\ln(1-x_B)\approx x_B+\frac{x_B^2}{2}+\frac{x_B^3}{3}+\cdots\approx x_B,\qquad \frac{n_B}{n_A+n_B}\approx\frac{n_B}{n_A}\approx M_Ab_B$$

所以
$$\Delta T_f=\frac{R(T_f^*)^2M_A}{\Delta_{fus}H_{m,A}^*}b_B,\quad k_f\xlongequal{\text{def}}\frac{R(T_f^*)^2M_A}{\Delta_{fus}H_{m,A}^*}$$

则 $\Delta T_f=k_fb_B$，即式(2-44)。

【例 2-18】 在 25 g 水中溶有 0.771 g CH_3COOH，测得该溶液的凝固点降低 0.937 ℃。已知水的凝固点降低系数为 1.86 K·kg·mol^{-1}。另在 20 g 苯中溶有 0.611 g CH_3COOH，测得该溶液的凝固点降低 1.254 ℃。已知苯的凝固点降低系数为 5.12 K·kg·mol^{-1}。求 CH_3COOH 在水和苯中的摩尔质量，所得结果说明什么问题？

解　由式(2-44)，有
$$\Delta T_f=k_fb_B$$

而
$$b_B=\frac{m_B}{M_Bm_A},\quad M_B=\frac{k_fm_B}{m_A\Delta T_f}$$

则 CH_3COOH 在水中，

$$M_B=\frac{1.86\ \mathrm{K\cdot kg\cdot mol^{-1}}\times 0.771\ \mathrm{g}}{25\ \mathrm{g}\times 0.937\ \mathrm{K}}=61.2\ \mathrm{g\cdot mol^{-1}}$$

CH_3COOH 在苯中，

$$M'_B=\frac{5.12\ \mathrm{K\cdot kg\cdot mol^{-1}}\times 0.611\ \mathrm{g}}{20\ \mathrm{g}\times 1.254\ \mathrm{K}}=124.7\ \mathrm{g\cdot mol^{-1}}$$

$M'_B\approx 2M_B$，表明 CH_3COOH 在苯中缔合为 $(CH_3COOH)_2$。

2.8.3　沸点升高(溶质不挥发时)(气-液平衡)

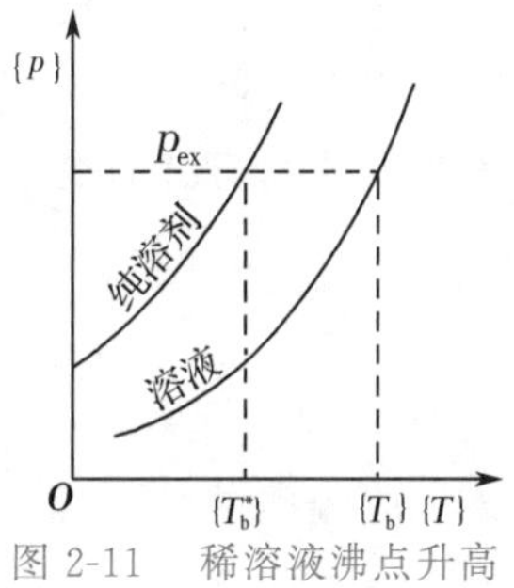

图 2-11　稀溶液沸点升高

沸点是液体或溶液的蒸气压 p 等于外压 p_{ex} 时的温度。若溶质不挥发，则溶液的蒸气压等于溶剂的蒸气压，$p=p_A$。对理想稀溶液，$p_A=p_A^*x_A$，$p_A<p_A^*$，所以在 p-T 图上(图 2-11)，理想稀溶液的蒸气压曲线在纯溶剂蒸气压曲线之下。由图可知，当 $p=p_{ex}$ 时，溶液的沸点 T_b 必大于纯溶剂的沸点 T_b^*，即沸点升高(溶质不挥发

时)。实验结果表明,含不挥发性溶质的理想稀溶液的沸点升高为

$$\Delta T_b \xlongequal{\text{def}} T_b - T_b^* = k_b b_B \tag{2-45}$$

式(2-45)也可用热力学方法推出,并得到

$$k_b \xlongequal{\text{def}} \frac{R(T_b^*)^2 M_A}{\Delta_{\text{vap}} H_{m,A}^*}$$

式中,k_b 叫沸点升高系数(boiling point elevation coefficients)。它与溶剂的性质有关,而与溶质性质无关。

【例 2-19】 122 g 苯甲酸 C_6H_5COOH 溶于 1 kg 乙醇后,使乙醇的沸点升高 1.13 K,计算苯甲酸的摩尔质量。已知乙醇的沸点升高系数为 1.20 K·kg·mol^{-1}。

解　设苯甲酸的摩尔质量为 M_B

$$\Delta T_b = k_b b_B = k_b \frac{m_B/M_B}{m_A}$$

$$1.13\ \text{K} = 1.20\ \text{K}\cdot\text{kg}\cdot\text{mol}^{-1} \times \frac{122\times10^{-3}\ \text{kg}}{M_B \times 1\ \text{kg}}$$

$$M_B = 0.129\ 6\ \text{kg}\cdot\text{mol}^{-1} = 129.6\ \text{g}\cdot\text{mol}^{-1}$$

2.8.4 渗透压(渗透平衡)

若在 U 形管底部用一种半透膜把某一理想稀溶液和与其相同的纯溶剂隔开,这种膜允许溶剂但不允许溶质透过(图 2-12)。实验结果表明,左侧纯溶剂将透过膜进入右侧溶液,使溶液的液面不断上升,直到两液面达到相当大的高度差 h 时才能达到渗透平衡[图 2-12(a)]。要使两液面不发生高度差,可在溶液液面上施加额外的压力。假定在一定温度下,当溶液的液面上施加压力为 Π 时,两液面可持久保持同样水平,即达到渗透平衡[图 2-12(b)],这个 Π 的量值叫溶液的渗透压(osmotic pressure)。

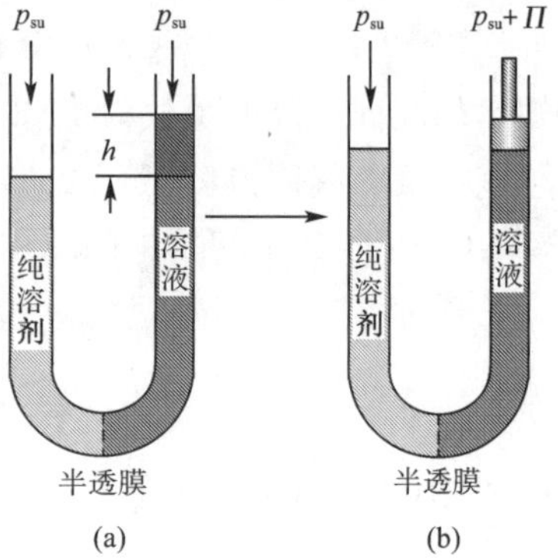

图 2-12　渗透压

根据实验得到,理想稀溶液的渗透压 Π 与溶质 B 的浓度 c_B 成正比,比例系数的量值为 RT,即

$$\Pi = c_B RT \tag{2-46}$$

式(2-46)也可应用热力学原理推导出来。

由上面的讨论可知,若在溶液液面上施加的额外压力大于渗透压 Π,则溶液中的溶剂将会通过半透膜渗透到纯溶剂中去,这种现象叫作反渗透。

视频

渗透压

2.8.5 膜分离新技术

膜分离是在 20 世纪初出现,20 世纪 60 年代迅速崛起的一种物质分离的新技术。

渗透和反渗透作用是膜分离技术的理论基础。在生物体内的细胞膜上的“水通道”广泛

存在着水的渗透和反渗透作用；在生物学领域以及纺织工业、制革工业、造纸工业、食品工业、化学工业、医疗保健、水处理中广泛使用膜分离技术。例如，利用人工肾进行血液透析[图 2-13(a)]，利用膜分离技术进行海水或苦咸水淡化[图 2-13(b)]以及果汁浓缩等。

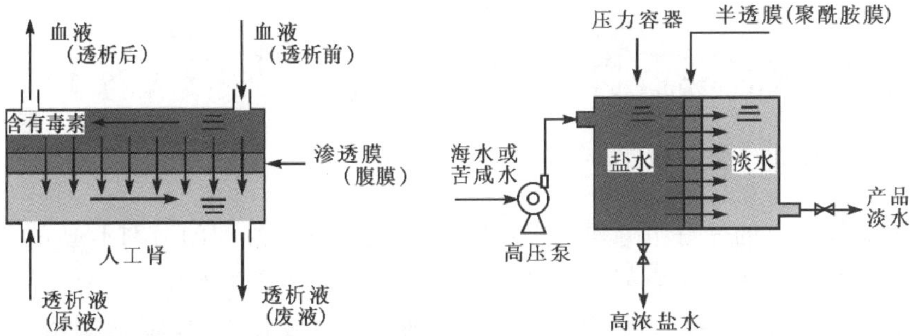

(a) 血液透析原理示意图
(向下的箭头表示毒素通过腹膜由血液向透析液的渗透方向)

(b) 海水或苦咸水淡化装置示意图

图 2-13　膜分离技术实际应用举例

使用的膜材料有高聚物膜(醋酸纤维膜或硝酸纤维膜、聚砜膜、聚酰胺膜等)和无机膜(陶瓷膜、玻璃膜、金属膜和分子筛炭膜)。

【例 2-20】　试用热力学原理，推导理想稀溶液的渗透压公式(2-46)。

解　如图 2-12 所示，渗透平衡时，由相平衡条件，组分 A(溶剂)在两相的化学势，即溶液中组分 A 的化学势 $\mu_A(\mathrm{l})$ 与纯溶剂 A 的化学势 μ_A^* 应相等

$$\mu_A(\mathrm{l})=\mu_A^*$$

T、p 一定时，μ_A^* 为常数，则

$$\mathrm{d}\mu_A(\mathrm{l})=\left[\frac{\partial\mu_A(\mathrm{l})}{\partial p}\right]_{T,b_B}\mathrm{d}p+\left[\frac{\partial\mu_A(\mathrm{l})}{\partial b_B}\right]_{T,p}\mathrm{d}b_B=0$$

又　$$\left[\frac{\partial\mu_A(\mathrm{l})}{\partial p}\right]_{T,b_B}=V_{\mathrm{m},A}^*,\quad\left[\frac{\partial\mu_A(\mathrm{l})}{\partial b_B}\right]_{T,p}=-RTM_A\quad[\text{式}(2\text{-}37)]$$

得　$$V_{\mathrm{m},A}^*\mathrm{d}p-RTM_A\mathrm{d}b_B=0$$

积分上式，溶液组成由 $b_B=0\rightarrow b_B=b_B$，外压由 $p_{\mathrm{ex}}\rightarrow p_{\mathrm{ex}}+\Pi$，则

$$\int_{p_{\mathrm{ex}}}^{p_{\mathrm{ex}}+\Pi}V_{\mathrm{m},A}^*\mathrm{d}p=RTM_A\int_0^{b_B}\mathrm{d}b_B$$

得　$$\Pi V_{\mathrm{m},A}^*=RTM_Ab_B$$

将 $b_B=n_B/m_A=n_B/(n_AM_A)$ 代入上式，且 $n_AV_{\mathrm{m},A}^*\approx V$ 为溶液的体积，得

$$\Pi V=n_BRT$$

即　$$\Pi=c_BRT$$

【例 2-21】　血液是大分子的水溶液，人体血液的凝固点为 272.59 K。求体温 37 ℃ 时人体血液的渗透压。已知水的凝固点降低系数为 1.86 K·kg·mol^{-1}。

解　$$\Delta T_f=k_fb_B$$

$$b_B=\frac{\Delta T_f}{k_f}=\frac{(273.15-272.59)\mathrm{K}}{1.86\ \mathrm{K\cdot kg\cdot mol^{-1}}}=0.30\ \mathrm{mol\cdot kg^{-1}}$$

由于血液是很稀的水溶液，认为它的密度与水的密度相同，为 1 g·cm^{-3}。

$$\Pi=\frac{n_B RT}{V}=\left(\frac{0.30\times 8.314\ 5\times(273.15+37)}{\frac{1\ 000}{1}\times 10^{-6}}\right)\text{Pa}=7.74\times 10^5\ \text{Pa}$$

2.9 真实液态混合物、真实溶液、活度与活度因子

2.9.1 正偏差与负偏差

真实液态混合物的任意组分均不遵守拉乌尔定律;真实溶液的溶剂不遵守拉乌尔定律,溶质也不遵守亨利定律。它们都对理想液态混合物及理想稀溶液所遵守的规律产生偏差。由 A、B 二组分形成的真实液态混合物或真实溶液与理想液态混合物或理想稀溶液发生偏差的情况如图 2-14 所示。

图 2-14(a) 为发生正偏差(positive deviation),图 2-14(b) 为发生负偏差(negative deviation)。图中实线表示真实液态混合物或溶液各组分的蒸气压以及蒸气总压与混合物或溶液组成的关系;而虚线则表示按拉乌尔定律计算的液态混合物各组分或溶液中溶剂的蒸气压以及蒸气总压与混合物或溶液组成的关系;点线则表示按亨利定律计算的溶液中溶质的蒸气压与溶液组成的关系,实线与虚线或点线的偏离即代表真实液态混合物和真实溶液对理想液态混合物和理想稀溶液所遵守规律的偏差。

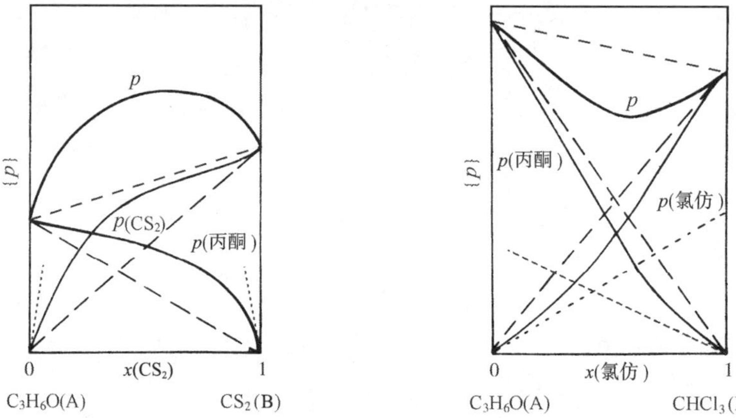

(a)29 ℃ 时丙酮 -CS_2 溶液(对拉乌尔定律正偏差) (b)35 ℃ 时丙酮 - 氯仿溶液(对拉乌尔定律负偏差)

图 2-14 真实液态混合物和溶液对理想液态混合物和理想稀溶液的偏差

(蒸气分压和蒸气总压—组成关系)

2.9.2 活度与活度因子

1. 真实液态混合物中任意组分 B 的活度与活度因子

对真实液态混合物,其任意组分 B 的化学势不能用式(2-26) 表示,但为了保持式(2-26) 的简单形式,路易斯提出活度的概念,在压力 p 与 $p^\ominus$ 差别不大时,把真实液态混合物相对于理想液态混合物中任意组分 B 的化学势表达式的偏差完全放在表达式中的混合物组分 B 的

组成标度上来校正，保持原来理想液态混合物中任意组分 B 的化学势表达式中的标准态化学势 $\mu_B^{\ominus}(\mathrm{l},T)$ 不变，从而保留了原表达式的简单形式，即以式(2-26) 为参考，在混合物组成项上乘以校正因子 f_B，得

$$\mu_B(\mathrm{l})=\mu_B^{\ominus}(\mathrm{l},T)+RT\ln(f_Bx_B) \tag{2-47}$$

或

$$\mu_B(\mathrm{l})=\mu_B^{\ominus}(\mathrm{l},T)+RT\ln a_B \tag{2-48}$$

$$a_B \overset{\text{def}}{=\!=\!=} f_Bx_B \tag{2-49}$$

且

$$\lim_{x_B\to1} f_B=\lim_{x_B\to1}(a_B/x_B)=1 \tag{2-50}$$

式(2-47) ~ 式(2-50) 即为活度(activity) 的完整定义。a_B 为真实液态混合物中任意组分 B 的活度，f_B 为组分 B 的活度因子(activity factor)。

当 $x_B=1$，$f_B=1$，则 $a_B=1$，即 $\mu_B^{\ominus}(\mathrm{l},T)=\mu_B(\mathrm{l})$ 为标准态的化学势，这个标准态与式(2-26) 的标准态相同，仍是纯液体 B 在 T、$p^{\ominus}$ 下的状态。

对真实液态混合物中任意组分 B 的活度和活度因子，若混合物平衡气相可视为理想气体混合物，可根据拉乌尔定律计算，即 $p_B=p_B^*a_B$，$a_B=f_Bx_B$，则

$$f_B=p_B/(p_B^*x_B) \tag{2-51}$$

注意　式(2-51) 是计算真实液态混合物中组分 B 活度因子 f_B 的重要方法，进而再由式(2-49) 计算组分 B 的活度 a_B。

2. 真实溶液中溶剂和溶质的活度及渗透因子与活度因子

(1) 真实溶液中溶剂 A 的活度及渗透因子

对真实溶液中的溶剂 A，与真实液态混合物中任意组分活度的定义相似，定义了真实溶液中溶剂的活度为 a_A，当压力 p 与 $p^{\ominus}$ 差别不大时，则有

$$\mu_A(\mathrm{l})=\mu_A^{\ominus}(\mathrm{l},T)+RT\ln a_A \tag{2-52}$$

但是，在 GB 3102.8—1993 中并未定义溶剂 A 的活度因子，而定义了**溶剂 A 的渗透因子**(osmotic factor of solvent A)φ：

$$\varphi \overset{\text{def}}{=\!=\!=} -(M_A\sum_B b_B)^{-1}\ln a_A \tag{2-53}$$

式中，M_A 为溶剂 A 的摩尔质量，而 $\sum_B b_B$ 代表对全部溶质求和。

将式(2-53) 代入式(2-52)，得

$$\mu_A(\mathrm{l})=\mu_A^{\ominus}(\mathrm{l},T)-RT\varphi M_A\sum_B b_B \tag{2-54}$$

说明　历史上原先使用的是溶剂 A 的“活度系数(因子)f_A”，但用 f_A 量度真实溶液中溶剂 A 的非理想性并不很准确；而定义溶剂 A 的渗透因子 φ 来表示，则可准确地量度这种非理想性。例如，25 ℃、101 325 Pa 下，x(蔗糖)$=0.100$ 的水溶液，用活度系数(因子) 表示其非理想性，$f_A(H_2O)=0.939$，而用溶剂 A 的渗透因子来表示，$\varphi(H_2O)=1.597$。显然，$\varphi(H_2O)$ 较 $f_A(H_2O)$ 显示的偏差更为显著。渗透因子 φ 是 1907 年由 Bjerum N 引入的。ISO 标准、国家标准和 IUPAC 的最近文件都只引入溶剂 A 的渗透因子，而未引入溶剂 A 的

活度系数(因子)。

(2) 真实溶液中溶质 B 的活度和活度因子

当真实溶液中溶质 B 的组成标度用溶质 B 的质量摩尔浓度表示，且压力 p 与 $p^{\ominus}$ 差别不大时，参考式(2-42)，有

$$\mu_{b,\mathrm{B}}=\mu_{b,\mathrm{B}}^{\ominus}(T)+RT\ln a_{b,\mathrm{B}} \tag{2-55}$$

并定义

$$a_{b,\mathrm{B}}\overset{\mathrm{def}}{=\!=\!=}\gamma_{b,\mathrm{B}}b_{\mathrm{B}}/b^{\ominus} \tag{2-56}$$

且

$$\lim_{\sum b_{\mathrm{B}}\to 0}\gamma_{b,\mathrm{B}}=\lim_{\sum b_{\mathrm{B}}\to 0}\frac{a_{b,\mathrm{B}}b^{\ominus}}{b_{\mathrm{B}}}=1 \tag{2-57}$$

将式(2-56) 代入式(2-55)，有

$$\mu_{b,\mathrm{B}}=\mu_{b,\mathrm{B}}^{\ominus}(T)+RT\ln(\gamma_{b,\mathrm{B}}b_{\mathrm{B}}/b^{\ominus}) \tag{2-58}$$

式(2-55) ~ 式(2-58) 中，$a_{b,\mathrm{B}}$ 及 $\gamma_{b,\mathrm{B}}$ 分别为当真实溶液中的溶质 B 的组成标度用 B 的质量摩尔浓度 b_{B} 表示时，溶质 B 的活度和活度因子。

注意　式(2-55)、式(2-58) 中标准态化学势所选定的标准态与式(2-42) 中标准态化学势所选定的标准态相同。

【例 2-22】　溶质 B 自 α 相扩散入 β 相，在扩散过程中是否总是自浓度高的相扩散到浓度低的相?

解　若溶质 B 在 α 及 β 相的组成标度以溶质 B 的质量摩尔浓度表示，由式(2-58)，则溶质 B 在 α 及 β 相的化学势为

$$\mu_{b,\mathrm{B}}(\alpha)=\mu_{b,\mathrm{B}}^{\ominus}(\alpha,T)+RT\ln\left[\gamma_{b,\mathrm{B}}(\alpha)\frac{b_{\mathrm{B}}(\alpha)}{b^{\ominus}}\right]$$

$$\mu_{b,\mathrm{B}}(\beta)=\mu_{b,\mathrm{B}}^{\ominus}(\beta,T)+RT\ln\left[\gamma_{b,\mathrm{B}}(\beta)\frac{b_{\mathrm{B}}(\beta)}{b^{\ominus}}\right]$$

由式(1-185)，物质 B 自 α 相扩散到 β 相的条件为 $\mu_{b,\mathrm{B}}(\alpha)>\mu_{b,\mathrm{B}}(\beta)$，但 $\mu_{b,\mathrm{B}}^{\ominus}(\alpha)\neq\mu_{b,\mathrm{B}}^{\ominus}(\beta)$，$\gamma_{b,\mathrm{B}}(\alpha)\neq\gamma_{b,\mathrm{B}}(\beta)$，所以不一定有 $\mu_{b,\mathrm{B}}(\alpha)>\mu_{b,\mathrm{B}}(\beta)$，即扩散过程中，并非溶质 B 总是自浓度高的相扩散到浓度低的相。例如，在常温下，I_2 在水和 CCl_4 中的浓度之比为 1∶85 才达到平衡，如若浓度比为 1∶80，则 I_2 将由水相扩散到 CCl_4 相，即自浓度低的相扩散到浓度高的相。

2.10　电解质溶液及其活度与活度因子

电解质溶液是指溶质溶解于溶剂后完全或部分解离为正、负离子的溶液。电解质溶液的热力学性质不同于前面讲述的小分子理想稀溶液的热力学性质。即使对电解质稀溶液，因其中存在大量正、负离子，由于离子间的静电作用也偏离小分子稀溶所遵从的热力学规律，所以必须引入电解质溶液的活度、离子活度、离子平均活度和离子平均活度因子等概念。

2.10.1　电解质的类型

1. 电解质的分类

电解质(electrolyte) 是指溶于溶剂或熔化时能形成带相反电荷的离子,从而具有导电能力的物质。电解质在溶剂(如 H_2O) 中解离成正、负离子的现象叫电离(electrolytic dissociaton)。根据电解质电离度(degree of ionization) 的大小,电解质分为强电解质(strong electrolytes) 和弱电解质(weak electrolytes),强电解质的分子在溶液中几乎全部解离成正、负离子,如 NaCl、HCl、$ZnSO_4$ 等在水中是强电解质;弱电解质的分子在溶液中部分地解离为正、负离子,在一定条件下,正、负离子与未解离的电解质分子间存在电离平衡(electrolytic equilibrium),如 NH_3、CO_2、CH_3COOH 等在水中为弱电解质。

强弱电解质的划分除与电解质本身性质有关外,还取决于溶剂性质。例如,CH_3COOH 在水中属弱电解质,而在液 NH_3 中则全部电离,属强电解质;KI 在水中为强电解质,而在丙酮中则为弱电解质。

从另一角度,电解质又分为真正电解质(real electrolytes) 和潜在电解质(potential electrolytes)。以离子键结合的电解质属真正电解质,如 NaCl、$CuSO_4$ 等;以共价键结合的电解质属潜在电解质,如 HCl、CH_3COOH 等。此种分类法不涉及溶剂性质。

本章仅限于讨论电解质的水溶液,故采用强弱电解质的分类法。

2. 电解质的价型

设电解质 B 在溶液中电离成 X^{z_+} 和 Y^{z_-} 离子:

$$B \longrightarrow \nu_+ X^{z_+} + \nu_- Y^{z_-}$$

式中,z_+、z_- 表示离子电荷数(z_- 为负数),由电中性条件,$\nu_+ z_+ = |\nu_- z_-|$。强电解质可分为不同价型。例如:

$NaNO_3$	$z_+=1$	$\lvert z_-\rvert=1$	称为 1-1 型电解质
$BaSO_4$	$z_+=2$	$\lvert z_-\rvert=2$	称为 2-2 型电解质
Na_2SO_4	$z_+=1$	$\lvert z_-\rvert=2$	称为 1-2 型电解质
$Ba(NO_3)_2$	$z_+=2$	$\lvert z_-\rvert=1$	称为 2-1 型电解质

2.10.2　电解质和离子的化学势

同非电解质溶液一样,电解质溶液中溶质(即电解质) 和溶剂的化学势 μ_B 及 μ_A 的定义为

$$\mu_B \xlongequal{\text{def}} \left(\frac{\partial G}{\partial n_B}\right)_{T,p,n_A}, \quad \mu_A \xlongequal{\text{def}} \left(\frac{\partial G}{\partial n_A}\right)_{T,p,n_B} \tag{2-59}$$

仿照 μ_B 的定义式,电解质溶液中正、负离子的化学势 μ_+ 及 μ_- 定义为

$$\mu_+ \xlongequal{\text{def}} \left(\frac{\partial G}{\partial n_+}\right)_{T,p,n_A,n_-}, \quad \mu_- \xlongequal{\text{def}} \left(\frac{\partial G}{\partial n_-}\right)_{T,p,n_A,n_+} \tag{2-60}$$

式(2-60) 表明,离子化学势是指在 T、p 不变,只改变某种离子的物质的量,而相反电荷离子和其他物质的物质的量都不变时,溶液吉布斯函数 G 对此种离子的物质的量的变化

率。实际上，向电解质溶液中单独添加正离子或负离子都是做不到的，因而式(2-60)只是离子化学势形式上的定义，而无实验意义。与实验量相联系的是 μ_B，它与 μ_+ 和 μ_- 的关系为

$$\mu_B = \nu_+ \mu_+ + \nu_- \mu_- \tag{2-61}$$

式(2-61)的推导如下：

设电解质 B 在溶液中完全电离

$$B \longrightarrow \nu_+ X^{z+} + \nu_- Y^{z-}$$

$$dG = -SdT + Vdp + \mu_A dn_A + \mu_+ dn_+ + \mu_- dn_- = -SdT + Vdp + \mu_A dn_A + (\nu_+ \mu_+ + \nu_- \mu_-) dn_B$$

当 T、p 及 n_A 不变时，有

$$dG = (\nu_+ \mu_+ + \nu_- \mu_-) dn_B$$

即

$$\left(\frac{\partial G}{\partial n_B}\right)_{T,p,n_A} = \nu_+ \mu_+ + \nu_- \mu_-$$

结合式(2-59)可得式(2-61)。

2.10.3 电解质和离子的活度及活度因子

在电解质溶液中，质点间有强烈的相互作用，特别是离子间的静电力是长程力，即使溶液很稀，也偏离理想稀溶液的热力学规律。所以研究电解质溶液的热力学性质时，必须引入电解质及离子的活度和活度因子的概念。

仿照非电解质溶液中各组分活度的定义式，电解质及其解离的正、负离子的活度定义为

$$\left.\begin{aligned} \mu_B &= \mu_B^{\ominus}(T) + RT\ln a_B \\ \mu_+ &= \mu_+^{\ominus}(T) + RT\ln a_+ \\ \mu_- &= \mu_-^{\ominus}(T) + RT\ln a_- \end{aligned}\right\} \tag{2-62}$$

式中，a_B、a_+、a_- 分别为电解质的活度，电解质正、负离子的活度(activity of electrolytes and positive, negative ions of electrolytes)，$\mu_B^{\ominus}(T)$、$\mu_+^{\ominus}(T)$、$\mu_-^{\ominus}(T)$ 分别为三者的标准态化学势。

将式(2-62)代入式(2-61)得

$$\mu_B^{\ominus}(T) + RT\ln a_B = \nu_+ \mu_+^{\ominus}(T) + \nu_- \mu_-^{\ominus}(T) + RT\ln(a_+^{\nu_+} a_-^{\nu_-})$$

定义

$$\mu_B^{\ominus}(T) \overset{\text{def}}{=\!=\!=} \nu_+ \mu_+^{\ominus}(T) + \nu_- \mu_-^{\ominus}(T)$$

则

$$a_B = a_+^{\nu_+} a_-^{\nu_-} \tag{2-63}$$

式(2-63)即为电解质活度与正、负离子活度的关系式。

正、负离子的活度因子(activity factor of positive and negative ions)定义为

$$\gamma_+ \overset{\text{def}}{=\!=\!=} \frac{a_+}{b_+/b^{\ominus}}, \quad \gamma_- \overset{\text{def}}{=\!=\!=} \frac{a_-}{b_-/b^{\ominus}} \tag{2-64}$$

式中，b_+、b_- 为正、负离子的质量摩尔浓度(molality of positive and negative ions)，$b^{\ominus} = 1\ \text{mol}\cdot\text{kg}^{-1}$，若电解质完全解离，则

$$b_+ = \nu_+ b, \quad b_- = \nu_- b \tag{2-65}$$

b 为电解质的质量摩尔浓度(molality of electrolytes)。

2.10.4　离子的平均活度和平均活度因子

a_+、a_- 和 γ_+、γ_- 无法由实验单独测出(因为不可能制备出只含正离子或只含负离子的电解质溶液,二者总是成双成对地存在于电解质溶液中),而只能测出它们的平均值,因此引入离子平均活度和平均活度因子的概念。

$$\left.\begin{aligned} a_\pm &\xlongequal{\text{def}} (a_+^{\nu_+} a_-^{\nu_-})^{1/\nu} \\ \gamma_\pm &\xlongequal{\text{def}} (\gamma_+^{\nu_+} \gamma_-^{\nu_-})^{1/\nu} \end{aligned}\right\} \tag{2-66}$$

式中,$\nu=\nu_+ + \nu_-$;$a_\pm$、$\gamma_\pm$ 分别叫作离子平均活度(ionic mean activity) 和离子平均活度因子(ionic mean activity factor)。

将式(2-66) 代入式(2-63) ~ 式(2-65),可得

$$a_\pm = a_B^{1/\nu} = \gamma_\pm (\nu_+^{\nu_+} \nu_-^{\nu_-})^{1/\nu} b/b^\ominus \tag{2-67}$$

式(2-67) 即为电解质离子平均活度与离子平均活度因子及质量摩尔浓度的关系式。由式(2-67),则有

1-1 型和 2-2 型电解质　$a_\pm = a_B^{1/2} = \gamma_\pm b/b^\ominus$

1-2 型和 2-1 型电解质　$a_\pm = a_B^{1/3} = 4^{1/3}\gamma_\pm b/b^\ominus$

1-3 型和 3-1 型电解质　$a_\pm = a_B^{1/4} = 27^{1/4}\gamma_\pm b/b^\ominus$

【例 2-23】　电解质 $NaCl$、K_2SO_4、$K_3Fe(CN)_6$ 水溶液的质量摩尔浓度均为 b,正、负离子的活度因子分别为 γ_+ 和 γ_-。(1) 写出各电解质离子平均活度因子 $\gamma_\pm$ 与 γ_+ 及 γ_- 的关系;(2) 用 b 及 $\gamma_\pm$ 表示各电解质的离子平均活度 $a_\pm$ 及电解质活度 a_B。

解　(1) 由式(2-66),有

$$NaCl \longrightarrow Na^+ + Cl^-,\quad 即\ \nu_+=1, \nu_-=1$$

$$\gamma_\pm = (\gamma_+^{\nu_+}\gamma_-^{\nu_-})^{1/\nu} = (\gamma_+\gamma_-)^{1/2}$$

$$K_2SO_4 \longrightarrow 2K^+ + SO_4^{2-},\quad 即\ \nu_+=2, \nu_-=1$$

$$\gamma_\pm = (\gamma_+^{\nu_+}\gamma_-^{\nu_-})^{1/\nu} = (\gamma_+^2\gamma_-)^{1/3}$$

$$K_3Fe(CN)_6 \longrightarrow 3K^+ + Fe(CN)_6^{3-},\quad 即\ \nu_+=3, \nu_-=1$$

$$\gamma_\pm = (\gamma_+^{\nu_+}\gamma_-^{\nu_-})^{1/\nu} = (\gamma_+^3\gamma_-)^{1/4}$$

(2) 由式(2-67),有

$NaCl$:$a_\pm = \gamma_\pm[(\nu_+ b)^{\nu_+}(\nu_- b)^{\nu_-}]^{1/\nu}/b^\ominus = \gamma_\pm b/b^\ominus$

$a_B = a_\pm^\nu = (\gamma_\pm b/b^\ominus)^2 = \gamma_\pm^2 (b/b^\ominus)^2$

K_2SO_4:$a_\pm = \gamma_\pm[(\nu_+ b)^{\nu_+}(\nu_- b)^{\nu_-}]^{1/\nu}/b^\ominus = \gamma_\pm[b(2b)^2]^{1/3}/b^\ominus = 4^{1/3}\gamma_\pm b/b^\ominus$

$a_B = a_\pm^\nu = (4^{1/3}\gamma_\pm b/b^\ominus)^3 = 4\gamma_\pm^3 (b/b^\ominus)^3$

$K_3Fe(CN)_6$:$a_\pm = \gamma_\pm[(\nu_+ b)^{\nu_+}(\nu_- b)^{\nu_-}]^{1/\nu}/b^\ominus = \gamma_\pm[(3b)^3(b)]^{1/4}/b^\ominus = 27^{1/4}\gamma_\pm b/b^\ominus$

$a_B = a_\pm^\nu = (27^{1/4}(\gamma_\pm b/b^\ominus))^4 = 27\gamma_\pm^4 (b/b^\ominus)^4$

离子平均活度因子 $\gamma_\pm$ 的大小，反映了由于离子间相互作用所导致的电解质溶液的性质偏离理想稀溶液热力学性质的程度。$\gamma_\pm$ 可由实验来测定(通过测定依数性或原电池电动势来计算)。表 2-1 列出了 25 ℃ 时某些电解质水溶液 $\gamma_\pm$ 的实验测定值。

表 2-1　25 ℃ 时某些电解质水溶液 $\gamma_\pm$ 的实验测定值

$b/(\text{mol}\cdot\text{kg}^{-1})$	$\gamma_\pm$					
	HCl	KCl	$CaCl_2$	H_2SO_4	$LaCl_3$	$In_2(SO_4)_3$
0.001	0.966	0.966	0.888	—	0.853	—
0.005	0.930	0.927	0.798	0.643	0.715	0.16
0.01	0.906	0.902	0.732	0.545	0.637	0.11
0.05	0.833	0.816	0.584	0.341	0.417	0.035
0.10	0.798	0.770	0.524	0.266	0.356	0.025
0.50	0.769	0.652	0.510	0.155	0.303	0.014
1.00	0.811	0.607	0.725	0.131	0.583	—
2.00	1.011	0.577	—	0.125	0.954	—

表 2-1 的数据表明：(i) 离子平均活度因子随浓度的增加而降低；一般情况下 $\gamma_\pm<1$，但浓度增加到一定程度时，甚至 $\gamma_\pm>1$。这是由于离子强烈水化，使水分子降低了自由运动能力，相当于增加了溶液的浓度而出现了偏差；(ii) 对同价型的电解质，浓度相同时，$\gamma_\pm$ 的量值较接近；(iii) 对不同价型的电解质，在同浓度时，正、负离子价数乘积愈大，$\gamma_\pm$ 愈偏离 1。

2.11　电解质溶液的离子强度

2.11.1　离子强度的定义

由表 2-1 的数据可以发现，一定温度下，在稀溶液范围内，影响离子平均活度因子 $\gamma_\pm$ 的因素是离子的质量摩尔浓度和离子的价数，为了能体现这两个因素对 $\gamma_\pm$ 的综合影响，路易斯根据上述实验事实，提出了离子强度(ionic strength) 这一物理量，用符号 I 表示，定义为

$$I \overset{\text{def}}{=\!=\!=} \frac{1}{2}\sum b_B z_B^2 \tag{2-68}$$

式中，b_B 和 z_B 分别为离子 B 的质量摩尔浓度和价数。I 的单位为 $\text{mol}\cdot\text{kg}^{-1}$。

设电解质溶液中只有一种电解质 B 完全解离，质量摩尔浓度为 b。

$$B \longrightarrow \nu_+ X^{z_+} + \nu_- Y^{z_-}$$

则
$$I=\frac{1}{2}(b_+ z_+^2 + b_- z_-^2)=\frac{1}{2}(\nu_+ z_+^2+\nu_- z_-^2)b$$

【例 2-24】　分别计算 $b=0.5\ \text{mol}\cdot\text{kg}^{-1}$ 的 KNO_3、K_2SO_4 和 $K_4Fe(CN)_6$ 溶液的离子强度。

解　由式(2-68)，有

$$KNO_3 \longrightarrow K^+ + NO_3^-$$

则
$$I=\frac{1}{2}[0.5\times 1^2+0.5\times(-1)^2]\ \text{mol}\cdot\text{kg}^{-1}=0.5\ \text{mol}\cdot\text{kg}^{-1}$$

$$K_2SO_4 \longrightarrow 2K^+ + SO_4^{2-}$$

$$I=\frac{1}{2}[(2\times0.5)\times1^2+0.5\times(-2)^2]\mathrm{mol\cdot kg^{-1}}=1.5\ \mathrm{mol\cdot kg^{-1}}$$

$$K_4Fe(CN)_6\longrightarrow4K^++Fe(CN)_6^{4-}$$

$$I=\frac{1}{2}[(4\times0.5)\times1^2+0.5\times(-4)^2]\ \mathrm{mol\cdot kg^{-1}}=5\ \mathrm{mol\cdot kg^{-1}}$$

2.11.2　计算离子平均活度因子的经验公式

路易斯根据实验结果总结出电解质离子平均活度因子 $\gamma_\pm$ 与离子强度 I 间的经验关系式

$$\ln\gamma_\pm=-常数\sqrt{I/b^\ominus}\tag{2-69}$$

利用式(2-69) 计算 $\gamma_\pm$ 的条件是 $I<0.01\ \mathrm{mol\cdot kg^{-1}}$。

2.12　电解质溶液的离子互吸理论

2.12.1　离子氛模型

电解质溶液中众多正、负离子的集体的相互作用是十分复杂的。既存在着离子与溶剂分子间的作用(溶剂化作用) 以及溶剂分子本身间的相互作用，也存在着离子间的静电作用。德拜-许克尔(Debye P-Hückel E)假定：电解质溶液对理想稀溶液规律的偏离主要来源于离子间的相互作用，而离子间的相互作用又以库仑力为主。进而将十分复杂的离子间静电作用简化成离子氛(ionic atmosphere) 模型，提出了解释电解质稀溶液性质的离子互吸理论。

设溶液中有 ν_+ 个正离子 X^{z+} 和 ν_- 个负离子 Y^{z-}，因溶液是电中性的，所以 $\nu_+z_+=\nu_-|z_-|$。用库仑定律来计算如此众多的同性及异性离子之间的静电作用是十分困难的。德拜-许克尔设想一个简单模型来解决这个问题。他们考虑，在众多的正负离子中，可以任意指定一个离子，此指定的离子称为中心离子(central ion)，若选定一个正离子作为中心离子，则在它的周围统计分布着其他的正、负离子，其中负离子应比正离子多，这是因为溶液总体是电中性的，所以电荷为 z_+e(e 为质子电荷) 的中心离子周围的溶液的净电荷应为 $-z_+e$；反之，若选定一个负离子作为中心离子，它的周围统计分布着其他正、负离子，其中正离子应比负离子多。即一个中心离子总是被周围按照统计规律分布的一个叫离子氛的其他正、负离子群包围着。图 2-15 所示即为任意选定的溶液中某个正离子作为中心离子，与按统计规律分布在此正离子周围的其他正、负离子群(其中负离子比正离子多)—— 离子氛的示意图。而整个溶液可看成是由处在溶剂中的许许多多中心离子及其离子氛所组成的系统。

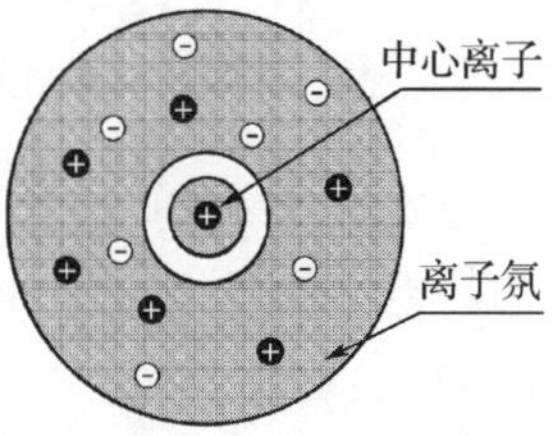

图 2-15　离子氛示意图
(中心离子为正离子)

要进一步说明的是，离子氛可看成是球形对称的，是按照统计规律分布在中心离子周围的其他正、负离子群，形成离子氛的离子并不是静止不变的，而是不断地运动和变换的，并且每一个中心离子同时又是另外的中心离子的离子氛中的一员。此外，离子氛的电性与中心离子的电性相反而电量相等。又因为同性离子相斥，异性离子相吸，所以离子氛中电荷密度随距离而变化的规律是：离开中心离子越远，异性电荷密度越小，因为中心离子产生的电场是球形对称的。

按照离子氛模型，溶液中众多正、负离子间的静电相互作用，可以归结为每个中心离子所带的电荷与包围它的离子氛的净电荷之间的静电作用，这样就使所研究的问题大大简化。

2.12.2 德拜-许克尔极限定律

由离子氛模型出发，加上一些近似处理，推导出一个适用于计算电解质稀溶液正、负离子活度因子的理论公式，再转化为计算离子平均活度因子的公式：

$$-\ln\gamma_{\pm}=C\mid z_{+}z_{-}\mid I^{1/2} \tag{2-70}$$

式中，I 为离子强度，单位为 $mol\cdot kg^{-1}$。

$$C=(2\pi L\rho_{A}^{*})(e^{2}/4\pi\varepsilon_{0}\varepsilon_{r}^{*}kT)^{3/2}$$

式中，ρ_{A}^{*} 为溶剂 A 的体积质量，单位 $kg\cdot m^{-3}$；L 为阿伏伽德罗常量，单位 mol^{-1}；e 为质子电荷，单位 C；ε_{0} 为真空介电常数，单位 $C\cdot V^{-1}\cdot m^{-1}$；$\varepsilon_{r}^{*}$ 为溶剂 A 的相对介电常数，为量纲一的量；k 为玻耳兹曼常量，单位 $J\cdot K^{-1}$；T 为热力学温度，单位 K。

若以 H_2O 为溶剂，25 ℃ 时，$C=1.171(mol\cdot kg^{-1})^{-\frac{1}{2}}$，式(2-70) 只适用于很稀（一般 $b\approx0.01\sim0.001\ mol\cdot kg^{-1}$）的电解质溶液。所以式(2-70) 称为德拜-许克尔极限定律(Debye-Hückel limiting law)，用于从理论上计算稀电解质溶液离子平均活度因子 $\gamma_{\pm}$。

【例 2-25】 根据德拜-许克尔极限定律，计算在 25 ℃ 时，0.005 0 $mol\cdot kg^{-1}$ 的 $BaCl_2$ 水溶液中，$BaCl_2$ 的离子平均活度因子。

解 先算出溶液的离子强度。由式(2-68)，

$$I=\frac{1}{2}\sum b_{B}z_{B}^{2}=\frac{1}{2}(0.005\,0\times2^{2}+2\times0.005\,0\times1^{2})\ mol\cdot kg^{-1}=0.015\,0\ mol\cdot kg^{-1}$$

代入式(2-70)，计算 $BaCl_2$ 的离子平均活度因子：

$$-\ln\gamma_{\pm}(BaCl_2)=1.171\ mol^{-1/2}\cdot kg^{1/2}\mid z_{+}z_{-}\mid\sqrt{I}=$$

$$1.171\ mol^{-1/2}\cdot kg^{1/2}\mid2\times(-1)\mid\times\sqrt{0.015\,0\ mol\cdot kg^{-1}}=0.286\,8$$

所以 $$\gamma_{\pm}(BaCl_2)=0.750\,7$$

2.12.3 推导极限定律的基本思路

假定将极稀的电解质溶液中的正、负离子视为不带电的质点，则该溶液必遵守理想稀溶液的热力学规律，它的化学势应有

$$\mu_{B}'(l)=\mu_{B}^{\ominus}(l,T)+RT\ln(b_{B}/b^{\ominus})$$

而对真实的电解质溶液来说，正、负离子是带电的，它与理想稀溶液热力学规律发生偏离，引入离子活度因子来校正这种偏离，则离子的化学势为

$$\mu_{B}(l)=\mu_{B}^{\ominus}(l,T)+RT\ln(b_{B}/b^{\ominus})+RT\ln(\gamma_{b,B})$$

由以上二式得

$$RT\ln(\gamma_{b,B})=\mu_B-\mu'_B=\Delta\mu$$

因此 $\Delta\mu$(静电作用能) 即由于离子间的静电作用引起的摩尔吉布斯函数的变化,它也相当于离子由不带电变成带电,环境所做的功。求得这个功,就可算出 $\gamma_{b,B}$,德拜 - 许克尔巧妙地根据简化的离子氛模型求出了这个电功。

为求这一电功,首先需求出在距离中心离子 r 处,由中心离子及离子氛的电荷所产生的电势 $\phi(r)$。假设由电荷分布产生的电势 $\phi(r)$ 与电荷分布密度有关系,可以应用电学中的泊松(Poisson) 方程,从而导出

$$\phi(r)=\frac{z_Be}{\varepsilon_r^*}\frac{e^{-\kappa r}}{r} \tag{2-71}$$

式中,z_B 为中心离子的电荷数;e 为质子电荷;ε_r^* 为溶剂的相对介电常数;κ 是德拜 - 许克尔理论中的一个重要参量,称为德拜参量(Debye parameter),它的物理意义下面讨论。

式(2-71) 就是没有外力作用下,距电荷数为 z_B 的中心离子 r 处一点上电势的时间平均值,它是中心离子同它周围的离子氛同时作用在该处而产生的电势。显然,可以设想,溶液中离子由不带电而转为带电这一荷电过程需对抗上述电势而做功,由这个功的大小可以导出德拜 - 许克尔极限定律。

2.12.4　离子氛半径(德拜长度)

式(2-71) 中,

$$\kappa=\left(\frac{\rho_A^*L^2e^2\sum b_Bz_B^2}{\varepsilon_0\varepsilon_r^*RT}\right)^{1/2} \tag{2-72}$$

式中,e 为质子电荷;z_B 和 b_B 分别为各种离子的电荷数和质量摩尔浓度;ε_r^*、ρ_A^* 分别为溶剂 A 的相对介电常数和体积质量;$\varepsilon_0=8.85\times10^{-12}\ C^2\cdot N^{-1}\cdot m^{-2}$,为真空介电常数。

现在我们来讨论 κ 的物理意义。设离子氛中与中心离子的距离为 r,厚度为 dr 的球壳中的电荷为 dq,则有

$$dq=\rho(r)4\pi r^2dr$$

式中,$\rho(r)$ 为距离中心离子为 r 处的离子氛的电荷密度。前已说明 $\rho(r)$ 随 r 的增大而减小,而 r^2 则随 r 增大而增大,所以在某 r 值时 $|dq/dr|$ 可出现极大值,此 r 值以 r_D 表示,并可求得 $r_D=1/\kappa$。德拜 - 许克尔称 r_D 或 $1/\kappa$ 为离子氛半径(radius of ionic atmosphere),后人称为德拜长度 (Debye length)。r_D 的单位是长度单位,这可从上式算出。

ε_0RT 的单位是 $C^2\cdot N^{-1}\cdot m^{-2}\cdot J\cdot K^{-1}\cdot mol^{-1}\cdot K$,$\rho_A^*L^2e^2\sum b_Bz_B^2$ 的单位是 $kg\cdot m^{-3}\cdot mol^{-2}\cdot C^2\cdot mol\cdot kg^{-1}$,再由 $N\cdot m=J$,可得 κ 的单位为 m^{-1},所以 r_D 的单位是 m。

德拜 - 许克尔还指出,离子氛在中心离子处产生的电势,相当于将离子氛中的全部电荷(与中心离子电量相等而电性相反) 分布在以 r_D 为半径的球面上时在中心离子处产生的电势。

由上式可见,介电常数 ε_r^* 大的溶剂中离子间静电力削弱,离子氛比较松散;同样,温度高时由于热运动加强使离子氛半径变大;而离子的质量摩尔浓度变大时,离子氛缩小。由 r_D 表示式可算出 r_D 值。表 2-2 列出了 25 ℃、不同离子的质量摩尔浓度的电解质溶液的 r_D 值。

表 2-2　25 ℃ 时、不同离子的质量摩尔浓度的电解质溶液的 r_D 值

$b/(\mathrm{mol\cdot kg^{-1}})$	r_D/nm	$b/(\mathrm{mol\cdot kg^{-1}})$	r_D/nm
0.001	9.6	0.1	0.96
0.01	3.0	1.0	0.30

下面把本章得到的液态混合物、小分子溶液及电解质溶液系统中有关组分的化学势表达式归纳为表 2-3。

表 2-3　液态混合物、小分子溶液及电解质溶液系统中有关组分的化学势表达式

系统类型	组分	化学势表达式
液态混合物	理想液态混合物中任意组分 B	$\mu_B(\mathrm{l})=\mu_B^{\ominus}(\mathrm{l},T)+RT\ln x_B$
	真实液态混合物中任意组分 B	$\mu_B(\mathrm{l})=\mu_B^{\ominus}(\mathrm{l},T)+RT\ln a_B$
小分子溶液	理想稀溶液中的溶剂 A	$\mu_A(\mathrm{l})=\mu_A^{\ominus}(\mathrm{l},T)+RT\ln x_A$ 或 $\mu_A(\mathrm{l})=\mu_A^{\ominus}(\mathrm{l},T)-RTM_A\sum_B b_B$
	理想稀溶液中的溶质 B	$\mu_{b,B}=\mu_{b,B}^{\ominus}(T)+RT\ln\dfrac{b_B}{b^{\ominus}}$
	真实溶液中的溶剂 A	$\mu_A(\mathrm{l})=\mu_A^{\ominus}(\mathrm{l},T)+RT\ln a_A$ 或 $\mu_A(\mathrm{l})=\mu_A^{\ominus}(\mathrm{l},T)-RT\varphi M_A\sum_B b_B$
	真实溶液中的溶质 B	$\mu_{b,B}=\mu_{b,B}^{\ominus}(T)+RT\ln a_{b,B}$
电解质溶液	电解质溶液中的溶剂 A	$\mu_A(\mathrm{l})=\mu_A^{\ominus}(\mathrm{l},T)+RT\ln a_A$
	电解质溶液中的溶剂 B	$\mu_B(\mathrm{l})=\mu_B^{\ominus}(\mathrm{l},T)+RT\ln a_B$ 其中 $a_B(\mathrm{l})=\gamma_B\dfrac{b}{b^{\ominus}}=\gamma_{\pm}^{\nu}(\nu_+^{\nu_+}\nu_-^{\nu_-})\left(\dfrac{b}{b^{\ominus}}\right)^{\nu}$

习　题

一、思考题

2-1 一个相平衡系统最少的相数 $\phi=$？ 最小的自由度数 $f=$？

2-2 纯物质的相平衡条件如何？如何根据该条件推导出克拉珀龙方程？试推一下。

2-3 请就以下三方面比较克拉珀龙方程与克劳休斯-克拉珀龙方程：(1) 应用对象；(2) 限制条件；(3) 精确度。

2-4 从 $\left(\dfrac{\partial p}{\partial T}\right)_V=\left(\dfrac{\partial S}{\partial V}\right)_T$ 应用于纯物质气液平衡系统，可直接导出 $\dfrac{\mathrm{d}p}{\mathrm{d}T}=\dfrac{\Delta S}{\Delta V}$，你对麦克斯韦关系的适用条件及上述推导的思路是如何理解的？

2-5 已知液体 A 和液体 B 的正常沸点分别为 70 ℃ 和 90 ℃。假定两液体均满足特鲁顿规则，试定性地阐明：在 25 ℃ 时，液体 A 的蒸气压高于还是低于液体 B 的蒸气压？

2-6 比较拉乌尔定律 $p_A=p_A^*x_A$、亨利定律 $p_B=k_{x,B}x_B$ 的应用对象和条件。p_A^* 和 $k_{x,B}$ 都和哪些因素有关？

2-7 试比较理想液态混合物和理想稀溶液的定义。可否用公式定义它们？

2-8 理想稀溶液的凝固点一定降低，沸点一定升高吗？为什么？

2-9 为什么很稀的电解质溶液还会对理想稀溶液的热力学规律发生偏离？

2-10 有了离子的活度和活度因子的定义，为什么还要定义离子的平均活度和平均活度因子？

2-11 在 298.15 K 时，0.002 $mol \cdot kg^{-1}$ $CaCl_2$ 溶液的离子平均活度因子$(\gamma_{\pm})_1$，与 0.02 $mol \cdot kg^{-1}$ $CaCl_2$ 溶液的离子平均活度因子$(\gamma_{\pm})_2$ 比较，是$(\gamma_{\pm})_1 > (\gamma_{\pm})_2$ 还是$(\gamma_{\pm})_1 < (\gamma_{\pm})_2$？

二、计算题、证明(推导)题

2-1 指出下列相平衡系统中的化学物质数 S，独立的化学反应数 R，组成关系数 R'，组分数 C，相数 ϕ 及自由度数 f：

(1)$NH_4HS(s)$ 部分分解为 $NH_3(g)$ 和 $H_2S(g)$ 达成平衡；

(2)$NH_4HS(s)$ 和任意量的 $NH_3(g)$ 及 $H_2S(g)$ 达成平衡；

(3)$NaHCO_3(s)$ 部分分解为 $Na_2CO_3(s)$、$H_2O(g)$ 及 $CO_2(g)$ 达成平衡；

(4)$CaCO_3(s)$ 部分分解为 $CaO(s)$ 及 $CO_2(g)$ 达成平衡；

(5) 蔗糖水溶液与纯水用只允许水透过的半透膜隔开并达成平衡；

(6)$CH_4(g)$ 与 $H_2O(g)$ 反应，部分转化为 $CO(g)$、$CO_2(g)$ 和 $H_2(g)$ 达成平衡；

(7)C_2H_5OH 溶于 H_2O 中达成的溶解平衡；

(8)$CHCl_3$ 与 H_2O 及它们的蒸气达成的部分互溶平衡；

(9) 气态的 N_2、O_2 溶于水中达成的溶解平衡；

(10) 气态的 N_2、O_2 溶于 C_2H_5OH 水溶液中达成的溶解平衡；

(11) 气态的 N_2、O_2 溶于由 $CHCl_3$ 与 H_2O 达成的部分互溶的溶解平衡；

(12)K_2SO_4、$NaCl$ 的未饱和水溶液达成的平衡；

(13)$NaCl(s)$、$KCl(s)$、$NaNO_3(s)$、$KNO_3(s)$ 与 $H_2O(l)$ 达成的平衡。

2-2 在 101 325 Pa 的压力下，I_2 在液态水和 CCl_4 中达到分配平衡(无固态碘存在)，试计算该系统的条件自由度数。

2-3 已知水和冰的体积质量分别为 0.999 8 $g \cdot cm^{-3}$ 和0.916 8 $g \cdot cm^{-3}$；冰在 0 ℃ 时的质量熔化焓为 333.5 $J \cdot g^{-1}$。试计算在 −0.35 ℃ 下，要使冰熔化所需的最小压力为多少？

2-4 已知 $HNO_3(l)$ 在 0 ℃ 和 100 ℃ 的蒸气压分别为1.92 kPa 和 171 kPa。试计算：(1)$HNO_3(l)$ 在此温度范围内的摩尔汽化焓；(2)$HNO_3(l)$ 的正常沸点。

2-5 在 20 ℃ 时，100 kPa的空气自一种油中通过。已知该种油的摩尔质量为 120 $g \cdot mol^{-1}$，标准沸点为 200 ℃。估计每通过 1 m^3 空气最多能带出多少油？(可利用特鲁顿规则)

2-6 乙腈的蒸气压在其标准沸点附近以 3 040 $Pa \cdot K^{-1}$ 的变化率改变，又知其标准沸点为 80 ℃，试计算乙腈在 80 ℃ 的摩尔汽化焓。

2-7 $H_2O(l, T, p) \longrightarrow H_2O(g, T, p)$，$p$ 不一定是平衡时的蒸气压力。假设 $V(l)$ 可以忽略不计，蒸气可视为理想气体，导出 ΔG 的公式，并证明$\dfrac{d\ln\{p^{eq}\}}{dT} = \dfrac{\Delta_{vap}H_m^*}{RT^2}$。

2-8 20 ℃ 时，乙醚的蒸气压为 5.895×10^4 Pa。设在 100 g 乙醚中溶入某非挥发有机物质 10 g，乙醚的蒸气压下降到 5.679×10^4 Pa。计算该有机物质的摩尔质量。

2-9 25 ℃ 时，CO 在水中溶解时亨利系数 $k = 5.79 \times 10^9$ Pa，若将含 $\varphi(CO) = 0.30$ 的水煤气在总压为 1.013×10^5 Pa 下用 25 ℃ 的水洗涤，求每用 1 t 水 CO 损失多少？

2-10 20 ℃ 时，当 HCl 的分压为 1.013×10^5 Pa 时，它在苯中的平衡组成 $x(HCl)$ 为0.042 5。若 20 ℃ 时纯苯的蒸气压为 0.100×10^5 Pa，求苯与 HCl 的总压为 1.013×10^5 Pa 时，100 g 苯中至多可溶解多少克 HCl?

2-11 $x_B = 0.001$ 的 A、B 二组分理想液态混合物，在 1.013×10^5 Pa 下加热到 80 ℃ 开始沸腾，已知纯

A 液体相同压力下的沸点为 90 ℃，假定 A 液体适用特鲁顿规则，计算当 $x_B = 0.002$ 时该液态混合物在 80 ℃ 的蒸气压和平衡气相组成。

2-12 在 300 K 时，5 mol A 和 5 mol B 形成理想液态混合物，求 $\Delta_{mix}H$，$\Delta_{mix}S$ 和 $\Delta_{mix}G$。

2-13 对理想液态混合物证明：$\left(\dfrac{\partial \Delta_{mix}G}{\partial p}\right)_T = 0$；$\left[\dfrac{\partial\left(\dfrac{\Delta_{mix}G}{T}\right)}{\partial T}\right]_p = 0$。

2-14 C_6H_5Cl 和 C_6H_5Br 混合可构成理想液态混合物。136.7 ℃ 时，纯 C_6H_5Cl 和纯 C_6H_5Br 的蒸气压分别为 1.150×10^5 Pa 和 0.604×10^5 Pa。计算：(1) 要使混合物在101 325 Pa下沸点为 136.7 ℃，则混合物应配成怎样的组成？(2) 在 136.7 ℃ 时，要使平衡蒸气相中两种物质的蒸气压相等，混合物的组成又如何？

2-15 100 ℃ 时，纯 CCl_4 及纯 $SnCl_4$ 的蒸气压分别为 1.933×10^5 Pa 及 0.666×10^5 Pa。这两种液体可组成理想液态混合物。假定以某种配比混合成的这种混合物，在外压为1.013×10^5 Pa 的条件下，加热到 100 ℃ 时开始沸腾。计算：(1) 该混合物的组成；(2) 该混合物开始沸腾时的第一个气泡的组成。

2-16 C_6H_6(A)-$C_2H_4Cl_2$(B) 的混合液可视为理想液态混合物。50 ℃ 时，$p_A^* = 0.357\times10^5$Pa，$p_B^* = 0.315\times10^5$Pa。试分别计算 50 ℃ 时 $x_A = 0.250, 0.500, 0.750$ 的混合物的蒸气压及平衡气相组成。

2-17 樟脑的熔点是 172 ℃，$k_f = 40\text{K}\cdot\text{kg}\cdot\text{mol}^{-1}$（这个量的量值很大，因此用樟脑作溶剂测溶质的摩尔质量，通常只需几毫克的溶质就够了）。现有 7.900 mg 酚酞和 129 mg 樟脑的混合物，测得该溶液的凝固点比樟脑低 8 ℃。求酚酞的相对分子质量。

2-18 苯在 101 325 Pa下的沸点是 353.35 K，沸点升高系数是 $2.62\ \text{K}\cdot\text{kg}\cdot\text{mol}^{-1}$，求苯的摩尔汽化焓。

2-19 求 300 K 时，w(葡萄糖) $= 0.044$ 的葡萄糖水溶液的渗透压，已知葡萄糖的摩尔质量为 $180.155\times10^{-3}\ \text{kg}\cdot\text{mol}^{-1}$。设该葡萄糖溶液的体积质量和水的体积质量相同。

2-20 氯仿(A)-丙酮(B) 混合物，$x_A = 0.713$，在 28.15 ℃ 时的饱和蒸气总压为29 390 Pa，丙酮在气相的组成 $y_B = 0.818$，已知纯氯仿在同一温度下蒸气压为 29 564 Pa。若以同温同压下纯氯仿为标准态，计算该混合物中氯仿的活度因子及活度。设蒸气可视为理想气体。

2-21 研究 C_2H_5OH(A)-H_2O(B) 混合物。在 50 ℃ 时的一次实验结果如下：

p/Pa	p_A/Pa	p_B/Pa	x_A
24 832	14 182	10 650	0.443 9
28 884	21 433	7 451	0.881 7

已知该温度下纯乙醇的蒸气压 $p_A^* = 29\ 444$ Pa；纯水的蒸气压 $p_B^* = 12\ 331$ Pa。试以纯液体为标准态，根据上述实验数据，计算乙醇及水的活度因子和活度。

2-22 20 ℃ 时，压力为 1.013×10^5 Pa 的 CO_2 气在 1 kg 水中可溶解 1.7 g；40 ℃ 时，压力为 1.013×10^5 Pa 的 CO_2 气在 1 kg 水中可溶解 1.0 g。如果用只能承受 2.026×10^5 Pa 的瓶子充满溶有 CO_2 的饮料，则在 20 ℃ 下充装时，CO_2 的最大压力应为多少，才能保证这种瓶装饮料可以在 40 ℃ 的条件下安全存放。设溶液为理想稀溶液。

2-23 胜利油田向油井注水，对水质的要求之一是含氧量不超过 $1\ \text{mg}\cdot\text{dm}^{-3}$。设黄河水温为 20 ℃，空气中含氧 $\varphi(O_2) = 0.21$。20 ℃ 时氧在水中溶解的亨利系数为 4.06×10^9 Pa。求：(1)20 ℃ 时黄河水作油井用水，水质是否合格？(2) 如不合格，采用真空脱氧进行净化，此真空脱氧塔的压力应是多少(20 ℃)？已知脱氧塔的气相中含氧 $\varphi(O_2) = 0.35$。

2-24 293 K 时 1 kg 水中溶有 1.64×10^{-6} kg 氢气，水面上 H_2 的平衡压力为 101.325 kPa。试计算：(1)293 K 时 H_2(g) 在水中的亨利系数；(2) 当水面上 H_2 的平衡压力增加为 1 013.25 kPa时，293 K 的 1 kg 水中溶解多少克 H_2？已知 H_2 的摩尔质量为 $2.016\times10^{-3}\ \text{kg}\cdot\text{mol}^{-1}$。

2-25 293 K 时氮(g) 在水中的亨利系数为 2.027×10^6 kPa，问此温度和 3 040 kPa 的压力下，1 kg 水中

溶解了多少氪(g)？已知氪的相对原子质量为 83.80。

2-26 电解质：KCl、$ZnCl_2$、Na_2SO_4、Na_3PO_4、$K_4Fe(CN)_6$ 的水溶液，质量摩尔浓度为 b。试分别写出各电解质的 $a_{\pm}$ 与 b 的关系(已知各电解质水溶液的离子平均活度因子为 $\gamma_{\pm}$)。

2-27 $CdCl_2$ 水溶液，$b = 0.100\ mol \cdot kg^{-1}$ 时，$\gamma_{\pm} = 0.219$，$K_3Fe(CN)_6$ 水溶液，$b = 0.010\ mol \cdot kg^{-1}$，$\gamma_{\pm} = 0.571$，试计算两种水溶液的 $a_{\pm}$。

2-28 已知在 $0.01\ mol \cdot kg^{-1}$ 的 KNO_3 水溶液(i)中，离子的平均活度因子 $\gamma_{\pm(i)} = 0.916$，在 $0.01\ mol \cdot kg^{-1}$ KCl 水溶液(ii)中，离子的平均活度因子 $\gamma_{\pm(ii)} = 0.902$。假设 $\gamma(K^+) = \gamma(Cl^-)$，求在 $0.01\ mol \cdot kg^{-1}$ 的 KNO_3 水溶液中的 $\gamma(NO_3^-)$。

2-29 计算下列电解质水溶液的离子强度 I：

(1) $0.1\ mol \cdot kg^{-1}$ 的 NaCl；(2) $0.3\ mol \cdot kg^{-1}$ 的 $CuCl_2$；(3) $0.3\ mol \cdot kg^{-1}$ 的 Na_3PO_4。

2-30 计算由 $0.05\ mol \cdot kg^{-1}$ 的 $LaCl_3$ 水溶液与等体积的 $0.050\ mol \cdot kg^{-1}$ 的 NaCl 水溶液混合后，溶液的离子强度 I。

2-31 应用德拜 - 许克尔极限定律，计算 25 ℃ 时，$0.001\ mol \cdot kg^{-1}$ 的 $K_3Fe(CN)_6$ 的水溶液的离子平均活度因子。

2-32 计算 25 ℃ 时，$0.1\ mol \cdot kg^{-1}$ 的 $ZnSO_4$ 水溶液中，离子的平均活度及 $ZnSO_4$ 的活度。已知 25 ℃ 时，$\gamma_{\pm} = 0.148$。

2-33 计算混合电解质溶液即含有 $0.1\ mol \cdot kg^{-1}$ Na_2HPO_4 与 $0.1\ mol \cdot kg^{-1}$ NaH_2PO_4 的离子强度。

2-34 应用德拜 - 许克尔极限定律，计算 25 ℃ 时，AgCl 在 $0.01\ mol \cdot kg^{-1}$ 的 KNO_3 水溶液中的离子平均活度因子及溶解度(已知 25 ℃ 时 AgCl 的活度积 $K_{sp}^{\ominus} = 1.786 \times 10^{-10}$)。

三、是非题、选择题和填空题

(一) 是非题(下述各题中的说法是否正确？正确的在题后括号内画“√”，错的画“×”)

2-1 依据相律，纯液体在一定温度下，其饱和蒸气压为定值。　(　　)

2-2 $CaCO_3(s)$ 高温分解为 CaO(s) 和 $CO_2(g)$：

(1) 依据相律，我们可以把 $CaCO_3(s)$ 在保持固定压力的 $CO_2(g)$ 气流中加热到相当的温度而不使 $CaCO_3(s)$ 分解；　(　　)

(2) 当 $CaCO_3(s)$ 与 CaO(s) 的混合物与一定压力的 $CO_2(g)$ 放在一起时，平衡温度也是一定的。

(　　)

2-3 克拉珀龙方程适用于纯物质的任何两相平衡。　(　　)

2-4 将克 - 克方程的微分式即 $\frac{d\ln\{p\}}{dT} = \frac{\Delta_{vap}H_m^*}{RT^2}$ 用于纯物质的液⇌气两相平衡，因为 $\Delta_{vap}H_m^* > 0$，所以随着温度的升高，液体的饱和蒸气压总是升高。　(　　)

2-5 一定温度下的乙醇水溶液，可应用克 - 克方程计算该溶液的饱和蒸气压。　(　　)

2-6 克 - 克方程要比克拉珀龙方程的精确度高。　(　　)

2-7 已知 25 ℃ 时，$0.2\ mol \cdot kg^{-1}$ 的 HCl 水溶液的离子平均活度因子 $\gamma_{\pm} = 0.768$，则 $a_{\pm} = 0.154$。

(　　)

2-8 298.15 K 时，相同质量摩尔浓度(均为 $0.01\ mol \cdot kg^{-1}$)的 KCl、$CaCl_2$ 和 $LaCl_3$ 的 3 种电解质水溶液，离子平均活度因子最大的是 $LaCl_3$。　(　　)

2-9 设 $ZnCl_2$ 水溶液的质量摩尔浓度为 b，离子平均活度因子为 $\gamma_{\pm}$，则其离子平均活度 $a_{\pm} = \sqrt[3]{4}\gamma_{\pm}\frac{b}{b^{\ominus}}$。

(　　)

2-10 $0.001\ mol \cdot kg^{-1}$ 的 $K_3[Fe(CN)_6]$ 水溶液，其离子强度 $I = 6.0 \times 10^{-3}\ mol \cdot kg^{-1}$。　(　　)

（二）选择题（选择正确答案的编号，填在各题后的括号内）

2-1 $NaHCO_3(s)$ 在真空容器中部分分解为 $Na_2CO_3(s)$，$H_2O(g)$ 和 $CO_2(g)$，处于如下的化学平衡时：$2NaHCO_3(s) \rightleftharpoons Na_2CO_3(s) + H_2O(g) + CO_2(g)$，该系统的自由度数、组分数及相数符合（　　）。

A. $C = 2, \phi = 3, f = 1$　　B. $C = 3, \phi = 2, f = 3$　　C. $C = 4, \phi = 2, f = 4$

2-2 将克拉珀龙方程用于 H_2O 的液固两相平衡，因为 $V_m^*(H_2O, l) < V_m^*(H_2O, s)$，所以随着压力的增大，则 $H_2O(l)$ 的凝固点将（　　）。

A. 升高　　B. 降低　　C. 不变

2-3 克 - 克方程式可用于（　　）。

A. 固⇌气及液⇌气两相平衡　　B. 固⇌液两相平衡　　C. 固⇌固两相平衡

2-4 液体在其 T、p 满足克 - 克方程的条件下进行汽化的过程，以下各量中不变的是（　　）。

A. 摩尔热力学能　　B. 摩尔体积　　C. 摩尔吉布斯函数　　D. 摩尔熵

2-5 特鲁顿规则（适用于不缔合液体）$\dfrac{\Delta_{vap}H_m^*}{T_b^*} =$（　　）。

A. $21\ J \cdot mol^{-1} \cdot K^{-1}$　　B. $88\ J \cdot mol^{-1} \cdot K^{-1}$　　C. $109\ J \cdot mol^{-1} \cdot K^{-1}$

2-6 理想液态混合物的混合性质是（　　）。

A. $\Delta_{mix}V = 0, \Delta_{mix}H = 0, \Delta_{mix}S > 0, \Delta_{mix}G < 0$

B. $\Delta_{mix}V < 0, \Delta_{mix}H < 0, \Delta_{mix}S < 0, \Delta_{mix}G = 0$

C. $\Delta_{mix}V > 0, \Delta_{mix}H > 0, \Delta_{mix}S = 0, \Delta_{mix}G = 0$

D. $\Delta_{mix}V > 0, \Delta_{mix}H > 0, \Delta_{mix}S < 0, \Delta_{mix}G > 0$

2-7 在 25 ℃ 时，$0.01\ mol \cdot dm^{-3}$ 糖水的渗透压为 Π_1，$0.01 mol \cdot dm^{-3}$ 食盐水的渗透压为 Π_2，则 Π_1 与 Π_2 的关系为（　　）。

A. $\Pi_1 > \Pi_2$　　B. $\Pi_1 = \Pi_2$　　C. $\Pi_1 < \Pi_2$

2-8 $0.1\ mol \cdot kg^{-1}$ 的 $CaCl_2$ 水溶液的离子平均活度因子 $\gamma_\pm = 0.219$，则其离子平均活度 $a_\pm$ 是（　　）。

A. 3.476×10^{-4}　　B. 3.476×10^{-2}　　C. 6.964×10^{-2}

2-9 $0.3\ mol \cdot kg^{-1}$ 的 Na_2HPO_4 的离子强度等于（　　）。

A. $0.9\ mol \cdot kg^{-1}$　　B. $1.8\ mol \cdot kg^{-1}$　　C. $0.3\ mol \cdot kg^{-1}$

2-10 质量摩尔浓度为 b 的 Na_3PO_4 溶液，离子平均活度因子为 $\gamma_\pm$，则电解质 Na_3PO_4 的活度 $a(Na_3PO_4) =$（　　）。

A. $4(b/b^\ominus)^4\gamma_\pm^4$　　B. $4(b/b^\ominus)\gamma_\pm^4$　　C. $27(b/b^\ominus)^4\gamma_\pm^4$

（三）填空题（将正确的答案填在题中画有“____”处或表格中）

2-1 纯物质两相平衡的条件是________。

2-2 由克拉珀龙方程导出克 - 克方程的积分式时所作的三个近似处理分别是(1) ________；(2) ________；(3) ________。

2-3 贮罐中贮有 20 ℃、140 kPa 的正丁烷，并且罐内温度、压力长期不变。已知正丁烷的正常沸点是 272.7 K，根据________和________可以推测出贮罐内的正丁烷的聚集态是________态。

2-4 已知水的饱和蒸气压与温度 T 的关系式为 $\ln\dfrac{p^*}{Pa} = -\dfrac{5\,240}{T/K} + 25.567$，试根据下表计算各地区在敞口容器中加热水时的沸腾温度。

地区	$p/(100\ kPa)$	地区	$p/(100\ kPa)$	地区	$p/(100\ kPa)$
大连	1.017	昆明	0.810 6	呼和浩特	0.900 7
西藏	0.573 0	兰州	0.852 1	营口	1.026

2-5 氧气和乙炔气溶于水中的亨利系数分别是 7.20×10^{7} Pa·kg·mol^{-1} 和 1.33×10^{8} Pa·kg·mol^{-1}，由亨利系数可知，在相同条件下，________在水中的溶解度大于________在水中的溶解度。

2-6 28.15 ℃ 时，摩尔分数 x(丙酮) = 0.287 的氯仿-丙酮混合物的蒸气压为 29.40 kPa，饱和蒸气中氯仿的摩尔分数为 y(氯仿) = 0.181。已知纯氯仿在该温度时的蒸气压为 29.57 kPa。以同温度下纯氯仿为标准态，氯仿在该溶液中的活度因子为________；活度为________。

2-7 $CuSO_4$ 水溶液其离子平均活度 $a_{\pm}$ 与离子平均活度因子及电解质的质量摩尔浓度 b 的关系为 $a_{\pm}=$ ________，若 $b=0.01$ mol·kg^{-1}，$\gamma_{\pm}=0.41$，则 $a_{\pm}=$ ________。

2-8 离子平均活度 $a_{\pm}$ 与正、负离子的活度 a_{+}、a_{-} 的关系 $a_{\pm}=$ ________；电解质 B 的活度 a_{B} 与 $a_{\pm}$ 的关系是 $a_{B}=$ ________。

2-9 0.1 mol·kg^{-1} $LaCl_3$ 电解质溶液的离子强度 $I/b^{\ominus}$ 等于________。

2-10 电解质溶液的离子互吸理论认为，电解质溶液与理想稀溶液热力学规律的偏差完全归因于________。

2-11 离子氛的电性与中心离子的电性______，离子氛的电量与中心离子的电量________。

计算题答案

2-1 (1) $S=3, R=1, R'=1, C=1, \phi=2, f=1$；

(2) $S=3, R=1, R'=0, C=2, \phi=2, f=2$；

(3) $S=4, R=1, R'=1, C=2, \phi=3, f=1$；

(4) $S=3, R=1, R'=0, C=2, \phi=3, f=1$；

(5) $S=2, R=0, R'=0, C=2, \phi=2, f=2$；

(6) $S=5, R=2, R'=0, C=3, \phi=1, f=4$；

(7) $S=2, R=0, R'=0, C=2, \phi=1, f=3$；

(8) $S=2, R=0, R'=0, C=2, \phi=3, f=1$；

(9) $S=3, R=0, R'=0, C=3, \phi=2, f=3$；

(10) $S=4, R=0, R'=0, C=4, \phi=2, f=4$；

(11) $S=4, R=0, R'=0, C=4, \phi=3, f=3$；

(12) $S=3, R=0, R'=0, C=3, \phi=1, f=4$，或把离子也视为物种，则有 $S=7$(K^{+}、SO_4^{2-}、Na^{+}、Cl^{-}、H_2O、$H_3^{+}O$、OH^{-})；$R=1$($2H_2O \rightleftharpoons H_3^{+}O+OH^{-}$)；$R'=3$[$c(H_3^{+}O)=c(OH^{-})$、$2K^{+}$ 与 SO_4^{2-} 的电中性关系、Na^{+} 与 Cl^{-} 的电中性关系；$H_3^{+}O$、OH^{-} 的电中性关系已不是独立的，故不加考虑]；$C=S-R-R'=7-1-3=3$；$\phi=1$；$f=4$。

(13) $S=5, R=0, R'=0, C=5, \phi=5, f=2$，或把离子也视为物种，则有 $S=11$[NaCl(s)、KCl(s)、$NaNO_3$(s)、KNO_3(s)、H_2O 及它们解离成的离子 Na^{+}、Cl^{-}、K^{+}、NO_3^{-}、$H_3^{+}O$、OH^{-}]；$R=5$($2H_2O \rightleftharpoons H_3^{+}O+OH^{-}$、$NaCl \rightleftharpoons Na^{+}+Cl^{-}$、$KCl \rightleftharpoons K^{+}+Cl^{-}$、$NaNO_3 \rightleftharpoons Na^{+}+NO_3^{-}$、$KNO_3 \rightleftharpoons K^{+}+NO_3^{-}$，这些解离反应都是独立的)；$R'=1$[$c(H_3^{+})=c(OH^{-})$]，因为 K^{+}、Na^{+}、Cl^{-}、SO_4^{2-} 等离子分别参与上述溶解平衡，则 K^{+} 与 Cl^{-}，Na^{+} 与 Cl^{-}，K^{+} 与 NO_3^{-}，Na^{+} 与 NO_3^{-} 单独的电中性关系已不复存在，而 $H_3^{+}O$ 与 OH^{-} 的电中性关系由于已考虑 $c(H_3^{+}O)=c(OH^{-})$，故也不是独立的；$C=S-R-R'=11-5-1=5$；$\phi=5$；$f=2$。

2-2 $f'=1$　**2-3** 48.21×10^{5} Pa　**2-4** (1) 38.1 kJ·mol^{-1}；(2) 358 K　**2-5** 7.51 kg

2-6 31.08 kJ·mol^{-1}　**2-8** 195 g·mol^{-1}　**2-9** 8.17 g　**2-10** 1.87 g

2-11 1.28×10^{5} Pa，0.413，0.587　**2-12** 0，57.6 J·K^{-1}，1.73×10^{5} J

2-14 (1) 0.75；(2) $x(C_6H_5Cl)=0.344$　**2-15** (1) $x(SnCl_4)=0.726$；(2) $y(SnCl_4)=0.478$

2-16 0.325×10^{5} Pa，0.274；0.366×10^{5} Pa，0.532；0.347×10^{5} Pa，0.773

2-17 306 g·mol^{-1}　**2-18** 30.9 kJ·mol^{-1}　**2-19** 5.83×10^{5} Pa　**2-20** 0.254，0.181

2-21 $x_A = 0.443\,9$ 时，$a_A = 0.481\,7$，$f_A = 1.085$；$a_B = 0.863\,7$，$f_B = 1.553$；
$x_A = 0.881\,7$ 时，$a_A = 0.727\,9$，$f_A = 0.825\,6$，$a_B = 0.604\,2$，$f_B = 5.107\,8$

2-22 1.19×10^5 Pa **2-23** (1) 含氧量为 9.3 $\text{mg} \cdot \text{dm}^{-3}$，不合格；(2)6 523 Pa

2-24 (1)1.246×10^5 $\text{Pa} \cdot \text{kg} \cdot \text{mol}^{-1}$；(2)$1.64 \times 10^{-2}$ g **2-25** 6.99 g

2-26 $\gamma_{\pm}\frac{b}{b^{\ominus}}$，$4^{\frac{1}{3}}\gamma_{\pm}\frac{b}{b^{\ominus}}$，$4^{\frac{1}{3}}\gamma_{\pm}\frac{b}{b^{\ominus}}$，$27^{\frac{1}{4}}\gamma_{\pm}\frac{b}{b^{\ominus}}$，$256^{\frac{1}{5}}\gamma_{\pm}\frac{b}{b^{\ominus}}$

2-27 3.48×10^{-2}，1.30×10^{-2} **2-28** 0.930

2-29 (1) 0.1 $\text{mol} \cdot \text{kg}^{-1}$；(2) 0.9 $\text{mol} \cdot \text{kg}^{-1}$；(3) 1.8 $\text{mol} \cdot \text{kg}^{-1}$

2-30 0.175 $\text{mol} \cdot \text{kg}^{-1}$ **2-31** 0.762 **2-32** 0.0148，2.19×10^{-4}

2-33 0.4 $\text{mol} \cdot \text{kg}^{-1}$ **2-34** 0.889，1.503×10^{-5} $\text{mol} \cdot \text{kg}^{-1}$

第3章

相平衡强度状态图

3.0 相平衡强度状态图研究的内容

本章是用图解的方法研究由一种或数种物质所构成的相平衡系统的性质(如沸点、熔点、蒸气压、溶解度等强度性质)与条件(如温度、压力及组成等强度性质)的函数关系。我们把表示这种关系的图叫作相平衡强度状态图(intensive state diagram of phase equilibrium),简称相图(phase diagram)。

描述相平衡系统的性质与条件及组成等的函数关系可以用不同方法。例如,列举实验数据的表格法,由实验数据作图的图解法,找出能表达实验数据的方程式的解析法。其中表格法是表达实验结果最直接的方法,其缺点是规律性不够明显;解析法便于运算和分析(例如,克拉珀龙方程可用来分析蒸气压对温度的变化率与相变焓的关系,并进行定量计算),然而,在比较复杂的情况下难以找到与实验关系完全相当的方程式;图解法是广泛应用的方法,具有清晰、直观、形象化的特点。

按照相平衡系统的组分数,相图可分为单组分系统、双组分系统、三组分系统等;按组分间相互溶解情况,相图可分为完全互溶系统、部分互溶系统、完全不互溶系统等;按性质 - 组成,相图可以分为蒸气压 - 组成图、沸点 - 组成图、熔点 - 组成图以及温度 - 溶解度图等。

本章以相律为指导,以组分数为主要线索,穿插不同分类法来讨论不同类型的相图。

学习相图时要紧紧抓住由看图来理解相平衡关系这一重要环节,并要明确作图的根据是相平衡实验的数据,从图中看到的是系统达到相平衡时的强度状态。

学习相图的具体要求是:(i) 会画图;(ii) 会读图;(iii) 会用图。其中会读图是学好相图的关键。本书创建一整套规范、理性、直观的符号标示相图,帮助读者达到读懂图的目的;并提示读者,首先真正读懂其中的一个图,则可举一反三,一通百通。

Ⅰ　单组分系统相图

3.1　单组分系统的 p-T 图

视频

单组分系统相图

将吉布斯相律应用于单组分系统，得

$$f = 1 - \phi + 2 = 3 - \phi$$

因 $f \not< 0$，$\phi \neq 0$，所以 $\phi \leqslant 3$。若 $\phi = 1$，则 $f = 2$，称双变量系统；若 $\phi = 2$，则 $f = 1$，称单变量系统；若 $\phi = 3$，则 $f = 0$，称无变量系统。

上述结果表明，对单组分系统，最多只能 3 相平衡，自由度数最多为 2，即确定系统的强度状态最多需要 2 个独立的强度变量，也就是温度和压力。所以以压力为纵坐标，温度为横坐标的平面图，即 p-T 图，可以完满地描述单组分系统的相平衡关系。

3.1.1　水的 p-T 图

水在通常压力下，可以处于以下任何一种平衡状态：单相平衡 —— 水，气或冰；两相平衡 —— 水 ⇌ 气，冰 ⇌ 气，冰 ⇌ 水；三相平衡 —— 冰 ⇌ 水 ⇌ 气。

表 3-1 是由实验测得的 H_2O 的相平衡数据。

表 3-1　H_2O 的相平衡数据

t/℃	两相平衡			三相平衡
	水或冰的饱和蒸气压/Pa		平衡压力/MPa	平衡压力/Pa
	水 ⇌ 气	冰 ⇌ 气	冰 ⇌ 水	冰 ⇌ 水 ⇌ 气
−20	—	103.4	199.6	—
−15	(190.5)	165.2	161.1	—
−10	(285.8)	295.4	115.0	—
−5	(421.0)	410.3	61.8	—
0.01	611.0	611.0	611.0×10^{-6}	611.0
20	2 337.8	—	—	—
60	19 920.5	—	—	—
99.65	100 000	—	—	—
100	101 325	—	—	—
374.2	22 119 247	—	—	—

若将表 3-1 的数据描绘在 p-T 图上（图 3-1），则由温度与水 ⇌ 气两相平衡数据得到 OC 曲线，也就是水在不同温度下的饱和蒸气压曲线。在一定温度下（临界温度以下）增加压力可以使气体液化，故 OC 线以左的相区为液相区，以右的相区为气相区。显然 OC 线向上只能延至临界温度 374.2 ℃，临界压力 22.1 MPa。因为在 C 点气、液的差别已消失，超过 C 点不能存在气、液两相平衡，OC 线到此为止。

若使水的温度降低，则其蒸气压量值将沿 CO 线向 O 点移动，到了 O 点（0.01 ℃，611.0 Pa）冰应出现，但是如果我们特别小心，可使水冷却至相当于图中虚线上的状态而仍无冰出现，这种现象叫过冷现象（supercooled phenomenon），OC' 线代表过冷水的饱和蒸气压曲线。处于过冷状态的水虽可与其蒸汽处于两相共存状态，但不如热力学平衡那样稳定，一旦受到剧烈振荡或加入少量冰作为晶种，会立即凝固为冰，所以称为**亚稳状态**（metastable state）。

由温度与冰 ⇌ 气两相平衡数据，得到图中 OB 曲线，也就是冰的饱和蒸气压曲线，表明冰的饱和蒸气压随温度降低而降低。在 OB 线以上，表示同样温度下压力大于固体饱和蒸气压，因而为固相区，即为冰的相区；OB 线以下则相反，为气相区。理论上 OB 线向下可以延至 0 K。从图中可看出，温度对冰的饱和蒸气压的影响（dp/dT）比对水的饱和蒸气压的影响大，这从表 3-1 的数据也可看出，但不如图明显；从克拉珀龙方程也可得出这个结论。

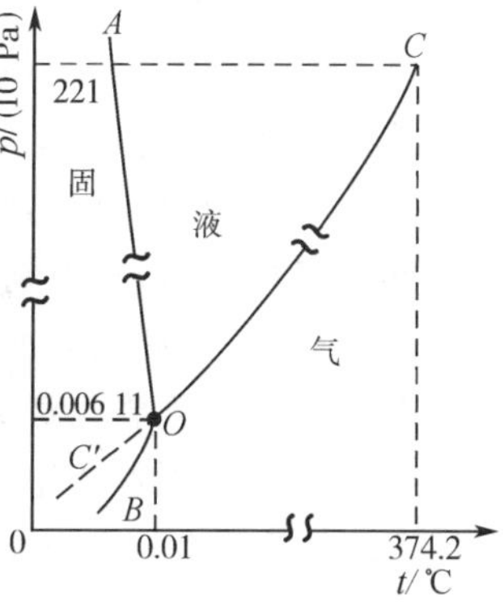

图 3-1　H_2O 的 p-T 图

由温度与冰 ⇌ 水两相平衡数据，得到图中 OA 线，即冰的熔点随压力变化曲线。曲线斜率为负值，表明随压力增加，冰的熔点降低。当 OA 线向上延至 202 MPa 以上时，人们发现还有 5 种不同晶型的冰。

3 个相区 BOA、AOC、BOC 分别为固、液、气的单相平衡区，各区均为双变量系统，即 $f=2$，p 和 T 都可以在有限范围内任意改变而不致引起原有相的消失或新相的生成；OA、OB、OC 为两相平衡曲线，均为单变量系统，即 $f=1$，p、T 二者只有一个可以独立改变，另一个将随之而定，即不可能同时独立改变，否则系统的平衡状态将离开曲线而改变相数。

当固、液、气三相平衡共存时，$f=1-3+2=0$，为无变量系统，即如图 3-1 所示的 O 点，叫**三相点**（triple point），它的温度、压力的量值是确定的，即 0.01 ℃，611.0 Pa。此时若温度、压力发生任何微小变化，都会使三相中的一相或两相消失。

注意　相图中的任何一点，都是该系统处于平衡状态的一个强度状态点，它指示出平衡系统的相数、相的聚集态、温度、压力和组成（单组分系统即为纯物质），而未规定物量（物质的量或质量），物量是任意的，因为强度状态与物量无关。为简单起见，本书把相图中的强度状态点统称为**系统点**（system point），而整幅图即为相平衡强度状态图。

3.1.2　CO_2 的 p-T 图及超临界 CO_2 流体

1. CO_2 的 p-T 图

如图 3-2 所示为 CO_2 的 p-T 图及其体积质量与压力、温度的关系。图中 OA 线为 CO_2 的液-固平衡曲线，即 CO_2 的熔点随压力变化的曲线，它与水的相图中的 OA 线不同，它是向右倾斜，曲线的斜率为正值，表明随压力增加，CO_2 固体的熔点升高；OB 线为 CO_2 的固-气平衡曲线，即 CO_2 固体的升华曲线；OC 线为 CO_2 的液-气平衡曲线，即液体 CO_2 的饱和蒸气压曲线，该线至 C 点为止，C 点为 CO_2 的临界点，临界温度为 31.06 ℃，临界压力为 7.38 MPa。超过临界点 C 之后，CO_2 的气、液界面消失，系统性质均一，处于此状态的 CO_2 称为超临界 CO_2 流体。图中的阴影部分即为超临界 CO_2 流体。OA、OB、OC 的交点 O 则为 CO_2 的三相点，三相点的温度为 −56.6 ℃，压力为 0.518 MPa。图中虚线上的数值为 CO_2

在不同温度、压力下的体积质量($kg \cdot m^{-3}$)值。

2. 超临界 CO_2 流体

利用超临界流体的萃取分离是近代发展起来的高新技术。超临界流体由于具有较高的体积质量,故有较好的溶解性能,做萃取剂萃取效率高,且降压后萃取剂汽化,所剩被溶解物质即被分离出来,而超临界 CO_2 流体的体积质量几乎是最大的,因此最适宜做超临界萃取剂。优点如下:

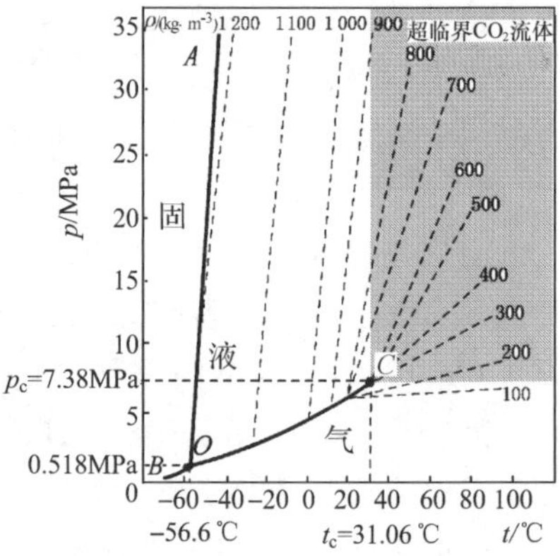

图 3-2 CO_2 的 p-T 图及其体积质量与压力、温度的关系

(i) 由于超临界 CO_2 流体体积质量大,在临界点时其体积质量为 448 $kg \cdot m^{-3}$,且随着压力的增加其体积质量增加很快,故对许多有机物溶解能力很强。另一方面从图 3-2 中可以看出,在临界点附近,压力和温度微小变化可显著改变 CO_2 的体积质量,相应地影响其溶解能力。所以通过改变萃取操作参数(T、p),很容易调节其溶解性能,提高产品纯度,提高萃取效率。

(ii) CO_2 临界温度为 31.06 ℃,所以 CO_2 萃取可在接近室温下完成整个分离工作,特别适用于热敏性和化学不稳定性天然产物的分离。

(iii) 与其他有机萃取剂相比,CO_2 既便宜,又容易制取。

(iv) CO_2 无毒、惰性、易于分离。

(v) CO_2 临界压力适中,易于实现工业化。

此外,超临界 CO_2 流体还可以用做清洗剂,比水系清洗剂有更多优点;也可以用做印染剂,加入少量分散染料,不需要加入助剂就能够对天然纤维、聚酯、尼龙等织物进行印染,且使用后剩余染料及 CO_2 均可全部回收,不产生废液,不污染环境,具有绿色化学特征。

3.1.3 硫的 p-T 图

图 3-3 为硫的 p-T 图。在不同的强度状态下,固态硫有两种晶型,即正交硫 s(R) 和单斜硫 s(M)。它们分别与气态硫 g(S) 和液态硫 l(S) 形成 3 个三相点,分别是:系统点 B (95 ℃),s(R)$\rightleftharpoons$s(M)$\rightleftharpoons$g(S) 三相平衡点;系统点 C(119 ℃),s(M)$\rightleftharpoons$l(S)$\rightleftharpoons$g(S) 三相平衡点;系统点 E(151 ℃),s(R)$\rightleftharpoons$s(M)$\rightleftharpoons$l(S) 三相平衡点。图中共有 4 个单相区及 AB、BC、CD、BE、CE 5 条两相平衡线。此外还有 4 条亚稳状态线,分别是:CG 为过冷 l(S) 的饱和蒸气压曲线;BG 为过热 s(R) 的饱和气压曲线;BH 为过冷 s(M) 的饱和气压曲线;GE 为 s(R)$\rightleftharpoons$l(S) 两相亚稳共存状态线,即为过热 s(R) 的熔化曲线。系统点 G 为 s(R)$\rightleftharpoons$g(S)$\rightleftharpoons$l(S) 三相亚稳共存状态点,系统点 D 为临界点。

3.1.4 纯水的三相点及"水"的冰点

对单组分系统相图,根据相律,平衡系统中最多相数为 3,三相平衡的系统点即为三相点。对于固相只有 1 种晶型的单组分系统,只有 1 个三相点;而有 1 种以上晶型时,三相点就不止一个了。例如,如图 3-3 所示硫的相图中就有 3 个三相点;高压下水的相图中三相点也

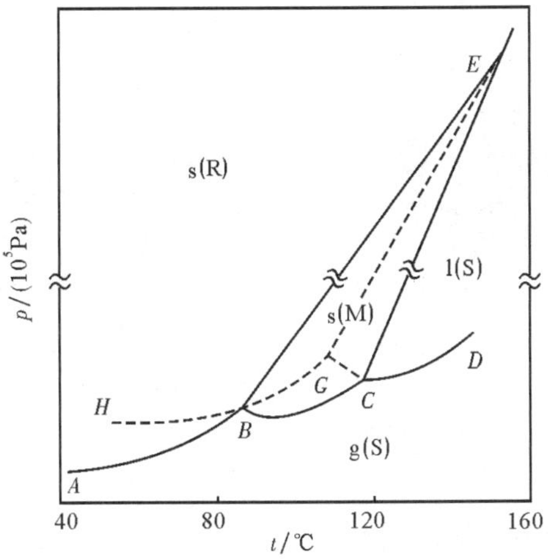

图 3-3　硫的 p-T 图

不止一个，因为在高压下有多种晶型的冰。平常所说的三相点是指水、气、冰三相平衡共存的系统点。在 20 世纪 30 年代初这个三相点还没有公认的数据。1934 年我国物理化学家黄子卿①等经反复测试，测得水的三相点温度为 0.009 81 ℃。1954 年在巴黎召开的国际温标会议确认了此数据，此次会议上规定，水的三相点温度为 273.16 K。1967 年第 13 届 CGPM（国际计量大会）决议，热力学温度的单位开尔文（K）的数值是水三相点热力学温度的 1/273.16。

不要把水的三相点（指气、液、固在三相平衡共存的系统点，如图 3-1 所示的 O 点）与“水”的冰点相混淆，它们的区别如图 3-4 所示。“水”的**冰点**（ice point）是指被压力为 101.325 kPa 的空气所饱和了的“水”（已不是单组分系统）与冰呈平衡的温度，即 0 ℃；而三相点是纯水、冰及水汽三相平衡共存的状态，该状态的温度为 0.01 ℃。在冰点，系统所受压力为 101.325 kPa，它是空气和水蒸气的总压力；而在三相点时，系统所受的压力是 611 Pa，它是与冰、水呈平衡的水蒸气的压力。“水”的冰点比纯水的三相点低 0.01 K。

由于压力的增加以及水中溶有空气，均使水的冰点下降，如图 3-4 所示，当系统的压力由 611 Pa 增加到 101 325 Pa 时，可由克拉珀龙方程算得水的冰点降低约 0.007 47 ℃；而由于水中溶有空气，可由稀溶液的凝固点降低公式算得，水的冰点又降低 0.002 36 ℃，合计降低约 0.009 8 ℃（见例 3-2 的计算）。

【例 3-1】　硫的相图如图 3-3 所示。请回答下列问题：(1) 硫的相图中有几个三相点？它们分别由哪几种状态的硫构成平衡系统？(2) 正交硫、单斜硫、液态硫、气态硫能否平衡共存？

解　(1) 硫的相图中有 3 个三相点。它们分别为正交硫 ⇌ 单斜硫 ⇌ 气态硫、单斜硫 ⇌ 液态硫 ⇌ 气态硫、正交硫 ⇌ 液态硫 ⇌ 单斜硫三相平衡共存。

---

①黄子卿（1900—1982），物理化学家。1900 年出生于广东梅县。1921 年毕业于清华大学。1924 年获美国威斯康星大学化学系理学士学位，1925 年获康奈尔大学化学系硕士学位，1935 年获麻省理工学院博士学位。曾先后任清华大学教授和北京大学教授。毕生从事物理化学的教学和研究，在溶液理论和热力学方面的研究尤为突出。1938 年所发表的论文“水的三相点温度”，其测定数值被国际温标会议采纳，定为国际温度标准之一，本人因此而被选入美国的《世界名人录》。1956 年编著出版的《物理化学》是第一部高水平的中文物理化学教科书。1955 年被推举为中国科学院学部委员（院士）。

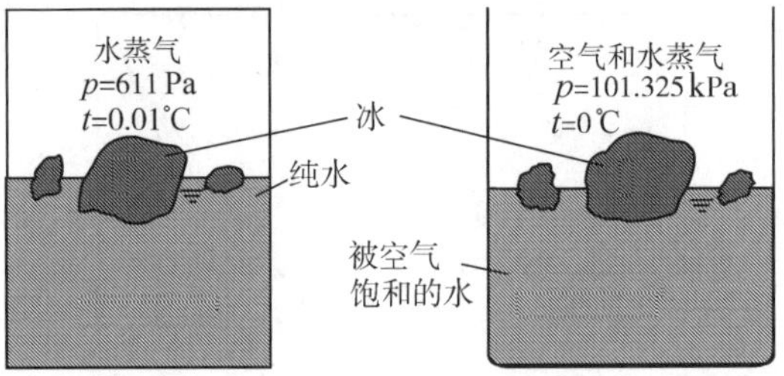

(a) 纯水的三相点(在密闭容器中)　　(b)“水”的冰点(在敞口容器中)

图 3-4　纯水的三相点与“水”的冰点的区别

(2) 正交硫、单斜硫、液态硫、气态硫不能四相平衡共存,因为由相律

$$f = C - \phi + 2 = 3 - \phi$$

而 $f \nless 0$,故最多只能三相同时平衡共存。

【例 3-2】 水的冰点(在 101.325 kPa 下被空气饱和的水与冰呈平衡的温度,即 273.15 K) 比水的三相点(即 273.16 K、611 Pa) 低 0.01 K,试用压力对凝固点的影响及溶液的凝固点下降来说明这一结果。

已知:0 ℃ 时水和冰的摩尔体积分别为 $18.002 \times 10^{-3}\ \mathrm{dm^3 \cdot mol^{-1}}$ 及 $19.633 \times 10^{-3}\ \mathrm{dm^3 \cdot mol^{-1}}$,冰的熔化焓为 $6\ 009\ \mathrm{J \cdot mol^{-1}}$。0 ℃ 时 N_2 和 O_2 的亨利系数分别为 $9.849 \times 10^7\ \mathrm{Pa \cdot kg \cdot mol^{-1}}$ 及 $4.631 \times 10^7\ \mathrm{Pa \cdot kg \cdot mol^{-1}}$,水的凝固点下降系数为 $1.86\ \mathrm{K \cdot kg \cdot mol^{-1}}$。

解　先计算压力对凝固点的影响。

水的三相点和水的冰点相比较,前者是水、冰、气三相平衡,而后者则是在 101.325 kPa 下溶有空气的水和冰的平衡。在三相点时,固相与液相所受的压力是 611 Pa,而在冰点时固相和液相所受的压力是 101.325 kPa。

按式(2-7),则

$$\frac{dT}{dp} = \frac{T[V_m^*(l) - V_m^*(s)]}{\Delta_{fus} H_m^*} =$$

$$\frac{273.16\ \mathrm{K} \times (18.002 - 19.633) \times 10^{-6}\ \mathrm{m^3 \cdot mol^{-1}}}{6\ 009\ \mathrm{J \cdot mol^{-1}}} =$$

$$-7.414 \times 10^{-8}\ \mathrm{K \cdot Pa^{-1}}$$

于是,压力由 611 Pa 提升到 101 325 Pa,使凝固点降低为

$$(101\ 325 - 611)\mathrm{Pa} \times (-7.414 \times 10^{-8})\ \mathrm{K \cdot Pa^{-1}} = -7.47 \times 10^{-3}\ \mathrm{K}$$

再计算当水被 101.325 kPa 的空气所饱和时,引起的冰点下降值。

由亨利定律可以算出 101.325 kPa 下的空气,在水中溶解的质量摩尔浓度:

$$p_B = k_B b_B$$

$$b(N_2) = \frac{p(N_2)}{k(N_2)} = \frac{0.79 \times 101\ 325\ \mathrm{Pa}}{9.849 \times 10^7\ \mathrm{Pa \cdot kg \cdot mol^{-1}}} = 0.813 \times 10^{-3}\ \mathrm{mol \cdot kg^{-1}}$$

$$b(O_2) = \frac{p(O_2)}{k(O_2)} = \frac{0.21 \times 101\ 325\ \mathrm{Pa}}{4.631 \times 10^7\ \mathrm{Pa \cdot kg \cdot mol^{-1}}} = 0.46 \times 10^{-3}\ \mathrm{mol \cdot kg^{-1}}$$

$$b_B = b(N_2) + b(O_2) = (0.813 + 0.46) \times 10^{-3}\ \mathrm{mol \cdot kg^{-1}} = 1.27 \times 10^{-3}\ \mathrm{mol \cdot kg^{-1}}$$

再按冰点下降公式 $\Delta T_f = k_f b_B$,则

$$\Delta T_f = (1.86\ K \cdot kg \cdot mol^{-1}) \times (1.27 \times 10^{-3}\ mol \cdot kg^{-1}) = 2.36 \times 10^{-3}\ K$$

以上两种结果加在一起，则使水的冰点下降值为

$$7.47 \times 10^{-3}\ K + 2.36 \times 10^{-3}\ K = 0.0098\ K \approx 0.01\ K$$

【例 3-3】 某厂用冷冻干燥的方法生产干燥蔬菜。把蔬菜切片后包装成型并放入冰箱中降温冷冻，使蔬菜中的水分结成冰。然后将冻结的蔬菜放入不断抽空的高真空蒸发器中，使蔬菜中的冰不断升华以达到干燥的目的。加工后的干燥蔬菜体积小、质量轻，营养成分不遭破坏，便于运输，特别是便于部队行军携带。试根据有关水的相图的知识(图 3-1)确定该项生产中的重要工艺条件：真空蒸发器中的真空度必须控制在多少 Pa 以上？

解 根据水的相图，如图 3-1 所示，在三相点的压力以下冰才能直接升华为气体。故真空蒸发器中的真空度必须控制在 101 325 Pa − 611 Pa = 100.714 kPa 以上。

【例 3-4】 某地区大气压约为 61 kPa，若下表中 4 种固态物质加热，哪种物质能发生升华现象？

物质	三相点		物质	三相点	
	t/℃	p/Pa		t/℃	p/Pa
汞	−38.88	1.69×10^{-4}	氯化汞	227.0	57.3×10^{3}
苯	5.466	4.81×10^{3}	氩	−180.0	68.7×10^{3}

解 氩能发生升华现象。因为该地区大气压值(61 kPa)低于氩的三相点压力值(68.7 kPa)。

Ⅱ 二组分系统相图

3.2 二组分系统气液平衡相图

将吉布斯相律应用于二组分系统：

$$f = 2 - \phi + 2 = 4 - \phi$$

若$\phi = 1$，则 $f = 3$；$\phi = 2, f = 2$；$\phi = 3, f = 1$；$\phi = 4, f = 0$。

上述结果表明，二组分系统最多只能四相平衡，而自由度数最大为 3，即确定系统的强度状态最多需要 3 个独立的强度变量，这 3 个独立的强度变量除了温度、压力外，还有系统的组成(液相组成 x，气相组成 y)，显然，这样的系统需要用三维空间的坐标图。但要将温度、压力二者中固定一个就可用平面坐标图，如定温下的蒸气压 - 组成图(vapor pressure-composition diagram)，即 p-$x(y)$ 图，或恒压下的沸点 - 组成图(boiling point-composition diagram)，即 t-$x(y)$ 图，来描述系统的相平衡强度状态。

由相律可知，当固定温度或压力时，对二组分系统 $f' = 3 - \phi$，所以在p-$x(y)$ 或 t-$x(y)$ 图中，最多只能有三相平衡共存。

3.2.1 二组分液态完全互溶系统的蒸气压-组成图

视频
二组分液态完全互溶系统相图

两个组分在液态时以任意比例混合都能完全互溶时，这样的系统叫液态完全互溶系统(liquid full miscible system)。

1. 蒸气压-组成曲线无极大和极小值的类型

以 $C_6H_5CH_3$(A)-C_6H_6(B) 系统为例，取 A 和 B 以各种比例配成混合物，将盛有混合物的容器浸在恒温浴中，在恒定温度下达到相平衡后，测出混合物的蒸气总压 p、液相组成 x_B 及气相组成 y_B。表 3-2 是在 79.70 ℃ 下，由实验测得的不同组成的混合物的蒸气压数据(包括纯 A 及纯 B 的蒸气压)。

表 3-2 $C_6H_5CH_3$(A)-C_6H_6(B) 系统的蒸气压与液相组成及气相组成的关系(79.70 ℃)

x_B	y_B	p/kPa	x_B	y_B	p/kPa
0	0	38.46	0.634 4	0.817 9	77.22
0.116 1	0.253 0	45.53	0.732 7	0.878 2	83.31
0.227 1	0.429 5	52.25	0.824 3	0.924 0	89.07
0.338 3	0.566 7	59.07	0.918 9	0.967 2	94.85
0.453 2	0.665 6	66.50	0.956 5	0.982 7	97.79
0.545 1	0.757 4	71.66	1.000 0	1.000 0	99.82

若以混合物的蒸气总压 p 为纵坐标，以组成(液相组成 x_B，气相组成 y_B) 为横坐标绘制成 p-$x(y)$ 图，则由表 3-2 的数据，得到图 3-5。这种绘制相图的实验方法叫蒸馏法(distillation method)。

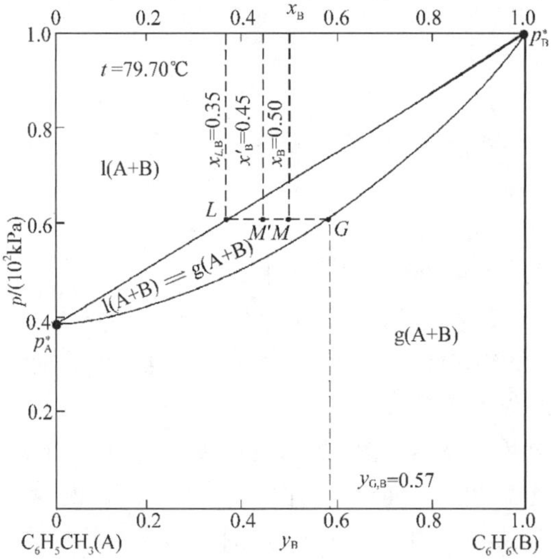

图 3-5 $C_6H_5CH_3$(A)-C_6H_6(B) 系统的蒸气压-组成图

图中，p_A^*、p_B^* 分别为 79.70 ℃ 时纯甲苯及纯苯的饱和蒸气压。上面的曲线(理想液态混合物是直线，实验结果和按式(2-31) 计算的结果一致) 是混合物的蒸气总压 p 随液相组成 x_B 变化的曲线，叫作液相线(line of liquid phase)。下面的曲线是 p 随气相组成 y_B 变化的曲线，叫气相线(line of gas phase)。两条线把图分成三个区。在液相线以上，系统的压力高于相应组成混合物的饱和蒸气压，气相不可能稳定存在，所以为液相区，用l(A＋B)表示(代表液态混合物或溶液，全书同)。在气相线以下，系统的压力低于相应组成混合物的饱和蒸气压，液相不可能稳定存在，所以为气相区，用 g(A＋B) 表示(代表气态混合物，全书同)。液相线和气相线之间则为气液两相平衡共存区，用 g(A＋B)⇌l(A＋B) 表示。

蒸气压-组成图中，每一个点有两个坐标，用来表示系统的压力和组成(T 一定) 的强度状态点称为系统点，用来表示一个相的压力和组成(x_B 或 y_B，T 一定) 的强度状态点称为相点(phase point)。在气相区或液相区中的系统点也即相点。在气液两相平衡区表示系统的平衡态同时需要两个相点。平衡时，系统的压力及两相的组成是一定的，所以两个相点和系统点的连线必是与横坐标平行的线。因此，通过系统点作平行于横坐标的水平线与液相线及气相线的交点即是两个相点。例如，由系统的压力和组成可在图 3-5 中标出系统点 M，则其气、液两相的组成分别由 L 和 G 两点所对应的横坐标指示，L、G 两点分别叫液相点和气相点，$\overline{LG}$ 线称为定压连接线。所以在两相区要区分系统点和相点的不同含义。在图中只要给出系统点，从系统点在图中的位置即知该系统的总组成 x_B、温度、压力、平衡相的相数、各相的聚集态及相组成等(这就是把相图读懂的具体标志)。例如，图 3-5 中的系统点 M，它的总组成 $x_B=0.5$，温度 $t=79.70$ ℃，压力 $p=60$ kPa，相数$\phi=2$，一相为液相 l(A＋B)，另一相为气相 g(A＋B)，相组成 $x_{L,B}=0.35$，$y_{G,B}=0.57$。

由相律可知，在同一连接线上的任何一个系统点，其总组成虽然不同，但相组成却是相同的。例如，图 3-5 中$\overline{LG}$ 连接线上的M' 点，总组成 $x'_B\approx 0.45$，其气相及液相的组成仍为 G、L 两相点所指示的组成。另一方面，在密闭容器中系统的压力改变时(例如，通过移动活塞来改变容积)，系统的总组成不变，但在不同压力下两相平衡时，相的组成却随压力而变。

视频

二组分液态完全互溶系统的蒸气压-组成图

从图 3-5 可以看出，各种组成混合物的蒸气压总是介于两纯组分蒸气压之间。对于这种类型的相图，在两相共存区的任何一个系统点，易挥发组分 B 在气相中的含量均大于在液相中的含量，即 $y_B > x_B$。应用这个图可研究改变压力后蒸气中两组分相对含量的变化规律。

如图 3-6 所示是 H_2O(A)-C_3H_6O(B) 系统在 25 ℃ 时的蒸气压-组成图。图 3-6 与图 3-5

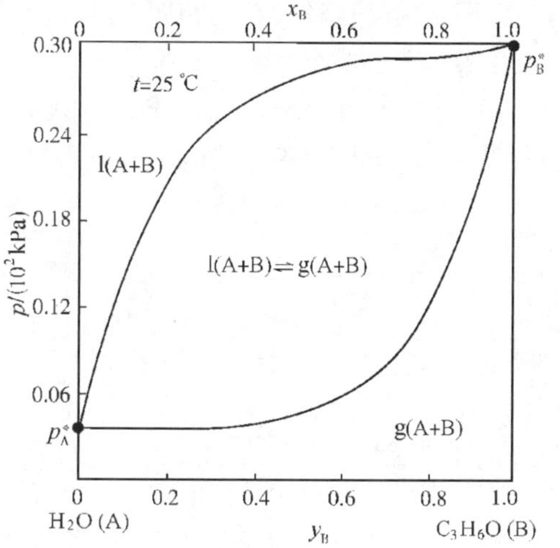

图 3-6　H_2O(A)-C_3H_6O(B) 系统的蒸气压-组成图

比较,不同点是后者的液相线是直线(这是理想液态混合物的特征),前者是曲线,但它们的共同特征是:各种组成混合物的蒸气压介于两纯组分蒸气压之间,且易挥发组分 B 在气相中的含量大于在液相中的含量,即 $y_B > x_B$。两图曲线的形状虽不一样,但读图的方法相同。

2. 蒸气压 - 组成曲线有极大或极小值的类型

以 $H_2O(A)$-$C_2H_5OH(B)$ 系统为例,如图 3-7 所示是该系统在 60 ℃ 时的蒸气压 - 组成图,该图的特点是:定温时,系统的蒸气压随 x_B 的变化出现极大值,两相区的相组成在极大值一侧(左侧)$y_B > x_B$,另一侧(右侧)$y_B < x_B$,在极大值处气相线与液相线相切,$y_B = x_B$。

如图 3-8 所示是 $CHCl_3(A)$-$C_3H_6O(B)$ 系统的蒸气压 - 组成图,该图的特点是:定温时,系统的蒸气压随 x_B 的变化出现极小值,两相区的相组成在极小值一侧(左侧)$y_B < x_B$,另一侧(右侧)$y_B > x_B$,在极小值处气相线与液相线相切,$y_B = x_B$。

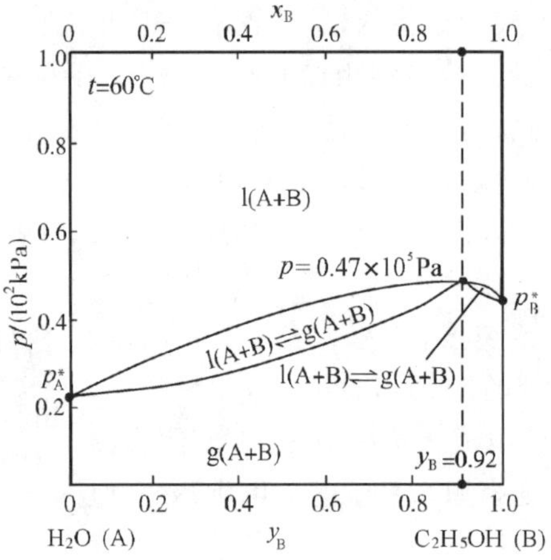

图 3-7 $H_2O(A)$-$C_2H_5OH(B)$ 系统的蒸气压 - 组成图

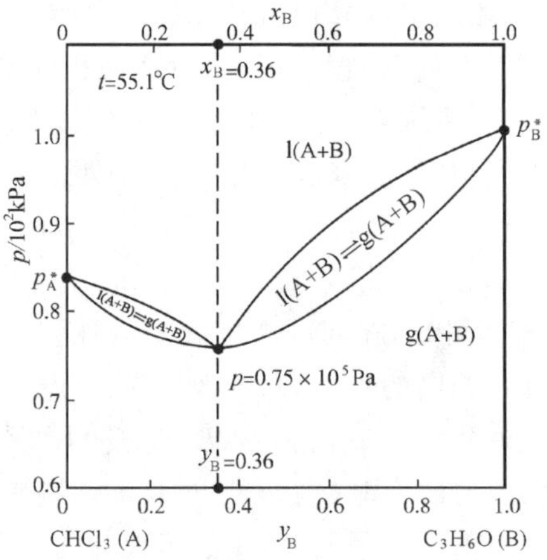

图 3-8 $CHCl_3(A)$-$C_3H_6O(B)$ 系统的蒸气压 - 组成图

3.2.2 二组分液态完全互溶系统的沸点 - 组成图

精馏操作通常在定压下进行,为了提高分离效率,必须了解在定压下混合物的沸点和组成之间的关系。沸点 - 组成图即是描述这种关系的相图。

1. 沸点 - 组成图无极大和极小值的类型

以 $C_6H_5CH_3(A)$-$C_6H_6(B)$ 系统为例,p=101 325 Pa 下,测得混合物沸点与液相组成 x_B 及气相组成 y_B 的数据(包括纯 A 及纯 B 的沸点)见表 3-3。

表 3-3 $C_6H_5CH_3(A)$-$C_6H_6(B)$ 系统在 p = 101 325 Pa 下沸点与液相组成及气相组成的数据

t/ ℃	x_B	y_B	t/ ℃	x_B	y_B	t/ ℃	x_B	y_B
110.62	0	0	97.76	0.325	0.530	86.41	0.712	0.853
108.75	0.042	0.089	95.01	0.409	0.619	84.10	0.810	0.911
104.87	0.132	0.257	92.79	0.483	0.688	81.99	0.900	0.958
103.00	0.183	0.384	90.76	0.551	0.742	80.10	1.000	1.000
101.52	0.219	0.395	88.63	0.628	0.800			

由表 3-3 绘制的 $C_6H_5CH_3(A)$-$C_6H_6(B)$ 系统的沸点 - 组成图,如图 3-9 所示。图中 t_A^* 及 t_B^* 分别为 $C_6H_5CH_3(A)$ 及 $C_6H_6(B)$ 的沸点(也是单组分系统的两相点)。上面的曲线根

据t-y_B 数据绘制，表示混合物的沸点与气相组成的关系，叫气相线。下面的曲线根据 t-x_B 数据绘制，表示混合物的沸点与液相组成的关系，叫液相线。气相线以上为气相区，用 g(A + B) 表示，液相线以下为液相区，用 l(A + B) 表示。两线中间为气液两相平衡区，用 g(A + B)⇌l(A + B) 表示，该区内任何系统点的平衡态为液气两相平衡共存，其相组成可分别由液相线及气相线上的两个相应的液相点及气相点所对应的横坐标指示的组成读出。例如，如图 3-9 所示，在 $p = 101\ 325$ Pa 下 95 ℃ 时，系统总组成 $x_B = 0.50$ 的系统点 M 为气液两相平衡，其相组成可通过 M 点作平行于横坐标的定温连接线与液相线及气相线的交点，即液相点 L 及气相点 G 读出（$x_{L,B} \approx 0.41$，$y_{G,B} \approx 0.62$），$\overline{LG}$ 线即为定温连接线(isothermal line)。

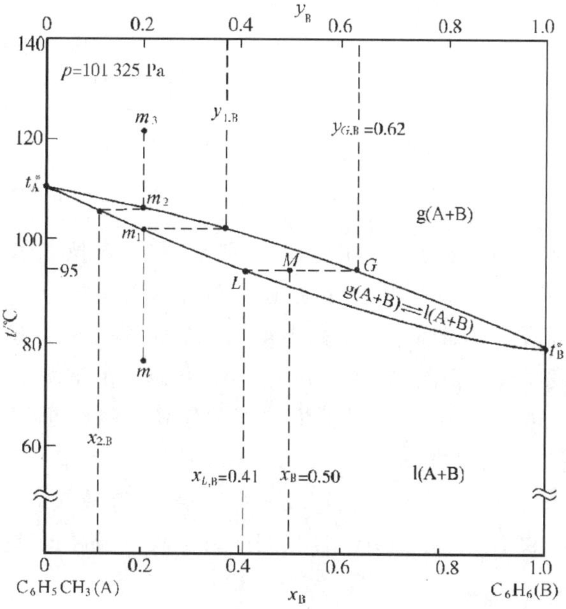

图 3-9　$C_6H_5CH_3$(A)-C_6H_6(B) 系统的沸点 - 组成图

将图 3-9 与图 3-5 相比可发现，两图的气相区和液相区、气相线和液相线的上下位置恰好相反（这很容易理解，因定压下升温则混合物汽化，而定温下加压则蒸气液化）；同时看到沸点 - 组成图中液相线不是直线而是曲线。此外，蒸气压 - 组成图上，t 一定时，$p_A^* < p_B^*$，$p_A^* < p < p_B^*$；而沸点 - 组成图上，p 一定时，$t_A^* > t_B^*$，且 $t_A^* > t > t_B^*$，这是因为沸点高的液体蒸气压小（难挥发），沸点低的液体蒸气压大（易挥发），故在沸点 - 组成图中，在同一温度下气、液两相区的相组成 $y_B > x_B$，这正是精馏分离的理论基础。

如图 3-9 所示，若将系统点为 m 的混合物定压加热升温，则到 m_1 点后开始沸腾起泡，所以 m_1 点又叫泡点(bubble point)，因而液相线又叫泡点线(bubble point line)，产生的第一个气泡的组成为 $y_{1,B}$。严格说来，正好到 m_1 点时仍是液相，只有超过一点点才会出现第一个气泡，第一个气泡的组成也应在 $y_{1,B}$ 左边一点点。系统点 m_2 点又叫露点(dew point)，而气相线又叫露点线(dew point line)，产生的第一个液珠的组成为 $x_{2,B}$。从 m 升温到 m_3 或从 m_3 冷却到 m，系统的总组成不变，但在两相平衡区时，两相的组成将随温度的改变而改变。

2. 沸点 - 组成图有极小或极大值的类型

如图 3-10 及图 3-11 所示是 H_2O(A)-C_2H_5OH(B) 及 $CHCl_3$(A)-C_3H_6O(B) 系统的沸

点 - 组成图。

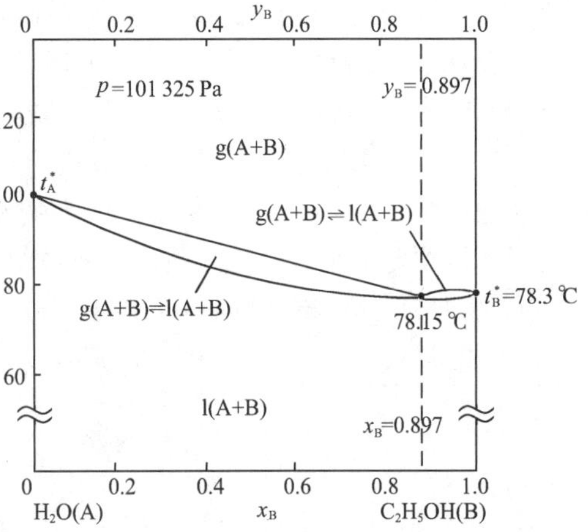

图 3-10　$H_2O(A)$-$C_2H_5OH(B)$ 系统的沸点 - 组成图

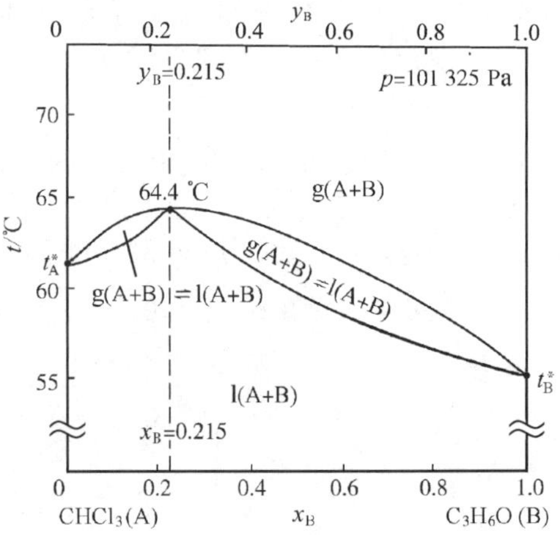

图 3-11　$CHCl_3(A)$-$C_3H_6O(B)$ 系统的沸点 - 组成图

图 3-10 及图 3-11 与图 3-7 及图 3-8 相比，可以明显看出，对拉乌尔定律有较大的正偏差，则蒸气压 - 组成图中有最高点，而在沸点 - 组成图中则相应有最低点；对拉乌尔定律有较大的负偏差，则蒸气压 - 组成图中有最低点，而在沸点 - 组成图中一般有最高点。我们把沸点 - 组成图中的最低点的温度叫**最低恒沸点**(minimum azeotropic point)，最高点的温度叫**最高恒沸点**(maximum azeotropic point)。在最低恒沸点和最高恒沸点处，气相组成与液相组成相等，即 $y_B=x_B$，其量值叫**恒沸组成**(azeotropic composition)。具有该组成的混合物叫**恒沸混合物**(azeotropic mixture)。$H_2O(A)$-$C_2H_5OH(B)$ 系统具有最低恒沸点，即 $t_E=78.15$ ℃，恒沸组成 $x_B=y_B=0.897$；$CHCl_3(A)$-$C_3H_6O(B)$ 系统具有最高恒沸点，即 $t_E=64.4$ ℃，恒沸组成 $x_B=y_B=0.215$。

对于恒沸混合物，以前人们曾误认为是化合物，后来实验发现，仅当外压一定时，恒沸混合物才有确定的组成，而当外压改变时，其恒沸温度及恒沸组成均随压力而变，这说明它不是化合物。$H_2O(A)$-$C_2H_5OH(B)$ 系统的恒沸温度及组成随压力变化数据见表 3-4。

表 3-4　$H_2O(A)$-$C_2H_5OH(B)$ 系统的恒沸温度及组成随压力变化数据

压力 $p/(10^2$ kPa)	恒沸温度 t/ ℃	恒沸组成 $x_B=y_B$	压力 $p/(10^2$ kPa)	恒沸温度 t/ ℃	恒沸组成 $x_B=y_B$
0.127	33.35	0.986	1.013	78.15	0.897
0.173	39.20	0.972	1.434	87.12	0.888
0.265	47.63	0.930	1.935	95.35	0.887
0.539	63.04	0.909			

3.2.3　杠杆规则

对二组分系统，在一定条件下达到两相平衡时，该两相的物质的量(或质量)关系可以根据系统的相图由杠杆规则作定量计算。

以如图 3-12 所示的 A、B 两组分在某压力下的沸点 - 组成图为例。设有总组成为 x_B、温度为 t_K 的系统点 K，该系统为气液两相平衡，气相点和液相点分别为 G 和 L，由图可读出该两相的组成(两相中 B 的摩尔分数) 为 y_B^g 和 x_B^l。现在来考虑,此时气、液两相物质的量 n^g 及 n^l 与系统的总组成 x_B 及气、液两相的组成 y_B^g 及 x_B^l 的关系如何?

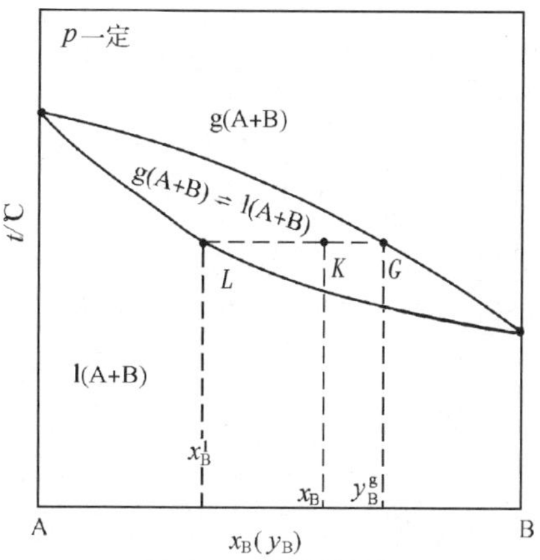

图 3-12　杠杆规则

从 $x_B \overset{\text{def}}{=\!=\!=} \dfrac{n_B}{n_A + n_B}$ 出发,

$$n_B = (n_B^g + n_B^l) = n^g y_B^g + n^l x_B^l$$

又　$n_A + n_B = (n_A^g + n_B^g + n_A^l + n_B^l) = n^g + n^l$

代入 x_B 定义式的右边,则得

$$(n^g + n^l) x_B = n^g y_B^g + n^l x_B^l$$

于是,有

$$\frac{n^g}{n^l} = \frac{x_B - x_B^l}{y_B^g - x_B} \tag{3-1a}$$

根据式(3-1a) 可以求出在一定条件下二组分达到气液两相平衡时,气液两相的物质的量之比。

由图可以看出 $x_B - x_B^l = \overline{LK}$, $y_B^g - x_B = \overline{KG}$,所以又可得

$$n^g / n^l = \overline{LK} / \overline{KG} \tag{3-1b}$$

即相互平衡的气液两相的物质的量之比,可由相图中连接两相点的两段定温连接线的长度 $\overline{LK}$ 与 $\overline{KG}$ 之比求得。式(3-1b) 也可写成:

$$\overline{LK} \cdot n^l = \overline{KG} \cdot n^g \tag{3-1c}$$

若相图中的组成坐标不用摩尔分数而是用质量分数表示,则

$$m^g / m^l = \overline{LK} / \overline{KG} \tag{3-1d}$$

或

$$\overline{LK} \cdot m^l = \overline{KG} \cdot m^g \tag{3-1e}$$

式中,m^g 及 m^l 为相互平衡的气、液两相的物质的质量。式(3-1d) 与式(3-1e) 与力学中的以 K 为支点,挂在 G、L 处的质量为 m^g、m^l 的两物体平衡时的杠杆规则($\overline{LK} \cdot m^l = \overline{KG} \cdot m^g$) 形式相似,故形象化地称式(3-1) 为**杠杆规则**(lever rule)。杠杆规则适合于任何两相平衡系统。

有了相图,根据杠杆规则,若系统的物质的总物质的量为未知,仅可求出相互平衡的两个相的物质的量之比;若系统的物质的总物质的量也给定,可求出相互平衡的两个相各自的物质的量(或质量)。

【例 3-5】　利用表 3-3 的数据,并结合图 3-9,计算将总组成 $x_B = 0.50$ 的甲苯(A)-苯(B) 的混合物5 kmol,加热至 95 ℃,则气、液两相的物质的量各为多少?

解　由杠杆规则式(3-1a) 及式(3-1b),有

$$\frac{n^g}{n^l} = \frac{x_B - x_B^l}{y_B^g - x_B} = \frac{0.50 - 0.41}{0.62 - 0.50} = \frac{0.09}{0.12} \tag{a}$$

又,混合物(即系统的) 总的物质的量　$n^g + n^l = 5\ \text{kmol}$　(b)

联立式(a)、式(b),解得　$n^g = 2.14\ \text{kmol}$,　$n^l = 2.86\ \text{kmol}$

3.2.4 精馏分离原理

化学研究及化工生产中，常需将含一个以上组分的混合物分离成纯组分（或接近纯组分），所用的方法之一就是精馏（rectification）。我们在讨论 $C_6H_5CH_3$(A)-C_6H_6(B) 系统的沸点-组成图时（图 3-9）曾指出苯的沸点比甲苯的沸点低，即苯比甲苯易挥发，所以系统在一定外压下沸腾时，气相中低沸点组分（苯）的组成高于液相中低沸点组分的组成。借此原理，可以采用一定手段，实现 $C_6H_5CH_3$(A)-C_6H_6(B) 系统中两个组分的完全分离。

如图 3-13 所示，设有一组成为 x_B 的 A-B 的液态混合物，将其加热到温度 t_3，则发生部分汽化，得到的蒸气组成为 $y_{3,B}$，将该组成的蒸气降温到 t_2，则发生部分冷凝，而未冷凝的蒸气，其组成为 $y_{2,B}$，由图可见 $y_{2,B} > y_{3,B}$，再将组成为 $y_{2,B}$ 的蒸气降温到 t_1，又发生部分冷凝，则未冷凝的蒸气的组成变为 $y_{1,B}$，且 $y_{1,B} > y_{2,B}$。如此多次进行部分冷凝，则如图中气相线上的箭头方向所示，未冷凝的蒸气的组成将逐渐接近纯的易挥发组分 B。

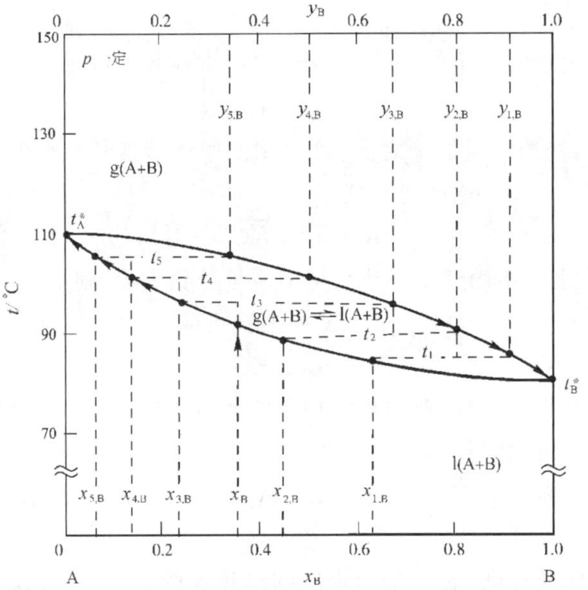

图 3-13 精馏分离原理

与部分冷凝同时，将在 t_3 时部分汽化后所剩的组成为 $x_{3,B}$ 的混合物加热到温度 t_4，则发生部分汽化，而未汽化的混合物的组成变为 $x_{4,B}$，且 $x_{4,B} < x_{3,B}$，再将组成为 $x_{4,B}$ 的混合物加热到温度 t_5，则未汽化的混合物的组成变为 $x_{5,B}$，显然 $x_{5,B} < x_{4,B}$。如此多次进行部分汽化，则如图中液相线上的箭头方向所示，未汽化的液相的组成将逐渐接近纯的难挥发组分 A。

在化工生产中，上述部分冷凝和部分汽化过程是在精馏塔中连续进行的，塔顶温度比塔底温度低，结果在塔顶得到纯度较高的易挥发组分，而在塔底得到纯度较高的难挥发组分。关于精馏塔的结构和原理将在化工原理课中学习，此处不详述。

对具有最低或最高恒沸点的二组分系统，用简单精馏的方法不能将二组分完全分离，而只能得到其中某一纯组分及恒沸混合物。

以 H_2O(A)-C_2H_5OH(B) 系统为例，如图 3-10 所示，恒沸混合物的沸点最低，若将组成

为 $x_B=0.60$ 的乙醇和水的混合物引入塔中进行精馏，则在塔顶得到的是恒沸混合物，在塔底得到的是纯水。可见，精馏的结果得不到纯乙醇。工业酒精中乙醇含量约为 w(乙醇)$=0.95$，相当于 x(乙醇)$=0.897$，就是由于不能用简单精馏方法实现两纯组分完全分离的缘故。市售的无水乙醇是通过其他方法生产的，例如，利用生石灰除去其中的水；或利用苯，使其与水、乙醇一起共沸精馏，由于苯、水、乙醇形成三组分恒沸物，从塔顶蒸出，而塔底得到无水乙醇。

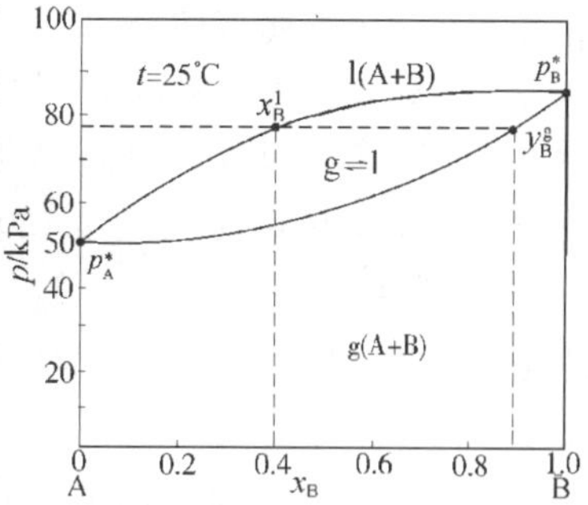

图 3-14　A-B 系统压力 - 组成图

【例 3-6】　如图 3-14 所示为 A-B 二组分系统气液平衡的压力 - 组成图。假定混合物的组成为 $x_B=0.4$，试根据相图计算：(1) 该混合物在 25 ℃ 时的饱和蒸气压；(2) 25 ℃ 时与该混合物呈平衡的气相组成 y_B^g；(3) 若以纯 B 为标准态，25 ℃ 时该混合物中 B 的活度因子 f_B 及活度 a_B。

解　(1) 如图 3-14 所示，该混合物在 25 ℃ 时的蒸气压为 77 kPa(x_B^l 对应的压力)；

(2) 25 ℃ 时与该混合物呈平衡的气相组成 $y_B^g\approx 0.9$；

(3)
$$f_B=\frac{py_B^g}{p_B^* x_B^l}=\frac{77\ \text{kPa}\times 0.9}{85\ \text{kPa}\times 0.4}=2.0$$
$$a_B=f_B x_B^l=2.0\times 0.4=0.8$$

【例 3-7】　如图 3-15(a) 所示为 A、B 两组分液态完全互溶系统的压力 - 组成示意图。试根据该图画出该系统的温度(沸点)- 组成图，并在图中标示各相区的聚集态及成分。

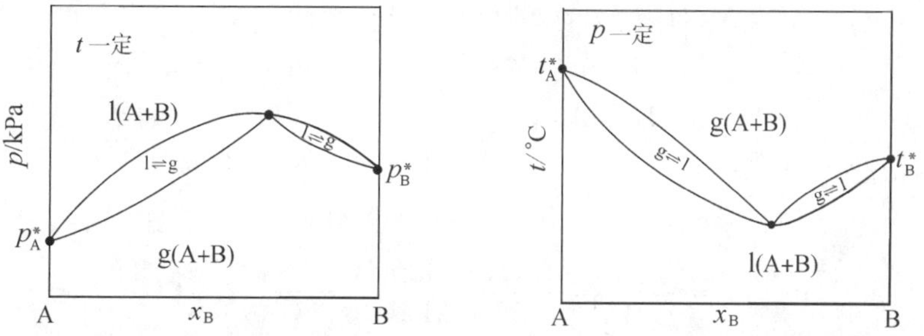

(a) 压力 - 组成示意图　　(b) 温度(沸点)- 组成示意图

图 3-15　A-B 系统压力 - 组成及温度(沸点)- 组成示意图

解　由压力 - 组成图知：

$p_A^*<p_B^*$，则在温度(沸点)- 组成图中有 $t_A^*>t_B^*$(蒸气压小的液体沸点高，即不易挥发，蒸气压大的液体沸点低，即易挥发)。

由压力 - 组成图可知：液相线在气相线的上方；液相区在液相线以上，气相区在气相线以下，介于两线之间则为气液两相平衡区。

而温度(沸点)- 组成图恰恰与压力 - 组成图相反，即液相线在气相线下方；液相区在液相线以下(低于沸点温度，则呈液体)，气相区在气相线以上(高于沸点温度，则呈气体)，介于两线之间则为气液两相平衡区。

由压力 - 组成图可知，液相线与气相线有相切点，且为最高点；则在温度(沸点)- 组成图中液相线与气相线也必有相切点，且必为最低点(蒸气压高，则沸点必低)。

综上分析，则该系统的温度（沸点）-组成示意图如图3-15(b)所示。

【例3-8】 如图3-16所示为A-B二组分液态完全互溶系统的沸点-组成图。(1)4 mol A和6 mol B混合时，70 ℃时系统有几个相，各相的物质的量如何？各含A、B多少？(2)多少组成（即$x_B=?$）的A、B二组分混合物在101 325 Pa下沸点为70 ℃？(3)70 ℃时，(1)混合物中组分A的活度因子$f_A=?$ 活度$a_A=?$（均以纯液体A为标准态）。已知$\Delta_f H_m^\ominus(A,l)=300\ kJ\cdot mol^{-1}$，$\Delta_f H_m^\ominus(A,g)=328.4\ kJ\cdot mol^{-1}$。

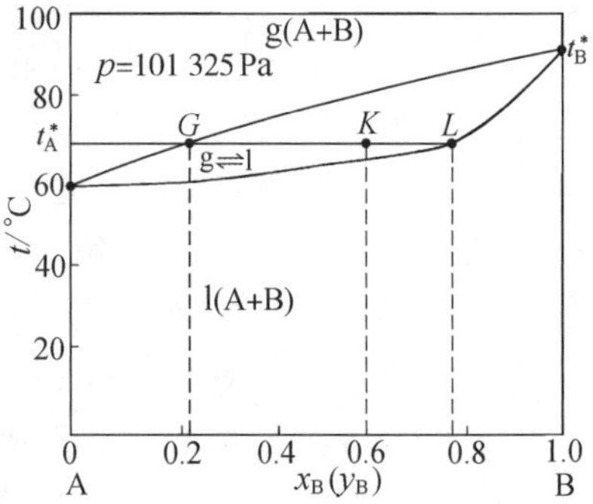

图3-16 A-B系统的沸点-组成图

解 (1)系统如图3-16中K点所示，有气、液两个相，相点如G、L两点所示，各相物质的量由杠杆规则：

$$\frac{n^g}{n^l}=\frac{\overline{KL}}{\overline{GK}}=\frac{0.78-0.60}{0.60-0.22} \tag{a}$$

又

$$n^g+n^l=10\ mol \tag{b}$$

联立式(a)、式(b)解得

$$n^g=3.22\ mol \quad 其中\ n_A^g=2.51\ mol, n_B^g=0.71\ mol$$

$$n^l=6.78\ mol \quad 其中\ n_A^l=1.49\ mol, n_B^l=5.29\ mol$$

(2)依据图3-16，$x_B=0.78$的混合物在101 325 Pa下沸点为70 ℃。

(3)$p_A^*(60\ ℃)=101\ 325\ Pa$

$$\Delta_{vap}H_m^*(A)=\Delta_f H_m^\ominus(A,g)-\Delta_f H_m^\ominus(A,l)$$
$$=(328.4-300)\ kJ\cdot mol^{-1}$$

$$\ln\frac{p_A^*(70\ ℃)}{p_A^*(60\ ℃)}=\frac{\Delta_{vap}H_m^*(A)}{R}\left[\frac{1}{(273.15+60)\ K}-\frac{1}{(273.15+70)\ K}\right]$$

解得

$$p_A^*(70\ ℃)=136.6\ kPa$$

所以

$$f_A=\frac{py_A^g}{p_A^*x_A^l}=\frac{101.325\ kPa\times0.78}{136.6\ kPa\times0.22}=2.63$$

$$a_A=f_Ax_A^l=2.63\times0.22=0.58$$

3.3 二组分系统液液、气液平衡相图

3.3.1 二组分液态完全不互溶系统的沸点-组成图

视频

二组分液态完全不互溶系统相图

两种液体绝对不互溶的情况是没有的，但是若它们的相互溶解度很小，以至可以忽略不计时，我们就把它视为完全不互溶系统。例如，水与烷烃、水与芳香烃、水与汞等。

由于两个液态完全不互溶，当它们共存时，每个组分的性质与它们单独存在时完全一样，因此，在一定温度下，它们的蒸气总压等于两个液态组分在相同温度下的蒸气压之和，即

$$p = p_A^* + p_B^*$$

如图 3-17 所示为水、苯的 p-T 图，以及两种液体共存时蒸气总压与温度的关系图。

当 $H_2O(A)$-$C_6H_6(B)$ 系统的蒸气总压等于外压（p =101.325 kPa）时，由图可知，其沸点为 343 K(69.9 ℃)。只要容器中有这两种液体共存，沸点都是这一量值，与两液体的相对量无关，它比水的沸点(100 ℃，101.325 kPa)及纯苯的沸点(80.1 ℃，101.325 kPa)都低。

由分压定义可计算两液体与它们的蒸气在 69.9 ℃ 平衡共存时气相的组成。已知，69.9 ℃ 时，$p^*(C_6H_6)$ =73 359.3 Pa，$p^*(H_2O)$ = 27 965.7 Pa，于是

$$y(C_6H_6) = \frac{p^*(C_6H_6)}{p^*(C_6H_6) + p^*(H_2O)} = \frac{73\ 359.3\ \text{Pa}}{73\ 359.3\ \text{Pa} + 27\ 965.7\ \text{Pa}} = 0.724$$

如图 3-18 所示为 $H_2O(A)$-$C_6H_6(B)$ 系统在 101.325 kPa下的沸点-组成图，图中 t_A^*、t_B^* 分别为水和苯的沸点，$\overline{CED}$ 线为恒沸点线，即任何比例的水与苯的混合物其沸点均为69.9 ℃，系统点在$\overline{CED}$ 线上(注意，C、D 两点不与两表示纯物质的温度坐标线重合，在两线内侧，且与两线相切)时出现三相平衡，即水(液)、苯(液)及 y_B = 0.724 的蒸气。图中$\overline{t_A^* E}$ 线上蒸气对水是饱和的，对苯则是不饱和的。$\overline{t_B^* E}$ 线上，蒸气对苯是饱和的，对水是不饱和的。

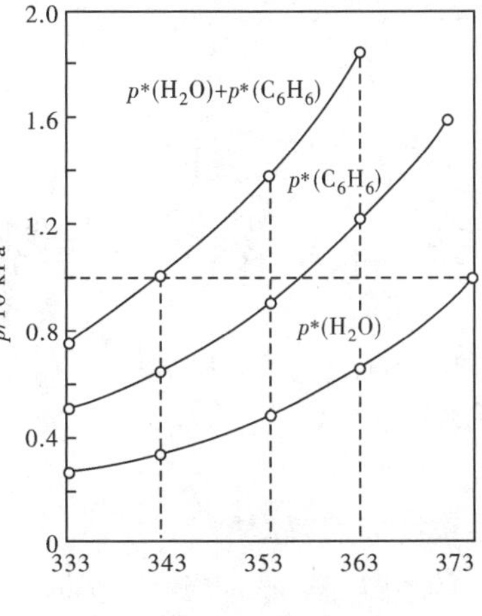

图 3-17　水、苯的蒸气压与温度的关系

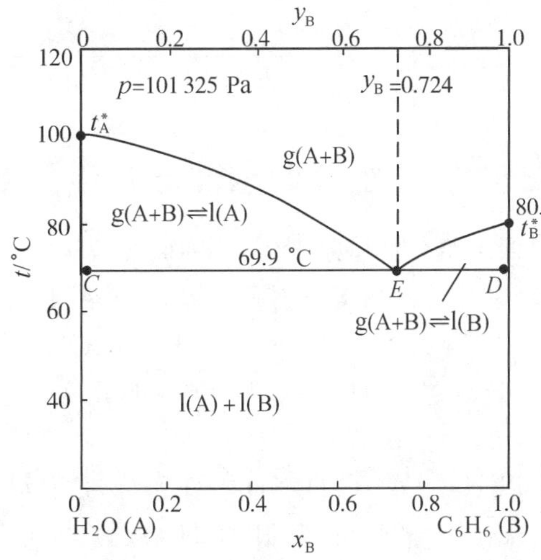

图 3-18　$H_2O(A)$-$C_6H_6(B)$ 系统的沸点-组成图

3.3.2　水蒸气蒸馏原理

对于与水完全不互溶的有机液体，可用**水蒸气蒸馏**(steam distillation)的办法进行提纯。这是因为蒸气混合物蒸出并冷凝后分为两液层(有机物液体和水)，容易分开；而且蒸馏的温度比纯有机物的沸点低，对高温下易分解的有机物的提纯有利。

蒸出一定质量的有机物 m(有)所需蒸气的质量可根据分压与物质的量的关系来计算。因为共沸时

$$p^*(\text{水}) = py(\text{水}) = p\,\frac{n(\text{水})}{n(\text{水}) + n(\text{有})}$$

$$p^*(有)=py(有)=p\frac{n(有)}{n(水)+n(有)}$$

其中，p 是总压；$p^*(水)$、$p^*(有)$ 为在水蒸气蒸馏的温度下(共沸温度)，纯水及纯有机物的饱和蒸气压；$y(水)$、$y(有)$ 为气相中水与有机物的摩尔分数；$n(水)$、$n(有)$ 为它们的物质的量。以上二式相除，得

$$\frac{p^*(水)}{p^*(有)}=\frac{n(水)}{n(有)}=\frac{m(水)/M(水)}{m(有)/M(有)}=\frac{M(有)m(水)}{M(水)m(有)}$$

式中，$m(水)$ 为蒸出的有机物的质量为 $m(有)$ 时所需水蒸气的质量；$M(水)$ 与 $M(有)$ 分别为水及有机物的摩尔质量。整理上式，得

$$m(水)=\frac{m(有)M(水)p^*(水)}{M(有)p^*(有)} \tag{3-2}$$

【例 3-9】 某车间采用水蒸气蒸馏法提纯 200 kg 氯苯，试计算需消耗多少水蒸气(kg)？已知水与氯苯在 101 325 Pa 下的共沸温度为 90.2 ℃，该温度下，水与氯苯的饱和蒸气压分别为 72.26 kPa 及 29.10 kPa。

解　由式(3-2)有

$$m(水)=\frac{m(氯苯)M(水)p^*(水)}{M(氯苯)p^*(氯苯)}=$$

$$\frac{200\ \text{kg}\times18\times10^{-3}\ \text{kg}\cdot\text{mol}^{-1}\times72.26\times10^{3}\ \text{Pa}}{112.5\times10^{-3}\ \text{kg}\cdot\text{mol}^{-1}\times29.10\times10^{3}\ \text{Pa}}=79.5\ \text{kg}$$

3.3.3　二组分液态部分互溶系统的液液、气液平衡相图

视频

二组分液态部分互溶系统相图

两个组分性质差别较大，因而在液态混合时仅在一定比例和温度范围内互溶，而在另外的组成范围只能部分互溶，形成两个液相。这样的系统叫作液态部分互溶系统(liquid partially miscible system)。例如，H_2O-C_6H_5OH、H_2O-$C_6H_5NH_2$、H_2O-C_4H_9OH(正丁醇或异丁醇)等系统。

1. 二组分液态部分互溶系统的溶解度图(液液平衡)

以 $H_2O(A)$-$C_6H_5NH_2(B)$ 系统为例，讨论部分互溶系统的溶解度图。

如图 3-19 所示为根据 $H_2O(A)$ 与 $C_6H_5NH_2(B)$ 的相互溶解度实验数据绘制的 $H_2O(A)$-$C_6H_5NH_2(B)$ 系统的溶解度图。横坐标用 $C_6H_5NH_2(B)$ 的质量分数 w_B 表示。

图中曲线 FKG 的 FK 段，表示随着温度升高，苯胺在水中的溶解度增加；而 GK 段表示随着温度的升高，水在苯胺中的溶解度增加。曲线上的 K 点叫临界会溶点(critical consolute point)，温度为 167 ℃，叫临界会溶温度，该系统点对应的组成 $w_B=0.49$，在临界会溶温度以上，两组分以任意比例混合都完全互溶，形成均相系统。

图 3-19 中，FKG 曲线把全图分成两个区域，曲线外的区域为两个组分的完全互溶区，即均相区。曲线以内为两个组分部分互溶的两相区，含两个液相(即分层现象)，下层为苯胺在水中的饱和溶液，简称水相，用符号 $l_\alpha(A+B)$ 表示；上层为水在苯胺中的饱和溶液，简称胺相，用符号 $l_\beta(A+B)$ 表示。在一定的温度下两相平衡共存(此两相称为共轭相)。

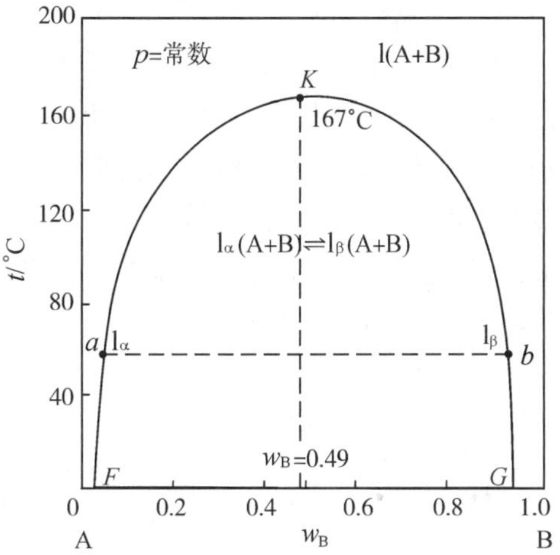

图 3-19　H_2O(A)-$C_6H_5NH_2$(B) 系统的溶解度图

对于不包括气相的凝聚系统，不考虑压力影响（影响很小，可忽略不计），相律为

$$f'=C-\phi'+1 \tag{3-3}$$

ϕ' 为不包括气相的共存相数目；"1"是只考虑温度，不考虑压力影响的结果。应用此相律于图 3-19 中 FKG 曲线外的均相区

$$f'=C-\phi'+1=2-1+1=2$$

这两个强度变量即系统的温度与组成，它们可以在该区内独立改变。而在曲线 FKG 内的两相区

$$f'=2-2+1=1$$

即只有一个强度变量可以独立改变，也就是温度和组成二者中只有一个可以独立改变，另一个将随之而定。例如，改变了温度，则组成（两个相的组成）也就随之而定，不能再任意改变，反之亦然。

2. 二组分液态部分互溶系统的液液气平衡相图

如图 3-20 所示是包括气相的液态部分互溶系统水(A)- 正丁醇(B) 的液液气平衡相图。

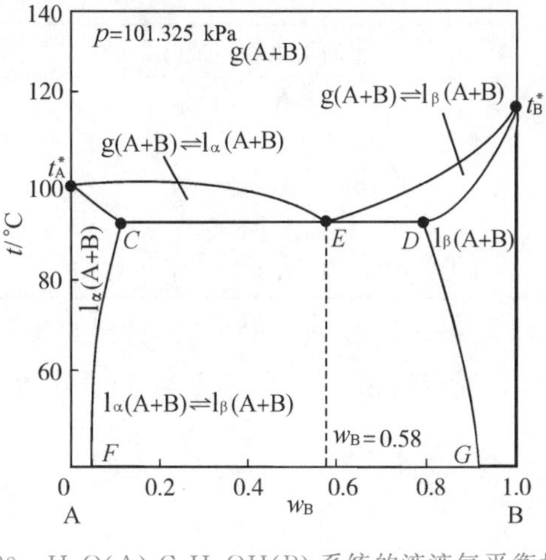

图 3-20　H_2O(A)-C_4H_9OH(B) 系统的液液气平衡相图

图中上半部分与具有最低恒沸点的两组分的沸点-组成图 3-10 相似，t_A^* 及 t_B^* 分别为水及正丁醇在 101.325 kPa 下的沸点（100 ℃ 及 117.5 ℃）。曲线 $t_A^* E$ 和 $t_B^* E$ 是气相线，曲线 $t_A^* C$ 和 $t_B^* D$ 是液相线。气相线以上是气相区，气相线与液相线之间为气、液两相平衡区。图中的下半部分，即 $\overline{CED}$ 线以下与图 3-19 相似。系统点在 $\overline{CED}$ 线上时可出现三相平衡（相点 C、D 所指示组成的两个共轭液相及 $w_B=0.58$ 的气相）。

【例 3-10】 A 与 B 在液态部分互溶，A 和 B 在 100 kPa 下的沸点分别为 120 ℃ 和 100 ℃，该二组分的气、液平衡相图如图 3-21 所示，且知 C、E、D 三个相点的相组成分别为 $x_{B,C}=0.05$，$y_{B,E}=0.60$，$x_{B,D}=0.97$。

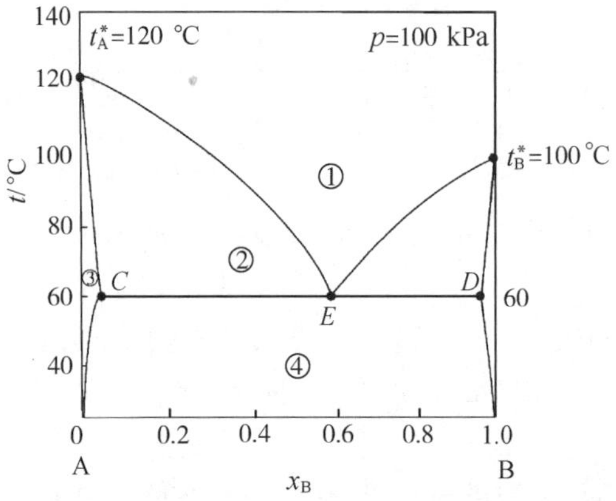

图 3-21 A-B 部分互溶系统的沸点-组成图

求：(1) 试将图 3-21 中 ①、②、③、④ 及 $\overline{CED}$ 线所代表的相区的相数，聚集态及成分[聚集态用 g、l 及 s 表示气、液及固，成分用 A、B 或（A＋B）表示]，条件自由度数 f' 列成表格。(2) 试计算 3 mol B 与 7 mol A 的混合物，在 100 kPa、80 ℃ 达成平衡时气液两相各相的物质的量各为多少摩尔？(3) 假定平衡相点 C 和 D 所代表的两个溶液均可视为理想稀溶液，试计算 60 ℃ 时纯 A(l) 及 B(l) 的饱和蒸气压及该两溶液中溶质的亨利系数（组成以摩尔分数表示）。

解 (1) 列表如下：

相区	相数	相的聚集态及成分	条件自由度数 f'
①	1	g(A＋B)	2
②	2	g(A＋B)＋l(A＋B)	1
③	1	l(A＋B)	2
④	2	l_1(A＋B)＋l_2(A＋B)	1
$\overline{CED}$ 线上	3	l_1(A＋B)＋l_2(A＋B)＋g_E(A＋B)	0

(2) 如图 3-22 所示。将 3 mol B 与 7 mol A 的混合物（即 $x_{B,总}=0.30$）加热到 80 ℃（100 kPa 下），系统点为 K，为气液两相平衡，气相点为 G，液相点为 L，相组成分别为 $y_B^g=0.50$，$x_B^l=0.03$。

由杠杆规则

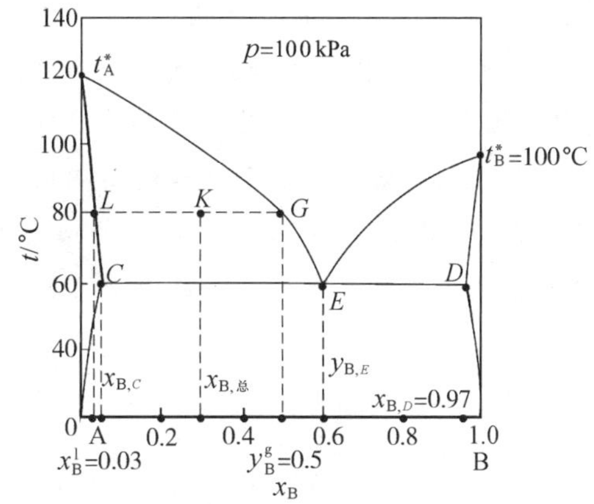

图 3-22　A-B 部分互溶系统的沸点 - 组成图

$$\frac{n^{l}}{n^{g}}=\frac{\overline{KG}}{\overline{LK}}=\frac{y_{B}^{g}-x_{B,总}}{x_{B,总}-x_{B}^{l}}=\frac{0.50-0.30}{0.30-0.03} \tag{a}$$

$$n^{l}+n^{g}=10\ \text{mol} \tag{b}$$

联立式(a)、式(b)，解得

$$n^{g}=5.74\ \text{mol},\quad n^{l}=4.26\ \text{mol}$$

(3) 若视相点 C、D 所指示组成的溶液为理想稀溶液，则理想稀溶液中的溶剂遵守拉乌尔定律，溶质遵守亨利定律，于是 60 ℃ 时：

溶液 C 中 A 是溶剂，B 是溶质，则对溶剂 A，有 $p_{A}=p_{A}^{*}x_{A}$，而 $p_{A}=py_{A,E}=100\ \text{kPa}\times 0.40=40\ \text{kPa}$，$x_{A}=0.95$，代入上式，解得

$$p_{A}^{*}=42.1\ \text{kPa}$$

对溶质 B，有 $p_{B}=k_{x,B}x_{B}$，而 $p_{B}=py_{B,E}=100\ \text{kPa}\times 0.60=60\ \text{kPa}$，$x_{B,C}=0.05$，代入上式，解得

$$k_{x,B}=1\ 200\ \text{kPa}$$

溶液 D 中 B 是溶剂，A 是溶质，则对溶剂 B，有 $p_{B}=p_{B}^{*}x_{B}$，而 $p_{B}=py_{B,E}=100\ \text{kPa}\times 0.60=60\ \text{kPa}$，$x_{B,D}=0.97$，代入上式，解得

$$p_{B}^{*}=61.9\ \text{kPa}$$

对溶质 A，有 $p_{A}=k_{x,A}x_{A}$，而 $p_{A}=py_{A,E}=100\ \text{kPa}\times 0.40=40\ \text{kPa}$，$x_{A}=0.03$，代入上式，解得

$$k_{x,A}=1\ 333\ \text{kPa}$$

3.4　二组分系统固液平衡相图

3.4.1　热分析法

热分析法(thermal analysis) 是绘制熔点 - 组成图的最常用的实验方法。这种方法的原理是：将系统加热到熔化温度以上，然后使其徐徐冷却，记录系统

视频

二组分固相完全不互溶系统相图

的温度随时间的变化，并绘制温度(纵坐标)-时间(横坐标)曲线，叫步冷曲线(cooling curve)。若在系统的冷却过程中不发生相变化，则系统逐渐散热时，所得步冷曲线为连续的曲线；若系统在冷却过程中有相变化发生，所得步冷曲线在一定温度时将出现停歇点(有一段时间散热时温度不变)或转折点(在该点前后散热速度不同)，或两种情况兼有。

将两个组分配制成组成不同的混合物(包括两个纯组分)，加热熔化后，测得一系列步冷曲线，进而可得到熔点-组成图。

3.4.2 熔点-组成图

如图 3-23 所示为用热分析法由实验绘制的具有最低共熔点(eutectic point)(也叫共晶点)的邻硝基氯苯(A)-对硝基氯苯(B)系统的熔点-组成图(melting point-composition diagram)。

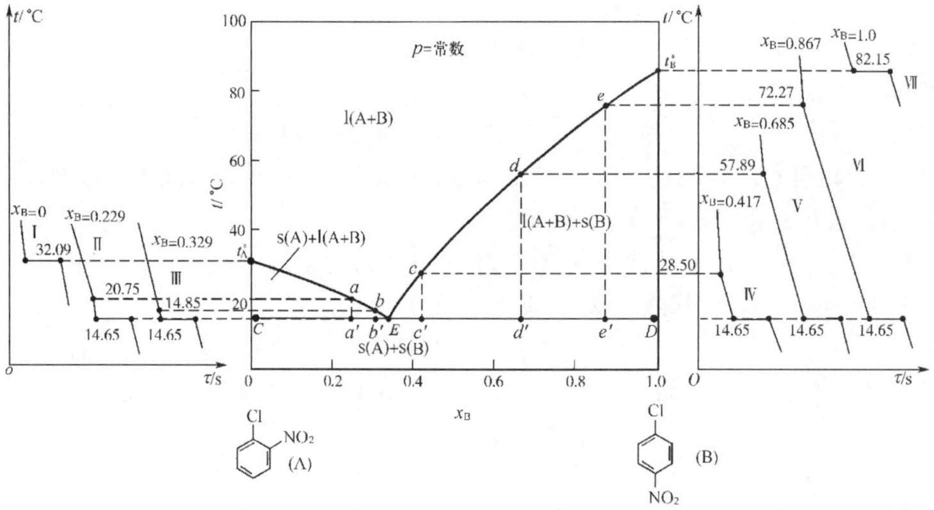

图 3-23　由热分析法绘制的邻硝基氯苯(A)-对硝基氯苯(B)系统的熔点-组成图

图 3-23 中，t_A^* 及 t_B^* 分别为纯邻硝基氯苯及纯对硝基氯苯的熔点。t_A^*E 及 t_B^*E 是根据各个步冷曲线第一个转折点绘出的，所以是结晶开始曲线，是液固两相平衡中表示液相组成与温度关系的液相线(line of liquid phase)，而 t_A^*C 及 t_B^*D 是相对应的固相线(line of solid phase)；$\overline{CED}$ 水平线是根据各步冷曲线的停歇点绘出的(注意，C、D 两点并不与两纵坐标轴重合，而是在两坐标轴内侧，且分别与两坐标轴相切)。系统的温度降到 $\overline{CED}$ 线的温度时，邻、对硝基氯苯一起结晶析出，所以又叫共晶线，是结晶终了线。在该条线上是两种晶体(纯 A 及纯 B)与溶液三相平衡，E 点即是溶液的相点，叫最低共熔点(或共晶点)，温度降到该点时，邻硝基氯苯(A)与对硝基氯苯(B)共同结晶析出。各相区如图 3-23 所示。

属于此类的有机化合物的固态完全不互溶的液固平衡的相图有苯(A)-萘(B)、联苯(A)-联苯醚(B)、邻硝基苯酚(A)-对硝基苯酚(B)等；许多二组分的无机盐或金属固态完全不互溶系统的液固平衡相图也属于此类型，例如，KCl(A)-AgCl(B)，Bi(A)-Cd(B)，

Sb(A)-Pb(B),Si(A)-Al(B) 等系统。

3.4.3 结晶分离原理

仍以邻硝基氯苯(A)- 对硝基氯苯(B) 的熔点 - 组成图为例,说明它在结晶分离上的应用。氯苯经硝化后,得到 3 种硝基氯苯的混合物,其中邻硝基氯苯 $w_A = 0.33$,对硝基氯苯 $w_B = 0.66$,间硝基氯苯 $w_C = 0.01$,若间硝基氯苯可忽略不计,则系统可近似视为二组分系统,怎样来分离邻、对两种异构体呢?

表 3-5 是邻、对硝基氯苯的物理常数,可见,两种异构体沸点相差甚小,单纯用精馏的方法分离很困难,但熔点差别很大,且具有低共熔点(14.65 ℃),所以可用固液平衡的原理实现分离,称**结晶分离法**。下面应用邻硝基氯苯(A)- 对硝基氯苯(B) 的熔点 - 组成图和沸点 - 组成图来阐明如何采用结晶分离与精馏分离相结合的方法把两异构体分离。

表 3-5 邻、对硝基氯苯的物理常数

异构体	沸点/℃		熔点/℃	共晶温度/℃
	101 325 Pa	1 066.6 Pa		
邻硝基氯苯	245.7	119	32.09	14.65
对硝基氯苯	242.0	113	82.15	

如图 3-24 所示的下半部分为该系统的熔点 - 组成图,上半部分为沸点 - 组成图。将一定量的温度和组成如系统点 M 所示的二异构体均相混合物,首先投入到对硝基氯苯(B) 的结晶分离器中,冷却到 N 点,在结晶器中开始有对硝基氯苯(B) 结晶析出。继续降温到 P 点,则有更多的对硝基氯苯(B) 结晶析出,应用杠杆规则看出,此时 B(s) 物质的量与溶液物质的量之比为$\overline{FP}/\overline{PG}$。分离后得纯对硝基氯苯(B),所剩溶液的组成为相点 F 所示(该溶液称为

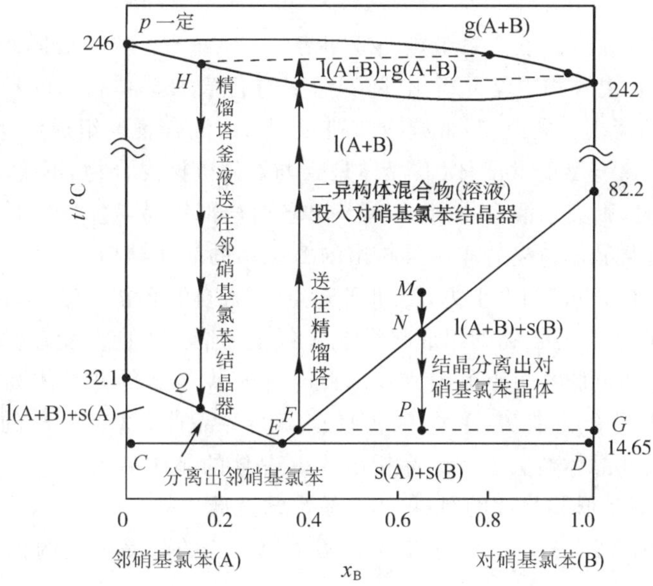

图 3-24 邻硝基氯苯(A)- 对硝基氯苯(B) 系统结晶分离原理示意图

冷母液)，其中邻硝基氯苯的含量增加。再将该溶液输入到精馏塔中进行精馏(工业生产中是减压精馏，这样可降低沸点，并扩大组分的沸点差别)，由图 3-24 可见，精馏后，塔釜液中(H 点)邻硝基氯苯(A)的含量超过共晶组成中邻硝基氯苯(A)的含量。将此釜液投入到邻硝基氯苯(A)的结晶分离器中，降温到 Q 点，则邻硝基氯苯(A)开始结晶析出。继续降温，则结晶出的邻硝基氯苯(A)物质的量不断增加，分离后可得纯邻硝基氯苯(A)。

3.4.4 系统步冷过程分析和共晶体的结构

以 Bi(A)-Cd(B) 系统的熔点 - 组成图为例，该系统的相图也为具有最低共熔点的相图(图 3-25)。

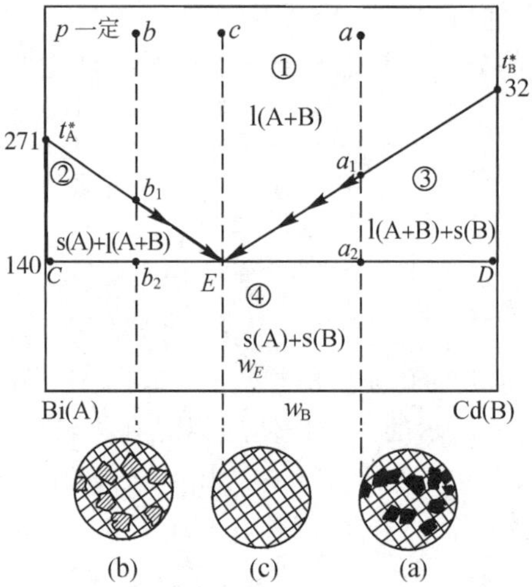

图 3-25 Bi(A)-Cd(B) 系统的步冷过程和共晶体结构

我们来分析图中 a、b、c 三个系统点的冷却情况。系统点 a 位于最低共熔点 E 的右上方，冷却到 a_1 点时，B 自混合物中结晶析出，随着温度的下降，B 晶体析出的量增加，混合物的组成将沿 a_1E 线上的箭头方向改变；继续冷却到 a_2 点时，混合物的组成已达到最低共熔点的组成 w_E，此时析出 A 与 B 的共晶体(共晶体是 A 与 B 的机械混合物，不是固溶体)；温度继续下降而离开 a_2 点时，则液态混合物消失，A 及 B 各自全部结晶，这时得到的固体混合物如图 3-25(a) 所示，是由共晶体包夹着先结晶析出的 B 晶体的晶体结构。

b 点位于最低共熔点 E 的左上方，冷却到 b_1 点时，A 自混合物中结晶析出，随着温度的下降，A 晶体析出量增加。混合物的组成将沿 b_1E 线上的箭头方向改变；继续冷却至 b_2 点时，混合物的组成已达到最低共熔点的组成 w_E，此时析出 A 与 B 的共晶体；温度继续下降而离开 b_2 点时，则液态混合物消失，A 与 B 各自全部结为晶体，这时所得的固体混合物如图 3-25(b) 所示，是由共晶体包夹着先结晶析出的 A 晶体的晶体结构。

c 点的组成恰好是低共晶体的组成，当系统冷却至低共晶点 E 时，A 及 B 同时析出，成为共晶体，其结构如图 3-25(c) 所示，是 A 及 B 两个纯组分的微晶组成的机械混合物(两个固相)。

3.4.5　水-盐系统的相图

许多水-盐系统是具有最低共熔点的系统，此类系统的相图通常采用溶解度法制作，即通过不同温度下测得的某盐类在水中的溶解度数据，以温度为纵坐标，以溶解度(即组成)为横坐标，绘制成水-盐系统的相图。表 3-6 为不同温度下$(NH_4)_2SO_4$在水中的溶解度数据，根据该数据，可绘得$H_2O(A)$-$(NH_4)_2SO_4(B)$系统的固液平衡相图，如图 3-26 所示。

表 3-6　不同温度下$(NH_4)_2SO_4$在水中的溶解度

温度 t/ ℃	液相组成 $w[(NH_4)_2SO_4]$	固相	温度 t/ ℃	液相组成 $w[(NH_4)_2SO_4]$	固相
0	0	冰	10	0.422	$(NH_4)_2SO_4$
−5.45	0.167	冰	30	0.438	$(NH_4)_2SO_4$
−11	0.286	冰	50	0.458	$(NH_4)_2SO_4$
−18	0.375	冰	70	0.479	$(NH_4)_2SO_4$
−19.05	0.384	冰＋$(NH_4)_2SO_4$	90	0.498	$(NH_4)_2SO_4$
0	0.411	$(NH_4)_2SO_4$	108.90(沸点)	0.518	$(NH_4)_2SO_4$

图 3-26 中，LE 曲线是水中溶有$(NH_4)_2SO_4$后的冰点下降曲线，NE 则是$(NH_4)_2SO_4$在水中的溶解度曲线，两条线相接于 E 点，通过 E 点画出的水平线$\overline{CED}$则是三相(冰、晶体硫酸铵，具有共晶组成 w_E 的硫酸铵水溶液)平衡线。NE 线只能画到 N 点，到该点(108.9 ℃，$w_B=0.518$)溶液已沸腾，超过此点则出现气相。各相区如图所示，不再说明。

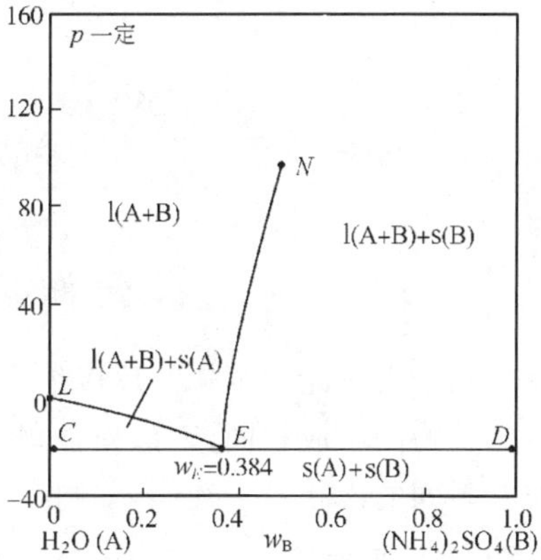

图 3-26　$H_2O(A)$-$(NH_4)_2SO_4(B)$系统的固液平衡相图

3.4.6　盐的精制原理

由水-盐相图可以说明此类相图在盐类的结晶分离和精制上的应用。粗盐中含有的不溶性杂质用溶解过滤的方法除去后，对于所含可溶性杂质，则需采用将盐重结晶的方法除去。以含有杂质的粗硫酸铵的精制为例，如图 3-27 所示，设有一不饱和溶液 P，温度约为 80 ℃，将其冷却到 65 ℃ 达 Q 点，已呈饱和溶液。要想除去不溶性杂质，必须在 65 ℃ 以上进行过滤。溶液经过滤后再冷却至 65 ℃ 以下的 R 点，就有较多晶体硫酸铵析出，n(硫酸铵晶体)/n(溶液)$=\overline{YR}/\overline{RZ}$，经过分离、干燥即得精制硫酸铵。分离后的母液 Y 可循环使用，将其加热(沿 YO)到 80 ℃ 的 O 点，再加粗硫酸铵晶体(则溶液中 w_B 增大)，使

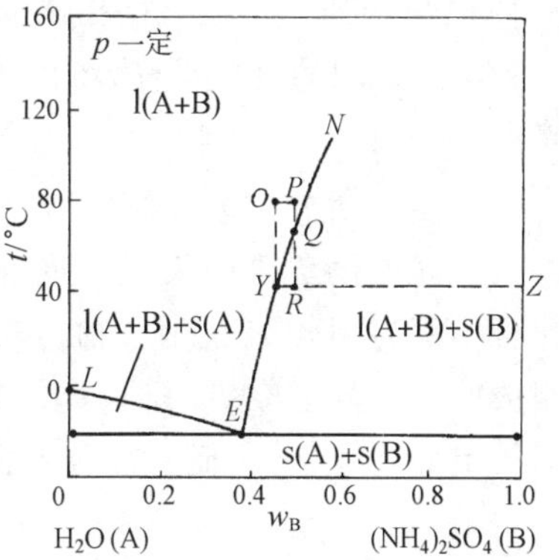

图 3-27　盐类精制原理示意图

系统达到 P 点。重复第一个过程，构成一个循环 $Y \to O \to P \to R \to Y$。这样，粗的硫酸铵经过溶解、过滤、冷却、结晶分离，就达到精制的目的。待母液中杂质的含量累积到足以影响成品的纯度时，排弃之。

【例 3-11】 A 和 B 固态时完全不互溶，101 325 Pa 时 A(s) 的熔点为 30 ℃，B(s) 的熔点为 50 ℃，A 和 B 在 10 ℃ 具有最低共熔点，其组成为 $x_{B,E}=0.4$，设 A 和 B 相互溶解度曲线均为直线。(1) 画出该系统的熔点 - 组成图(t-x_B 图)；(2) 今由 2 mol A 和 8 mol B 组成一系统，根据画出的 t-x_B 图，列表回答系统在 5 ℃、30 ℃、50 ℃ 时的相数、相的聚集态及成分、各相的物质的量、系统所在相区的条件自由度数。

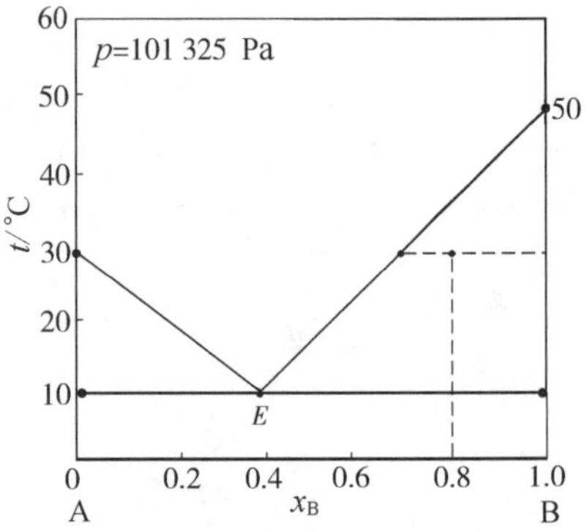

图 3-28 A-B 系统熔点 - 组成图

解 (1) 熔点 - 组成(t-x_B) 图如图 3-28 所示。

(2) 列表如下：

系统温度 /℃	相数	相的聚集态及成分	各相的物质的量	系统所在相区的条件自由度数 f'
5	2	s(A)，s(B)	$n_{s(A)}=2$ mol $n_{s(B)}=8$ mol	1
30	2	s(B)，l(A+B)	$n_{l(A+B)}=6.67$ mol $n_{s(B)}=3.33$ mol	1
50	1	l(A+B)	$n_{l(A+B)}=10$ mol	2

3.4.7 二组分形成化合物系统的相图

有时两个组分能发生化学反应生成固体化合物。若固体化合物熔化后生成的液相的组成与该化合物的组成相同，则该化合物称为相合熔点化合物；若固体化合物加热到熔点得到组成与它不同的液相及一纯固体，则该化合物称为不相合熔点化合物。①

如图 3-29 所示是 Mg(A)-Si(B) 系统在一定压力下的熔点 - 组成图。由 Mg(A) 与 Si(B) 构成的系统中尽管有 Mg_2Si、Mg 和 Si 三种化学物质，但由于存在 Mg_2Si、Mg、Si 三种物质之间的反应平衡，所以仍是二组分系统。

固体化合物 Mg_2Si 熔化时，所得液相的组成与固体化合物的组成相同。因此把该化合物称为相合熔点化合物。若把具有该组成的熔体降温冷却，所得步冷曲线的形状与单组分系统(纯物质) 的步冷曲线形状一

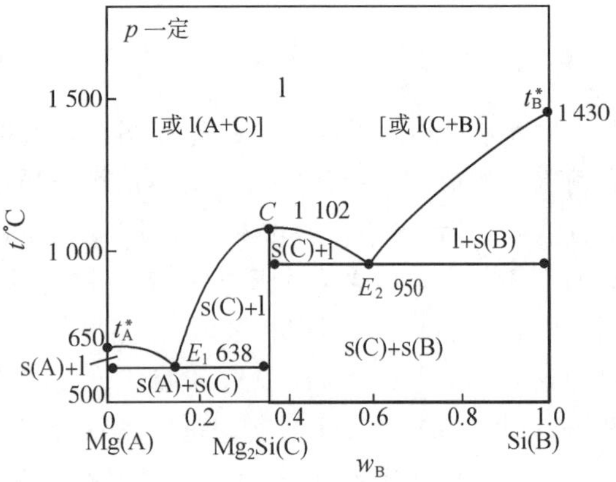

图 3-29 Mg(A)-Si(B) 系统的熔点 - 组成图 (生成相合熔点化合物系统)

①有的教材把相合熔点化合物称为稳定化合物，把不相合熔点化合物称为不稳定化合物。实际上“稳定”化合物熔化成液态时也可能分解，也可能稳定存在，仅靠相图无法判断其是否稳定。

样，即冷却到 C 点温度（1 102 ℃）之前呈连续状，冷却到 C 点温度有固体析出，出现停歇点，曲线呈水平状，待熔体完全固化后，温度才继续下降，表明该固体化合物在一定的压力下有固定的熔点，如图 3-29 所示的 C 点，熔点温度为 1 102 ℃，该点附近的液相线呈一条圆滑的山头形曲线，而不是两条液相线呈锐角相交。

该系统在固态时 Mg 与 Mg_2Si 完全不互溶，Mg_2Si 与 Si 也完全不互溶，它们之间形成两个低共晶点 E_1[638 ℃，w(Si)＝0.14] 及 E_2[950 ℃，w(Si)＝0.58]，所以整个相图（除在 C 点处液相线的切线的斜率为零外）像是两个具有低共晶点的熔点-组成图组合而成。各相区如图所示，若化合物 C 在液相已分解（不存在），则液相为 l(A＋B)；若化合物 C 在液相稳定存在，则在化合物 C 的组成坐标左侧，液相为 l(A＋C)，右侧为 l(C＋B)。仅凭相图无法判定化合物 C 在液相是否稳定存在。

如图 3-30 所示是 Na(A)-K(B) 系统在一定压力下的熔点-组成图。该图的特征与图 3-29 不同，这是由于 Na(A) 和 K(B) 所形成的化合物 Na_2K(C) 当加热到温度 t_P 时，按下式分解：

$$Na_2K(s) \rightleftharpoons Na(s) + 熔体[l(Na+K)]$$

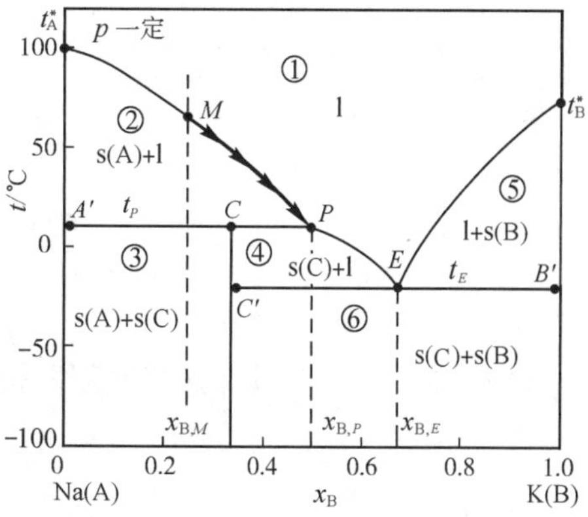

图 3-30　Na(A)-K(B) 系统的熔点-组成图（生成不相合熔点化合物系统）

所得熔体的组成与原化合物 Na_2K 的组成不同，同时生成另一种固体 Na(s)，因此该化合物(Na_2K) 称为不相合熔点化合物。上述化合物的分解反应称**转晶反应**(transition crystal reaction)。若把组成为 $x_{B,M}$ 的熔体从 80 ℃ 左右冷却到 M 点，固体钠开始从熔体中析出，熔体中 Na 含量沿曲线 MP 下降（图中 MP 曲线上的箭头走向），至温度 t_P 化合物 Na_2K 开始析出。图中的两条水平线均为三相平衡线，上面的一条水平线是固体 Na（相点 A'）、化合物 Na_2K(C)（相点 C）与组成为 $x_{B,P}$ 的熔体（相点 P）在温度 t_P 时三相平衡，下面一条水平线是固体化合物 Na_2K(C)（相点 C'）与固体 K(B)（相点 B'）及组成为 $x_{B,E}$ 的熔体（相点 E）在温度 t_E 时三相平衡。各相区如图 3-30 所示。

【例 3-12】　已知 101.325 kPa 下固体 A、B 的熔点分别为 $t_{f,A}^*=500$ ℃，$t_{f,B}^*=800$ ℃，它们可生成固体化合物 s(AB)，s(AB) 加热至 400 ℃ 时分解为 s(AB_2) 和 $x_B=0.40$ 的液态混合物，s(AB_2) 在 600 ℃ 分解为 s(B) 和 $x_B=0.55$ 的液态混合物。该系统有最低共熔点，温度为 300 ℃，对应的组成为 $x_B=0.10$。

(1) 根据以上数据绘出 A-B 系统的相图；

(2) 将相图中各相区编号并列表，同时分别注明各相区的相数、相态及成分和条件自由度数 f'；

(3) 将 $x_B=0.20$ 的液态 A、B 混合物 n[l(A＋B)]＝120 mol 冷却到接近 300 ℃，然后再使用分离、加热的方法，可得到纯固体 B，即 s(B)，则最多可获得多少 s(B)？

解　(1) 相图如图 3-31 所示；

(2) 填表如下：

相区	相数	相态及成分	f'
①	1	l(A+B)	2
②	2	l(A+B)+s(A)	1
③	2	l(A+B)+s(AB)	1
④	2	s(A)+s(AB)	1
⑤	2	l(A+B)+s(AB_2)	1
⑥	2	s(AB)+s(AB_2)	1
⑦	2	l(A+B)+s(B)	1
⑧	2	s(AB_2)+s(B)	1

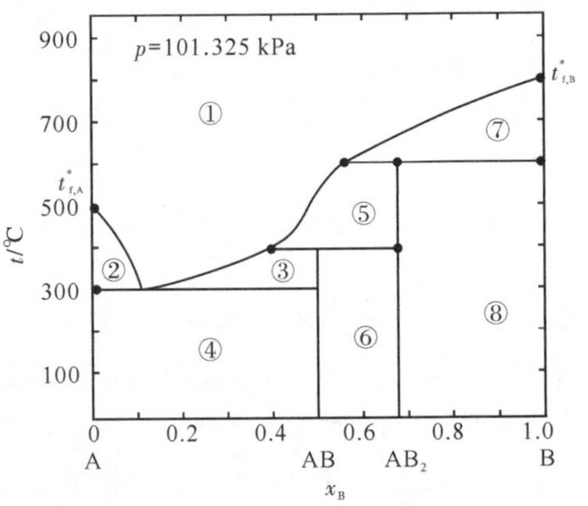

图 3-31　A-B 系统相图

(3) 设降温接近 300 ℃ 析出 s(AB) 的物质的量为 n_1：

$$\frac{2n_1}{120\ \mathrm{mol}-2n_1}=\frac{0.20-0.10}{0.50-0.20}$$

解得 $$n_1=15\ \mathrm{mol}$$

将此 15 mol s(AB) 加热至刚刚超过 400 ℃，则得溶液 l(A+B) 及 s(AB_2)，去除溶液后，设所得 s(AB_2) 物质的量为 n_2：

$$\frac{3n_2}{2\times15\ \mathrm{mol}-3n_2}=\frac{0.50-0.40}{0.67-0.50}$$

解得 $$n_2=3.70\ \mathrm{mol}$$

将 3.7 mol s(AB_2) 加热至刚刚超过 600℃ 则得溶液 l(A+B) 及 s(B)，去除溶液后，设所得的纯 s(B) 物质的量为 n_B：

$$\frac{n_B}{3\times3.70\ \mathrm{mol}-n_B}=\frac{0.67-0.55}{1.00-0.67}$$

解得 $$n_B=2.96\ \mathrm{mol}$$

故最多可得到纯 s(B) 2.96 mol。

注意　本题中组分 A、B 形成的两个化合物都是不相合熔点化合物，在计算使用分离、加热的方法由液态 A、B 混合物获得多少纯 s(B) 的过程中三次运用杠杆规则。还要注意由 A、B 形成化合物 AB 及 AB_2 三者之间物质的量的关系（物质的量的基本单元选择不同）。

【例 3-13】 Au(A) 和 Bi(B) 能形成不相合熔点化合物 Au_2Bi。Au 和 Bi 的熔点分别为 1 336.15 ℃ 和 544.52 ℃。Au_2Bi 分解温度为 650 ℃，此时液相组成 $x_B=0.65$。将 $x_B=0.86$ 的熔体冷却到 510 ℃ 时，同时结晶出两种晶体（Au_2Bi 和 Bi）的混合物。(1) 试根据实验数据绘出 Au-Bi 系统的熔点 - 组成图；(2) 试列表说明每个相区的相数、各相的聚集态及成分、相区的条件自由度数；(3) 画出组成为 $x_B=0.4$ 的熔体从1 400 ℃ 开始冷却的步冷曲线，并标明系统降温冷却过程中，曲线在每一转折点或平台处出现或消失的相。

解　(1) Au-Bi 系统的熔点 - 组成图如图 3-32 所示。

(2) 根据相图，列表如下：

相区	相数	相的聚集态及成分	相区条件自由度数 f'
①	1	l(A＋B)	2
②	2	l(A＋B),s(A)	1
③	2	s(A),s(C)	1
④	2	s(C),l(A＋B)	1
⑤	2	s(B),l(A＋B)	1
⑥	2	s(C),s(B)	1

注　Au、Bi、Au_2Bi 分别用 A、B、C 表示。

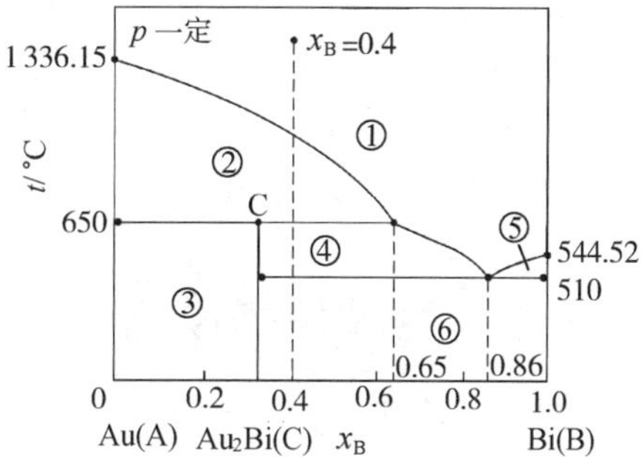

图 3-32　Au-Bi 系统熔点 - 组成图

(3)$x_B=0.4$ 的熔体的步冷曲线如图 3-33 所示。

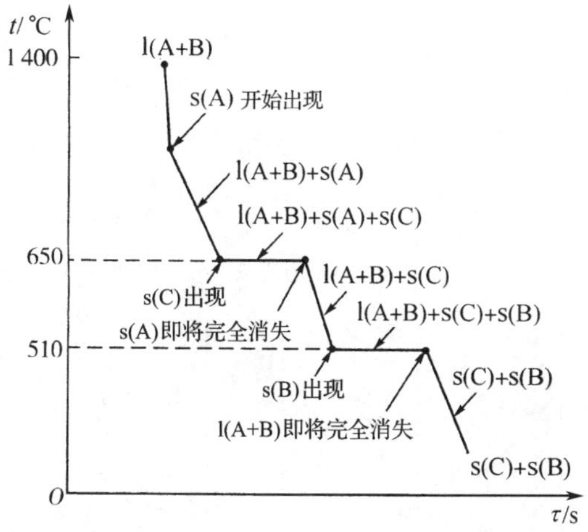

图 3-33　$x_B=0.4$ 的熔体的步冷曲线

3.4.8　二组分固、液态完全互溶系统的固液平衡相图

二组分固态及液态都完全互溶的系统，其熔点 - 组成图也是用热分析的实验方法制作的。如图 3-34 所示即为由热分析法制作的 Ge(A)-Si(B)系统的熔点 - 组成图。

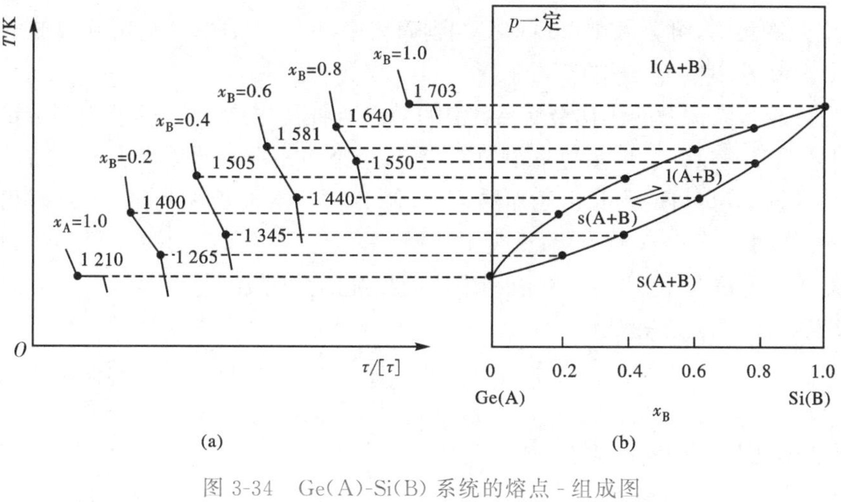

图 3-34　Ge(A)-Si(B) 系统的熔点 - 组成图

图 3-34(b) 中,根据第一个转折点温度连接的曲线(上面的曲线) 称液相线,根据第二个转折点温度连接的曲线(下面的曲线) 称固相线。液相线以上的相区为液相区,固相线以下的相区为固相区[图中 s(A + B) 代表固态熔液或叫固熔体],均为单相区,即一相平衡,二线之间的相区为液固两相平衡共存区。

3.4.9 区域熔炼原理

1. 区域熔炼

区域熔炼(zone-refining) 是冶炼超高纯金属(如半导体材料 Si、Ge,纯度可达 8 个"9",即金属中杂质的质量分数 $w_B \leqslant 1 \times 10^{-6}$) 的最基本方法之一。

如图 3-35 所示,(a) 和(b) 均为二组分固相能生成互溶固溶体的相图的一部分。图中 $t_A^* P$ 和 $t_A^* N$ 分别为液相线和固相线,A 为待提纯的金属,B 为待去除的杂质。设在某一温度下有一系统点 Q,则与 Q 对应的两共轭相,其组成分别为 w_B^s 和 w_B^l,令

$$K_s \xlongequal{\text{def}} \frac{w_B^s}{w_B^l}$$

则 K_s 称为**分凝系数**。分凝系数的大小直接影响区域熔炼金属的纯度和难易程度。

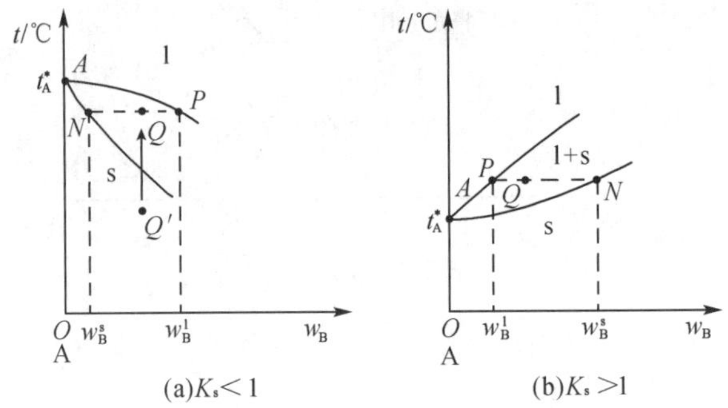

图 3-35 能生成固相互溶固溶体的二组分凝聚系统相图(局部)

如图 3-35(a) 所示,组分 A 为高熔点金属,组分 B 为低熔点金属,在两相平衡时,组分 B 更多地分配到液相中,组分 A 则更多地分配到固相中,$K_s < 1$;图 3-35(b) 中则正相反。现在以图 3-35(a) 为例,讨论区域熔炼原理。

假设有含少量杂质 B 的固体金属 A(图中 Q' 点),将其加热升温至 Q,则部分熔化呈两相平衡,此时杂质 B 通过扩散更多地集中到液相中,于是固相中 B 比原来少了,金属 A 更纯了;然后将固液分离,分离后的固相再经加热熔化,使 B 再一次向液相扩散,于是固相中的杂质又一次减少,金属 A 又一次被纯化;重复上述操作,最终可以在固相中获得极纯的金属 A。如图 3-35(b) 所示情况相反,可以在液相中得到极纯的金属 A。

2. 区域熔炼设备(方法)

如图 3-36 所示,为了保证在近乎平衡条件下操作,区域熔炼应该在保温炉中进行。步骤如下:

(i) 首先将待精炼金属做成金属圆棒。

(ii) 将金属棒套在线圈中。

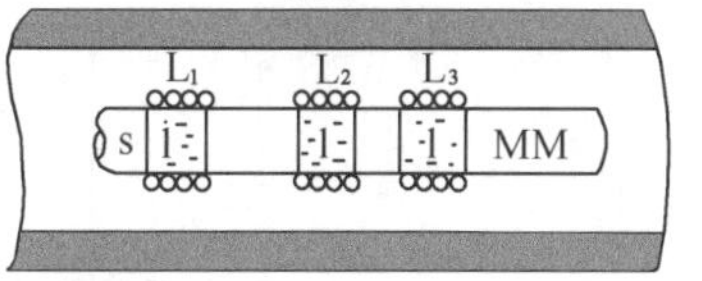

图 3-36 区域熔炼设备原理图

MM— 需要精炼的金属；AA— 保温管式炉 L_1,L_2,L_3— 加热用高频线圈；s— 重凝区；l— 熔化区

(iii) 将线圈通电，控制线圈电压、电流，由于电流的趋肤效应，金属表面先熔化，然后体相才熔化。

(iv) 加热的同时，缓慢移动金属棒，使熔化区右移；同时，移出加热线圈的熔化部分慢慢冷却固化，在这个过程中，杂质 B 不断向液相迁移（$K_s < 1$），也即向右迁移，于是在左端的重凝区杂质 B 就减少；每经过一个线圈，金属就纯化一次，在纯化过程中杂质 B 一直是由左向右迁移的。

(v) 当金属棒移至炉子的最左端时，慢慢将其取出；然后再次将棒按第一次放置时的头尾方向从右端放入炉中，重复第一次的操作（注意，绝对不能像拉锯一样把线圈左右拉动），于是加热线圈就如同一把笤帚，不断地把杂质从左端一次次扫至右端，直至达到精炼要求，过程停止。

(vi) 精炼完成后，依据分析数据将金属棒的“尾部”斩掉，在“头部”获得所需纯度的超高纯金属。

(vii) 对于 $K_s > 1$ 的系统，精炼完成后，应该将“头部”废弃而留“尾部”；还有一种情况，某金属中含有两种杂质，一种如图 3-35(a) 所示，另一种如图 3-35(b) 所示，此时，在精炼完成后，应该“斩头去尾留中间”。

区域熔炼方法也适用于有机化合物的“区域提纯”而获得极高纯度的有机化合物，也可以对高分子化合物“按相对分子质量分级”。

3.4.10 二组分固态部分互溶、液态完全互溶系统的液固平衡相图

在一定组成范围内，液态完全互溶系统凝固后形成固溶体；而在另外的组成范围内，形成不同的两种互不相溶的固溶体。这样的系统称为液态完全互溶而固态部分互溶的系统，该类系统的熔点 - 组成图又分为具有低共熔点及具有转变温度两种，其图形特征与液态部分互溶系统的沸点 - 组成图（图 3-20）相似。

1. 具有低共熔点的熔点 - 组成图

如图 3-37 所示是 Sn(A)-Pb(B) 系统在一定压力下的熔点 - 组成图。图中 Sn 及 Pb 的熔点 t_A^* 及 t_B^* 分别为 232 ℃ 及 327 ℃。用 $s_\alpha(A+B)$ 及 $s_\beta(A+B)$ 分别表示 Sn 多 Pb 少及 Sn 少 Pb 多的固溶体，GC 及 FD 分别为 Pb 溶解在 Sn 中及 Sn 溶解在 Pb 中的溶解度曲线，$t_E =$ 183.3 ℃（图中 E 点）为最低共熔点，该点组成 $x(\text{Pb}) = 0.26$；$t_A^* E$ 及 $t_B^* E$ 为结晶开始曲线或液相线，$t_A^* C$ 及 $t_B^* D$ 则为结晶终了曲线或固相线。而 $\overline{CED}$ 则为共晶线，当冷却到共晶线温度时，同时析出 $s_\alpha(A+B)$ 和 $s_\beta(A+B)$ 两种固溶体，所以在线上是三相平衡，这三相分别是具有相点 C 所指示的组成的 $s_\alpha(A+B)$ 固溶体，具有相点 D 所指示的组成的 $s_\beta(A+B)$ 固溶体和具有相点 E 所指示的组成的低共溶体。此时 $f' = 2-3+1 = 0$，表明系统的温度和三个相的组成均有确定的量值。各相区如图 3-37 所示。根据这类相图可知，要制备低熔点合金应按什么比例配制。此低熔点合金即是用于电子元件钎焊的“焊锡”。

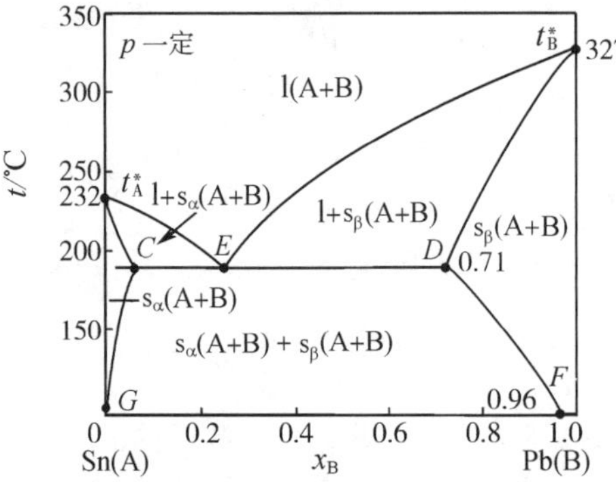

图 3-37　Sn(A)-Pb(B) 系统的熔点 - 组成图

2. 具有转变温度的熔点 - 组成图

如图 3-38 所示是 Ag(A)-Pt(B) 系统的熔点 - 组成图。图中 t_A^* 及 t_B^* 分别为 Ag 及 Pt 的熔点(961 ℃ 及 1 772 ℃)。GC、FD 为 Ag 及 Pt 的相互溶解度曲线。$t_A^* E$ 及 $t_B^* E$ 为结晶开始曲线即液相线，而 $t_A^* C$ 及 $t_B^* D$ 为结晶终了曲线即固相线。$\overline{ECD}$ 线为 $s_\alpha(A+B)$、$s_\beta(A+B)$ 及 l_E(具有相点 E 所指示组成的液溶体) 三相平衡线，温度为 1 200 ℃，各相区如图 3-38 所示。

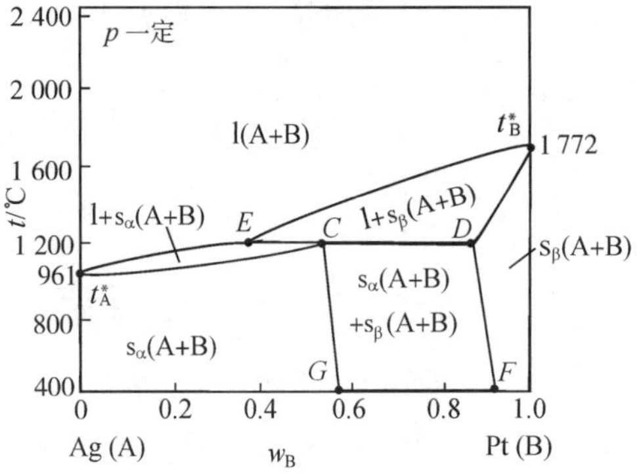

图 3-38　Ag(A)-Pt(B) 系统的熔点 - 组成图

由图 3-38 可看出，在 1 200 ℃ 以上，$s_\alpha(A+B)$ 固溶体不存在，而 $s_\beta(A+B)$ 固溶体却可存在。在 1 200 ℃ 加热固溶体 $C(s_\alpha)$，它就在定温下转变为固溶体 $D(s_\beta)$ 和低共熔体 E，即

$$s_\alpha(A+B) \xrightarrow{1\ 200\ ℃} s_\beta(A+B) + l_E(A+B)$$

因此 1 200 ℃ 是 $s_\alpha(A+B)$、$s_\beta(A+B)$ 两固溶体的转变温度，上述反应式表示的变化称为转晶反应(transition crystal reaction)。

注意　到本节为止，已学完单组分、二组分的各类相图。那么，是否真正学懂了相图呢？建议用以下几点要求来检测自己，以二组分相图为例(这是相图学习的重点部分)，要求达到以下几点：(i) 给你一些相图，能否很快、正确地确认该图的类型(如蒸气压 - 组成图、沸点 - 组成图等) 以及是在液态或固态两个组分是完全互溶、部分互溶或完全不互溶等；(ii) 能否读懂相图中点、线、区的含义(相数、相态及物质成分)；(iii) 能否区分两相区的系统点、相点；(iv) 能否确定两相区给定系统点的系统的总组成和两相的组成；(v) 能否描述系统的强度性质发生变化时，系统的变化情况（如相数、相态、相组成等，用步冷曲线描述这种变化）；(vi) 能否用相律计算各相区的条件自由度数并说明其含义；(vii) 能否应用杠杆规则做相应的计算。如果这 7 项要求你都做到了，就表明你把相图学懂了，继而再学会相图的应用。

Ⅲ　三组分系统相图

3.5　三组分系统相图的等边三角形表示法

若系统由 A、B、C 三个组分构成，则称**三组分系统**（three component system）。将吉布斯相律应用于三组分系统，应有

$$f=3-\phi+2=5-\phi$$

显然，对三组分系统最多相数为 5，最大的自由度数为 4，即确定系统的强度状态最多需要 4 个独立的强度变量，它们分别是温度、压力及两个组成。因为三个组分 A、B、C 中三者的组成标度只有两个是独立的，它们的质量分数应有

$$w_A+w_B+w_C=1$$

因为最大的自由度数为 4，所以欲充分地描述三组分系统的相平衡关系就必须用四维坐标作图；当温度、压力二者中固定一个时，就可以用三维坐标图；而当温度、压力都固定时，可以用二维（平面）坐标图。下面介绍定温、定压下三组分系统平面坐标图的表示法。

若用等边三角形表示，如图 3-39 所示。A、B、C 三顶点分别表示纯组分 A、B、C，而 AB、BC、CA 三个边则分别为相应的二组分组成坐标。AB 边上从 A 到 B 表示 w_B，BC 边上从 B 到 C 表示 w_C，CA 边上从 C 到 A 表示 w_A，当然反过来（B → A，A → C，C → B）亦可。确定系统点 P 的组成的方法：通过系统点 P 分别作平行于 BC、CA、AB 三边的平行线（虚线），在各边上所截取的组成 a、b、c 即为系统点 P 的组成（质量分数）。

根据等边三角形的几何性质，可以得到下列几点结论：

(i) **等含量规则**。如图 3-40 所示，与 AB 平行的每条线上的任何一系统点，含 C 的 w_C 相同，只是 A 与 B 的 w_A、w_B 不同，例如 $\overline{DKE}$ 线上任何一系统点 K 含 C 的质量分数 $w_C=c$。

(ii) **等比例规则**。如图 3-41 所示，C 与对边上一点 M 连接的直线 $\overline{CPM}$ 上的任何一系统点 P，A 与 B 的比例相同，只是 C 的 w_C 不同。例如在 P 点 $w_B/w_A=\overline{EP}/\overline{PF}$，在 M 点 $w_B/w_A=\overline{AM}/\overline{MB}$，根据相似三角形定理，$\overline{EP}/\overline{PF}=\overline{AM}/\overline{MB}$。

图 3-39　等边三角形表示法

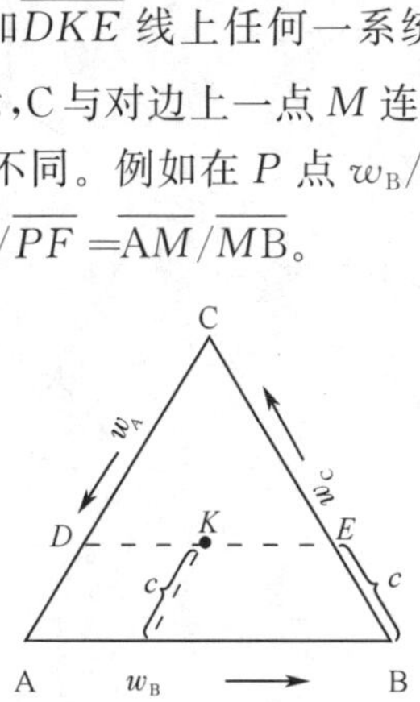

图 3-40　等含量规则

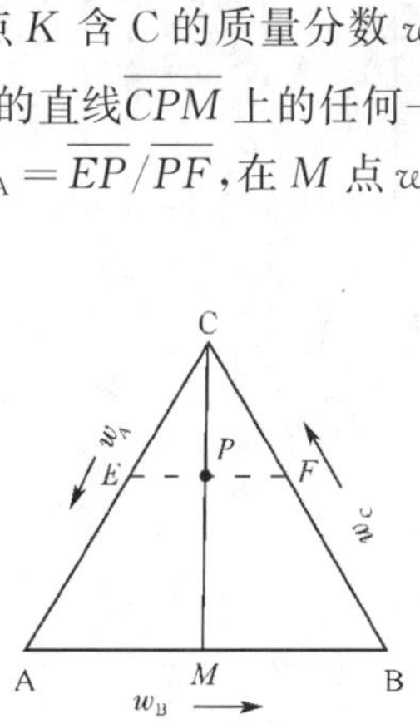

图 3-41　等比例规则

(iii) **杠杆规则**。如图 3-42 所示，若 D 和 E 是 2 个三组分混合物的系统点，可以证明，由 D 与 E 混合而成的混合物 F 的系统点必在 D 和 E 的连线上，且 $\overline{DF}/\overline{FE}=m_E/m_D$（$m$ 为系统的质量）。

(iv) **重心规则**。如图 3-43 所示，若有 3 个三组分混合物的系统点分别为 D、E、G，而由 D、E、G 混合而成新的三组分混合物系统点为 K，则 K 点必在 $\overline{FG}$ 线上，且有 $\overline{FK}/\overline{KG}=m_G/m_F$ 及 $\overline{DF}/\overline{FE}=m_E/m_D$（$m$ 为系统的质量）。

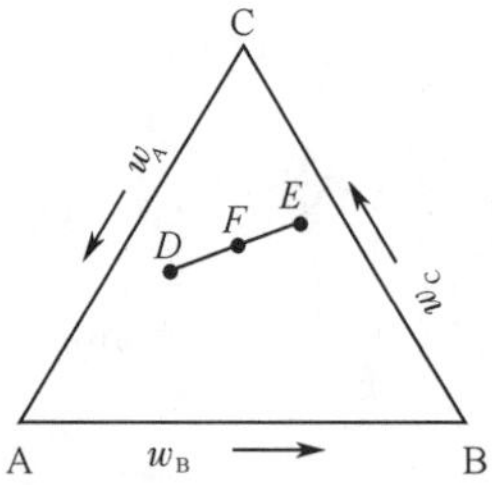

图 3-42　杠杆规则

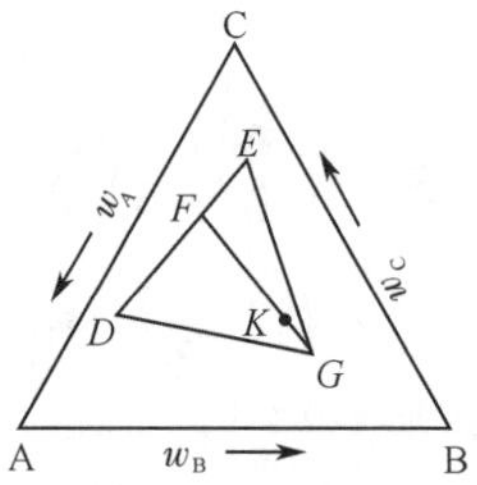

图 3-43　重心规则

对于温度或压力固定 1 个的三组分系统的压力 - 组成图或温度 - 组成图，则需用三维坐标图（立体图）来表示。如图 3-44 所示，即是在一定压力下形成最低共晶点的系统的温度（熔点）- 组成图。图中纵坐标为温度，t_A^*、t_B^*、t_C^* 分别为纯 A、B、C 的熔点，等边三角形 ABC 表示三组分的组成。E_1、E_2、E_3 分别为 A、B，B、C，C、A 两两形成二组分系统时的最低共晶点，E 则为 A、B、C 三组分的最低共晶点。若将图 3-44 分解后展开在平面图上，如图 3-45 所示。图中周围 3 个小图分别为 A、B，B、C，C、A 二组分系统的温度（熔点）- 组成图，中间的等边三角形则为固定压力、温度后的三组分 A、B、C 的组成图。图中 E'、$x_{E,1}$、$x_{E,2}$、$x_{E,3}$ 分别为图 3-44 中的 E、E_1、E_2、E_3 在平面图上的投影（组成坐标）。$E'x_{E,1}$、$E'x_{E,2}$、$E'x_{E,3}$ 三条线分别为图 3-44 中的 EE_1、EE_2、EE_3 线在平面图上的投影。

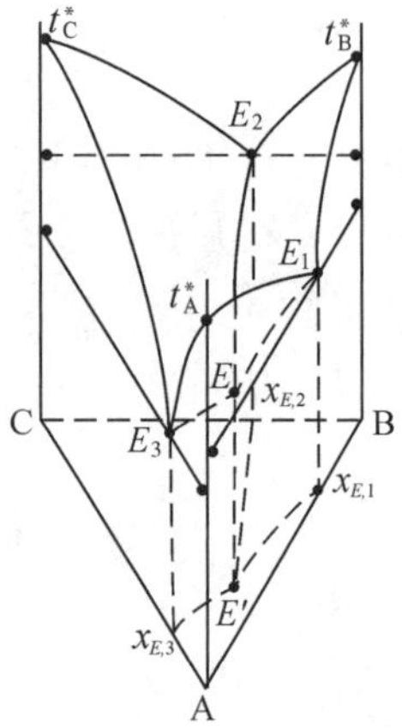

图 3-44　三组分形成最低共晶点系统的温度（熔点）- 组成图

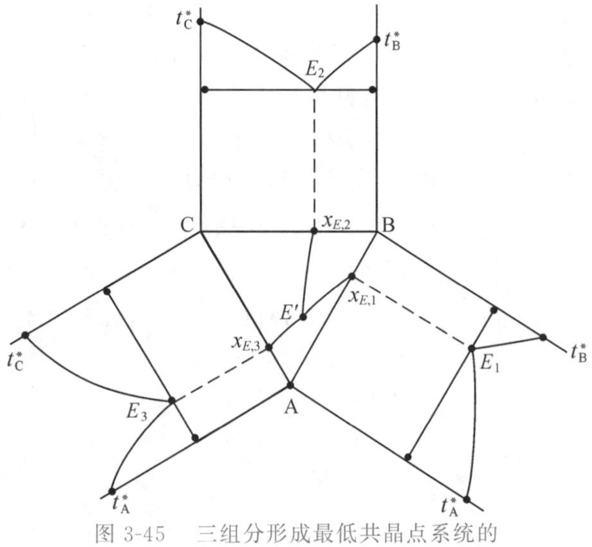

图 3-45　三组分形成最低共晶点系统的温度（熔点）- 组成图的平面展开图

3.6　三组分部分互溶系统的溶解度图

表 3-7 是 C_6H_6(A)-H_2O(B)-CH_3COOH(C) 三组分系统在 25 ℃ 时的相互溶解度数据。根据该数据绘得 C_6H_6(A)-H_2O(B)-CH_3COOH(C) 三组分系统的相互溶解度图如图 3-46 所示。

表 3-7　C_6H_6(A)-H_2O(B)-CH_3COOH(C) 三组分系统的相互溶解度(25 ℃)

苯层		水层	
x(水)	x(醋酸)	x(水)	x(醋酸)
0.000 5	0.001 95	0.985 8	0.014 1
0.020	0.184	0.663	0.320
0.034	0.270	0.565	0.399
0.091	0.386	0.373	0.501
0.216	0.487	0.216	0.487

水和醋酸可以任意比例互溶，苯和醋酸也可以任意比例互溶，但水和苯却几乎是完全不互溶的。因此将苯与水放在一起，将很快分为两层，上层为苯，下层为水，若再加醋酸到该系统中去，则构成苯 - 水 - 醋酸三组分系统。此时醋酸既溶解到苯层中，也溶解到水层中，而使苯与水由完全不互溶变成部分互溶。如图 3-46 所示，原组成为 d 的 C_6H_6-H_2O 系统，加入少许醋酸到该系统中，则形成 a_1 及 b_1 两层共轭的三组分系统，即系统点 d_1，$\overline{a_1b_1}$ 线叫**连接线**，因为醋酸在 a_1 层及 b_1 层中的含量不同，所以$\overline{a_1b_1}$ 线并不平行于底边 AB。继续向系统中加入醋酸，则系统点将沿 dk 线移动，且苯与水的相互溶解度增加，相应于系统点 d_2、d_3、d_4，它们的共轭层(相点)分别为 a_2、b_2，a_3、b_3，a_4、b_4。要注意到，$\overline{a_2b_2}$、$\overline{a_3b_3}$、$\overline{a_4b_4}$ 这些连接线之间并不平行，且最后缩为一点 k，该点叫**会溶点**(会溶点并不在曲线上的最高点处)，超过该点，系统不再分层，三个组分已完全互溶。显然，曲线以内的相区为两相平衡区，曲线以外的相区为单相平衡区。

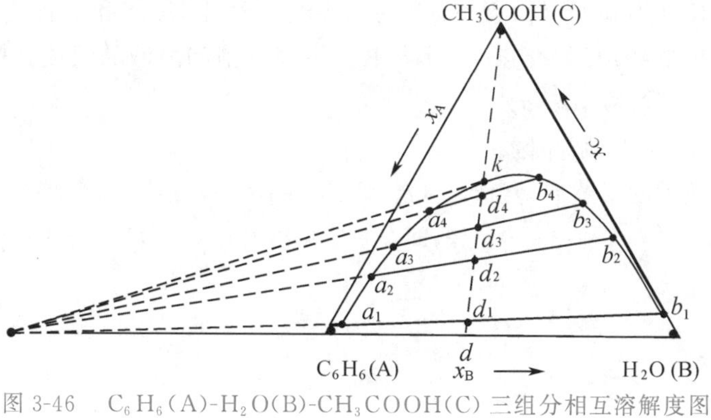

图 3-46　C_6H_6(A)-H_2O(B)-CH_3COOH(C) 三组分相互溶解度图

3.7　三组分系统的盐类溶解度图

表 3-8 为 H_2O(C)-KCl(B)-NaCl(A) 三组分系统在 25 ℃ 时的溶解度数据。将数据描绘在等边三角形的坐标图上，如图 3-47 所示。

表 3-8　H_2O(C)-KCl(B)-NaCl(A) 在 25 ℃ 时的溶解度

液相组成 w			固相	液相组成 w			固相
NaCl(A)	KCl(B)	H_2O(C)		NaCl(A)	KCl(B)	H_2O(C)	
0.264 8	0	0.735 2	NaCl	0.134 5	0.157 1	0.708 4	NaCl＋KCl
0.245 8	0.033 4	0.720 8	NaCl	0.123 0	0.165 8	0.711 2	NaCl＋KCl
0.221 1	0.081 6	0.697 3	NaCl	0	0.265 2	0.734 8	NaCl＋KCl
0.204 2	0.111 4	0.684 4	NaCl＋KCl				

图中 CbEcC 区为 KCl、NaCl 在水中的不饱和溶液。在该区内任意一个系统点，相数 $\phi=1$，温度、压力已固定，故 $f'=C-\phi+0=3-1+0=2$，即在该相区内两种盐(KCl 及 NaCl) 的组成均可在一定范围内独立改变而不致引起相态及相数的变化。

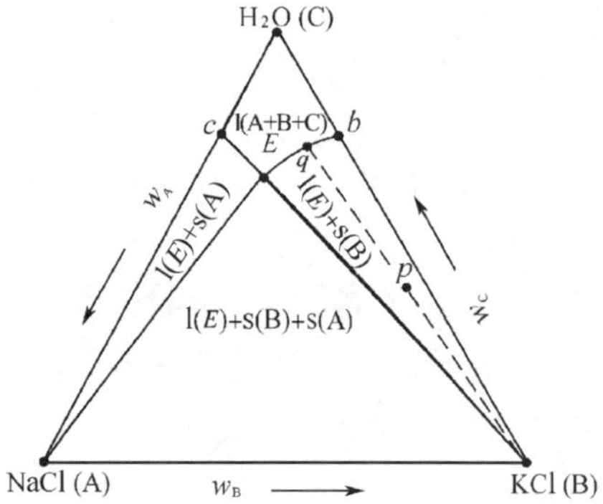

图 3-47　H_2O(A)-KCl(B)-NaCl(C) 系统溶解度图

c 点表示 NaCl 在水中的溶解度(CA 边上无 KCl)，cE 线为水中溶有 NaCl 后，KCl 在其中的溶解度曲线；同理，bE 曲线为水中溶有 KCl 后，NaCl 的溶解度曲线，在该线上 $f'=3-\phi+0=3-2=1$。这表明，在对 NaCl 饱和的溶液中(cE)，若确定 NaCl 和 KCl 二者中的一个组成，则另一个组成将随之而定，对于 KCl 饱和的溶液(bE) 也可如此理解。

E 点叫共饱点，即 l(E) 对 KCl 及 NaCl 都是饱和的。

bEB 区是 KCl 结晶区，设系统点 p 落在这一区域内，则平衡时分成两相，一相为固体 KCl，另一相为对 KCl 饱和的 KCl 及 NaCl 的水溶液。B(纯 KCl) 和 p 的连接线与在 KCl 溶液中 NaCl 的溶解度曲线 bE 的交点 q 表示与 KCl 平衡的饱和溶液的组成。按杠杆规则，s(B) 的质量 / 溶液(q) 的质量 $=\overline{qp}/\overline{p\mathrm{B}}$。

同理，cEA 区是 NaCl 结晶区。

位于 EAB 区域中的系统点是由 NaCl 晶体、KCl 晶体和共饱和溶液 l(E) 所组成，因而是三相平衡区。由相律，$f'=3-3+0=0$，即在一定温度和压力下，每个相的组成都是固定的。

习　题

一、思考题

3-1 “水”的冰点与其三相点有何区别？

3-2 二组分沸点 - 组成图中，处于最高或最低恒沸点时的状态，其条件自由度数 $f'=$？

3-3 在二组分系统相图两相平衡区中，你会区分系统点和对应的相点，系统的组成和对应的相组成吗？

二、计算题、读（或作）图题

3-1 固体 CO_2 的饱和蒸气压与温度的关系为

$$\lg\left(\frac{p^*(\mathrm{s})}{\mathrm{Pa}}\right) = -\frac{1\,353}{T/\mathrm{K}} + 11.957$$

已知其熔化焓 $\Delta_{\mathrm{fus}}H_{\mathrm{m}}^* = 8\,326\ \mathrm{J\cdot mol^{-1}}$，三相点温度为 -56.6 ℃。

(1) 求三相点的压力；(2) 在 100 kPa 下 CO_2 能否以液态存在？(3) 找出液体 CO_2 的饱和蒸气压与温度的关系式。

3-2 在 $t = 25$ ℃ 时，C_3H_6O(A)-C_3H_8O(B) 系统的气液平衡数据如下：

x_B	y_B	$p/(10^5\mathrm{Pa})$	x_B	y_B	$p/(10^5\mathrm{Pa})$
0	0	0.059	0	0	0.059
0.175	0.599	0.133	0.660	0.855	0.253
0.339	0.735	0.186	0.839	0.910	0.295
0.514	0.798	0.223	1.000	1.000	0.302

(1) 根据上述数据，描绘该系统的 p-$x(y)$ 图，并标示图中各相区；(2) 若 1 mol A 与1 mol B 混合，在 $p = 20$ kPa 时，系统是几相平衡？平衡各相的组成如何？各相物质的量为多少？(3) 求平衡液相混合物中 A 及 B 的活度因子（分别以纯液体 A 及 B 为标准态）。

3-3 在 $p = 101\,325$ Pa 下 CH_3COOH(A)-C_3H_6O(B) 系统的液气平衡数据如下：

x_B	y_B	t/ ℃	x_B	y_B	t/ ℃	x_B	y_B	t/ ℃
0	0	118.1	0.300	0.725	85.8	0.700	0.969	66.1
0.050	0.162	110.0	0.400	0.840	79.7	0.800	0.984	62.6
0.100	0.306	103.8	0.500	0.912	74.6	0.900	0.993	59.2
0.200	0.557	93.19	0.600	0.947	70.2	1.000	1.000	56.1

(1) 根据上述数据描绘该系统的 t-$x(y)$ 图，并标示各相区；(2) 将 $x_B = 0.600$ 的混合物在一带活塞的密闭容器中加热到什么温度开始沸腾？产生的第一个气泡的组成如何？若只加热到 80 ℃，系统是几相平衡？各相组成如何？液相中 A 的活度因子是多少（以纯液态 A 为标准态）？已知 A 的摩尔汽化焓为24 390 $\mathrm{J\cdot mol^{-1}}$。

3-4 不同温度下苯胺在水中的溶解度数据如下：

t/℃	w_1(苯胺)/%	w_2(苯胺)/%	t/℃	w_1(苯胺)/%	w_2(苯胺)/%
20	3.1	95.0	120	9.1	88.1
40	3.3	94.7	140	13.5	83.1
60	3.8	94.2	160	24.9	71.2
80	5.5	93.5	167	48.6	48.6
100	7.2	91.6			

(1) 按照上面的数据，以温度为纵坐标，以溶解度[w_B/% 表示] 为横坐标，绘制温度 - 溶解度图；(2) 标示图中各相区；(3) 若将 50 g 苯胺与 50 g 水相混合，当系统的温度为 100 ℃ 时，系统呈几相平衡？平衡相质量各为多少克？将该系统升温到 180 ℃，系统将发生怎样的变化（相数、相区的自由度数）？

3-5 用热分析法测得间二甲苯(A)- 对二甲苯(B) 系统的步冷曲线的转折温度（或停歇点温度）如下：

组成标度 x(对二甲苯)	第一转折点 t/℃	停歇点 t/℃
0	−47.9(停歇点)	—
0.10	−50	−52.8
0.13	—	−52.8
0.70	−4	−52.8
1.00	13.3(停歇点)	—

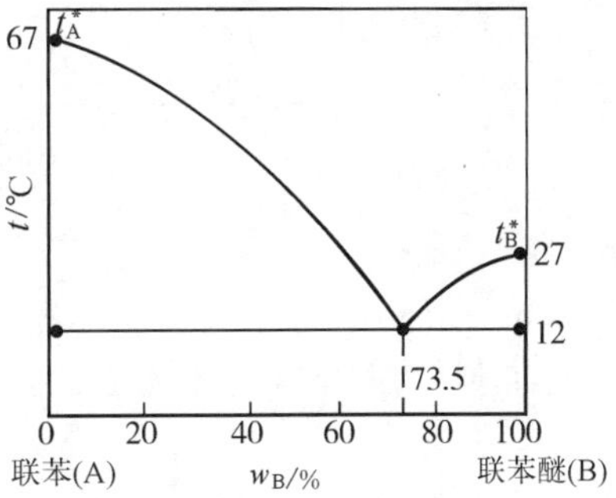

图 3-48

(1) 根据上表数据绘出各条步冷曲线，并根据该组步冷曲线绘出该系统的熔点 - 组成图；(2) 标出图中各相区，计算其自由度数；(3) 若有100 kg 含 w(对二甲苯) = 0.70 的混合物，用深冷法结晶，求冷却到 −50 ℃，能析出多少对二甲苯(kg)？平衡产率如何？所剩混合物组成如何？

3-6 化工厂中常用联苯 - 联苯醚的混合物（俗称道生）作载热体，已知该系统的熔点 - 组成图如图 3-48 所示。(1) 标示图中各相区；(2) 你认为道生的组成应配制何种比例才最合适？为什么？

3-7 用热分析法测得 Sb(A)-Cd(B) 系统步冷曲线的转折温度及停歇温度数据如下：

w(Cd)/%	转折温度 /℃	停歇温度 /℃	w(Cd)/%	转折温度 /℃	停歇温度 /℃
0	—	630	58	—	439
20.5	550	410	70	400	295
37.5	460	410	93	—	295
47.5	—	410	100	—	321
50	419	410			

(1) 由以上数据绘制步冷曲线（示意），并根据该组步冷曲线绘制 Sb(A)-Cd(B) 系统的熔点 - 组成图；(2) 由相图求 Sb 和 Cd 形成的化合物的最简分子式；(3) 将各相区的相数及自由度数(f') 列成表。

3-8 标出如图 3-49(a) Mg(A)-Ca(B) 及图 3-49(b) CaF_2(A)-$CaCl_2$(B) 所示系统的各相区的相数、相态及自由度数 f'；描绘系统点 a、b 的步冷曲线，指明步冷曲线上转折点或停歇点处系统的相态变化。

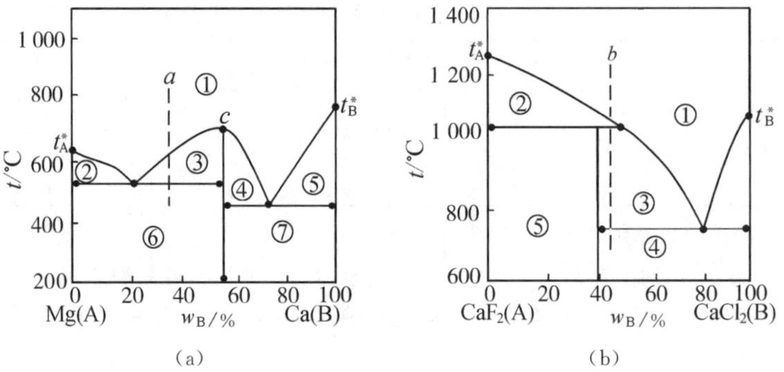

图 3-49

3-9 标出如图 3-50(a) FeO(A)-MnO(B) 及图 3-50(b) Ag(A)-Cu(B) 所示系统的相区，描绘系统点 a、b 的步冷曲线，指明步冷曲线上转折点处的相态变化，并说明图中水平线上的系统点是几相平衡？哪几相？

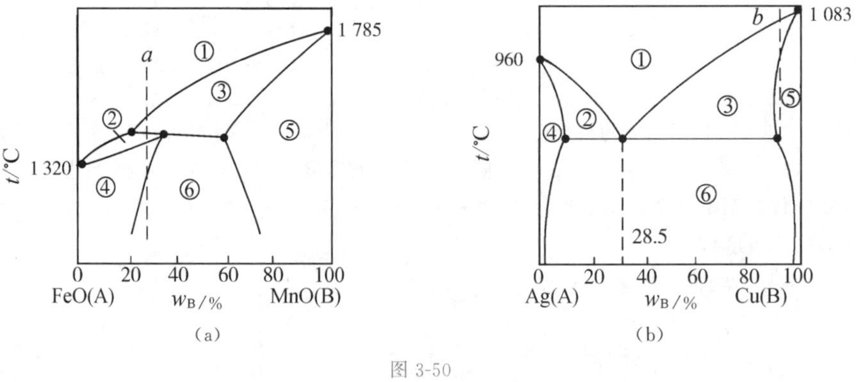

图 3-50

3-10 Au(A)-Pt(B) 系统的熔点 - 组成图及溶解度图如图 3-51 所示。(1) 标示图中各相区；(2) 计算各相区的自由度数 f'；(3) 描绘系统点 a 的步冷曲线，并标示出该曲线转折点处的相态变化。

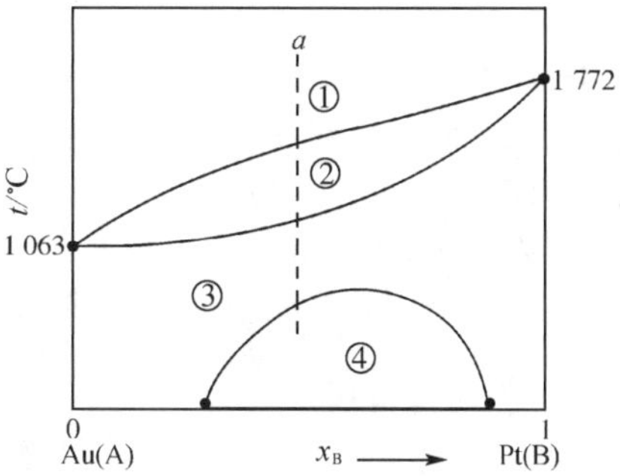

图 3-51

3-11 由热分析法得到的 Cu(A)-Ni(B) 系统的数据如下：

w(Ni)/%	第一转折温度/℃	第二转折温度/℃
0	1 083	
10	1 140	1 100
40	1 270	1 185
70	1 375	1 310
100	1 452	

(1) 根据表中数据描绘其步冷曲线，并由该组步冷曲线描绘 Cu(A)-Ni(B) 系统的熔点 - 组成图，并标出各相区；(2) 今有含 $w(\mathrm{Ni}) = 0.50$ 的合金，使其从 1 400 ℃ 冷却到1 200 ℃，在什么温度下有固体析出？最后一滴熔体凝结的温度为多少？在此状态下，溶液组成如何？

3-12 如图 3-52(a) 所示为 Mg(A)-Pb(B) 系统的相图，如图 3-52(b) 所示为 Al(A)-Zn(B) 系统的相图。(1) 标示图中各相区；(2) 指出图中各条水平线上的系统点是几相平衡？哪几相？(3) 描绘系统点 a、b、c、d 的步冷曲线，指出步冷曲线上转折点及停歇点处系统的相态变化。

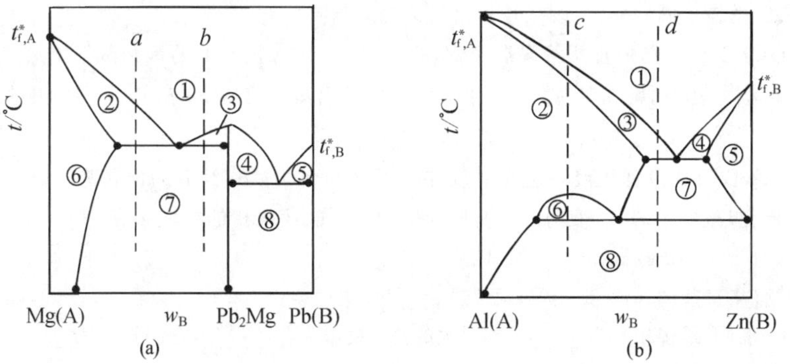

图 3-52

3-13 金属 A、B 形成化合物 AB_3、A_2B_3。固体 A、B、AB_3、A_2B_3 彼此不互溶，但在液态下能完全互溶。A、B 的正常熔点分别为600 ℃ 和1 100 ℃。化合物 A_2B_3 的熔点为900 ℃，与 A 形成的低共熔点为450 ℃。化合物 AB_3 在 800 ℃ 下分解为 A_2B_3 和溶液，与 B 形成的低共熔点为650 ℃。

根据上述数据：(1) 画出 A-B 系统的熔点 - 组成图，并标示出图中各区的相态及成分；(2) 画出 $x_A = 0.90$，$x_A = 0.30$ 熔体的步冷曲线，注明步冷曲线转折点处系统相态及成分的变化和步冷曲线各段的相态及成分。

3-14 Bi 和 Te 生成相合熔点化合物 Bi_2Te_3，它在 600 ℃ 熔化。Bi、Te 熔点分别为300 ℃ 和 450 ℃。固体 Bi_2Te_3 在全部温度范围内与固体 Bi、Te 不互溶，与 Bi 及 Te 的最低共熔点温度分别为 270 ℃ 和 415 ℃，最低共熔组成分别为 $x(\mathrm{Te}) = 0.17$ 及 $x(\mathrm{Te}) = 0.86$。试画出 Bi-Te的熔点 - 组成图，并标示出各相区的相

态及成分。

3-15 A-B 二组分凝聚系统的相图如图 3-53 所示。(1) 列表示出图中各相区的相数、相态及成分和条件自由度数 f' =? (2) 列表指出各水平线上的相数、相态及成分和条件自由度数 f' =? (3) 画出 a、b 两点的步冷曲线，并在曲线上各转折点处表示出相态及成分的变化情况。

3-16 已知 A-B 二组分的熔点 - 组成图如图 3-54 所示。(1) 列表示出图中各相区及各水平线上的相数、聚集态及成分和条件自由度数 f' =? (2) 画出 a、b 两点的步冷曲线，标明步冷曲线转折点处相态及成分的变化情况。

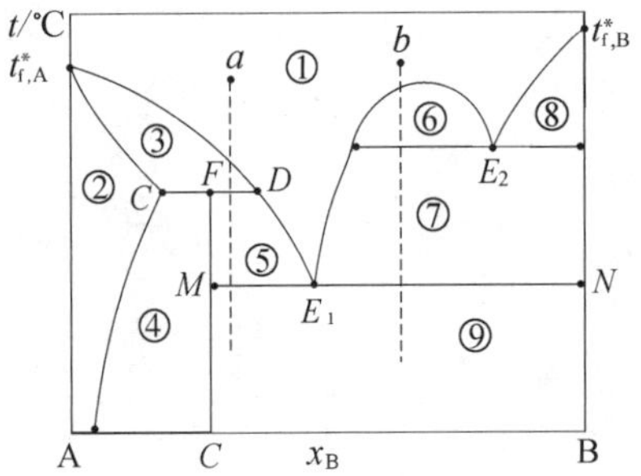

图 3-53

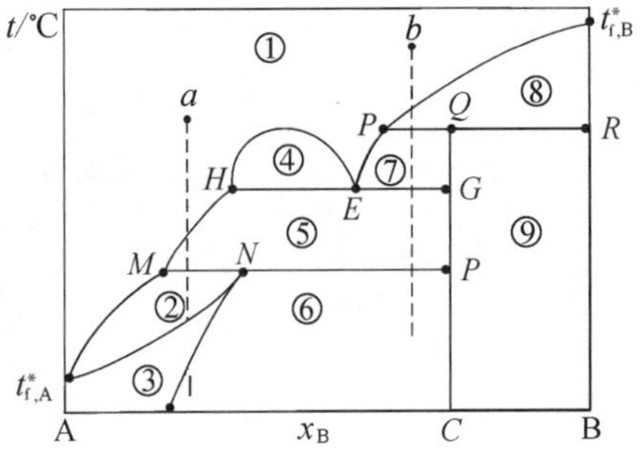

图 3-54

3-17 试用等边三角形表示出 A、B、C 三组分系统，在图中找出 $w_A = 0.40$，$w_B = 0.30$，其余为 C 的系统点 p。

三、是非题、选择题和填空题

(一) 是非题(下述各题中的说法是否正确? 正确的在题后括号内画“√”，错的画 ×)

3-1 依据相律，恒沸混合物的沸点不随外压的改变而改变。 ( )

3-2 相是指系统处于平衡时，系统中物理性质及化学性质都均匀的部分。 ( )

(二) 选择题(选择正确答案的编号，填在各题题后的括号内)

3-1 若 A(l) 与 B(l) 可形成理想液态混合物，温度 T 时，纯 A 及纯 B 的饱和蒸气压 $p_B^* > p_A^*$，则当混合物的组成为 $0 < x_B < 1$ 时，则在其蒸气压 - 组成图上可看出蒸气总压 p 与 p_A^*、p_B^* 的相对大小为( )。

A. $p > p_B^*$ B. $p < p_A^*$ C. $p_A^* < p < p_B^*$

3-2 A(l) 与 B(l) 可形成理想液态混合物，若在一定温度下，纯 A、纯 B 的饱和蒸气压 $p_A^* > p_B^*$，则在该二组分的蒸气压 - 组成图上的气、液两相平衡区，呈平衡的气、液两相的组成必有( )。

A. $y_B > x_B$ B. $y_B < x_B$ C. $y_B = x_B$

(三) 填空题(将正确的答案填在题中画有“____”处或表格中)

3-1 对三组分相图，最多相数为________，最大的自由度数为________，它们分别是________等强度变量。

3-2 请根据 Al-Zn 系统的熔点 - 组成图 3-55 填表。

相区	相数	相的聚集态及成分	条件自由度数 f'
①			
②			
③			
④			
⑤			
⑥			
⑦			
⑧			

注 聚集态气、液、固分别用 g、l、s 表示，成分分别用 A、B 或(A+B)表示，如 g(A+B) 或 s(A+B)。

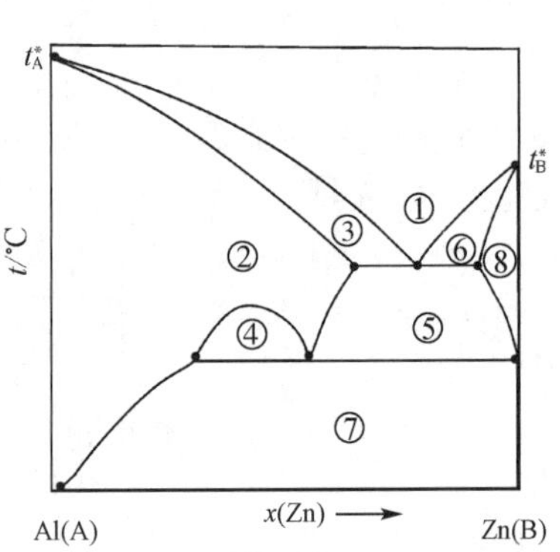

图 3-55

计算题答案

3-1 (1)5.12×10^{5} Pa;(2) 不能;(3)$\lg(p^{*}/\mathrm{Pa})=-\dfrac{918.2}{T/\mathrm{K}}+9.949$

3-2 (2) 二相平衡,$x_B=0.40$,$y_B=0.76$;(3)$f_A=1.36$,$f_B=1.26$

3-3 (2)70 ℃,$y_B=0.95$,90 ℃,$x_B=0.27$,2 相,$x_B=0.38$,$y_B=0.80$,$f_A=0.724$

3-4 (3)2 相,48.8 g,51.2 g,1 相,2　**3-5** (3)65 kg,92.9%,0.15

3-6 (2)$w_B=0.735$　**3-7** (2)Sb_2Cd_3

第4章

化学平衡热力学

4.0 化学平衡热力学研究的内容

4.0.1 化学反应的方向与限度

对于一个化学反应，在给定的条件(反应系统的温度、压力和组成)下，反应向什么方向进行？反应的最高限度是什么？如何控制反应条件，使反应向我们需要的方向进行，并预知给定条件下的最高反应限度？这些问题都是生产和科学实验中需要研究和解决的问题。例如，在560 ℃、1×10^5 Pa下，将乙苯蒸气与水蒸气以1∶10(摩尔比)的比例混合，通入列管式反应装置进行乙苯脱氢生产苯乙烯的反应：

$$C_6H_5C_2H_5(g) \rightleftharpoons C_6H_5C_2H_3(g) + H_2(g)$$

实践证明，反应主要向生成苯乙烯方向进行，在给定条件下，乙苯的最高转化率(平衡转化率)为62.4%。这就是该反应在给定条件下的方向和限度。不论反应多长时间都不可能超过这个限度；也不可能通过添加或改变催化剂来改变这个限度。只有通过改变反应的条件(温度、压力及乙苯蒸气与水蒸气的摩尔比)，才能在新的条件下达到新的限度。

任何化学反应都可按照反应方程的正向及逆向进行。化学平衡热力学就是用热力学原理研究化学反应的方向和限度，也就是研究一个化学反应，在一定温度、压力等条件下，按化学反应方程能够正向(向右)进行，还是逆向(向左)进行，以及进行到什么程度为止(达到平衡时，系统的温度、压力、组成如何)。

4.0.2 化学反应的摩尔吉布斯函数[变]

对于反应 $$a\mathrm{A} + b\mathrm{B} \rightleftharpoons y\mathrm{Y} + z\mathrm{Z}$$

$$\left.\begin{aligned}
&\boldsymbol{A} = -(-a\mu_\mathrm{A} - b\mu_\mathrm{B} + y\mu_\mathrm{Y} + z\mu_\mathrm{Z}) = 0, \text{则反应达平衡} \\
&\boldsymbol{A} = -(-a\mu_\mathrm{A} - b\mu_\mathrm{B} + y\mu_\mathrm{Y} + z\mu_\mathrm{Z}) > 0, \text{则 } a\mathrm{A} + b\mathrm{B} \longrightarrow y\mathrm{Y} + z\mathrm{Z} \\
&\boldsymbol{A} = -(-a\mu_\mathrm{A} - b\mu_\mathrm{B} + y\mu_\mathrm{Y} + z\mu_\mathrm{Z}) < 0, \text{则 } a\mathrm{A} + b\mathrm{B} \longleftarrow y\mathrm{Y} + z\mathrm{Z}
\end{aligned}\right\} \tag{4-1}$$

式(4-1)是用化学反应亲和势 **A** 或化学势表示的化学反应平衡判据。

若定义 $$\Delta_\mathrm{r}G_\mathrm{m} \xlongequal{\mathrm{def}} \sum_\mathrm{B} \nu_\mathrm{B}\mu_\mathrm{B} \tag{4-2}$$

由式(1-187) $$\Delta_\mathrm{r}G_\mathrm{m} = -\boldsymbol{A} \tag{4-3}$$

即
$$\left.\begin{aligned}&\Delta_r G_m=(-a\mu_A-b\mu_B+y\mu_Y+z\mu_Z)=0,\text{则反应达平衡}\\&\Delta_r G_m=(-a\mu_A-b\mu_B+y\mu_Y+z\mu_Z)<0,\text{则 } aA+bB\longrightarrow yY+zZ\\&\Delta_r G_m=(-a\mu_A-b\mu_B+y\mu_Y+z\mu_Z)>0,\text{则 } aA+bB\longleftarrow yY+zZ\end{aligned}\right\}\quad(4\text{-}4)$$

式(4-2) ～ 式(4-4) 的 $\Delta_r G_m$ 叫化学反应的摩尔吉布斯函数[变](molar Gibbs function [change] of chemical reaction)，是系统在该状态(温度、压力及组成)下，$-a\mu_A$、$-b\mu_B$、$y\mu_Y$、$z\mu_Z$ 的代数和。

还可从另一角度来理解 $\Delta_r G_m$。由多组分组成可变的均相系统的热力学基本方程式(1-173)，即

$$dG=-SdT+Vdp+\sum_B \mu_B dn_B$$

将反应进度的定义式 $d\xi=\dfrac{dn_B}{\nu_B}$ 代入上式，得

$$dG=-SdT+Vdp+\sum_B \nu_B\mu_B d\xi$$

在定温、定压下，则
$$dG_{T,p}=\sum_B \nu_B\mu_B d\xi \quad(4\text{-}5)$$

应用于化学反应
$$aA+bB \rightleftharpoons yY+zZ$$

有
$$dG_{T,p}=(y\mu_Y+z\mu_Z-a\mu_A-b\mu_B)d\xi \quad(4\text{-}6)$$

式(4-5) 中的化学势 μ_B(B=A,B,Y,Z) 除了与温度、压力有关外，还与系统的组成有关，即化学势 $\mu_B=f(T,p,\xi)$ 是温度、压力和反应进度的函数。因此，在反应过程中保持化学势 μ_B 不变的条件是：定温、定压下，在有限量的反应系统中，反应进度 ξ 的改变为无限小；或者设想在大量的反应系统中，发生了单位反应进度的化学反应。在这两种情况之一的条件下，系统的组成不会发生显著的变化，于是可以把化学势看作不变，式(4-5) 便可写成

$$\left(\frac{\partial G}{\partial \xi}\right)_{T,p,\mu}=\sum_B \nu_B\mu_B \stackrel{\text{def}}{=\!=} \Delta_r G_m \quad(4\text{-}7)$$

1922 年德唐德首先引进偏微商 $\left(\dfrac{\partial G}{\partial \xi}\right)_{T,p,\mu}$ (即 $\Delta_r G_m$) 的概念，其物理意义是：在 T、p、μ 一定时(即在一定的温度、压力和组成条件下)，系统的吉布斯函数随反应进度的变化率；或者在 T、p、μ 一定时，大量的反应系统中发生单位反应进度时反应的吉布斯函数[变]。

将式(4-7) 代入式(4-5)，有

$$dG_{T,p}=\Delta_r G_m d\xi \quad(4\text{-}8)$$

在 T、p、μ 不变的条件下，积分式(4-8)，得

$$\Delta_r G=\Delta_r G_m\Delta\xi,\quad \text{即 } \Delta_r G_m=\Delta_r G/\Delta\xi \quad(4\text{-}9)$$

$\Delta_r G_m$ 与 $\Delta_r G$ 的单位不同。$\Delta_r G_m$ 的单位为 $J\cdot mol^{-1}$(mol^{-1} 为每单位反应进度)，而 $\Delta_r G$ 的单位为 J。

如果以系统的吉布斯函数 G 为纵坐标，反应进度 ξ 为横坐标作图，如图 4-1 所示。$\left(\dfrac{\partial G}{\partial \xi}\right)_{T,p,\mu}$ 即是 G-ξ 曲线在某 ξ 处，曲线切线的斜率。由式(4-6) 及式(4-3) 可知，当 $\left(\dfrac{\partial G}{\partial \xi}\right)_{T,p,\mu}<0$，即 $\Delta_r G_m(T,p,\xi)<0$，$\boldsymbol{A}>0$ 时，反应向 ξ 增加的方向进行；当 $\left(\dfrac{\partial G}{\partial \xi}\right)_{T,p,\mu}>$

0，即 $\Delta_r G_m(T,p,\xi)>0$，$\boldsymbol{A}<0$ 时，反应向 ξ 减小的方向进行；当 $\left(\frac{\partial G}{\partial \xi}\right)_{T,p,\mu}=0$ 时，$\boldsymbol{A}=0$，曲线为最低点，G 值最小，反应达到平衡，这就是反应进行的限度。

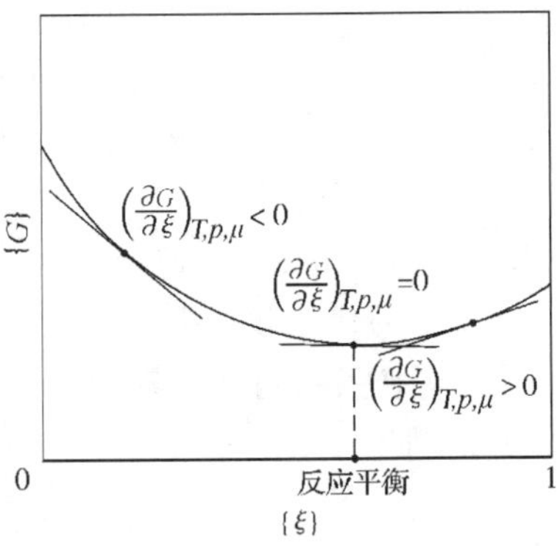

图 4-1　反应系统 G - ξ 关系示意图

以上讨论表明，在 $W'=0$ 的情况下，对反应系统 $a\text{A}+b\text{B} \rightleftharpoons y\text{Y}+z\text{Z}$，若 $\left(\frac{\partial G}{\partial \xi}\right)_{T,p,\mu}<0$，即 $\boldsymbol{A}>0$，反应有可能自发地向 ξ 增加的方向进行，直到进行到 $\left(\frac{\partial G}{\partial \xi}\right)_{T,p,\mu}=0$，即 $\boldsymbol{A}=0$ 时为止，此时反应达到最高限度，反应进度为极限进度 ξ^{eq}（"eq" 表示平衡）。若再使 ξ 增大，由于 $\left(\frac{\partial G}{\partial \xi}\right)_{T,p,\mu}>0$，$\boldsymbol{A}<0$，在无非体积功的条件下是不可能发生的，除非加入非体积功（如加入电功，如电解反应及放电的气相反应），且 $W'>\Delta_r G_m$ 时，反应才有可能使 ξ 继续增大。

应用热力学原理，由化学反应的平衡条件出发，结合各类反应系统中组分 B 的化学势表达式，定义一个标准平衡常数 $K^{\ominus}$，并且能由热力学公式及数据定量地计算出 $K^{\ominus}$，继而由 $K^{\ominus}$ 计算反应达到平衡时反应物的平衡转化率（在指定条件下的最高转化率）以及系统的平衡组成，这就是化学平衡热力学所要解决的问题之一。这个问题的解决对化工生产至关重要，它是化工工艺设计以及选择最佳操作条件的主要依据之一。

本章主要讨论理想系统（理想气体混合物、理想液态混合物和理想稀溶液系统）中的化学反应平衡。理想系统中化学反应平衡的热力学关系式形式简单，便于应用。有些实际系统可近似地当做理想系统来处理；当实际系统偏离理想系统较大或计算的准确度要求较高时，可引入校正因子（如逸度因子或渗透因子、活度因子），对理想系统公式中的组成项加以校正，便可得到适用于实际系统的公式。所以研究理想系统的化学反应平衡是有实际意义的。

Ⅰ　化学反应标准平衡常数

4.1　化学反应标准平衡常数的定义

视频

化学反应标准平衡常数的定义

4.1.1　化学反应的标准摩尔吉布斯函数[变]

对化学反应 $0=\sum_{\text{B}}\nu_{\text{B}}\text{B}$，若反应的参与物 B(B=A,B,Y,Z) 均处于标准态，则由式(4-2) 及式(4-3)，相应有

$$\Delta_r G_m^{\ominus}(T) = \sum_B \nu_B \mu_B^{\ominus}(T) \tag{4-10}$$

及

$$\Delta_r G_m^{\ominus}(T) = -\boldsymbol{A}^{\ominus}(T) \tag{4-11}$$

式中，$\Delta_r G_m^{\ominus}(T)$ 称为化学反应的标准摩尔吉布斯函数[变](standard molar Gibbs function [change] of chemical reaction)，$\boldsymbol{A}^{\ominus}(T)$ 称为化学反应的标准亲和势(standard affinity of chemical reaction)。

因纯物质的化学势即是其摩尔吉布斯函数[$\mu(\mathrm{B},\beta,T) = G_m^*(\mathrm{B},\beta,T)$]，相应地有 $\mu^{\ominus}(\mathrm{B},\beta,T) = G_m^{\ominus}(\mathrm{B},\beta,T)$，故(4-10)即为

$$\Delta_r G_m^{\ominus}(T) = \sum_B \nu_B G_m^{\ominus}(\mathrm{B},\beta,T) \tag{4-12}$$

式(4-12)表明，$\Delta_r G_m^{\ominus}(T)$ 的物理意义即是反应参与物 B(B=A,B,Y,Z) 在温度 T 各自单独处于标准状态下，发生单位反应进度时的摩尔吉布斯函数[变]，它是表征反应计量方程中各参与物 B 在温度 T 下标准态性质的量，所以 $\Delta_r G_m^{\ominus}(T)$ 取决于物质的本性、温度及标准态的选择，而与所研究状态下系统的组成无关。

注意 $\Delta_r G_m^{\ominus}(T)$ 与 $\Delta_r H_m^{\ominus}(T)$ 的量值都与化学反应计量方程的写法相对应。

4.1.2 化学反应标准平衡常数

对任意化学反应 $0 = \sum_B \nu_B \mathrm{B}$，定义

$$K^{\ominus}(T) \xlongequal{\text{def}} \exp\left[-\sum_B \nu_B \mu_B^{\ominus}(T)/RT\right] \tag{4-13}$$

式中，$K^{\ominus}(T)$ 称为化学反应的标准平衡常数①(standard equilibrium constant of chemical reaction)。

注意 由于 $K^{\ominus}(T)$ 是按式(4-13)定义的，所以它与参与反应的各物质的本性、温度及标准态的选择有关。对指定的反应，它只是温度的函数，为量纲一的量，单位为 1。

结合式(4-10)及式(4-13)，则有

$$K^{\ominus}(T) = \exp\left[-\frac{\Delta_r G_m^{\ominus}(T)}{RT}\right] \tag{4-14a}$$

或

$$\Delta_r G_m^{\ominus}(T) = -RT\ln K^{\ominus}(T) \tag{4-14b}$$

式(4-13)、式(4-14)对任何化学反应都适用，即无论是理想气体反应或真实气体反应，理想液态混合物中的反应或真实液态混合物中的反应，理想稀溶液中的反应或真实溶液中

①ISO 从 1980 年(第二版)起将此量称为标准平衡常数，并用符号 $K^{\ominus}$ 表示。GB 3102.8 从 1982 年(第一版)起按 ISO 定义了此量，也称为标准平衡常数，并以符号 $K^{\ominus}$ 表示。IUPAC 物理化学部热力学委员会以前称它为"热力学平衡常数"(thermodynamic equilibrium constant)，而以符号"K"表示，现在也按 ISO 将它称为标准平衡常数，也用 $K^{\ominus}$ 表示。现在 GB 3102.8—1993 中，定义

$$K^{\ominus}(T) \xlongequal{\text{def}} \prod_B [\lambda_B^{\ominus}(T)]^{-\nu_B}$$

式中，$\lambda_B^{\ominus}$ 称为绝对标准活度，本书未引入绝对活度概念。式(4-13)对 $K^{\ominus}(T)$ 的定义与此定义是等效的。

的反应，理想气体与纯固体（或纯液体）的反应以及电化学系统中的反应都适用。

4.1.3 化学反应标准平衡常数与计量方程的关系

由于$\Delta_r G_m^{\ominus}(T)$的量值与化学反应计量方程写法有关，故根据式(4-14)，$K^{\ominus}(T)$的量值也必与化学反应的计量方程写法有关，即$K^{\ominus}(T)$必须对应指定的化学反应计量方程。如

$$SO_2 + \frac{1}{2}O_2 = SO_3, \quad \Delta_r G_{m,1}^{\ominus}(T) = -RT\ln K_1^{\ominus}(T)$$

$$2SO_2 + O_2 = 2SO_3, \quad \Delta_r G_{m,2}^{\ominus}(T) = -RT\ln K_2^{\ominus}(T)$$

而$\Delta_r G_{m,1}^{\ominus}(T) = \frac{1}{2}\Delta_r G_{m,2}^{\ominus}(T)$，故

$$-RT\ln K_1^{\ominus}(T) = -\frac{1}{2}RT\ln K_2^{\ominus}(T)$$

即

$$[K_1^{\ominus}(T)]^2 = K_2^{\ominus}(T)$$

4.2 化学反应标准平衡常数的热力学计算方法

视频

化学反应标准平衡常数的热力学计算方法

本节讨论如何利用热力学方法计算化学反应的标准平衡常数。

由式(4-14b)

$$\Delta_r G_m^{\ominus}(T) = -RT\ln K^{\ominus}(T)$$

只要算得化学反应的$\Delta_r G_m^{\ominus}(T)$就可算得相应的$K^{\ominus}(T)$，下面介绍计算$\Delta_r G_m^{\ominus}(T)$的两种方法。

4.2.1 用$\Delta_f H_m^{\ominus}(B,\beta,T)$或$\Delta_c H_m^{\ominus}(B,\beta,T)$、$S_m^{\ominus}(B,\beta,T)$和$C_{p,m}^{\ominus}(B)$计算

由式(1-123)，定温时

$$\Delta G = \Delta H - T\Delta S$$

相应地，在定温及反应物和产物均处于标准状态下的反应，有

$$\Delta_r G_m^{\ominus}(T) = \Delta_r H_m^{\ominus}(T) - T\Delta_r S_m^{\ominus}(T) \tag{4-15}$$

若$T=298.15\ K$，则由式(1-59)或式(1-61)计算$\Delta_r H_m^{\ominus}(298.15\ K)$，由式(1-107)计算$\Delta_r S_m^{\ominus}(298.15\ K)$，再由式(4-15)算得$\Delta_r G_m^{\ominus}(298.15\ K)$，最后由式(4-14b)算得$K^{\ominus}(298.15\ K)$。

若温度为T，则可由式(1-63)算得$\Delta_r H_m^{\ominus}(T)$，由式(1-108)算得$\Delta_r S_m^{\ominus}(T)$，再由式(4-15)算得$\Delta_r G_m^{\ominus}(T)$，最后由式(4-14b)算得$K^{\ominus}(T)$。

4.2.2 用 $\Delta_f G_m^{\ominus}(B,\beta,T)$ 计算

1. B 的标准摩尔生成吉布斯函数[变]$\Delta_f G_m^{\ominus}(B,\beta,T)$ 的定义

与 B 的标准摩尔生成焓[变] 的定义相似，定义出 B 的标准摩尔生成吉布斯函数[变]。即 B 的标准摩尔生成吉布斯函数[变](standard molar Gibbs function [change] of formation)，以符号 $\Delta_f G_m^{\ominus}(B,\beta,T)$ 表示，定义为：在温度 T，由参考状态的单质生成 $B(\nu_B=+1)$ 时的标准摩尔吉布斯函数[变]。所谓参考状态，一般是指单质在所讨论的温度 T 及标准压力 $p^{\ominus}$ 下最稳定状态[磷除外，是 P(s,白) 而不是更稳定的 P(s,红)]。书写相应的生成反应化学方程式时，要使 B 的化学计量数 $\nu_B=+1$。例如，$\Delta_f G_m^{\ominus}(CH_3OH,l,298.15\ K)$ 是下述反应的标准摩尔生成吉布斯函数[变] 的简写：

$$C(石墨,298.15\ K,p^{\ominus})+2H_2(g,298.15\ K,p^{\ominus})+\frac{1}{2}O_2(g,298.15\ K,p^{\ominus}) = CH_3OH(l,298.15\ K,p^{\ominus})$$

当然，H_2 和 O_2 应具有理想气体的特性。所说的"摩尔"与一般反应的摩尔吉布斯函数[变]一样，是指每摩尔反应进度。

按上述定义，显然，参考状态相态的单质的 $\Delta_f G_m^{\ominus}(B,\beta,T)=0$。

物质的 $\Delta_f G_m^{\ominus}(B,\beta,298.15\ K)$ 通常可由教材或手册中查得。

2. 由 $\Delta_f G_m^{\ominus}(B,\beta,T)$ 计算 $\Delta_r G_m^{\ominus}(T)$

与由 $\Delta_f H_m^{\ominus}(B,\beta,T)$ 计算 $\Delta_r H_m^{\ominus}(T)$ 的方法相似，利用 $\Delta_f G_m^{\ominus}(B,\beta,T)$ 计算 $\Delta_r G_m^{\ominus}(T)$ 的方法为

$$\Delta_r G_m^{\ominus}(T)=\sum_B \nu_B \Delta_f G_m^{\ominus}(B,\beta,T) \tag{4-16}$$

若 $T=298.15$ K，则

$$\Delta_r G_m^{\ominus}(298.15\ K)=\sum_B \nu_B \Delta_f G_m^{\ominus}(B,\beta,298.15\ K) \tag{4-17}$$

如对反应 $aA(g)+bB(g) = yY(g)+zZ(g)$，则 $T=298.15$ K 时

$$\Delta_r G_m^{\ominus}(298.15\ K)=y\Delta_f G_m^{\ominus}(Y,g,298.15\ K)+z\Delta_f G_m^{\ominus}(Z,g,298.15\ K)-a\Delta_f G_m^{\ominus}(A,g,298.15\ K)-b\Delta_f G_m^{\ominus}(B,g,298.15\ K)$$

【例 4-1】 已知如下数据：

气体	$\Delta_f H_m^{\ominus}(600\ K)/kJ\cdot mol^{-1}$	$S_m^{\ominus}(600\ K)/J\cdot K^{-1}\cdot mol^{-1}$	气体	$\Delta_f H_m^{\ominus}(600\ K)/kJ\cdot mol^{-1}$	$S_m^{\ominus}(600\ K)/J\cdot K^{-1}\cdot mol^{-1}$
CO	−110.2	218.68	CH_4	−83.26	216.2
H_2	0	151.09	H_2O	−245.6	218.77

求 CO 甲烷化反应 $CO(g)+3H_2(g) = CH_4(g)+H_2O(g)$，600 K 的标准平衡常数。

解 $\Delta_r H_m^{\ominus}(600\ K)=\Delta_f H_m^{\ominus}(H_2O,g,600\ K)+\Delta_f H_m^{\ominus}(CH_4,g,600\ K)-\Delta_f H_m^{\ominus}(CO,g,600\ K)=(-245.6-83.26+110.2)kJ\cdot mol^{-1}=-218.7\ kJ\cdot mol^{-1}$

$\Delta_r S_m^{\ominus}(600\ K)=S_m^{\ominus}(H_2O,g,600\ K)+S_m^{\ominus}(CH_4,g,600\ K)-S_m^{\ominus}(CO,g,600\ K)-3S_m^{\ominus}(H_2,g,600\ K)=$

$$(218.77+216.2-218.68-3\times151.09)\ \mathrm{J\cdot K^{-1}\cdot mol^{-1}}=$$
$$-237.0\ \mathrm{J\cdot K^{-1}\cdot mol^{-1}}$$

$$\Delta_r G_m^{\ominus}(600\ \mathrm{K})=\Delta_r H_m^{\ominus}(600\ \mathrm{K})-600\ \mathrm{K}\times\Delta_r S_m^{\ominus}(600\ \mathrm{K})=$$
$$-218.7\times10^3\ \mathrm{J\cdot mol^{-1}}-600\ \mathrm{K}\times(-237.0\ \mathrm{J\cdot K^{-1}\cdot mol^{-1}})=$$
$$-76.5\ \mathrm{kJ\cdot mol^{-1}}$$

$$K^{\ominus}(600\ \mathrm{K})=\exp[-\Delta_r G_m^{\ominus}(600\ \mathrm{K})/RT]=$$
$$\exp[-(-76.5\times10^3\ \mathrm{J\cdot mol^{-1}})/(600\ \mathrm{K}\times8.3145\ \mathrm{J\cdot K^{-1}\cdot mol^{-1}})]$$
$$=4.57\times10^6$$

【例 4-2】 已知 $\Delta_f G_m^{\ominus}(CH_3OH,l,298.15\ \mathrm{K})=-166.3\ \mathrm{kJ\cdot mol^{-1}}$，$\Delta_f G_m^{\ominus}(HCHO,g,298.15\ \mathrm{K})=-113.0\ \mathrm{kJ\cdot mol^{-1}}$，且 $CH_3OH(l)$ 在 298.15 K 的饱和蒸气压为 16 586.9 Pa，求反应 $CH_3OH(g) = HCHO(g)+H_2(g)$ 在 298.15 K 时的 $K^{\ominus}$。

解　可设计如下计算途径：

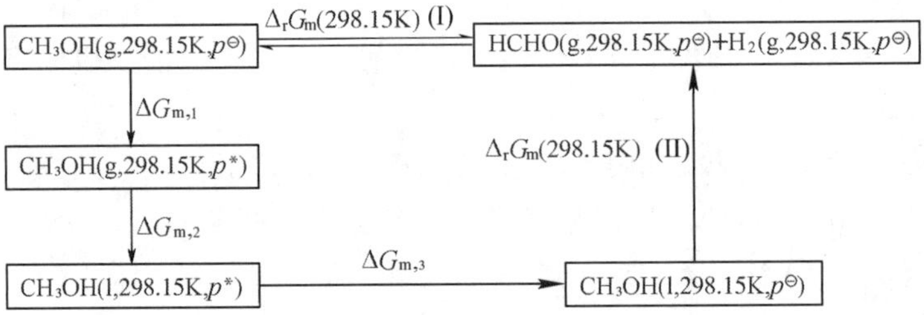

$$\Delta_r G_m^{\ominus}(298.15\ \mathrm{K})(\mathrm{I})=-RT\ln K^{\ominus}(298.15\ \mathrm{K})$$

又　$\Delta_r G_m^{\ominus}(298.15\ \mathrm{K})(\mathrm{I})=\Delta G_{m,1}+\Delta G_{m,2}+\Delta G_{m,3}+\Delta_r G_m^{\ominus}(298.15\ \mathrm{K})(\mathrm{II})$

而 $\Delta G_{m,1}=\int_{p^{\ominus}}^{p^*}V_m^*\,\mathrm{d}p=RT\ln\dfrac{p^*}{p^{\ominus}}$，$\Delta G_{m,2}=0$，$\Delta G_{m,3}\approx0$，则

$$\Delta_r G_m^{\ominus}(298.15\ \mathrm{K})(\mathrm{I})=RT\ln\frac{p^*}{p^{\ominus}}+\Delta_r G_m^{\ominus}(298.15\ \mathrm{K})(\mathrm{II})$$

又　$\Delta_r G_m^{\ominus}(298.15\ \mathrm{K})(\mathrm{II})=\Delta_f G_m^{\ominus}(HCHO,g,298.15\ \mathrm{K})-\Delta_f G_m^{\ominus}(CH_3OH,l,298.15\ \mathrm{K})=$
$$-113.0\ \mathrm{kJ\cdot mol^{-1}}-(-166.3\ \mathrm{kJ\cdot mol^{-1}})=$$
$$53.3\ \mathrm{kJ\cdot mol^{-1}}$$

于是 $\Delta_r G_m^{\ominus}(298.15\ \mathrm{K})(\mathrm{I})=RT\ln\dfrac{p^*}{p^{\ominus}}+\Delta_r G_m^{\ominus}(298.15\ \mathrm{K})(\mathrm{II})=$

$$8.3145\ \mathrm{J\cdot mol^{-1}\cdot K^{-1}}\times298.15\ \mathrm{K}\times\ln\frac{16\,586.9\ \mathrm{Pa}}{10^5\ \mathrm{Pa}}+$$
$$53.3\times10^3\ \mathrm{J\cdot mol^{-1}}=48.9\times10^3\ \mathrm{J\cdot mol^{-1}}$$

$$\ln K^{\ominus}=-\frac{\Delta_r G_m^{\ominus}(298.15\ \mathrm{K})(\mathrm{I})}{RT}=$$
$$-\frac{48.9\times10^3\ \mathrm{J\cdot mol^{-1}}}{8.3145\ \mathrm{J\cdot mol^{-1}\cdot K^{-1}}\times298.15\ \mathrm{K}}=-19.8$$

解得　$K^{\ominus}(298.15\ \mathrm{K})=2.68\times10^{-9}$

4.3　化学反应标准平衡常数与温度的关系

4.3.1　化学反应标准平衡常数 $K^{\ominus}=f(T)$ 的推导

由式(4-14)，有

$$\ln K^{\ominus}(T)=-\frac{\Delta_r G_m^{\ominus}(T)}{RT}$$

所以

$$\frac{\mathrm{d}\ln K^{\ominus}(T)}{\mathrm{d}T}=-\frac{1}{R}\frac{\mathrm{d}}{\mathrm{d}T}\left[\frac{\Delta_r G_m^{\ominus}(T)}{T}\right]$$

应用吉布斯-亥姆霍兹方程式

$$\left[\frac{\partial}{\partial T}\left(\frac{G}{T}\right)\right]_p=-\frac{H}{T^2}$$

于化学反应方程中的每种物质，得

$$\frac{\mathrm{d}}{\mathrm{d}T}\left[\frac{\Delta_r G_m^{\ominus}(T)}{T}\right]=-\frac{\Delta_r H_m^{\ominus}(T)}{T^2}$$

于是

$$\frac{\mathrm{d}\ln K^{\ominus}(T)}{\mathrm{d}T}=\frac{\Delta_r H_m^{\ominus}(T)}{RT^2}\text{①} \tag{4-18}$$

式(4-18)就是 $K^{\ominus}(T)=f(T)$ 的具体关系式，也叫**范特霍夫方程**(van't Hoff's equation)。

注意　式(4-18)不再称为范特霍夫定压(或等压)方程(这是过去的称呼)，因为 $K^{\ominus}$ 只是温度的函数，与压力无关。

4.3.2　范特霍夫方程式的积分式

1. 视 $\Delta_r H_m^{\ominus}$ 为与温度 T 无关的常数

若温度变化不大，则 $\Delta_r H_m^{\ominus}$ 可近似看作与温度 T 无关的常数。这样，对式(4-18)分离变量作不定积分，得

---

①对理想气体混合物反应，其组成也可用物质的量浓度 c_B 表示。如对理想气体反应 $aA+bB \rightleftharpoons yY+zZ$，平衡时也可有

$$K_c^{\ominus}(T)=\frac{(c_Y^{eq}/c^{\ominus})^y(c_Z^{eq}/c^{\ominus})^z}{(c_A^{eq}/c^{\ominus})^a(c_B^{eq}/c^{\ominus})^b} \tag{4-20}$$

式中，$c^{\ominus}=1\ \mathrm{mol\cdot dm^{-3}}$，为 B 的**标准量浓度**(standard concentration of B)，$K_c^{\ominus}(T)$ 为以 B 的浓度表示的**标准平衡常数**(equilibrium constant)。

相应可有

$$\frac{\mathrm{d}\ln K_c^{\ominus}(T)}{\mathrm{d}T}=\frac{\Delta_r U_m^{\ominus}(T)}{RT^2} \tag{4-21}$$

与式(4-18)相似，式(4-21)也叫范特霍夫方程。不过由于浓度 c_B 随温度而变，因而在热力学研究中很少用到，由 c_B 表示的热力学公式由于缺少相关热力学数据，因此也就无计算意义。但在少数场合尚需用式(4-21)定性地分析一些问题。另外，在第 8 章化学动力学的讨论中也要用到式(4-20)及式(4-21)。所以这里以注解形式书写出来，供应用时参考。

$$\ln K^{\ominus}(T)=-\frac{\Delta_r H_m^{\ominus}}{RT}+B \tag{4-19}$$

式中，B 为积分常数。

由式(4-19)，若以 $\ln K^{\ominus}(T)$ 对 $1/T$ 作图得一直线，直线斜率 $m=-\frac{\Delta_r H_m^{\ominus}}{R}$，如图 4-2 所示。由此可求得一定温度范围内反应的标准摩尔焓[变]的平均值 $\langle\Delta_r H_m^{\ominus}\rangle$。

由 $-\Delta_r G_m^{\ominus}(T)=RT\ln K^{\ominus}(T)$ 及 $\Delta_r G_m^{\ominus}(T)=\Delta_r H_m^{\ominus}(T)-T\Delta_r S_m^{\ominus}(T)$，得

$$\ln K^{\ominus}(T)=-\frac{\Delta_r H_m^{\ominus}}{RT}+\frac{\Delta_r S_m^{\ominus}}{R}$$

此式与式(4-19) 比较，可见 $B=\frac{\Delta_r S_m^{\ominus}}{R}$。

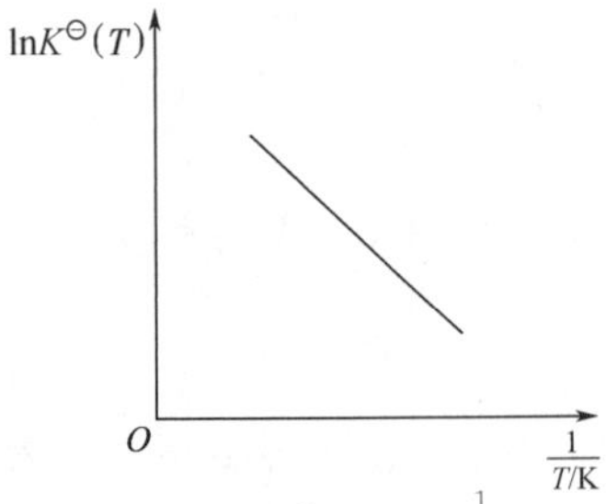

图 4-2　$\ln K^{\ominus}(T)$-$\frac{1}{T/K}$ 图

设 T_1 和 T_2 两个温度下的标准平衡常数为 $K^{\ominus}(T_1)$ 及 $K^{\ominus}(T_2)$，则将式(4-18) 分离变量作定积分，得

$$\ln\frac{K^{\ominus}(T_2)}{K^{\ominus}(T_1)}=\frac{\Delta_r H_m^{\ominus}}{R}\left(\frac{1}{T_1}-\frac{1}{T_2}\right) \tag{4-22}$$

由式(4-22)，若已知 $\Delta_r H_m^{\ominus}$，当 $T_1=298.15\ \mathrm{K}$ 的 $K^{\ominus}(298.15\ \mathrm{K})$ 为已知时，可求任意温度 T 时的 $K^{\ominus}(T)$；或已知任意两个温度 T_1、T_2 下的 $K^{\ominus}(T_1)$、$K^{\ominus}(T_2)$，可计算该两温度附近范围反应的标准摩尔焓[变]的平均值 $\langle\Delta_r H_m^{\ominus}\rangle$。

2. 视 $\Delta_r H_m^{\ominus}(T)$ 为温度的函数

利用式(4-18) 及式(1-63)，可求得 $\ln K^{\ominus}(T)=f(T)$ 的关系式。

【例 4-3】　实验测知异构化反应：

$$C_6H_{12}(g) \rightleftharpoons C_5H_9CH_3(g)$$

的 $K^{\ominus}$ 与 T 的关系式为

$$\ln K^{\ominus}(T)=4.184-\frac{2\,059\ \mathrm{K}}{T}$$

计算此异构化反应的 $\Delta_r H_m^{\ominus}(298.15\ \mathrm{K})$，$\Delta_r S_m^{\ominus}(298.15\ \mathrm{K})$ 和 $\Delta_r G_m^{\ominus}(298.15\ \mathrm{K})$。

解　关系式两边同乘以 $-RT$，得

$$-RT\ln K^{\ominus}(T)=-4.184\times 8.314\ 5\times T\ \mathrm{J\cdot mol^{-1}\cdot K^{-1}}+2\ 059\times 8.314\ 5\ \mathrm{J\cdot mol^{-1}}$$

即
$$\Delta_r G_m^{\ominus}(T)=17\ 120\ \mathrm{J\cdot mol^{-1}}-37.79T\ \mathrm{J\cdot mol^{-1}\cdot K^{-1}}$$

将该式与式(4-15) 比较得

$$\Delta_r H_m^{\ominus}(298.15\ \mathrm{K})=17.12\ \mathrm{kJ\cdot mol^{-1}}$$

$$\Delta_r S_m^{\ominus}(298.15\ \mathrm{K})=37.79\ \mathrm{J\cdot K^{-1}\cdot mol^{-1}}$$

$$\Delta_r G_m^{\ominus}(298.15\ \mathrm{K})=(17\ 120-298.15\times 37.79)\ \mathrm{J\cdot mol^{-1}}=5.85\ \mathrm{kJ\cdot mol^{-1}}$$

Ⅱ　化学反应标准平衡常数的应用

4.4　理想气体混合物反应的化学平衡

设有理想气体混合物反应

$$0=\sum_{\mathrm{B}}\nu_{\mathrm{B}}\mathrm{B(pgm)}$$

式中,"pgm" 表示"理想(或完全) 气体混合物"。由式(4-2) 及式(4-3),有

$$\boldsymbol{A}=-\sum_{\mathrm{B}}\nu_{\mathrm{B}}\mu_{\mathrm{B}}(\mathrm{pgm})$$

对理想气体混合物,其中任意组分 B 的化学势表达式,由式(1-192),有

$$\mu_{\mathrm{B}}(\mathrm{g})=\mu_{\mathrm{B}}^{\ominus}(\mathrm{g},T)+RT\ln(p_{\mathrm{B}}/p^{\ominus})$$

代入上式,整理,有

$$\boldsymbol{A}(T)=-\sum_{\mathrm{B}}\nu_{\mathrm{B}}\mu_{\mathrm{B}}^{\ominus}(\mathrm{pgm},T)-RT\ln\prod_{\mathrm{B}}(p_{\mathrm{B}}/p^{\ominus})^{\nu_{\mathrm{B}}} \tag{4-23}$$

当反应平衡时,$\boldsymbol{A}(T)=0$,又由式(4-13),对理想气体混合物的反应,有

$$K^{\ominus}(\mathrm{pgm},T)\xlongequal{\mathrm{def}}\exp\left[-\sum_{\mathrm{B}}\nu_{\mathrm{B}}\mu_{\mathrm{B}}^{\ominus}(\mathrm{pgm},T)/RT\right] \tag{4-24}$$

代入式(4-23),得

$$K^{\ominus}(\mathrm{pgm},T)=\prod_{\mathrm{B}}(y_{\mathrm{B}}^{\mathrm{eq}}p^{\mathrm{eq}}/p^{\ominus})^{\nu_{\mathrm{B}}} \text{ ①} \tag{4-25a}$$

式(4-25a) 是理想气体混合物反应的标准平衡常数与其平衡组成的关联式,或叫理想气体混合物化学反应的标准平衡常数的表示式。例如,对理想气体反应

$$a\mathrm{A(g)}+b\mathrm{B(g)}\xlongequal{\quad}y\mathrm{Y(g)}+z\mathrm{Z(g)}$$

$$K^{\ominus}(\mathrm{pgm},T)=\frac{(y_{\mathrm{Y}}^{\mathrm{eq}}p^{\mathrm{eq}}/p^{\ominus})^{y}(y_{\mathrm{Z}}^{\mathrm{eq}}p^{\mathrm{eq}}/p^{\ominus})^{z}}{(y_{\mathrm{A}}^{\mathrm{eq}}p^{\mathrm{eq}}/p^{\ominus})^{a}(y_{\mathrm{B}}^{\mathrm{eq}}p^{\mathrm{eq}}/p^{\ominus})^{b}} \tag{4-25b}$$

或

$$K^{\ominus}(\mathrm{pgm},T)=\frac{(p_{\mathrm{Y}}^{\mathrm{eq}}/p^{\ominus})^{y}(p_{\mathrm{Z}}^{\mathrm{eq}}/p^{\ominus})^{z}}{(p_{\mathrm{A}}^{\mathrm{eq}}/p^{\ominus})^{a}(p_{\mathrm{B}}^{\mathrm{eq}}/p^{\ominus})^{b}} \tag{4-25c}$$

注意　式(4-25) 中的 $y_{\mathrm{B}}^{\mathrm{eq}}$、$p_{\mathrm{B}}^{\mathrm{eq}}$、$p^{\mathrm{eq}}$ 为系统达到反应平衡时组分 B(B=A,B,Y,Z) 的摩尔分数、分压及系统的总压。式(4-25) 不是 $K^{\ominus}(T)$ 的定义式。

由 $K^{\ominus}(\mathrm{pgm},T)=\exp\left[-\dfrac{\Delta_{\mathrm{r}}G_{\mathrm{m}}^{\ominus}(T)}{RT}\right]$ 求得 $K^{\ominus}(\mathrm{pgm},T)$ 后,则可由式(4-25) 计算一定温度下反应物的平衡转化率及系统的平衡组成。

---

①式(4-25) 也可表示成

$$K^{\ominus}(\mathrm{pgm},T)=K_{p}(\mathrm{pgm},T)(p^{\ominus})^{-\sum_{\mathrm{B}}\nu_{\mathrm{B}}},\quad 而\ K_{p}(\mathrm{pgm},T)\xlongequal{\mathrm{def}}\prod_{\mathrm{B}}(y_{\mathrm{B}}^{\mathrm{eq}}p^{\mathrm{eq}})^{\nu_{\mathrm{B}}}=\prod_{\mathrm{B}}(p_{\mathrm{B}}^{\mathrm{eq}})^{\nu_{\mathrm{B}}}$$

它称为理想气体混合物反应的平衡常数。对一定的理想气体反应,也只是温度的函数,但它的量纲则与具体的反应有关,单位为$[p]^{\sum_{\mathrm{B}}\nu_{\mathrm{B}}}$,GB 3102.8—1993 已把它作为资料,故本书不在正文中详细讨论。

4.5 真实气体混合物反应的化学平衡

设有真实气体混合物的反应

$$0=\sum_{\mathrm{B}}\nu_{\mathrm{B}}\mathrm{B(gm)}$$

式中,“gm”表示“气体混合物”,由式(4-2)及式(4-3),有

$$\boldsymbol{A}=-\sum_{\mathrm{B}}\nu_{\mathrm{B}}\mu_{\mathrm{B}}(\mathrm{gm})$$

对真实气体混合物,其中任意组分 B 的化学势表达式,由式(1-196),有

$$\mu_{\mathrm{B}}(\mathrm{g})=\mu_{\mathrm{B}}^{\ominus}(\mathrm{g},T)+RT\ln(\tilde{p}_{\mathrm{B}}/p^{\ominus})$$

代入上式,整理有

$$\boldsymbol{A}(T)=-\sum_{\mathrm{B}}\nu_{\mathrm{B}}\mu^{\ominus}(\mathrm{gm},T)-RT\ln\prod_{\mathrm{B}}(\tilde{p}_{\mathrm{B}}/p^{\ominus})^{\nu_{\mathrm{B}}} \tag{4-26}$$

当反应平衡时,$\boldsymbol{A}(T)=0$,又由式(4-13),对真实气体混合物的反应,有

$$K^{\ominus}(\mathrm{gm},T)\xlongequal{\mathrm{def}}\exp\left[-\sum_{\mathrm{B}}\nu_{\mathrm{B}}\mu_{\mathrm{B}}^{\ominus}(\mathrm{gm},T)/RT\right] \tag{4-27}$$

代入式(4-26),得

$$K^{\ominus}(\mathrm{gm},T)=\prod_{\mathrm{B}}(\tilde{p}_{\mathrm{B}}^{\mathrm{eq}}/p^{\ominus})^{\nu_{\mathrm{B}}}\ ① \tag{4-28}$$

由式(1-197)及式(1-194)

$$\tilde{p}_{\mathrm{B}}^{\mathrm{eq}}=y_{\mathrm{B}}^{\mathrm{eq}}\tilde{p}^{*,\mathrm{eq}}=y_{\mathrm{B}}^{\mathrm{eq}}\varphi_{\mathrm{B}}^{\mathrm{eq}}p^{\mathrm{eq}}=\varphi_{\mathrm{B}}^{\mathrm{eq}}p_{\mathrm{B}}^{\mathrm{eq}}$$

代入式(4-28),得

$$K^{\ominus}(\mathrm{gm},T)=\prod_{\mathrm{B}}(\varphi_{\mathrm{B}}^{\mathrm{eq}}p_{\mathrm{B}}^{\mathrm{eq}}/p^{\ominus})^{\nu_{\mathrm{B}}}=\prod_{\mathrm{B}}(\varphi_{\mathrm{B}}^{\mathrm{eq}})^{\nu_{\mathrm{B}}}\prod_{\mathrm{B}}(p_{\mathrm{B}}^{\mathrm{eq}}/p^{\ominus})^{\nu_{\mathrm{B}}} \tag{4-29}$$

式(4-28)及式(4-29)是真实气体混合物反应的标准平衡常数与其平衡组成的关联式,或叫真实气体混合物反应的标准平衡常数的表示式。

由式(4-29)可知,若 $\varphi_{\mathrm{B}}^{\mathrm{eq}}=1$,则 $K^{\ominus}(\mathrm{gm},T)=\prod_{\mathrm{B}}(p_{\mathrm{B}}^{\mathrm{eq}}/p^{\ominus})^{\nu_{\mathrm{B}}}$,此即理想气体反应的 $K^{\ominus}(\mathrm{pgm},T)$ 表示式(4-25)。而对真实气体反应,$K^{\ominus}(\mathrm{gm},T)\neq\prod_{\mathrm{B}}(p_{\mathrm{B}}^{\mathrm{eq}}/p^{\ominus})^{\nu_{\mathrm{B}}}$(因为 $\varphi_{\mathrm{B}}^{\mathrm{eq}}\neq1$)。

因为 $\varphi_{\mathrm{B}}^{\mathrm{eq}}$ 是温度、压力、组成的函数,所以 $\prod_{\mathrm{B}}(\varphi_{\mathrm{B}}^{\mathrm{eq}})^{\nu_{\mathrm{B}}}$ 也是温度、压力、组成的函数。故对真实气体反应,$\prod_{\mathrm{B}}(p_{\mathrm{B}}^{\mathrm{eq}}/p^{\ominus})^{\nu_{\mathrm{B}}}$ 不仅是温度的函数,也是压力的函数。

---

①式(4-28)也可表示成

$$K^{\ominus}(\mathrm{gm},T)=K_{\tilde{p}}(\mathrm{gm})(p^{\ominus})^{-\sum\nu_{\mathrm{B}}},\quad K_{\tilde{p}}(\mathrm{gm},T)\xlongequal{\mathrm{def}}\prod_{\mathrm{B}}(\tilde{p}_{\mathrm{B}}^{\mathrm{eq}})^{\nu_{\mathrm{B}}}$$

$K_{\tilde{p}}$ 叫以逸度表示的平衡常数(逸度用 f 表示时,即为 K_f),其量纲与具体反应有关,单位为$[p]^{\sum_{\mathrm{B}}\nu_{\mathrm{B}}}$,对一定的反应,它也只是温度的函数。GB 3102.8—1993 也已把它作为资料,故本书也不在正文中详细讨论。

对真实气体反应，由 $K^{\ominus}(\mathrm{gm},T)=\exp\left[-\dfrac{\Delta_r G_m^{\ominus}(T)}{RT}\right]$ 求得 $K^{\ominus}(\mathrm{gm},T)$ 后，再求得各组分的逸度因子 φ_B^{eq}，进而可得到 $\prod_B (p_B^{eq}/p^{\ominus})^{\nu_B}$，于是最终求算反应物的平衡转化率或系统的平衡组成。

4.6　理想气体与纯固体(或纯液体)反应的化学平衡

4.6.1　化学反应标准平衡常数的表示式

以理想气体与纯固体反应为例

$$aA(g)+bB(s) = yY(g)+zZ(s)$$

各组分的化学势表达式，对理想气体组分为

$$\mu_A=\mu_A^{\ominus}(g,T)+RT\ln(p_A/p^{\ominus})$$
$$\mu_Y=\mu_Y^{\ominus}(g,T)+RT\ln(p_Y/p^{\ominus})$$

对纯固体组分为

$$\mu_B(s)=\mu_B^{\ominus}(s,T)+\int_{p^{\ominus}}^{p} V_{m,B}^{*}dp$$

$$\mu_Z(s)=\mu_Z^{\ominus}(s,T)+\int_{p^{\ominus}}^{p} V_{m,Z}^{*}dp$$

代入式(1-187)，得

$$\boldsymbol{A}=-\left[(-a\mu_A^{\ominus}-b\mu_B^{\ominus}+y\mu_Y^{\ominus}+z\mu_Z^{\ominus})+RT\ln\frac{(p_Y/p^{\ominus})^y}{(p_A/p^{\ominus})^a}+\int_{p^{\ominus}}^{p}(-bV_{m,B}^{*}+zV_{m,Z}^{*})dp\right]$$

由化学反应平衡条件式(4-1)，$\boldsymbol{A}=0$，并忽略压力对纯固体化学势的影响，得

$$K^{\ominus}(T)=\frac{(p_Y^{eq}/p^{\ominus})^y}{(p_A^{eq}/p^{\ominus})^a}\xlongequal{\text{def}}\exp[-(-a\mu_A^{\ominus}-b\mu_B^{\ominus}+y\mu_Y^{\ominus}+z\mu_Z^{\ominus})/RT]\xlongequal{\text{def}}\exp[-\Delta_r G_m^{\ominus}(T)/RT]$$

因为 $\mu_B^{\ominus}(B=A,B,Y,Z)$ 只是温度的函数，则 $\Delta_r G_m^{\ominus}(T)$ 也仅是温度的函数，所以 $K^{\ominus}(T)$ 只是温度的函数。

注意　在 $K^{\ominus}(T)$ 的表示式中，只包含参与反应的理想气体的分压，即

$$K^{\ominus}(T)=\frac{(p_Y^{eq}/p^{\ominus})^y}{(p_A^{eq}/p^{\ominus})^a} \tag{4-30}$$

而在 $K^{\ominus}(T)$ 的定义式中，却包括了参与反应的所有物质(包括理想气体各组分及纯固体各组分)的标准化学势 $\mu_B^{\ominus}(B=A,B,Y,Z)$，即

$$K^{\ominus}(T)\xlongequal{\text{def}}\exp[-(-a\mu_A^{\ominus}-b\mu_B^{\ominus}+y\mu_Y^{\ominus}+z\mu_Z^{\ominus})/RT]$$

4.6.2　纯固体化合物的分解压

以 $CaCO_3$ 的分解反应为例

$$CaCO_3(s) = CaO(s) + CO_2(g)$$

此分解反应在一定温度下达到平衡时，此时气体的压力，称为该固体化合物在该温度下的分解压(decomposition pressure)。按式(4-30)应有

$$K^{\ominus}(T) = p^{eq}(CO_2)/p^{\ominus}$$

即在一定温度下，固体化合物的分解压为常数。

若分解气体产物有一种以上，则产物气体总压称为分解压。

例如，在一定温度 T 时，$NH_4Cl(s)$ 的分解反应，产生两种气体：

$$NH_4Cl(s) = NH_3(g) + HCl(g)$$

平衡时的总压 $p = p(NH_3) + p(HCl)$，叫作 $NH_4Cl(s)$ 在温度 T 时的分解压。

由于 $p(NH_3) = p(HCl) = p/2$，则

$$K^{\ominus}(T) = \left(\frac{p/2}{p^{\ominus}}\right)\left(\frac{p/2}{p^{\ominus}}\right) = \frac{1}{4}(p/p^{\ominus})^2$$

注意　应用热力学方法求 $K^{\ominus}(T)$ 时应包括参与反应的所有组分的热力学数据。

【例 4-4】　根据下列数据，计算 298.15 K 时 $CaCO_3(s)$ 的分解压。

物质	$\Delta_f G_m^{\ominus}(298.15\ K)/(kJ \cdot mol^{-1})$
$CaCO_3(s)$	−1 128.70
$CaO(s)$	−604.2
$CO_2(g)$	−394.38

解　根据 $CaCO_3(s)$ 分解反应，按式(4-30)，有

$$p^{eq}(CO_2) = K^{\ominus}(298.15\ K)p^{\ominus}$$

为计算 $K^{\ominus}(298.15\ K)$，可按式(4-17)先求出 $\Delta_r G_m^{\ominus}(298.15\ K)$，即

$$\begin{aligned}\Delta_r G_m^{\ominus}(298.15\ K) = &\Delta_f G_m^{\ominus}(CaO, s, 298.15\ K) + \Delta_f G_m^{\ominus}(CO_2, g, 298.15\ K) - \\ &\Delta_f G_m^{\ominus}(CaCO_3, s, 298.15\ K) = \\ &(-604.2 - 394.38 + 1\ 128.70)kJ \cdot mol^{-1} = \\ &130.12\ kJ \cdot mol^{-1}\end{aligned}$$

再由式(4-14b)，求得

$$\ln K^{\ominus}(298.15\ K) = \frac{-\Delta_r G_m^{\ominus}(298.15\ K)}{RT} = \frac{-130.12 \times 10^3}{8.314 \times 298.15} = -52.5$$

解得

$$K^{\ominus}(298.15\ K) = 1.583 \times 10^{-23}$$

于是得 $CaCO_3(s)$ 在 298.15 K 的分解压为

$$p^{eq}(CO_2) = 1.583 \times 10^{-23} \times 10^5\ Pa = 1.583 \times 10^{-18}\ Pa$$

4.7　范特霍夫定温方程、化学反应方向的判断

视频

范特霍夫定温方程、化学反应方向的判断

对理想气体混合物反应，由式(4-23)

$$\boldsymbol{A}(T) = -\sum_B \nu_B \mu_B^{\ominus}(pgm, T) - RT\ln\prod_B (p_B/p^{\ominus})^{\nu_B}$$

也可表示成

$$\boldsymbol{A}(T) = \boldsymbol{A}^{\ominus}(T) - RT\ln\prod_B (p_B/p^{\ominus})^{\nu_B} \tag{4-31}$$

或
$$\Delta_r G_m(T)=\Delta_r G_m^{\ominus}(T)+RT\ln\prod_B(p_B/p^{\ominus})^{\nu_B} \tag{4-32}$$

式(4-31)及式(4-32)叫理想气体反应的范特霍夫定温方程(van't Hoff isothermal equation)。式中的 $\prod_B(p_B/p^{\ominus})^{\nu_B}$ 项中的 p_B 是反应系统处于任意状态(包括平衡态)时,组分 B 的分压,并定义

$$J^{\ominus}(\mathrm{pgm},T)\xlongequal{\mathrm{def}}\prod_B(p_B/p^{\ominus})^{\nu_B} \tag{4-33}$$

式中,$J^{\ominus}(\mathrm{pgm},T)$ 为理想气体混合物的分压比(ratio of partial pressure)。于是式(4-31)及式(4-32)即可写成

$$\boldsymbol{A}(T)=RT\ln K^{\ominus}(\mathrm{pgm},T)-RT\ln J^{\ominus}(\mathrm{pgm},T) \tag{4-34}$$

$$\Delta_r G_m(T)=-RT\ln K^{\ominus}(\mathrm{pgm},T)+RT\ln J^{\ominus}(\mathrm{pgm},T) \tag{4-35}$$

对真实气体混合物反应,由式(4-26)

$$\boldsymbol{A}(T)=-\sum_B\nu_B\mu_B^{\ominus}(\mathrm{gm},T)-RT\ln\prod_B(\tilde{p}_B/p^{\ominus})^{\nu_B}$$

也可表示成

$$\boldsymbol{A}(T)=\boldsymbol{A}^{\ominus}(T)-RT\ln\prod_B(\tilde{p}_B/p^{\ominus})^{\nu_B} \tag{4-36}$$

$$\Delta_r G_m(T)=\Delta_r G_m^{\ominus}(T)+RT\ln\prod_B(\tilde{p}_B/p^{\ominus})^{\nu_B} \tag{4-37}$$

式(4-36)及式(4-37)叫真实气体反应的范特霍夫定温方程。式中的 $\prod_B(\tilde{p}_B/p^{\ominus})^{\nu_B}$ 项中,$\tilde{p}_B$ 是反应系统处于任意状态(包括平衡态)时组分 B 的逸度,并定义

$$J^{\ominus}(\mathrm{gm},T)\xlongequal{\mathrm{def}}\prod_B(\tilde{p}_B/p^{\ominus})^{\nu_B} \tag{4-38}$$

式中,$J^{\ominus}(\mathrm{gm},T)$ 为真实气体混合物的分逸度比(ratio of partial fugacity),于是式(4-36)及式(4-37)即可写成

$$\boldsymbol{A}(T)=RT\ln K^{\ominus}(\mathrm{gm},T)-RT\ln J^{\ominus}(\mathrm{gm},T) \tag{4-39}$$

$$\Delta_r G_m(T)=-RT\ln K^{\ominus}(\mathrm{gm},T)+RT\ln J^{\ominus}(\mathrm{gm},T) \tag{4-40}$$

式(4-35)及式(4-40)可统一写成

$$\Delta_r G_m(T)=-RT\ln K^{\ominus}(T)+RT\ln J^{\ominus}(T) \tag{4-41}$$

式(4-41)为气体混合物反应的范特霍夫定温方程。应用时,$K^{\ominus}(T)$ 的计算仅与气体本性有关,与压力无关,即与是理想气体或真实气体无关,但 $J^{\ominus}(T)$ 的计算与是理想气体或真实气体有关,即要注意 $J^{\ominus}(\mathrm{pgm},T)$ 与 $J^{\ominus}(\mathrm{gm},T)$ 的区别。

由式(4-41),可判断:

若 $K^{\ominus}(T)=J^{\ominus}(T)$,即 $\boldsymbol{A}(T)=0$ 或 $\Delta_r G_m(T)=0$,则反应达成平衡;

若 $K^{\ominus}(T)>J^{\ominus}(T)$,即 $\boldsymbol{A}(T)>0$ 或 $\Delta_r G_m(T)<0$,则反应方向向右;

若 $K^{\ominus}(T)<J^{\ominus}(T)$,即 $\boldsymbol{A}(T)<0$ 或 $\Delta_r G_m(T)>0$,则反应方向向左。

【例 4-5】　某碳酸盐分解反应 $MCO_3(s)\xlongequal{}MO(s)+CO_2(g)$(M 为某金属)的有关数据如下:

物质	$\Delta_f H_m^{\ominus}$(B,298.15 K) / kJ·mol^{-1}	$S_m^{\ominus}$(B,298.15 K) / J·K^{-1}·mol^{-1}	$C_{p,m}^{\ominus}$(B,298.15 K) / J·K^{-1}·mol^{-1}
MCO_3(s)	−500	167.4	108.6
MO(s)	−29.00	121.4	68.40
CO_2(g)	−393.5	213.0	40.20

注　$C_{p,m}^{\ominus}(B,T)$ 可近似取 $C_{p,m}^{\ominus}$(B,298.15 K) 的值。

求:(1) 该反应 $\Delta_r G_m^{\ominus}(T)$ 与 T 的关系;(2) 设系统温度为 127 ℃,总压为101 325 Pa,CO_2 的摩尔分数为 $y(CO_2)=0.01$,系统中 MCO_3(s) 能否分解为 MO(s) 和 CO_2(g)? (3) 为防止 MCO_3(s) 在上述系统中分解,则系统温度应低于多少?

解　(1)
$$\Delta_r H_m^{\ominus}(298.15\ \text{K}) = \sum_B \nu_B \Delta_f H_m^{\ominus}(\text{B},298.15\ \text{K}) = [-393.5-29.00-(-500)]\ \text{kJ}\cdot\text{mol}^{-1} = 77\ 500\ \text{J}\cdot\text{mol}^{-1}$$

$$\Delta_r S_m^{\ominus}(298.15\ \text{K}) = \sum_B \nu_B S_m^{\ominus}(\text{B},298.15\ \text{K}) = (213.0+121.4-167.4)\ \text{J}\cdot\text{K}^{-1}\cdot\text{mol}^{-1} = 167.0\ \text{J}\cdot\text{K}^{-1}\cdot\text{mol}^{-1}$$

$$\sum_B \nu_B C_{p,m}^{\ominus}(\text{B},T) \approx \sum_B \nu_B C_{p,m}^{\ominus}(\text{B},298.15\ \text{K}) = (40.20+68.40-108.6)\ \text{J}\cdot\text{K}^{-1}\cdot\text{mol}^{-1} = 0$$

所以
$$\Delta_r H_m^{\ominus}(T) = \Delta_r H_m^{\ominus}(298.15\ \text{K})$$
$$\Delta_r S_m^{\ominus}(T) = \Delta_r S_m^{\ominus}(298.15\ \text{K})$$

由式(4-15),得
$$\Delta_r G_m^{\ominus} = [77\ 500-167.0(T/\text{K})]\ \text{J}\cdot\text{mol}^{-1}$$

(2)
$$K^{\ominus} = \exp\left[-\frac{\Delta_r G_m^{\ominus}(T)}{RT}\right] = \exp\{-[77\ 500-167.0\times(127+273.15)]/[8.314\ 5\times(127+273.15)]\} = 0.040$$

$$J^{\ominus} = \left[\frac{p(CO_2)}{p^{\ominus}}\right]^{\sum \nu_B} = \left(\frac{101\ 325\ \text{Pa}\times 0.01}{10^5\ \text{Pa}}\right)^1 = 0.010$$

因 $J^{\ominus} < K^{\ominus}$,$\boldsymbol{A} > 0$,反应能自动向正方向进行,$MCO_3$(s) 可以分解。

(3) 若防止 MCO_3(s) 分解,需 $J^{\ominus} > K^{\ominus}$,为此,需求 $K^{\ominus} < 0.010$ 时的温度($J^{\ominus}$ 不变)。即
$$\exp\{-[77\ 500-167.0(T/\text{K})]\ \text{J}\cdot\text{mol}^{-1}/RT\} < 0.010$$

变为
$$-\frac{9\ 321.1}{(T/\text{K})} + 20.07 < -4.605$$

解得
$$T < 377\ \text{K}$$

【例 4-6】　某理想气体反应 $A(g) + 2B(g) = Y(g) + 4Z(g)$ 有关数据如下:

物质	$\Delta_f H_m^\ominus(298.15\ K)$ / $kJ\cdot mol^{-1}$	$S_m^\ominus(298.15\ K)$ / $J\cdot K^{-1}\cdot mol^{-1}$	$C_{p,m}^\ominus(B)$ / $J\cdot K^{-1}\cdot mol^{-1}$
A(g)	−74.84	186.0	3
B(g)	−241.84	188.0	14
Y(g)	−393.42	214.0	11
Z(g)	0	130.0	5

(1) 经计算说明：当 A、B、Y 和 Z 的摩尔分数分别为 0.3、0.2、0.3 和 0.2，$T=800\ K$、$p=0.1\ MPa$ 时反应进行的方向；(2) 其他条件与(1) 相同，如何改变温度使反应向与(1) 相反的方向进行？

解　(1)

$$\Delta_r H_m^\ominus(298.15\ K)=\Delta_f H_m^\ominus(Y,298.15\ K)+4\Delta_f H_m^\ominus(Z,298.15\ K)-\Delta_f H_m^\ominus(A,298.15\ K)-2\Delta_f H_m^\ominus(B,298.15\ K)=[(-393.42)-(-241.84\times 2)-(-74.84)]\ kJ\cdot mol^{-1}=165.1\ kJ\cdot mol^{-1}$$

$$\Delta_r S_m^\ominus(298.15\ K)=S_m^\ominus(Y,298.15\ K)+4S_m^\ominus(Z,298.15\ K)-S_m^\ominus(A,298.15\ K)-2S_m^\ominus(B,298.15\ K)=(214.0+4\times 130.0-186.0-2\times 188.0)\ J\cdot mol^{-1}\cdot K^{-1}=172\ J\cdot mol^{-1}\cdot K^{-1}$$

因为
$$\sum_B \nu_B C_{p,m}^\ominus(B)=(5\times 4+11-14\times 2-3)\ J\cdot mol^{-1}\cdot K^{-1}=0$$

所以
$$\Delta_r H_m^\ominus(800\ K)=\Delta_r H_m^\ominus(298.15\ K),\quad \Delta_r S_m^\ominus(800\ K)=\Delta_r S_m^\ominus(298.15\ K)$$

$$\Delta_r G_m^\ominus(T)=\Delta_r H_m^\ominus(298.15\ K)-T\Delta_r S_m^\ominus(298.15\ K)=165\ 100\ J\cdot mol^{-1}-800\ K\times 172\ J\cdot mol^{-1}\cdot K^{-1}$$

$$K^\ominus(800\ K)=\exp[-(165\ 100-172\times 800)/(8.314\ 5\times 800)]=0.016\ 0\approx 0.020\ 0$$

$$J^\ominus=[p(Z)/p^\ominus]^4[p(Y)/p^\ominus]/\{[p(A)/p^\ominus][p(B)/p^\ominus]^2\}=\frac{(0.2\times 10^5\ Pa/10^5\ Pa)^4(0.3\times 10^5\ Pa/10^5\ Pa)}{(0.3\times 10^5\ Pa/10^5\ Pa)(0.2\times 10^5\ Pa/10^5\ Pa)^2}=0.0400$$

$J^\ominus > K^\ominus$，$\boldsymbol{A}<0$，反应向反方向(左) 进行。

(2) 若使反应向正方向(右) 进行，则必须

$$\Delta_r G_m(T)=\Delta_r G_m^\ominus(T)+RT\ln J^\ominus<0$$

即
$$-RT\ln J^\ominus>\Delta_r G_m^\ominus(T)$$

所以
$$(-8.314\ 5\ J\cdot mol^{-1}\cdot K^{-1}\times \ln 0.04)T>[165\ 100-172(T/K)]\ J\cdot mol^{-1}$$

$$T>830.6\ K$$

【例 4-7】　理想气体反应：$A(g)+2B(g) \longrightarrow Y(g)$ 有关数据如下：

物质	$\Delta_f H_m^\ominus(298.15\ K)$ / $kJ\cdot mol^{-1}$	$S_m^\ominus(298.15\ K)$ / $J\cdot K^{-1}\cdot mol^{-1}$	$C_{p,m}^\ominus=a+bT$	
			$a/(J\cdot K^{-1}\cdot mol^{-1})$	$b/(10^{-3}J\cdot K^{-2}\cdot mol^{-1})$
A(g)	−210.0	126.0	25.20	8.40
B(g)	0	120.0	10.50	12.50
Y(g)	−140.0	456.0	56.20	34.40

(1) 计算 $K^{\ominus}$ (700 K)；(2)700 K 时，将 2 mol A(g)，6 mol B(g) 及 2 mol Y(g) 混合成总压为 101 325 Pa 的理想混合气体，试判断反应方向。

解 (1)

$$\Delta_r H_m^{\ominus}(298.15\ \text{K})=\sum_B \nu_B \Delta_f H_m^{\ominus}(B,\beta,298.15\ \text{K})=$$
$$\Delta_f H_m^{\ominus}(Y,g,298.15\ \text{K})-\Delta_f H_m^{\ominus}(A,g,298.15\ \text{K})=$$
$$[-140-(-210)]\ \text{kJ}\cdot\text{mol}^{-1}=70.00\ \text{kJ}\cdot\text{mol}^{-1}$$

$$\Delta_r S_m^{\ominus}(298.15\ \text{K})=\sum_B \nu_B S_B^{\ominus}(B,\beta,298.15\text{K})=$$
$$S_m^{\ominus}(Y,g,298.15\ \text{K})-2\times S_m^{\ominus}(B,g,298.15\ \text{K})-S_m^{\ominus}(A,g,298.15\ \text{K})=$$
$$(456.0-2\times120.0-126.0)\ \text{J}\cdot\text{K}^{-1}\cdot\text{mol}^{-1}=90.00\ \text{J}\cdot\text{K}^{-1}\cdot\text{mol}^{-1}$$

$$\sum_B \nu_B C_{p,m}^{\ominus}(B)=\sum \nu_B a+\sum \nu_B bT=(56.20-10.50\times2-25.20)\ \text{J}\cdot\text{K}^{-1}\cdot\text{mol}^{-1}+$$
$$(34.40-12.50\times2-8.400)\times10^{-3}(T/\text{K})\ \text{J}\cdot\text{K}^{-1}\cdot\text{mol}^{-1}=$$
$$[10.00+1.000\times10^{-3}(T/\text{K})]\ \text{J}\cdot\text{K}^{-1}\cdot\text{mol}^{-1}$$

$$\Delta_r H_m^{\ominus}(700\ \text{K})=\Delta_r H_m^{\ominus}(298.15\ \text{K})+\int_{298.15\ \text{K}}^{700\ \text{K}}\sum_B \nu_B C_{p,m}^{\ominus}(B)\text{d}T=$$
$$70.00\ \text{kJ}\cdot\text{mol}^{-1}+[10.00\times(700-298.15)+\frac{1}{2}\times10^{-3}\times$$
$$(700^2-298.15^2)]\times10^{-3}\ \text{kJ}\cdot\text{mol}^{-1}=74.22\ \text{kJ}\cdot\text{mol}^{-1}$$

$$\Delta_r S_m^{\ominus}(700\ \text{K})=\Delta_r S_m^{\ominus}(298.15\ \text{K})+\int_{298.15\ \text{K}}^{700\ \text{K}}\sum_B \nu_B C_{p,m}^{\ominus}\text{d}T/T=$$
$$90.00\ \text{J}\cdot\text{mol}^{-1}\cdot\text{K}^{-1}+[10.00\times\ln\frac{700}{298.15}+$$
$$1\times10^{-3}\times(700-298.15)]\ \text{J}\cdot\text{K}^{-1}\cdot\text{mol}^{-1}=98.94\ \text{J}\cdot\text{K}^{-1}\cdot\text{mol}^{-1}$$

$$\Delta_r G_m^{\ominus}(700\ \text{K})=\Delta_r H_m^{\ominus}(700\ \text{K})-700\ \text{K}\ \Delta_r S_m^{\ominus}(700\ \text{K})=$$
$$(74.22-700\times98.94\times10^{-3})\ \text{kJ}\cdot\text{mol}^{-1}=4.920\ \text{kJ}\cdot\text{mol}^{-1}$$

$$K^{\ominus}(700\ \text{K})=\exp\left[-\frac{\Delta_r G_m^{\ominus}(700\ \text{K})}{RT}\right]=\exp\left(-\frac{4\,920}{8.314\,5\times700}\right)=0.430$$

(2)$n_{总}=10$ mol

$$y(Y)=0.2,\quad y(B)=0.6,\quad y(A)=0.2$$

$$J^{\ominus}=[p(Y)/p^{\ominus}]/\{[p(B)/p^{\ominus}]^2[p(A)/p^{\ominus}]\}=\frac{0.2}{0.6^2\times0.2}\times\left(\frac{101\,325}{100\,000}\right)^{-2}=2.74$$

$J^{\ominus}>K^{\ominus}$，$\Delta_r G_m(700\ \text{K})>0$，$\boldsymbol{A}(700\ \text{K})<0$，故反应不能向正方向进行。

4.8 反应物的平衡转化率及系统平衡组成的计算

所谓平衡转化率，是指在给定条件下反应达到平衡时，转化掉的某反应物的物质的量占其初始反应物的物质的量的百分率。通常选用反应物中比较贵重的组分作为主反应物(principal reactant)。若以组分 A 代表主反应物，设 $n_{A,0}$ ($\xi=0$ 时) 及 n_A^{eq} ($\xi=\xi^{eq}$ 时) 分别代

表反应初始时及反应达到平衡时组分 A 的物质的量，则定义

$$x_A^{eq} \xlongequal{\text{def}} \frac{n_{A,0} - n_A^{eq}}{n_{A,0}} \tag{4-42}$$

式中，x_A^{eq} 为反应达到平衡时 A 的转化率，它是给定条件下的最高转化率。在以后学习了化学动力学之后，我们会知道，无论采用什么样的催化剂，只能加快反应速率使反应尽快达到或接近给定条件下的平衡转化率，而不会超过它。

求得与给定反应的计量方程对应的标准平衡常数 $K^{\ominus}(T)$，并把它与反应物 A 的平衡转化率关联起来，即可由 $K^{\ominus}(T)$ 算出 x_A^{eq}，进而可计算系统的平衡组成，或产物的平衡产率。有关这方面的计算方法早在无机化学中已经学过，此处不再重复，物理化学课程的任务旨在 $K^{\ominus}(T)$ 的热力学计算。

【例 4-8】　甲醇的合成反应 $CO(g) + 2H_2(g) \xlongequal{} CH_3OH(g)$，已知 $\Delta_r G_m^{\ominus}(T) = [-73\,400 + 172(T/K)\lg(T/K) - 56.0\times10^{-3}(T/K)^2 - 247.62(T/K)]\ J\cdot mol^{-1}$。由组成为 $n(CO):n(H_2)=1:2$ 的混合气体在 250 ℃ 反应，计算：(1) 压力为 10^5 Pa 时，CO 的平衡转化率 $x^{eq}(CO)$；(2) 压力为 100×10^5 Pa，并已知在该温度、压力下，CO、H_2 及 CH_3OH 的逸度因子 φ 分别为 1.08、1.25、0.56 时的 $x^{eq}(CO)$ 及平衡组成；(3) 压力为 100×10^5 Pa，但按理想气体混合物反应的 $x^{eq}(CO)$；(4) 讨论以上计算结果。

解　(1) 先求 $K^{\ominus}(523.15\ K)$

由式(4-14b)，有

$$\ln K^{\ominus}(523.15\ K) = \frac{-\Delta_r G_m^{\ominus}(523.15\ K)}{RT} =$$

$$[73\,400 - 172\times523.15\times\lg523.15 + 56.0\times10^{-3}\times(523.15)^2 + 247.62\times523.15]/(8.314\,5\times523.15) = -6.04$$

则

$$K^{\ominus}(523.15\ K) = 2.38\times10^{-3}$$

由反应的计量方程

		$CO(g)$	+	$2H_2(g)$	$\rightleftharpoons$	$CH_3OH(g)$
开始：	n_B/mol	1		2		0
平衡：	n_B^{eq}/mol	$[1 - x^{eq}(CO)]$		$[2 - 2x^{eq}(CO)]$		$x^{eq}(CO)$

平衡：　$\sum n_B^{eq} = [3 - 2x^{eq}(CO)]$ mol

在低压下，按理想混合气体反应计算：

由式(4-25)，有

$$K^{\ominus}(pgm,T) = [p^{eq}(CH_3OH)/p^{\ominus}]/\{[p^{eq}(CO)/p^{\ominus}][p^{eq}(H_2)/p^{\ominus}]^2\} =$$

$$\frac{\dfrac{x^{eq}(CO)}{3-2x^{eq}(CO)}p^{eq}/p^{\ominus}}{\left[\dfrac{1-x^{eq}(CO)}{3-2x^{eq}(CO)}p^{eq}/p^{\ominus}\right]\left[\dfrac{2-2x^{eq}(CO)}{3-2x^{eq}(CO)}p^{eq}/p^{\ominus}\right]^2}$$

$$K^{\ominus} = \frac{x^{eq}(CO)[3-2x^{eq}(CO)]^2}{4[1-x^{eq}(CO)]^3}(p^{eq}/p^{\ominus})^{-2} = 2.38\times10^{-3}$$

代入 $K^{\ominus}=2.38\times10^{-3}$，$p^{eq}=p^{\ominus}=10^5$ Pa，解得

$$x^{eq}(CO)=1.04\times10^{-3}$$

(2) 高压下，按真实气体混合物反应计算：

由式(4-29)，有

$$K^{\ominus}(gm,T)=\frac{x^{eq}(CO)[3-2x^{eq}(CO)]^2}{4[1-x^{eq}(CO)]^3}(p^{eq}/p^{\ominus})^{-2}\times\frac{\varphi(CH_3OH)}{\varphi(CO)\varphi^2(H_2)}$$

代入 $K^{\ominus}=2.38\times10^{-3}$，$\varphi(CH_3OH)=0.56$，$\varphi(CO)=1.08$，$\varphi(H_2)=1.25$，$p^{eq}=100\times10^5$ Pa，$p^{\ominus}=100\times10^3$ Pa，解得

$$x^{eq}(CO)=0.826$$

此时系统的平衡组成为(以摩尔分数 y_B 表示)：

$$y^{eq}(CO)=\frac{1-x^{eq}(CO)}{3-2x^{eq}(CO)}=0.129,\quad y^{eq}(H_2)=\frac{2-2x^{eq}(CO)}{3-2x^{eq}(CO)}=0.258$$

$$y^{eq}(CH_3OH)=\frac{x^{eq}(CO)}{3-2x^{eq}(CO)}=0.613$$

(3) 高压下，但按理想气体混合物反应作近似计算

由(1) 得到

$$K^{\ominus}(pgm,T)=\frac{x^{eq}(CO)[3-2x^{eq}(CO)]^2}{4[1-x^{eq}(CO)]^3}(p^{eq}/p^{\ominus})^{-2}$$

代入 $K^{\ominus}=2.38\times10^{-3}$，$p^{eq}=100\times10^5$ Pa，$p^{\ominus}=10^5$ Pa，解得

$$x^{eq}(CO)=0.737$$

(4) 讨论：

(1)(2)(3) 的计算结果表明，在同一温度下，该反应在低压下进行时，CO 的平衡转化率很低；在高压下进行时，已可达到较高的转化率。在高压下进行时，若按理想混合物计算，则误差较大。

4.9 各种因素对化学平衡移动的影响

化学平衡移动是指在一定条件下已处于平衡态的反应系统，在条件发生变化时(改变温度、压力、添加惰性气体等)，向新条件下的平衡移动(向左或向右)。

4.9.1 温度的影响

由式(4-18) 可以看出，在定压下：

若 $\Delta_r H_m^{\ominus}(T)>0$(即吸热反应)，则 $T\uparrow$ 引起 $K^{\ominus}(T)\uparrow$，即反应平衡向右移动，对产物的生成有利；而 $T\downarrow$ 引起 $K^{\ominus}(T)\downarrow$，即反应平衡向左移动，对产物的生成不利。

若 $\Delta_r H_m^{\ominus}(T)<0$(即放热反应)，则 $T\downarrow$ 引起 $K^{\ominus}(T)\uparrow$，即反应平衡向右移动，对产物的生成有利；而 $T\uparrow$ 引起 $K^{\ominus}(T)\downarrow$，即反应平衡向左移动，对产物的生成不利。

4.9.2　压力的影响

因 $K^{\ominus}(T)$ 只是温度的函数，所以压力的改变对 $K^{\ominus}(T)$ 不产生影响，但系统总压的改变对反应的平衡却是有影响的。

由式(4-25)，得

$$K^{\ominus}(\mathrm{pgm},T)=(p^{\mathrm{eq}}/p^{\ominus})^{\sum_{\mathrm{B}}\nu_{\mathrm{B}}}\prod_{\mathrm{B}}y_{\mathrm{B}}^{\nu_{\mathrm{B}}}$$

式中

$$\sum_{\mathrm{B}}\nu_{\mathrm{B}}=-a-b+y+z$$

对指定反应，T 一定时，则 $K^{\ominus}(T)$ 一定。

若 $\sum_{\mathrm{B}}\nu_{\mathrm{B}}>0$，则 $p\uparrow$ 引起 $(p^{\mathrm{eq}}/p^{\ominus})^{\sum_{\mathrm{B}}\nu_{\mathrm{B}}}\uparrow$，则 $\prod_{\mathrm{B}}y_{\mathrm{B}}^{\nu_{\mathrm{B}}}\downarrow$，即平衡向左移动，对生成产物不利。

若 $\sum_{\mathrm{B}}\nu_{\mathrm{B}}<0$，则 $p\uparrow$ 引起 $(p^{\mathrm{eq}}/p^{\ominus})^{\sum_{\mathrm{B}}\nu_{\mathrm{B}}}\downarrow$，则 $\prod_{\mathrm{B}}y_{\mathrm{B}}^{\nu_{\mathrm{B}}}\uparrow$，即平衡向右移动，对生成产物有利。可参见例 4-5 的计算结果。

若 $\sum_{\mathrm{B}}\nu_{\mathrm{B}}=0$，则 p 的改变不引起 $(p^{\mathrm{eq}}/p^{\ominus})^{\sum\nu_{\mathrm{B}}}$ 的变化，故对 $\prod_{\mathrm{B}}y_{\mathrm{B}}^{\nu_{\mathrm{B}}}$ 无影响，平衡不移动。

4.9.3　惰性气体存在的影响

在化学反应中，反应系统中存在的不参与反应的气体泛指惰性气体。设混合气体中组分 B 的摩尔分数为 y_{B}，则 $y_{\mathrm{B}}=\dfrac{n_{\mathrm{B}}}{\sum_{\mathrm{B}}n_{\mathrm{B}}}$，$\sum_{\mathrm{B}}n_{\mathrm{B}}$ 中即包含惰性气体组分。

由式(4-25)，得

$$K^{\ominus}(\mathrm{pgm},T)=[p^{\mathrm{eq}}/(p^{\ominus}\sum_{\mathrm{B}}n_{\mathrm{B}})]^{\sum_{\mathrm{B}}\nu_{\mathrm{B}}}\prod_{\mathrm{B}}n_{\mathrm{B}}^{\nu_{\mathrm{B}}}$$

T、p^{eq} 一定时，由上式可分析 $\sum_{\mathrm{B}}n_{\mathrm{B}}$ 对 $\prod_{\mathrm{B}}n_{\mathrm{B}}^{\nu_{\mathrm{B}}}$ 的影响。

若 $\sum_{\mathrm{B}}\nu_{\mathrm{B}}>0$，则 $\sum_{\mathrm{B}}n_{\mathrm{B}}\uparrow$（惰性组分增加）引起 $[p^{\mathrm{eq}}/(p^{\ominus}\sum_{\mathrm{B}}n_{\mathrm{B}})]^{\sum_{\mathrm{B}}\nu_{\mathrm{B}}}\downarrow$，则 $\prod_{\mathrm{B}}n_{\mathrm{B}}^{\nu_{\mathrm{B}}}\uparrow$，即平衡向右移动，对生成产物有利。

如乙苯脱氢生产苯乙烯的反应

$$C_6H_5C_2H_5(g)\longrightarrow C_6H_5C_2H_3(g)+H_2(g)$$

因为 $\sum_{\mathrm{B}}\nu_{\mathrm{B}}>0$，则 $\sum_{\mathrm{B}}n_{\mathrm{B}}\uparrow$ 使反应向右移动，对生成苯乙烯有利。所以生产中采用加入 $H_2O(g)$ 的办法，而不采取负压办法（不安全）。

若$\sum_B \nu_B < 0$,则$\sum_B n_B \uparrow$引起$[p^{eq}/(p^{\ominus} \sum_B n_B)]^{\sum_B \nu_B} \uparrow$,则$\prod_B n_B^{\nu_B} \downarrow$,即平衡向左移动,不利于产物的生成。

如合成 NH_3 反应

$$N_2(g) + 3H_2(g) \longrightarrow 2NH_3(g)$$

因为$\sum_B \nu_B < 0$,则$\sum_B n_B \uparrow$使反应向左移动,不利于 NH_3 的生成,所以生产中要不断去除反应系统中存在的不参加反应的气体 CH_4。

4.9.4 反应物的摩尔比的影响

对理想气体反应

$$aA(g) + bB(g) \longrightarrow yY(g) + zZ(g)$$

可以用数学上求极大值的方法证明,若反应开始时无产物存在,两反应物的初始摩尔比等于化学计量系数比,即 $n_B/n_A = b/a$,则平衡反应进度 ξ^{eq} 最大。

在 ξ^{eq} 最大时,平衡混合物中产物 Y 或 Z 的摩尔分数也最高。例如,由 CO 与 H_2 合成甲醇的反应 $CO(g) + 2H_2(g) \!=\!=\!= CH_3OH(g)$,设 $n(H_2)/n(CO) = r$,则在 663.15 K,3.04×10^4 kPa 下进行时,反应物 CO 的平衡转化率 $x^{eq}(CO)$ 随 r 的增大而升高(图 4-3 中的虚线),而产物 CH_3OH 的平衡组成 $y^{eq}(CH_3OH)$(摩尔分数)则随 r 的改变经一极大值(图 4-3 中实曲线),极大值处恰是 $n(H_2)/n(CO) = r = b/a = 2$。

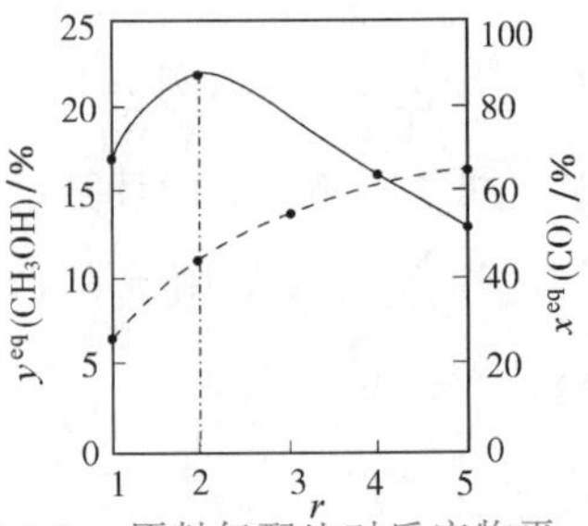

图 4-3 原料气配比对反应物平衡转化率及产物平衡组成的影响

因此在实际生产中,通常采取的比例是 $n_B/n_A = b/a$,如合成氨生产为 $n(N_2)/n(H_2) = 1/3$。若 A 和 B 两种反应物中 A 比 B 贵,为了提高 A 的转化率,可提高原料气中 B 的比例,但并不是 B 越多越好,因为 B 的含量太大将导致平衡组成中产物组成的降低,产物分离问题可转变成不经济的因素。

【例 4-9】 乙苯脱氢制苯乙烯

$$C_6H_5C_2H_5(g) \rightleftharpoons C_6H_5C_2H_3(g) + H_2(g)$$

反应在 560 ℃ 下进行,试分别计算下面几种不同情况下乙苯的平衡转化率:(1) 以纯乙苯为原料气,压力为 1×10^5 Pa;(2) 以纯乙苯为原料气,压力为 0.1×10^5 Pa;(3) 以 $n(C_6H_5C_2H_5, g) : n(H_2O, g) = 1 : 10$ 的混合气为原料气,压力为 1×10^5 Pa;(4) 讨论 (1)(2)(3) 的计算结果。已知 560 ℃ 时,$K^{\ominus}(833.15\text{ K}) = 9.018 \times 10^{-2}$。

解

$$K^{\ominus}(T) = \frac{[p(H_2)/p^{\ominus}][p(C_6H_5C_2H_3)/p^{\ominus}]}{p(C_6H_5C_2H_5)/p^{\ominus}}$$

(1) 以纯乙苯为原料气(以 1 mol 乙苯为计算基准):

	$C_6H_5C_2H_5(g)$ $=\!=\!=$	$C_6H_5C_2H_3(g)$ +	$H_2(g)$
开始:n_B/mol	1	0	0
平衡:n_B^{eq}/mol	$1 - x^{eq}(C_6H_5C_2H_5)$	$x^{eq}(C_6H_5C_2H_5)$	$x^{eq}(C_6H_5C_2H_5)$

平衡:$\sum_B n_B^{eq} = [1 + x^{eq}(C_6H_5C_2H_5)]$ mol,则

$$K^{\ominus}(\text{pgm},T)=\frac{[p^{\text{eq}}(C_6H_5C_2H_3)/p^{\ominus}][p^{\text{eq}}(H_2)/p^{\ominus}]}{[p^{\text{eq}}(C_6H_5C_2H_5)/p^{\ominus}]}$$

$$=\frac{\left[\dfrac{x^{\text{eq}}(C_6H_5C_2H_5)}{1+x^{\text{eq}}(C_6H_5C_2H_5)}p^{\text{eq}}/p^{\ominus}\right]^2}{\dfrac{1-x^{\text{eq}}(C_6H_5C_2H_5)}{1+x^{\text{eq}}(C_6H_5C_2H_5)}p^{\text{eq}}/p^{\ominus}}$$

即

$$K^{\ominus}(\text{pgm},T)=\frac{[x^{\text{eq}}(C_6H_5C_2H_5)]^2}{1-[x^{\text{eq}}(C_6H_5C_2H_5)]^2}p^{\text{eq}}/p^{\ominus}$$

于是

$$x^{\text{eq}}(C_6H_5C_2H_5)=\sqrt{\frac{K^{\ominus}}{p^{\text{eq}}/p^{\ominus}+K^{\ominus}}}$$

代入 $K^{\ominus}(833.15\ \text{K})=9.018\times10^{-2}$，$p^{\text{eq}}=10^5\ \text{Pa}$，$p^{\ominus}=10^5\ \text{Pa}$，解得

$$x^{\text{eq}}(C_6H_5C_2H_5)=0.286$$

(2) 由(1)得到

$$x^{\text{eq}}(C_6H_5C_2H_5)=\sqrt{\frac{K^{\ominus}}{p^{\text{eq}}/p^{\ominus}+K^{\ominus}}}$$

代入 $K^{\ominus}(833.15\ \text{K})=9.018\times10^{-2}$，$p^{\text{eq}}=0.1\times10^5$，$p^{\ominus}=10^5\ \text{Pa}$，解得

$$x^{\text{eq}}(C_6H_5C_2H_5)=0.686$$

(3) 加水蒸气(仍以1 mol乙苯为基准)：

	$C_6H_5C_2H_5(g) \rightleftharpoons$	$C_6H_5C_2H_3(g)$	$+\ H_2(g)$	$+\ H_2O(g)$
开始：n_B/mol	1	0	0	10
平衡：n_B^{eq}/mol	$1-x^{\text{eq}}(C_6H_5C_2H_5)$	$x^{\text{eq}}(C_6H_5C_2H_5)$	$x^{\text{eq}}(C_6H_5C_2H_5)$	10

平衡：$\sum_B n_B^{\text{eq}}=[11+x^{\text{eq}}(C_6H_5C_2H_5)]$ mol

$$K^{\ominus}(\text{pgm},T)=\frac{[x^{\text{eq}}(C_6H_5C_2H_5)p^{\text{eq}}/p^{\ominus}]^2}{[11+x^{\text{eq}}(C_6H_5C_2H_5)][1-x^{\text{eq}}(C_6H_5C_2H_5)]}$$

代入 $K^{\ominus}(833.15\ \text{K})=9.018\times10^{-2}$，$p^{\text{eq}}=10^5\ \text{Pa}$，$p^{\ominus}=10^5\ \text{Pa}$，解得

$$x^{\text{eq}}(C_6H_5C_2H_5)=0.624$$

(4) 讨论：该反应 $\sum_B \nu_B(g)>0$，由(1)、(2)、(3)计算结果表明，降压及加入惰性气体[$H_2O(g)$]都可使乙苯的平衡转化率增加。但由于降压时，会使系统成为负压，生产上不安全，故苯乙烯的实际生产中，是采取加入水蒸气的办法。

【例4-10】 理想气体反应：

$$2A(g) = Y(g)$$

气体	$\Delta_f H_m^{\ominus}(298.15\ \text{K})$ / $\text{kJ}\cdot\text{mol}^{-1}$	$S_m^{\ominus}(298.15\ \text{K})$ / $\text{J}\cdot\text{K}^{-1}\cdot\text{mol}^{-1}$	$C_{p,m}^{\ominus}$(平均) / $\text{J}\cdot\text{K}^{-1}\cdot\text{mol}^{-1}$
A(g)	35	250	38.0
Y(g)	10	300	76.0

求：(1) 在310.15 K、100 kPa下，A、Y各为 $y=0.5$ 的气体混合物反应向哪个方向进行？(2) 欲使反应向与(1)相反的方向进行，在其他条件不变时：(a) 改变压力，p 应控制在什

么范围？(b) 改变温度，T 应控制在什么范围？(c) 改变组成，y_A 应控制在什么范围？

解　(1)$\Delta_r H_m^{\ominus}(298.15\ \text{K})=(10-2\times35)\ \text{kJ}\cdot\text{mol}^{-1}=-60\ \text{kJ}\cdot\text{mol}^{-1}$

$$\Delta_r S_m^{\ominus}(298.15\ \text{K})=S_m^{\ominus}(\text{Y},298.15\ \text{K})-2S_m^{\ominus}(\text{A},298.15\ \text{K})=(300-2\times250)\ \text{J}\cdot\text{K}^{-1}\cdot\text{mol}^{-1}=-200\ \text{J}\cdot\text{K}^{-1}\cdot\text{mol}^{-1}$$

$$\sum_B \nu_B C_{p,m}^{\ominus}(\text{B})=C_{p,m}^{\ominus}(\text{Y})-2C_{p,m}^{\ominus}(\text{A})=(76.0-2\times38.0)\ \text{J}\cdot\text{K}^{-1}\cdot\text{mol}^{-1}=0$$

因为

$$\Delta_r G_m^{\ominus}(310.15\ \text{K})=\Delta_r H_m^{\ominus}(298.15\ \text{K})-310.15\ \text{K}\times\Delta_r S_m^{\ominus}(298.15\ \text{K})=-60\ 000\ \text{J}\cdot\text{mol}^{-1}+310.15\ \text{K}\times200\ \text{J}\cdot\text{K}^{-1}\cdot\text{mol}^{-1}=2\ 000\ \text{J}\cdot\text{mol}^{-1}$$

$$K^{\ominus}(310.15\ \text{K})=\exp\left[-\frac{\Delta_r G_m^{\ominus}(310.15\ \text{K})}{R\times310.15\ \text{K}}\right]=\exp[-2\ 000\ \text{J}\cdot\text{mol}^{-1}/(8.314\ 5\ \text{J}\cdot\text{K}^{-1}\cdot\text{mol}^{-1}\times310.15\ \text{K})]=0.46$$

$$J^{\ominus}(310.15\ \text{K})=\frac{p(\text{Y})/p^{\ominus}}{[p(\text{A})/p^{\ominus}]^2}=\frac{0.5p_{总}/p^{\ominus}}{(0.5p_{总}/p^{\ominus})^2}$$

因为 $p_{总}=p^{\ominus}$，所以 $J^{\ominus}=2.0>K^{\ominus}$，反应向左方进行。

(2) 欲使反应向右进行，需 $J^{\ominus}<K^{\ominus}$。

(a)$J^{\ominus}=\dfrac{p^{\ominus}}{0.5p_{总}}<0.46$，$p_{总}>434.8\ \text{kPa}$

(b) 令 $\ln K^{\ominus}>\ln 2.0$，则

$$\ln K^{\ominus}=-\frac{\Delta_r G_m^{\ominus}}{RT}=-\frac{\Delta_r H_m^{\ominus}}{RT}+\frac{\Delta_r S_m^{\ominus}}{R}>\ln 2.0$$

将 $\Delta_r H_m^{\ominus}$ 及 $\Delta_r S_m^{\ominus}$ 代入上式得 $T<291.6\ \text{K}$。

(c) 因为

$$J^{\ominus}=\frac{1-y_A}{y_A^2}<0.46$$

所以

$$y_A>0.745$$

4.10　液态混合物中反应的化学平衡

设有液态混合物中的反应

$$a\text{A}+b\text{B}=\!=\!=y\text{Y}+z\text{Z}$$

$$\boldsymbol{A}=-(-a\mu_A-b\mu_B+y\mu_Y+z\mu_Z)$$

对真实液态混合物，其中任意组分 B 的化学势

$$\mu_B(\text{l})=\mu_B^{\ominus}(\text{l},T)+RT\ln(f_B x_B)$$

代入上式，得

$$\boldsymbol{A}=a\mu_A^{\ominus}(\text{l},T)+b\mu_B^{\ominus}(\text{l},T)-y\mu_Y^{\ominus}(\text{l},T)-z\mu_Z^{\ominus}(\text{l},T)-RT\ln\frac{(f_Y x_Y)^y(f_Z x_Z)^z}{(f_A x_A)^a(f_B x_B)^b}$$

或

$$\boldsymbol{A}=-\sum_B \nu_B\mu_B^{\ominus}(\text{l},T)-RT\ln\prod_B(f_B x_B)^{\nu_B}$$

由反应的平衡条件式(4-1)，当反应达平衡时，$\boldsymbol{A}=0$，得

$$K^{\ominus}(T)=\prod_{B}(f_{B}^{eq}x_{B}^{eq})^{\nu_B}\stackrel{def}{=\!=\!=}\exp[-\Delta_r G_m^{\ominus}(T)/RT]$$

因为 $\mu_B^{\ominus}(l,T)(B=A、B、Y、Z)$ 只是温度的函数，所以 $\Delta_r G_m^{\ominus}(T)=\sum_B \nu_B \mu_B^{\ominus}(l,T)$ 也只是温度的函数。故对真实液态混合物中的反应，$K^{\ominus}(T)$ 也只是温度的函数。

对理想液态混合物中的反应，平衡时 $f_B^{eq}=1$，于是

$$K^{\ominus}(T)=\prod_B (x_B^{eq})^{\nu_B} \tag{4-43}$$

当 $p^{eq}=p^{\ominus}$ 时，$\prod_B (x^{eq})^{\nu_B}$ 也只是温度的函数，否则它与压力和组成有关。

当 $p\rightarrow 0$ 时，所有气体混合物都变为理想气体混合物，而液体混合物却没有像气体混合物这种极限规律。实际液体混合物没有理想的，甚至近似理想的也很少。因此，式(4-43)对一般液态混合物中的反应准确度很低，但乙酸乙酯水解反应是一个有名的例外，按式(4-43)求得的 $K^{\ominus}(T)$ 与由热力学方法求得的 $K^{\ominus}(T)$ 却相当吻合。

【例 4-11】　气态正戊烷 n-C_5H_{12}(g) 和异戊烷 i-C_5H_{12}(g) 在 25 ℃ 时的 $\Delta_f G_m^{\ominus}$(298.15 K) 分别是 $-8.37\ kJ\cdot mol^{-1}$ 和 $-14.81\ kJ\cdot mol^{-1}$，液体蒸气压与温度的关系为

正戊烷：
$$\lg(p_n^*/Pa)=\frac{-1\,346\ K}{T}+9.359 \tag{a}$$

异戊烷：
$$\lg(p_i^*/Pa)=\frac{-1\,290\ K}{T}+9.288 \tag{b}$$

计算气相异构化反应 n-C_5H_{12}(g) $\rightleftharpoons$ i-C_5H_{12}(g) 在 25 ℃ 时的 $K^{\ominus}$(pgm) 及液相异构化反应在 298.15 K 的 $K^{\ominus}$(plm)（“plm”表示理想液态混合物）。

解　对于气相异构化反应：

$$\Delta_r G_m^{\ominus}=\Delta_f G_m^{\ominus}(i\text{-}C_5H_{12},g,298.15\ K)-\Delta_f G_m^{\ominus}(n\text{-}C_5H_{12},g,298.15\ K)=$$
$$[-14.81-(-8.37)]kJ\cdot mol^{-1}=-6.44\ kJ\cdot mol^{-1}$$

$$K^{\ominus}(pgm)=\exp\left(-\frac{\Delta_r G_m^{\ominus}}{RT}\right)=\exp\left(\frac{6\,440}{8.314\,5\times 298.15}\right)=13.45$$

对于液相异构化反应，因不知道 n-C_5H_{12} 和 i-C_5H_{12} 的 $\Delta_f G_m^{\ominus}$(B,l,298.15 K)，故不能直接计算，需找一个可逆途径，利用气相异构化反应的 $\Delta_r G_m^{\ominus}$ 及 n-C_5H_{12}、i-C_2H_{12} 在 25 ℃ 时的蒸气压，计算出液相异构化反应的 $\Delta_r G_m^{\ominus}$(l,298.15 K)，所考虑的可逆途径如下：

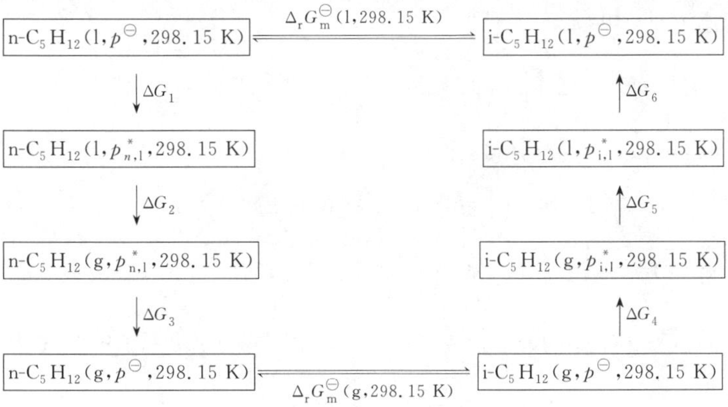

$(\Delta G_1+\Delta G_6)$ 与 $\Delta_r G_m^{\ominus}(\text{g},298.15\ \text{K})$ 相比，可以忽略。

$$\Delta G_2=\Delta G_5=0,\quad \Delta G_3=RT\ln\frac{p^{\ominus}}{p_{\text{n},1}^{*}},\quad \Delta G_4=RT\ln\frac{p_{\text{i},1}^{*}}{p^{\ominus}}$$

$$\Delta_r G_m^{\ominus}(\text{l},298.15\ \text{K})=\Delta G_3+\Delta_r G_m^{\ominus}(\text{g},298.15\ \text{K})+\Delta G_4$$

$$\Delta_r G_m^{\ominus}(\text{g},298.15\ \text{K})=-6.44\ \text{kJ}\cdot\text{mol}^{-1}$$

$$p_{\text{n},1}^{*}=69\ 903\ \text{Pa}\qquad [\text{由式(a)求出}]$$

$$p_{\text{i},1}^{*}=91\ 478\ \text{Pa}\qquad [\text{由式(b)求出}]$$

所以

$$\Delta_r G_m^{\ominus}(\text{l},298.15\ \text{K})/(\text{J}\cdot\text{mol}^{-1})=8.314\ 5\times298.15\times\ln\frac{91\ 478}{69\ 903}-6\ 440=-5\ 773$$

$$K^{\ominus}(\text{plm})=\exp\left(\frac{5\ 773}{8.314\ 5\times298.15}\right)=10.3$$

4.11 液态溶液中反应的化学平衡

对液态溶液中的化学反应，若溶剂 A 也参与反应，有

$$a\text{A}+b\text{B}+c\text{C}=\!=\!=y\text{Y}+z\text{Z}$$

上述溶液中的反应在定温、定压下进行时，得

$$\Delta_r G_m=(-a\mu_A-b\mu_B-c\mu_C+y\mu_Y+z\mu_Z)$$

考虑到若压力不高，或 $p=p^{\ominus}$ 时溶剂 A 的化学势 $\mu_A(\text{l})=\mu_A^{\ominus}(\text{l},T)+RT\ln a_A$ 及溶质 B(B=B、C、Y、Z) 的化学势 $\mu_{b,\text{B}}=\mu_{b,\text{B}}^{\ominus}(\text{l},T)+RT\ln(\gamma_{b,\text{B}}b_B/b^{\ominus})$，代入上式，得

$$\Delta_r G_m=(-a\mu_A^{\ominus}-b\mu_B^{\ominus}-c\mu_C^{\ominus}+y\mu_Y^{\ominus}+z\mu_Z^{\ominus})+RT\ln\frac{(\gamma_Y b_Y/b^{\ominus})^y(\gamma_Z b_Z/b^{\ominus})^z}{a_A^a(\gamma_B b_B/b^{\ominus})^b(\gamma_C b_C/b^{\ominus})^c}$$

定温、常压下(压力对凝聚系统的影响忽略不计)，反应达平衡时，$\Delta_r G_m=0$，定义

$$K^{\ominus}(T)\overset{\text{def}}{=\!=\!=}\exp[(a\mu_A^{\ominus}+b\mu_B^{\ominus}+c\mu_C^{\ominus}-y\mu_Y^{\ominus}-z\mu_Z^{\ominus})/RT]=\exp[-\Delta_r G_m^{\ominus}(T)/RT]$$

注意　在用热力学方法计算 $\Delta_r G_m^{\ominus}(\text{B},T)$ 时，不要漏掉溶剂项。

将 $\varphi=-(M_A\sum_B b_B)^{-1}\ln a_A$ 代入，则

$$K^{\ominus}(T)=[\prod_B(\gamma_B^{\text{eq}}b_B^{\text{eq}}/b^{\ominus})^{\nu_B}]\exp(a\varphi^{\text{eq}}M_A\sum_B b_B^{\text{eq}})\tag{4-44}$$

若溶液为理想稀溶液，则 $\varphi^{\text{eq}}=1$，$\gamma_B^{\text{eq}}=1$，于是

$$K^{\ominus}(T)=[\prod_B(b_B^{\text{eq}}/b^{\ominus})^{\nu_B}]\exp(aM_A\sum_B b_B^{\text{eq}})\tag{4-45}$$

式中，指数函数项 exp(•) 常接近于 1。例如，以水为溶剂，$M_A=0.018\ \text{kg}\cdot\text{mol}^{-1}$，当 $\sum_B b_B^{\text{eq}}=0.5\ \text{mol}\cdot\text{kg}^{-1}$ 时，若 $a=1$，$\exp(aM_A\sum_B b_B^{\text{eq}})\approx1.02$。所以式(4-45) 可简化为

$$K^{\ominus}(T)\approx\prod_B(b_B^{\text{eq}}/b^{\ominus})^{\nu_B}\tag{4-46}$$

如果溶剂不参与反应，相当于 $a=0$，则式(4-45) 自然成为式(4-46)。

4.12　同时反应的化学平衡

所谓同时反应的化学平衡(chemical equilibrium of simultaneous reaction)，是指在一个化学反应系统中，某些组分同时参加一个以上的独立反应(independent reaction) 的平衡。这些同时存在的反应可能是平行反应，即一种或几种反应物参加的向不同方向进行而得到不同产物的反应；也可能是连串反应，即一个反应的产物又是另一个反应的反应物的反应；或由平行反应与连串反应组合而成的更为复杂的同时反应。例如，$CH_4(g)$ 和 $H_2O(g)$ 在一定温度和催化剂存在下的甲烷转化反应，即部分转化为 $CO(g)$、$CO_2(g)$ 及 $H_2(g)$，反应系统中同时存在以下反应：

$$CH_4 + H_2O(g) \rightleftharpoons CO + 3H_2 \quad K_{\mathrm{i}}^{\ominus}(T) \tag{i}$$

$$CO + H_2O(g) \rightleftharpoons CO_2 + H_2 \quad K_{\mathrm{ii}}^{\ominus}(T) \tag{ii}$$

$$CH_4 + 2H_2O(g) \rightleftharpoons CO_2 + 4H_2 \quad K_{\mathrm{iii}}^{\ominus}(T) \tag{iii}$$

$$CH_4 + CO_2 \rightleftharpoons 2CO + 2H_2 \quad K_{\mathrm{iv}}^{\ominus}(T) \tag{iv}$$

由相律中关于独立的化学反应的计量式数目的计算式(2-2)，算得 $R=5-3=2$，即这四个反应中只有两个反应是独立的，因为其余的两个反应均可由两个独立的反应通过线性组合而得，如反应(i)＋反应(ii)＝ 反应(iii)，而 $K_{\mathrm{iii}}^{\ominus}(T)=K_{\mathrm{i}}^{\ominus}(T)K_{\mathrm{ii}}^{\ominus}(T)$；反应(i)－反应(ii)＝反应(iv)，则 $K_{\mathrm{iv}}^{\ominus}(T)=K_{\mathrm{i}}^{\ominus}(T)/K_{\mathrm{ii}}^{\ominus}(T)$。

处理同时反应平衡与处理单一反应平衡的热力学原理是一样的。但要注意以下几点：

(i) 每一个独立反应都有其各自的反应进度。

(ii) 反应系统中有几个独立反应，就有几个独立反应的标准平衡常数 $K^{\ominus}(T)$。

(iii) 反应系统中任意一个组分(反应物或生成物)，不论同时参与几个反应，其组成都是同一量值，即各个组分在一定温度及压力下反应系统达到平衡时都有确定的组成，且满足每个独立的标准平衡常数表示式。

【例 4-12】　已知反应(i)$Fe_2O_3(s)+3CO(g) \longrightarrow 2\alpha\text{-}Fe(s)+3CO_2(g)$ 在 1 393 K 时的 $K^{\ominus}$ 为 0.049 5；同样温度下反应(ii)$2CO_2(g) \longrightarrow 2CO(g)+O_2(g)$ 的 $K^{\ominus}=1.40\times10^{-12}$。今将 $Fe_2O_3(s)$ 置于 1 393 K、开始只含有 $CO(g)$ 的容器内，使反应达平衡，试计算：(1) 容器内氧的平衡分压为多少？(2) 若想防止 $Fe_2O_3(s)$ 被 $CO(g)$ 还原为 α-Fe(s)，氧的分压应为多少？

解　(1) 由反应(i)：

$$K^{\ominus}=\left[\frac{p^{\mathrm{eq}}(CO_2)/p^{\ominus}}{p^{\mathrm{eq}}(CO)/p^{\ominus}}\right]^3=\left[\frac{p^{\mathrm{eq}}(CO_2)}{p^{\mathrm{eq}}(CO)}\right]^3=0.049\ 5$$

所以

$$\frac{p^{\mathrm{eq}}(CO_2)}{p^{\mathrm{eq}}(CO)}=(0.049\ 5)^{1/3}=0.367$$

由反应(ii)：

$$K^{\ominus}=\frac{p^{eq}(O_2)}{p^{\ominus}}\left[\frac{p^{eq}(CO)/p^{\ominus}}{p^{eq}(CO_2)/p^{\ominus}}\right]^2=1.40\times10^{-12}$$

所以

$$p^{eq}(O_2)=1.40\times10^{-12}\left[\frac{p^{eq}(CO)/p^{\ominus}}{p^{eq}(CO_2)/p^{\ominus}}\right]^{-2}p^{\ominus}=1.40\times10^{-12}\left[\frac{p^{eq}(CO_2)}{p^{eq}(CO)}\right]^2p^{\ominus}=$$

$$1.40\times10^{-12}\times0.367^2\times10^5\ \text{Pa}=1.89\times10^{-8}\ \text{Pa}$$

(2) 反应(i)＋反应(ii)＝反应(iii)①，即

$$Fe_2O_3(s)+CO(g)=\!=\!=2\alpha\text{-}Fe(s)+CO_2(g)+O_2(g)$$

$$K_{iii}^{\ominus}=K_{i}^{\ominus}K_{ii}^{\ominus}=0.049\,5\times1.40\times10^{-12}=6.93\times10^{-14}$$

而
$$K_{iii}^{\ominus}=\frac{p^{eq}(O_2)}{p^{\ominus}}\frac{p^{eq}(CO_2)/p^{\ominus}}{p^{eq}(CO)/p^{\ominus}}=\frac{p^{eq}(O_2)}{p^{\ominus}}\frac{p^{eq}(CO_2)}{p^{eq}(CO)}$$

$$J_{iii}^{\ominus}=\left[\frac{p(O_2)}{p^{\ominus}}\frac{p(CO_2)}{p(CO)}\right]_{\text{非平衡}}$$

当 $J^{\ominus}>K^{\ominus}$ 时，$\mathbf{A}<0$，$Fe_2O_3(s)$ 不被还原，即

$$\left[\frac{p(O_2)}{p^{\ominus}}\frac{p(CO_2)}{p(CO)}\right]_{\text{非平衡}}>6.93\times10^{-14}$$

所以
$$p(O_2)>6.93\times10^{-14}\left[\frac{p(CO_2)}{p(CO)}\right]^{-1}p^{\ominus}$$

即
$$p(O_2)>6.93\times10^{-14}\times0.367^{-1}\times10^5\ \text{Pa}$$

$$p(O_2)>1.89\times10^{-8}\,\text{Pa}$$

【例 4-13】 已知反应

$$Fe(s)+H_2O(g)=\!=\!=FeO(s)+H_2(g)\qquad\text{(i)}$$

$$FeO(s)=\!=\!=Fe(s)+\frac{1}{2}O_2(g)\qquad\text{(ii)}$$

反应(i)在 1 298 K 时 $K_{i}^{\ominus}(1\,298\ \text{K})=1.282$，在 1 173 K 时，$K_{i}^{\ominus}(1\,173\ \text{K})=1.452$；反应(ii)在1 000 K 时，$K_{ii}^{\ominus}(1\,000\ \text{K})=1.83\times10^{-10}$。试计算：(1)1 000 K 时，FeO(s) 的分解压；(2)1 000 K 时，$H_2O(g)$ 的标准摩尔生成吉布斯函数。

解 (1) 由反应(ii)，有

$$K_{ii}^{\ominus}(1\,000\ \text{K})=[p^{eq}(O_2)/p^{\ominus}]^{1/2}=1.83\times10^{-10}$$

所以
$$p^{eq}(O_2)=(1.83\times10^{-10})^2\times10^5\ \text{Pa}=3.35\times10^{-15}\ \text{Pa}$$

(2) 反应(i)＋反应(ii)＝反应(iii)，即

①反应(iii)是体积增大的反应，在 T 不变时，增大系统总压，平衡向左移动。现增加某一产物(O_2)的分压，在其他组分的分压不变时，则不论反应系统的体积增大与否，平衡均向左移动。

$$H_2O(g) = H_2(g) + \frac{1}{2}O_2(g) \qquad \text{(iii)}$$

$$K^\ominus_{iii}(1\ 000\ K) = K^\ominus_i(1\ 000\ K)K^\ominus_{ii}(1\ 000\ K)$$

对于反应(i),假定 $\Delta_r H^\ominus_m$ 为 1 173 K 至 1 298 K 之间的平均反应的标准摩尔焓[变],则

$$\Delta_r H^\ominus_m = -R\ln\frac{K^\ominus_i(1\ 298\ K)}{K^\ominus_i(1\ 173\ K)}\bigg/\left(\frac{1}{1\ 298\ K} - \frac{1}{1\ 173\ K}\right) =$$

$$-8.314\ 5\ J\cdot K^{-1}\cdot mol^{-1}\times\ln\frac{1.282}{1.452}\bigg/\left(\frac{1}{1\ 298\ K}-\frac{1}{1\ 173\ K}\right)=$$

$$-12\ 611\ J\cdot mol^{-1}$$

同样,利用范特霍夫方程,求出

$$K^\ominus_i(1\ 000\ K) = 1.816$$

所以　$K^\ominus_{iii}(1\ 000\ K) = 1.816\times 1.83\times 10^{-10} = 3.32\times 10^{-10}$

$$\Delta_r G^\ominus_{m,iii}(1\ 000\ K) = -RT\ln K^\ominus_{iii}(1\ 000\ K) =$$

$$-8.314\ 5\ J\cdot K^{-1}\cdot mol^{-1}\times 1\ 000\ K\times\ln(3.32\times 10^{-10}) =$$

$$181.5\ kJ\cdot mol^{-1}$$

$$\Delta_f G^\ominus_m(H_2O, g, 1\ 000\ K) = -\Delta_r G^\ominus_{m,iii}(1\ 000\ K) = -181.5\ kJ\cdot mol^{-1}$$

4.13　耦合反应的化学平衡

耦合反应(coupling reaction)的实质也是同时反应,不过它是为了达到某种目的,人为地在某一反应系统中加入另外组分而发生的同时反应,其结果可实现优势互补,相辅相成,使一个热力学上难以进行的反应,耦合成新的反应得以进行,从而获得所需产品。在耦合反应中,一个反应的产物通常是另一个反应的反应物。例如,热力学上难以进行的反应

$$CH_3OH(g) = HCHO(g) + H_2(g) \quad K^\ominus_i(T) \qquad \text{(i)}$$

若加入 O_2,则同时发生

$$H_2(g) + \frac{1}{2}O_2(g) = H_2O(g) \quad K^\ominus_{ii}(T) \qquad \text{(ii)}$$

的反应。同时由反应(i)＋反应(ii)耦合成反应

$$CH_3OH(g) + \frac{1}{2}O_2(g) = HCHO(g) + H_2O(g) \quad K^\ominus_{iii}(T) \qquad \text{(iii)}$$

以上三个反应中有两个是独立的。

通过热力学计算可得,反应(i):$\Delta_r H^\ominus_{m,i}(298.15\ K) = 122.67\ kJ\cdot mol^{-1}$,$\Delta_r G^\ominus_{m,i}(298.15\ K) = 88.95\ kJ\cdot mol^{-1}$,$K^\ominus_i(298.15\ K) = 2.60\times 10^{-16}$;反应(ii):$\Delta_r H^\ominus_{m,ii}(298.15\ K) = -241.83\ kJ\cdot mol^{-1}$,$\Delta_r G^\ominus_{m,ii}(298.15\ K) = -228.58\ kJ\cdot mol^{-1}$,$K^\ominus_{ii}(298.15\ K) = 1.12\times 10^{40}$。

由以上数据可知,反应(i)为吸热反应,温度不高时,向右进行的趋势很小,而反应(ii)是

强放热反应，温度愈低向右进行的趋势愈大。若两反应耦合在同一反应系统中进行，则构成反应(iii)与反应(i)、反应(ii)同时进行，$\Delta_r H_{m,iii}^{\ominus}(298.15\ K)=\Delta_r H_{m,i}^{\ominus}(298.15\ K)+\Delta_r H_{m,ii}^{\ominus}(298.15\ K)=-119.16\ kJ\cdot mol^{-1}$，$K_{iii}^{\ominus}(298.15\ K)=K_{i}^{\ominus}(298.15\ K)K_{ii}^{\ominus}(298.15\ K)=2.91\times10^{24}$，反应(iii)向右反应趋势很大。

这里，我们看到，反应(i)与反应(ii)在同一反应系统中进行时，达到优势互补，相辅相成的目的；即反应(ii)促使反应(i)向右进行，有利于甲醛的生成；而反应(i)的存在，因其是吸热反应，从而可抑制反应(ii)的强放热程度，缓和了反应系统的过热引起的银催化剂的烧结，取得双赢的效果。

工业上，正是采用这种反应的耦合来实现以甲醇为原料的甲醛的生产，而不单采用反应(i)的单一反应。

又如，丙烯腈是合成三大聚合材料的单体，是重要的化工原料。20 世纪 60 年代开发出用丙烯氨氧化法新工艺进行生产，即

$$C_3H_6(g)+NH_3(g)+\frac{3}{2}O_2(g)\xrightarrow[470\ ^\circ C]{\text{Mo—Bi—P—O（催化剂）}}CH_2CHCN(g)+3H_2O(g)$$

实际上该反应即是如下两个反应耦合的结果：

$$C_3H_6(g)+NH_3(g)\longrightarrow CH_2CHCN(g)+3H_2(g) \qquad \text{(i)}$$

$$3H_2(g)+\frac{3}{2}O_2(g)\longrightarrow 3H_2O(g) \qquad \text{(ii)}$$

$$C_3H_6(g)+NH_3(g)+\frac{3}{2}O_2(g)\longrightarrow CH_2CHCN(g)+3H_2O(g) \qquad \text{(iii)}$$

反应(i)难以自发向右进行，而反应(ii)自发向右进行的趋势极大。将反应(ii)与反应(i)耦合，即是向反应(i)的系统中加入 $O_2(g)$，而使反应(i)与反应(ii)及反应(iii)同时进行(还有许多其他副反应)。反应(iii)即是丙烯氨氧化法生产丙烯腈的主反应。在所给定的条件下，反应(iii)中丙烯的转化率可达 90% 以上，丙烯腈的选择性也达 70% 以上。

耦合反应在生物系统中也是非常重要的。例如，葡萄糖的代谢过程中，第一步为

$$\text{葡萄糖}+\text{磷酸盐}\longrightarrow \text{6-磷酸葡萄糖}+H_2O,\quad K^{\ominus}(309.8\ K)=5.5\times10^{-3}$$

该反应的 $K^{\ominus}$ 如此之小以致使这一反应在体温(309.8 K)下不会发生。但如将这一反应和 ATP① 的水解反应

$$ATP+H_2O\longrightarrow ADP② +\text{磷酸盐},\quad K^{\ominus}(309.8\ K)=1.69\times10^{5}$$

相耦合，得

$$ATP+\text{葡萄糖}\longrightarrow ADP+\text{6-磷酸葡萄糖},\quad K^{\ominus}(309.8\ K)=9.28\times10^{2}$$

该反应的 $K^{\ominus}(309.8\ K)$ 较大，反应能自发进行。必须了解，这两个反应并不是分开进行的，在葡萄糖激酶的作用下，耦合反应就成为可能。

在生物体中 ATP 水解这一热力学上有利的反应是与小分子合成生物大分子(如蛋白

①ATP(adenosine triphate 的缩写)，中文名称为三磷酸腺苷。

②ADP(adenosine diphosphate 的缩写)，中文名称为二磷酸腺苷。

质、DNA 及 RNA 等）这些热力学不利的反应相耦合，另一方面，借助于葡萄糖氧化反应，使热力学上不利的 ADP 再合成 ATP 的反应得以发生。

【例 4-14】　已知在 1 100 K 时，反应

$$2MgO(s)+2Cl_2(g) \longrightarrow 2MgCl_2(l)+O_2(g),\quad K_{i}^{\ominus}(1\ 100K)=1.10\times10^{-1} \qquad (i)$$

$$2C(s)+O_2(g) \longrightarrow 2CO(g),\quad K_{ii}^{\ominus}(1\ 100K)=5.74\times10^{19} \qquad (ii)$$

试问，在反应(i) 的系统中加入固体碳，能否由 $MgO(s)$ 得到无水 $MgCl_2$？

解　在反应(i) 中加入固体碳，相当于把反应(i) 与反应(ii) 耦合，即

$$\frac{1}{2}\text{反应(i)}+\frac{1}{2}\text{反应(ii)}=\text{反应(iii)}$$

$$MgO(s)+Cl_2(g)+C(s) \longrightarrow MgCl_2(l)+CO(g) \qquad (iii)$$

耦合结果，向右进行趋势很大的[$K_{ii}^{\ominus}(1\ 100K)$ 数量级很大] 反应(ii) 带动了向右进行趋势很小的[$K_{i}^{\ominus}(1\ 100K)$ 数量级很小] 反应(i) 构成反应(iii)，以较大的趋势向右进行[$K_{iii}^{\ominus}(1\ 100K)=\sqrt{K_{i}^{\ominus}K_{ii}^{\ominus}}(1\ 100\ K)=2.513\times10^{9}$]。表明加固体碳后 $MgO(s)$ 的氯化反应是可行的。

在有色金属的冶金中，如 Al_2O_3、TiO_2 等的氯化反应都是在反应系统中加固体碳构成耦合反应而实现的。

习　题

一、思考题

4-1 在一定温度下，某气体混合物反应的标准平衡常数设为 $K^{\ominus}(T)$，当气体混合物开始组成不同时，$K^{\ominus}(T)$是否相同(对应同一计量方程)？平衡时其组成是否相同？

4-2 标准平衡常数改变时，平衡是否必定移动？平衡移动时，标准平衡常数是否一定改变？

4-3 是否所有单质的 $\Delta_f G_m^{\ominus}(T)$ 皆为零？为什么？试举例说明。

4-4 能否用 $\Delta_r G_m^{\ominus}>0$、<0、$=0$ 来判断反应的方向？为什么？

4-5 理想气体反应，真实气体反应，有纯液体或纯固体参加的理想气体反应，理想液态混合物或理想溶液中的反应，真实液态混合物或真实溶液中的反应，其 $K^{\ominus}$ 是否都只是温度的函数？

4-6 $\Delta_r G_m(T)$、$\Delta_r G_m^{\ominus}(T)$、$\Delta_f G_m^{\ominus}(B,\beta,T)$ 各自的含义是什么？

二、计算题及证明(或推导)题

4-1 查表计算下述反应 25 ℃ 的标准平衡常数：

(1)$H_2(g)+Cl_2(g) = 2HCl(g)$；

(2)$NH_3(g)+\frac{5}{4}O_2(g) = NO(g)+\frac{3}{2}H_2O(g)$。

4-2 已知 O_3 在 25 ℃ 时的标准生成吉布斯函数 $\Delta_f G_m^{\ominus}=163.4\ kJ\cdot mol^{-1}$，计算空气中 O_3 的含量(以摩尔分数表示)。

4-3 已知 CO 和 $CH_3OH(g)$ 25 ℃ 的标准摩尔生成焓分别为 $-110.52\ kJ\cdot mol^{-1}$ 和 $-201.2\ kJ\cdot mol^{-1}$；CO、H_2、$CH_3OH(l)$25 ℃ 的标准摩尔熵分别为 $197.56\ J\cdot K^{-1}\cdot mol^{-1}$、$130.57\ J\cdot K^{-1}\cdot mol^{-1}$ 和 $127.0\ J\cdot K^{-1}\cdot mol^{-1}$。又知 25 ℃ 甲醇的饱和蒸气压为 16 582 Pa，汽化焓为 $38.0\ kJ\cdot mol^{-1}$。蒸气可视为理想气体，求反应 $CO(g)+2H_2(g) = CH_3OH(g)$ 的 $\Delta_r G_m^{\ominus}(298.15\ K)$ 及 $K^{\ominus}$ (pgm，298.15 K)。

4-4 已知 25 ℃ 时，$CH_3OH(l)$，$HCHO(g)$ 的 $\Delta_f G_m^{\ominus}$ 分别为 $-166.23\ kJ\cdot mol^{-1}$、$-109.91\ kJ\cdot mol^{-1}$，且 $CH_3OH(l)$ 的饱和蒸气压为16.59 kPa。设 $CH_3OH(g)$ 可视为理想气体，试求反应 $CH_3OH(g) =$

$HCHO(g)+H_2(g)$ 在 25 ℃ 时的标准平衡常数 $K^{\ominus}$ (pgm,298.15 K)。

4-5 已知 25 ℃ 时，$H_2O(l)$ 的 $\Delta_f G_m^{\ominus}=-237.19\ kJ\cdot mol^{-1}$，水的饱和蒸气压 $p^*(H_2O)=3.167\ kPa$，若 $H_2O(g)$ 可视为理想气体，求 $\Delta_f G_m^{\ominus}(H_2O,g,298.15\ K)$。

4-6 已知 25 ℃ 时，$\Delta_f G_m^{\ominus}(CH_3OH,g,298.15\ K)=-162.51\ kJ\cdot mol^{-1}$，$p^*(CH_3OH,l)=16.27\ kPa$，若 $CH_3OH(g)$ 可视为理想气体，求 $\Delta_f G_m^{\ominus}(CH_3OH,l,298.15\ K)$。

4-7 已知 $Br_2(l)$ 的饱和蒸气压 $p^*(Br_2,l)=28\ 574\ Pa$，求反应 $Br_2(l)=Br_2(g)$ 的 $\Delta_r G_m^{\ominus}(298.15\ K)$。

4-8 已知 298.15 K 时反应 $CO(g)+H_2(g) \longrightarrow HCOH(l)$ 的 $\Delta_r G_m^{\ominus}(298.15\ K)=28.95\ kJ\cdot mol^{-1}$，而 $p^*(HCOH,l,298.15\ K)=199.98\ kPa$，求 298.15 K 时，反应 $HCHO(g) \longrightarrow CO(g)+H_2(g)$ 的 $K^{\ominus}$ (pgm，298.15 K)。

4-9 通常钢瓶中装的氮气含有少量的氧气，在实验中为除去氧气，可将气体通过高温下的铜，发生下述反应

$$2Cu(s)+\frac{1}{2}O_2(g) \longrightarrow Cu_2O(s)$$

已知此反应的 $\Delta_r G_m^{\ominus}/(J\cdot mol^{-1})=-166\ 732+63.01\ T/K$。今若在 600 ℃ 时反应达到平衡，经此处理后，求氮气中剩余氧气的浓度为多少？

4-10 Ni 和 CO 能生成羰基镍：$Ni(s)+4CO(g) \longrightarrow Ni(CO)_4(g)$，羰基镍对人体有危害。若 150 ℃ 及含有 $w(CO)=0.005$ 的混合气通过 Ni 表面，欲使 $w[Ni(CO)_4]<1\times10^{-9}$，气体压力不应超过多大？已知上述反应 150 ℃ 时，$K^{\ominus}=2.0\times10^{-6}$。

4-11 对反应 $H_2(g)+\frac{1}{2}S_2(g) \longrightarrow H_2S(g)$，实验测得下列数据：

T/K	$\ln K^{\ominus}$	T/K	$\ln K^{\ominus}$
1 023	4.664	1 218	3.005
1 362	2.077	1 473	1.48

(1) 求 1 000 ~ 1 700 K 反应的标准摩尔焓[变]；

(2) 计算 1 500 K 时反应的 $K^{\ominus}$、$\Delta_r G_m^{\ominus}$、$\Delta_r S_m^{\ominus}$。

4-12 反应 $CuSO_4\cdot 3H_2O(s) \longrightarrow CuSO_4(s)+3H_2O(g)$，25 ℃ 和 50 ℃ 的 $K^{\ominus}$ 分别为 10^{-6} 和 10^{-4}。(1) 计算此反应 50 ℃ 的 $\Delta_r G_m^{\ominus}$、$\Delta_r H_m^{\ominus}$ 和 $\Delta_r S_m^{\ominus}$[(设 $\sum_B \nu_B C_{p,m}^{\ominus}(g)=0$]；(2) 为使 0.01 mol $CuSO_4$ 完全转化为其三水化合物，最少需向 25 ℃ 的体积为 2 dm^3 的烧瓶中通入多少水蒸气？

4-13 潮湿 Ag_2CO_3 在 110 ℃ 下用空气流进行干燥，试计算空气流中 CO_2 的分压最少应为多少方能避免 Ag_2CO_3 分解为 Ag_2O 和 CO_2。已知 $Ag_2CO_3(s)$、$Ag_2O(s)$、$CO_2(g)$ 在 25 ℃ 下的标准摩尔熵分别为 167.36 $J\cdot K^{-1}\cdot mol^{-1}$、121.75 $J\cdot K^{-1}\cdot mol^{-1}$ 和 213.80 $J\cdot K^{-1}\cdot mol^{-1}$，$\Delta_f H_m^{\ominus}(298.15\ K)$ 分别为 $-501.7\ kJ\cdot mol^{-1}$、$-29.08\ kJ\cdot mol^{-1}$ 和 $-393.46\ kJ\cdot mol^{-1}$；在此温度间隔内平均定压摩尔热容分别为 109.6 $J\cdot K^{-1}\cdot mol^{-1}$、68.6 $J\cdot K^{-1}\cdot mol^{-1}$ 和 40.2 $J\cdot K^{-1}\cdot mol^{-1}$。

4-14 已知：

物质	$\Delta_f H_m^{\ominus}(298.15\ K)/(kJ\cdot mol^{-1})$	$S_m^{\ominus}(298.15\ K)/(J\cdot K^{-1}\cdot mol^{-1})$	$C_{p,m}/(J\cdot K^{-1}\cdot mol^{-1})$
$Ag_2O(s)$	−30.59	121.71	65.69
$Ag(s)$	0	42.69	26.78
$O_2(g)$	0	205.029	31.38

(1) 求 25 ℃ 时 Ag_2O 的分解压力；(2) 纯 Ag 在 25 ℃、100 kPa 的空气中能否被氧化？(3) 一种制备甲醛的工业方法是使 CH_3OH 与空气混合，在 500 ℃、100 kPa(总压) 下自一种银催化剂上通过，此银渐渐失去光泽，并有一部分成粉末状，判断此现象是否因有 Ag_2O 生成所致(查相关的热力学数据)。

4-15 已知 $3CuCl(g) \Longrightarrow Cu_3Cl_3(g)$ 的

$$\Delta_r G_m^{\ominus}/(J \cdot mol^{-1}) = -528\,858 - 22.73\,(T/K)\ln(T/K) + 438.1\,(T/K)$$

(1) 计算 2 000 K 时的 $\Delta_r H_m^{\ominus}$，$\Delta_r S_m^{\ominus}$ 和 $K^{\ominus}$；(2) 计算 2 000 K，平衡混合物中 Cu_3Cl_3 的摩尔分数等于0.5 时，系统的总压。

4-16 实验测出反应 I_2 + 环戊烯 $\Longrightarrow$ 2HI + 环戊二烯，在 175 ～ 415 ℃ 气相反应的标准平衡常数与温度的关系式为

$$\ln K^{\ominus} = 17.39 - 11\,156/(T/K)$$

(1) 计算该反应 300 ℃ 的 $\Delta_r G_m^{\ominus}$、$\Delta_r H_m^{\ominus}$ 和 $\Delta_r S_m^{\ominus}$；(2) 如果开始以等物质的量的 I_2 和环戊烯混合，在 300 ℃、总压是 100 kPa 下达到平衡，I_2 的分压是多少？若平衡时总压是 1.0 MPa，I_2 的分压是多少？

4-17 已知反应 $CH_4(g) + H_2O(g) \Longrightarrow CO(g) + 3H_2(g)$ 的 $\Delta_r G_m^{\ominus}/(J \cdot mol^{-1}) = 188.838 \times 10^3 - 69.385(T/K)\ln(T/K) + 40.128 \times 10^{-3}(T/K)^2 - 3.623 \times 10^{-6}(T/K)^3 + 227.0(T/K)$。

试分别导出该反应的 $\ln K^{\ominus}$、$\Delta_r H_m^{\ominus}$、$\Delta_r S_m^{\ominus}$ 与 T 的关系式。

4-18 试推导反应 $2A(g) \Longrightarrow 2Y(g) + Z(g)$ 的 $K^{\ominus}$ 与 A 的平衡转化率 x_A^{eq} 及总压 $p_{总}$ 的关系；并证明，当 $(p_{总}/p^{\ominus}) \gg 1$ 时，x_A^{eq} 与 $p_{总}^{-1/3}$ 成正比。

4-19 A(g) 与 Y(g) 之间有如下反应

$$A(g) \Longrightarrow Y(g)$$

与温度 T 对应的 $\Delta_r H_m^{\ominus}(T)$ 及 $K^{\ominus}(pgm, T)$ 为已知，设此反应为一快速平衡，即 T 改变，系统始终保持平衡。若一容器中有此两种气体，而且其物质的总量为 n，求证 Y(g) 物质的量 n_Y 随温度的变化率 dn_Y/dT 有如下关系

$$\frac{dn_Y}{dT} = \frac{nK^{\ominus}(pgm, T)\Delta_r H_m^{\ominus}(T)}{RT^2[K^{\ominus}(pgm, T) + 1]^2}$$

4-20 纯 $B_2(l)$ 与纯 B(l) 在温度 T 时的饱和蒸气压分别为 $p^*(B_2, l)$ 与 $p^*(B, l)$，试证在 T 时，平衡总压为 $p_{总}$，反应 $B_2(g) \Longrightarrow 2B(g)$ 的 $K^{\ominus}(pgm, T)$ 有如下关系：

$$K^{\ominus}(pgm, T) = \frac{[p^*(B,l)]^2[p_{总} - p^*(B_2,l)]^2}{p^*(B_2,l)[p^*(B,l) - p_{总}][p^*(B,l) - p^*(B_2,l)]p^{\ominus}}$$

设气相为理想气体混合物，液相为理想液态混合物。

三、是非题、选择题和填空题

（一）是非题（下述各题中的说法是否正确？正确的在题后括号内画"√"，错的画"×"）

4-1 定温定压且不涉及非体积功的条件下，一切放热且熵增大的反应均可自动发生。（　）

4-2 标准平衡常数 $K^{\ominus}$ 只是温度的函数。（　）

4-3 对反应 $0 = \sum_B \nu_B B(pgm, T)$，当 $K^{\ominus}(pgm, T) > J^{\ominus}(pgm, T)$ 时，反应向右进行。（　）

4-4 对放热反应 $0 = \sum_B \nu_B B(g)$，温度升高时，x_B^{eq} 增大。（　）

4-5 对于理想气体反应，定温定容下添加惰性组分时，平衡不移动。（　）

（二）选择题（选择正确答案的编号填在各题题后的括号内）

4-1 反应

$$SO_2(g) + \frac{1}{2}O_2(g) \Longrightarrow SO_3(g), \quad K_i^{\ominus}(T) \qquad (i)$$

$$2SO_2(g) + O_2(g) \Longrightarrow 2SO_3(g), \quad K_{ii}^{\ominus}(T) \qquad (ii)$$

则 $K_i^{\ominus}(T)$ 与 $K_{ii}^{\ominus}(T)$ 的关系是（　）。

A. $K_i^{\ominus} = K_{ii}^{\ominus}$　　B. $(K_i^{\ominus})^2 = K_{ii}^{\ominus}$　　C. $K_i^{\ominus} = (K_{ii}^{\ominus})^2$

4-2 温度 T、压力 p 时理想气体反应：

$$2H_2O(g) \Longrightarrow 2H_2(g) + O_2(g), \quad K_i^{\ominus} \qquad (i)$$

$$CO_2(g) == CO(g) + \frac{1}{2}O_2(g), \quad K_{ii}^{\ominus} \qquad (ii)$$

则反应(iii)$CO(g) + H_2O(g) == CO_2(g) + H_2(g)$ 的 $K_{iii}^{\ominus}$ 应为(　　)。

A. $K_{iii}^{\ominus} = K_{i}^{\ominus}/K_{ii}^{\ominus}$　　B. $K_{iii}^{\ominus} = K_{i}^{\ominus}K_{ii}^{\ominus}$　　C. $K_{iii}^{\ominus} = \sqrt{K_{i}^{\ominus}}/K_{ii}^{\ominus}$

4-3 已知定温反应

$$CH_4(g) == C(s) + 2H_2(g) \qquad (i)$$

$$CO(g) + 2H_2(g) == CH_3OH(g) \qquad (ii)$$

若提高系统总压,则平衡移动方向为(　　)。

A. (i) 向左,(ii) 向右　　B. (i) 向右,(ii) 向左　　C. (i) 和(ii) 都向右

4-4 已知反应 $CuO(s) == Cu(s) + \frac{1}{2}O_2(g)$ 的 $\Delta_r S_m^{\ominus}(T) > 0$,则该反应的 $\Delta_r G_m^{\ominus}(T)$ 将随温度的升高而(　　)。

A. 增大　　B. 减小　　C. 不变

(三) 填空题(在各小题中画有"________"处或表格中填上答案)

4-1 范特霍夫定温方程:$\Delta_r G_m(T) = \Delta_r G_m^{\ominus}(T) + RT\ln J^{\ominus}$ 中,表示系统标准状态下性质的是________,用来判断反应进行方向的是________,用来判断反应进行限度的是________。

4-2 根据理论分析填表(只填"向左"或"向右")。

	升高温度 (p 不变)	加入惰性气体 (T,p 不变)	升高总压 (T 不变)
放热,$\sum_B \nu_B(g) > 0$			
吸热,$\sum_B \nu_B(g) < 0$			
吸热,$\sum_B \nu_B(g) > 0$			

4-3 反应 $C(s) + H_2O(g) == CO(g) + H_2(g)$ 在 400 ℃ 时达到平衡,$\Delta_r H_m^{\ominus} = 133.5\ kJ \cdot mol^{-1}$,为使平衡向右移动,可采取的措施有________;________;________;________;________。

4-4 已知反应 $2NO(g) + O_2(g) == 2NO_2(g)$ 的 $\Delta_r H_m^{\ominus}(T) < 0$,当上述反应达到平衡后,若要平衡向产物方向移动,可以采取________(升高、降低)温度或________(增大、减少)压力的措施。

4-5 A 是一种固体,在温度 T 时的饱和蒸气压为 p_A^*,在此温度下,A 的分解反应可表示为以下两种形式

$$A(g) == Y(g) + Z(g) \qquad (a)$$

$$A(s) == Y(g) + Z(g) \qquad (b)$$

两反应的标准摩尔吉布斯函数[变]分别为 $\Delta_r G_m^{\ominus}(T)(a)$ 及 $\Delta_r G_m^{\ominus}(T)(b)$,试写出 $\Delta_r G_m^{\ominus}(T)(a) - \Delta_r G_m^{\ominus}(T)(b) =$ ________。

4-6 在一带活塞的气缸中,同时存在以下两反应

$$A(s) == Y(s) + Z(g) \quad \Delta_r H_m^{\ominus}(T)(a) > 0 \qquad (a)$$

$$Z(g) + D(g) == E(g) \quad \Delta_r H_m^{\ominus}(T)(b) = 0 \qquad (b)$$

两反应同时平衡时,容器中 A(s) 及 Y(s) 是大大过量存在的。

(1) 在压力不变下,将系统升温,则反应(b) 的平衡将向________移动;

(2) 保持 T、p 不变时,通入惰性气体又达平衡后,两反应如何移动? 反应(a) ________;反应(b) ________。

4-7 在一定 T、p 下,反应 $A(g) == Y(g) + Z(g)$ 达平衡时 A 的平衡转化率为 $x_{A,1}^{eq}$,当加入惰性气体而 T、p 保持不变时,A 的平衡转化率为 $x_{A,2}^{eq}$,则 $x_{A,2}^{eq}$ ____ $x_{A,1}^{eq}$(填 >、= 或 <)。

计算题答案

4-1 (1)2.41×10^{33};(2)2.14×10^{41};　　4-2 5.0×10^{-30}

4-3 $-25.33\ kJ \cdot mol^{-1}$, 2.74×10^4 **4-4** 8.2×10^{-10} **4-5** $-228.6\ kJ \cdot mol^{-1}$

4-6 $-167.0\ kJ \cdot mol^{-1}$ **4-7** $3\ 105\ J \cdot mol^{-1}$ **4-8** 5.90×10^4

4-9 $5.92 \times 10^{-13}\ mol \cdot m^{-3}$ **4-10** 9.3×10^6 Pa

4-11 (1) $-89\ kJ \cdot mol^{-1}$；(2)3.98, $-17.23\ kJ \cdot mol^{-1}$, $-47.8\ J \cdot K^{-1} \cdot mol^{-1}$

4-12 (1)$24.7\ kJ \cdot mol^{-1}$, $147.6\ kJ \cdot mol^{-1}$, $380\ J \cdot K^{-1} \cdot mol^{-1}$ (2)0.031 mol

4-13 $p(CO_2) > 984$ Pa **4-14** (1)15.6 Pa；(2) 可以被氧化；(3) 不是

4-15 (1) $-483.4\ kJ \cdot mol^{-1}$, $-242.6\ J \cdot K^{-1} \cdot mol^{-1}$, 0.897；(2)$p = 211.2$ kPa

4-16 (1)$9\ 885\ J \cdot mol^{-1}$, $9\ 275\ 7\ J \cdot mol^{-1}$, $144.6\ J \cdot K^{-1} \cdot mol^{-1}$；(2)29 199 Pa, 384.1 kPa

选读Ⅰ　非平衡态热力学简介

Ⅰ.1　热力学从平衡态向非平衡态的发展

迄今为止,我们所讨论的热力学基础及其在有关章节中的应用(除第 1.17 节)均属于平衡态热力学范畴。它主要由热力学三个定律作为基础构筑而成。它所定义的热力学函数,如热力学温度 T,压力 p,熵 S 等,在平衡态时才有明确意义。实践证明,由平衡态热力学得到的结论,至今未有与实践相违背的事实。平衡态热力学称为经典热力学,是物理化学课程的主要组成部分,它是初学物理化学课程的大学生必须很好掌握的内容。

然而,在自然界中发生的一切实际过程都是处在非平衡态下进行的不可逆过程。例如,我们遇到的各种输运过程,诸如热传导、物质的扩散、动电现象、电极过程以及实际进行的化学反应过程等,随着时间的推移,系统均不断地改变其状态,并且总是自发地从非平衡态趋向于平衡态。对这些实际发生的不可逆过程进行了持续不断地和非常深入地研究,促进了热力学从平衡态向非平衡态的发展。普里高京(Prigogine I)、昂色格(Onsager L)对非平衡态热力学(或称为不可逆过程热力学)的确立和发展作出了重要贡献,从 20 世纪 50 年代开始形成了热力学的新领域,即非平衡态热力学(thermodynamics of no-equilibrium state)。普里高京由于对非平衡态热力学的杰出贡献,荣获 1977 年诺贝尔化学奖。非平衡态热力学虽然在理论系统上还不够完善和成熟,但目前在一些领域中,如物质扩散、热传导、跨膜输运、动电效应、热电效应、电极过程、化学反应等领域中已获得初步应用,显示出广阔的发展和应用前景,已成为新世纪物理化学发展中一个新的增长点。为满足大学生们了解物理化学学科发展前沿的欲望,本选读将用简要的笔墨,并力求避开繁杂的数学处理,向大家介绍一点有关非平衡态热力学的入门知识。

Ⅰ.2　局域平衡假设

在平衡态热力学中,常用到两类热力学状态函数,一类如体积 V、物质的量 n 等,它们可以用于任何系统,不管系统内部是否处于平衡;另一类如温度 T、压力 p、熵 S 等,在平衡态中有明确意义,用它们去描述非平衡态就有困难。为解决这一难题,非平衡态热力学提出了局域平衡假设(local-equilibrium hypothesis),要点如下:

(i)把所讨论的处于非平衡态(温度、压力、组成不均匀)的系统,划分为许多很小的系统微元,以下简称系统元(system element)。每个系统元在宏观上足够小,以至于它的性质可以用该系统元内部的某一点附近的性质来代表;在微观上又足够大,即它包含足够多的分子,多到可用统计的方法进行宏观处理。

(ii)在 t 时刻,我们把划分出来的某系统元从所讨论的系统中孤立出来,并设经过 $\mathrm{d}t$ 时间间隔,即在$(t+\mathrm{d}t)$时刻该系统元已达到平衡态。

(iii)由于已假定$(t+\mathrm{d}t)$时刻每个系统元已达到平衡,于是可按平衡态热力学的办法为每一个系统元严格定义其热力学函数,如 S、G 等,即$(t+\mathrm{d}t)$时刻平衡态热力学公式皆可应用于每个系统元。就是说,处于非平衡态系统的热力学量可以用局域平衡的热力学量来描述。

局域平衡假设是非平衡态热力学的中心假设。

应该明确,局域平衡假设的有效范围是偏离平衡不远的系统。例如,对化学反应系统,要求 $E_a/(RT)\gg 5$。

Ⅰ.3 熵流和熵产生

非平衡态热力学所讨论的中心问题是熵产生。

由热力学第二定律知

$$\mathrm{d}S \geqslant \frac{\delta Q}{T_{su}} \quad \begin{matrix} \text{不可逆过程} \\ \text{可逆过程} \end{matrix}$$

定义

$$\mathrm{d_e}S \overset{\text{def}}{=\!=} \frac{\delta Q}{T_{su}} \tag{Ⅰ-1}$$

对封闭系统,$\mathrm{d_e}S$ 是系统与环境进行热量交换引起的熵流(entropy flow);对敞开系统,$\mathrm{d_e}S$ 则是系统与环境进行热量和物质交换共同引起的熵流。可以有 $\mathrm{d_e}S>0$,$\mathrm{d_e}S<0$ 或 $\mathrm{d_e}S=0$。

由热力学第二定律,对不可逆过程,有

$$\mathrm{d}S > \frac{\delta Q}{T_{su}}$$

若将 $\mathrm{d}S$ 分解为两部分,即 $\mathrm{d}S=\mathrm{d_e}S+\mathrm{d_i}S$,即

$$\mathrm{d_i}S \overset{\text{def}}{=\!=} \mathrm{d}S-\mathrm{d_e}S \tag{Ⅰ-2}$$

$\mathrm{d_i}S$ 是系统内部由于进行不可逆过程而产生的熵,称为熵产生(entropy production)。

对隔离系统,$\mathrm{d_e}S=0$,则

$$\mathrm{d}S=\mathrm{d_i}S \geqslant 0 \quad \begin{matrix} \text{不可逆过程} \\ \text{可逆过程} \end{matrix}$$

即

$$\mathrm{d_i}S \geqslant 0 \quad \begin{matrix} \text{不可逆过程} \\ \text{可逆过程} \end{matrix} \tag{Ⅰ-3}$$

由此可得出,熵产生是一切不可逆过程的表征($\mathrm{d_i}S>0$),即可用 $\mathrm{d_i}S$ 量度过程的不可逆程度。

Ⅰ.4 熵产生速率的基本方程

将 $\mathrm{d_i}S$ 对时间微分,即定义

$$\sigma \xlongequal{\text{def}} \frac{d_iS}{dt} \qquad (Ⅰ\text{-}4)$$

式中，σ 叫熵产生速率(entropy production rate)，即单位时间内的熵产生[①]。

在局域平衡假设的条件下，系统中任何一个系统元内，熵 S、温度 T、压力 p，在 $\delta W'=0$ 时满足

$$dU=\delta Q+\delta W=TdS-pdV-Td_iS$$

与 $dU=TdS-pdV+\sum_B \mu_B dn_B$ 比较，得 $-Td_iS=\sum_B \mu_B dn_B=\sum_B(\nu_B\mu_B)d\xi$

即

$$d_iS=-\frac{\sum_B \nu_B\mu_B}{T}d\xi \qquad (Ⅰ\text{-}5)$$

将式(Ⅰ-5)对时间微分，可得到系统在不可逆过程中熵产生速率为

$$\sigma=\frac{1}{T}\left(-\sum_B \nu_B\mu_B\right)\frac{d\xi}{dt}>0 \qquad (Ⅰ\text{-}6)$$

式中，$d\xi/dt$ 为单位时间的反应进度，即化学反应的**转化速率**(rate of conversion)，在非平衡态热力学中，把它称为**通量**(flux)，而$-\sum_B \nu_B\mu_B/T$(或 $\boldsymbol{A}/T$，$\boldsymbol{A}$ 即为化学反应亲和势)是反应进行的推动力。因此，系统中不可逆化学反应引起的熵产生速率，可看作是推动力 X_K 与通量 J_K 的乘积，其值一定大于零。

当系统中存在温度差、浓度差、电势差等推动力时，都会发生不可逆过程而引入熵产生。这些推动力被称为广义推动力，而在广义推动力下产生的通量，称为**广义通量**(generalized flux)。

系统总的熵产生速率 $$P=\sum_V \sigma dV \qquad (Ⅰ\text{-}7)$$

则为一切广义推动力与广义通量乘积之和，即

$$P=\sum X_K J_K \qquad (Ⅰ\text{-}8)$$

这是非平衡态热力学中总熵产生速率的基本方程。

当系统达到平衡态时，同时有 $X_K=0, J_K=0, P=0$。

当系统临近平衡态(或离平衡态不远时)并且只有单一很弱的推动力时，从许多实验规律得出，广义通量和广义推动力间呈线性关系：

$$J=LX \qquad (Ⅰ\text{-}9)$$

我们所熟知的一些经验定律，如傅立叶热传导定律、牛顿黏度定律、费克第一扩散定律和欧姆电导定律，它们的数学表达式均可用式(Ⅰ-9)这种线性关系所包容。

式(Ⅰ-9)中的比例系数 L，称作**唯象系数**(phenomenological coefficient)，可由实验测得，对以上几个经验定律，则 L 分别为热导率、黏度、扩散系数和电导率。

若所讨论的非平衡态系统中有一个以上的广义推动力时，广义通量和广义推动力间的关系为

$$J_K=\sum_i L_{K,i}X_{K,i} \qquad (Ⅰ\text{-}10)$$

①严格说，这是系统元中熵产生的速率，实为单位体积、单位时间内的熵产生。

式中所示的线性关系称为唯象方程(phenomenological equation)。满足线性关系的非平衡态热力学称为线性非平衡态热力学(thermodynamics of no-equilibrium state of linear)

Ⅰ.5　昂色格倒易关系

设系统中存在两种广义推动力 X_1 和 X_2，推动两个不可逆过程同时发生，由之引起两个广义通量 J_1 和 J_2。则可建立唯象方程如下：

$$\left.\begin{aligned}J_1&=L_{11}X_1+L_{12}X_2\\J_2&=L_{21}X_1+L_{22}X_2\end{aligned}\right\}\qquad(\text{Ⅰ-11})$$

式中，L_{11}、L_{22} 称为自唯象系数(auto-phenomenological coefficient)；L_{12}、L_{21} 称为交叉唯象系数(cross phenomenological coefficient)或干涉系数(interference coefficient)。

1931 年，昂色格(Onsager L)推导出交叉唯象系数存在如下对称性质：

$$L_{12}=L_{21}\qquad(\text{Ⅰ-12})$$

称为昂色格倒易关系(Onsager's reciprocity relations)。满足倒易关系的近平衡区叫严格线性区。

式(Ⅰ-12)表明，当系统中发生的第一个不可逆过程的广义通量 J_1 受到第二个不可逆过程的广义推动力 X_2 影响时，第二个不可逆过程的广义通量 J_2 也必然受第一个不可逆过程的广义推动力 X_1 的影响，并且表征这两种相互干涉的交叉唯象系数相等。

昂色格倒易关系是非平衡态热力学的重要成果，为许多实验事实所证实。但是，所定义的广义推动力和广义通量，只有同时满足式(Ⅰ-3)和(Ⅰ-10)的关系，倒易关系才成立，才具有普遍性，而与系统的本性及广义推动力的本性无关。

Ⅰ.6　最小熵产生原理

最小熵产生原理(principle of minimization entropy production rate)可表述为：在非平衡态的线性区(近平衡区)，系统处于定态时熵产生速率取最小值。它是 1945 年由普里高京确立的。

为了讨论该原理，先说明什么叫定态？

如图Ⅰ-1 所示，设有一容器充入 A、B 两种气体形成均匀混合的气体系统。实验时，把一温度梯度加到容器左右两器壁间，一为热壁、一为冷壁。实验观测到，一种气体在热壁上富集，而另一种气体则在冷壁上富集。这是由于热扩散带来的结果。此外，我们还会发现，温度梯度的存在不仅引起热扩散，同时还导致一个浓度梯度的产生，即自热壁至冷壁会存在 A、B 两种气体的浓度梯度。结果，熵一般地总是低于开始时气体均匀混合的熵值。

如果一个系统不受任何强加的外部限制，实际上即为隔离系统。在隔离系统中，不论系统初始处于何种状态，系统中所有的广义推动力和广义通量自由发展的结果总是趋于零，最终达到平衡态。然而对一个系统强加一个外部条件，如前述热扩散例子，在系统两端强加温度梯度，会引起一个浓度梯度，于是系统中同时有一个引起热扩散的力 X_q 和一个引起物质扩散的力 X_m，以及相应热扩散通量 J_q 和物质扩散通量 J_m。但是由于给系统强加的限制是

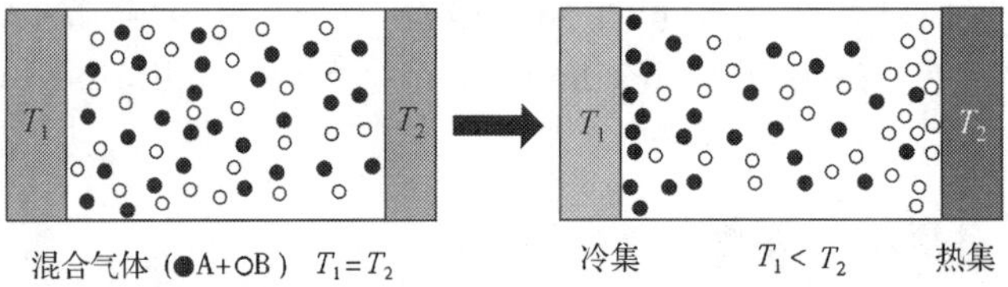

图Ⅰ-1 混合气体的热扩散

恒定的热扩散力 X_q，而物质扩散力 X_m 和物质扩散通量 J_m 可以自由发展，系统最终会到达一个不随时间变化的状态，这时 $J_m=0$，气体混合物系统的浓度呈均匀分布，但热扩散通量依然存在。因此，这个不随时间变化的状态不是平衡态，而是非平衡定态，简称定态（constant state）。

在非平衡态的线性区，可以证明总熵产生速率具有下列特征①：

$$\frac{\mathrm{d}P}{\mathrm{d}t}\leqslant 0 \quad \begin{matrix}\text{偏离定态}\\ \text{定态}\end{matrix} \tag{Ⅰ-13}$$

此式即为最小熵产生原理的数学表达式。它表明，在非平衡态的线性区，系统随着时间的发展总是朝着总熵产生速率减少的方向进行，直至达到定态。在定态熵产生速率不再随时间变化。如图Ⅰ-2 所示。

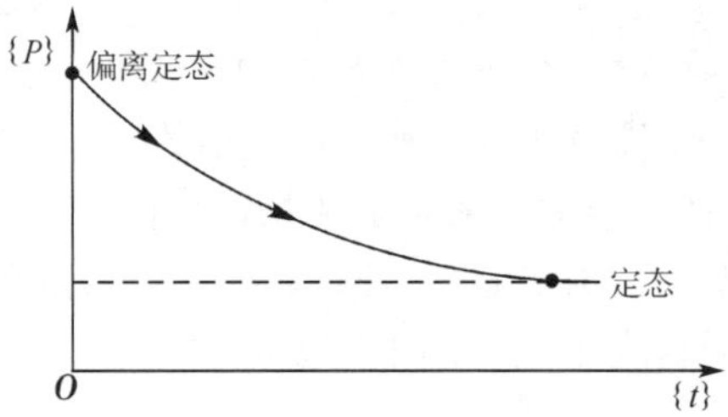

图Ⅰ-2 线性区总熵产生速率随时间的变化

从最小熵产生原理可以得到一个重要结论：在非平衡态的线性区，非平衡定态是稳定的。设想，若系统已处于定态，环境给系统以微扰（或涨落），系统可偏离定态。而由最小熵产生原理，此时的总熵产生值大于定态的总熵产生值，而且随时间的变化总熵产生值要减小，直至达到定态，使系统又回到定态，因此非平衡定态是稳定的。进而还可以得到结论：在非平衡态的线性区（即在平衡态附近）不会自发形成时空有序的结构，并且即使由初始条件强加一个有序结构（如前述的热扩散例子），但随着时间的推移，系统终究要发展到一个无序的定态，任何初始的有序结构将会消失。换句话说，在非平衡态线性区，自发过程总是趋于破坏任何有序，走向无序。

Ⅰ.7 非线性非平衡态热力学

对于化学反应，通量和推动力的线性关系只有在反应亲和力很小的情况下才会成立；而人们实际关心的大部分化学反应并不满足这样的条件。当系统远离平衡态时，即热力学推

①李如生. 非平衡态热力学和耗散结构. 北京：清华大学出版社，1986.

动力很大时，通量和推动力就不再成线性关系。若将通量和推动力的函数关系以平衡态为参考态，作泰勒(Taylor)级数展开，得到

$$J_k = J_k(0) + \sum\left(\frac{\partial J_k}{\partial X_1}\right)_0 X_1 + \frac{1}{2}\sum\left(\frac{\partial J_k}{\partial X_1 X_m}\right)_0 X_1 X_m + \cdots \qquad (\text{Ⅰ-14})$$

式中，第二项为某一单独推动力的作用而导致的通量；第三项以后为多种推动力共同作用导致的通量。此式表明通量和推动力的非线性关系。符合这种非线性关系的非平衡态叫非平衡态的非线性区。研究非平衡态非线性区的热力学叫**非线性非平衡态热力学**。

显然，处在非线性区，线性唯象方程和昂色格倒易关系均不复存在，当然最小熵产生原理也不会成立。处理远离平衡态过程的行为，单纯用非平衡态热力学方法已无能为力，还必须同时研究远离平衡态的非线性动力学行为，这将在选读Ⅱ(下册)中加以论述。

综上所述，热力学的发展可概括为以下三个阶段：

第一个阶段：平衡态热力学——熵产生及推动力和通量均为零。

第二个阶段：线性非平衡态热力学——在非平衡态的线性区，推动力是弱的，通量与推动力呈线性关系。

第三个阶段：非线性非平衡态热力学——在非平衡态的非线性区，通量是推动力的更复杂的函数。

平衡态热力学是19世纪的巨大成就，非平衡态热力学则是20世纪的最新成就。可以预言，21世纪非平衡态热力学在理论和应用上将会有突破性进展。

附 录

附录Ⅰ 基本物理常量

真空中的光速	c	$(2.997\ 924\ 58 \pm 0.000\ 000\ 012) \times 10^{8}\ \text{m} \cdot \text{s}^{-1}$
元电荷(一个质子的电荷)	e	$(1.602\ 177\ 33 \pm 0.000\ 000\ 49) \times 10^{-19}\ \text{C}$
Planck 常量	h	$(6.626\ 075\ 5 \pm 0.000\ 004\ 0) \times 10^{-34}\ \text{J} \cdot \text{s}$
Boltzmann 常量	k	$(1.380\ 658 \pm 0.000\ 012) \times 10^{-23}\ \text{J} \cdot \text{K}^{-1}$
Avogadro 常量	L	$(6.022\ 045 \pm 0.000\ 031) \times 10^{23}\ \text{mol}^{-1}$
原子质量单位	$1\text{u} = m(^{12}\text{C})/12$	$(1.660\ 540\ 2 \pm 0.000\ 100\ 10) \times 10^{-27}\ \text{kg}$
电子的静止质量	m_e	$9.109\ 38 \times 10^{-31}\ \text{kg}$
质子的静止质量	m_p	$1.672\ 62 \times 10^{-27}\ \text{kg}$
真空介电常量	ε_0	$8.854\ 188 \times 10^{-12}\ \text{J}^{-1} \cdot \text{C}^2 \cdot \text{m}^{-1}$
	$4\pi\varepsilon_0$	$1.112\ 650 \times 10^{-12}\ \text{J}^{-1} \cdot \text{C}^2 \cdot \text{m}^{-1}$
Faraday 常量	F	$(9.648\ 530\ 9 \pm 0.000\ 002\ 9) \times 10^{4}\ \text{C} \cdot \text{mol}^{-1}$
摩尔气体常量	R	$8.314\ 510 \pm 0.000\ 070\ \text{J} \cdot \text{K}^{-1} \cdot \text{mol}^{-1}$

附录Ⅱ 中华人民共和国法定计量单位

表 1 SI 基本单位

量的名称	单位名称	单位符号
长度	米	m
质量	千克(公斤)	kg
时间	秒	s
电流	安[培]	A
热力学温度	开[尔文]	K
物质的量	摩[尔]	mol
发光强度	坎[德拉]	cd

表 2 包括 SI 辅助单位在内的具有专门名称的 SI 导出单位

量的名称	SI 导出单位		
	名称	符号	用 SI 基本单位和 SI 导出单位表示
[平面]角	弧度	rad	$1\ rad=1\ m/m=1$
立体角	球面度	sr	$1\ sr=1\ m^2/m^2=1$
频率	赫[兹]	Hz	$1\ Hz=1\ s^{-1}$
力	牛[顿]	N	$1\ N=1\ kg\cdot m/s^2$
压力,压强,应力	帕[斯卡]	Pa	$1\ Pa=1\ N/m^2$
能[量],功,热量	焦[耳]	J	$1\ J=1\ N\cdot m$
功率,辐[射能]通量	瓦[特]	W	$1\ W=1\ J/s$
电荷[量]	库[仑]	C	$1\ C=1\ A\cdot s$
电压,电动势,电位(电势)	伏[特]	V	$1\ V=1\ W/A$
电容	法[拉]	F	$1\ F=1\ C/V$
电阻	欧[姆]	Ω	$1\ \Omega=1\ V/A$
电导	西[门子]	S	$1\ S=1\ \Omega^{-1}$
磁通[量]	韦[伯]	Wb	$1\ Wb=1\ V\cdot s$
磁通[量]密度,磁感应强度	特[斯拉]	T	$1\ T=1\ Wb/m^2$
电感	亨[利]	H	$1\ H=1\ Wb/A$
摄氏温度	摄氏度1)	℃	1 ℃=1 K
光通量	流[明]	lm	$1\ ml=1\ cd\cdot sr$
[光]照度	勒[克斯]	lx	$1\ lx=1\ lm/m^2$

注 摄氏度是开尔文用于表示摄氏温度的一个专门名称(参阅 GB 3102.4 中 4-1.a 和 4-2.a)

表 3 由于人类健康安全防护上的需要而确定的具有专门名称的 SI 导出单位 (略)

表 4 SI 词头 (略)

表 5 可与国际单位制单位并用的我国法定计量单位 (略)

附录Ⅲ　物质的标准摩尔生成焓[变]、标准摩尔生成吉布斯函数[变]、标准摩尔熵和摩尔热容

1. 单质和无机物

(100 kPa)

物质	$\Delta_f H_m^\ominus$ (298.15 K)	$\Delta_f G_m^\ominus$ (298.15 K)	$S_m^\ominus$ (298.15 K)	$C_{p,m}^\ominus$ (298.15 K)	$C_{p,m}^\ominus=a+bT+cT^2$ 或 $C_{p,m}^\ominus=a+bT+c'T^{-2}$				
					a	b	c	c'	
	$kJ \cdot mol^{-1}$	$kJ \cdot mol^{-1}$	$J \cdot K^{-1} \cdot mol^{-1}$	$J \cdot K^{-1} \cdot mol^{-1}$	$J \cdot K^{-1} \cdot mol^{-1}$	10^{-3} $J \cdot mol^{-1} \cdot K^{-2}$	10^{-6} $J \cdot mol^{-1} \cdot K^{-3}$	10^{5} $J \cdot K \cdot mol^{-1}$	适用温度/K
Ag(s)	0	0	42.712	25.48	23.97	5.284		−0.25	293～123 4
Ag_2CO_3(s)	−506.14	−437.09	167.36						
Ag_2O(s)	−30.56	−10.82	121.71	65.57					
Al(s)	0	0	28.315	24.35	20.67	12.38			273～932
Al(g)	313.80	273.2	164.553						
α-Al_2O_3	−1 669.8	−2 213.16	0.986	79.0	92.38	37.535		−26.861	27～1 937
$Al_2(SO_4)_3$(s)	−3 434.98	−3 728.53	239.3	259.4	368.57	61.92		−113.47	298～1 100
Br(g)	111.884	82.396	175.021						
Br_2(g)	30.71	3.109	245.455	35.99	37.20	0.690		−1.188	300～1 500
Br_2(l)	0	0	152.3	35.6					
C(金刚石)	1.896	2.866	2.439	6.07	9.12	13.22		−6.19	298～1 200
C(石墨)	0	0	5.694	8.66	17.15	4.27		−8.79	298～2 300
CO(g)	−110.525	−137.285	198.016	29.142	27.6	5.0			290～2 500
CO_2(g)	−393.511	−394.38	213.76	37.120	44.14	9.04		−8.54	298～2 500
Ca(s)	0	0	41.63	26.27	21.92	14.64			273～673
CaC_2(s)	−62.8	−67.8	70.2	62.34	68.6	11.88		−8.66	298～720
$CaCO_3$(方解石)	−1 206.87	−1 128.70	92.8	81.83	104.52	21.92		−25.94	298～1 200
$CaCl_2$(s)	−795.0	−750.2	113.8	72.63	71.88	12.72		−2.51	298～1 055

（续表）

物质	$\Delta_f H_m^\ominus$ (298.15 K)	$\Delta_f G_m^\ominus$ (298.15 K)	$S_m^\ominus$ (298.15 K)	$C_{p,m}^\ominus$ (298.15 K)	$C_{p,m}^\ominus=a+bT+cT^2$ 或 $C_{p,m}^\ominus=a+bT+c'T^{-2}$				
					a	b	c	c'	
	$kJ \cdot mol^{-1}$	$kJ \cdot mol^{-1}$	$J \cdot K^{-1} \cdot mol^{-1}$	$J \cdot K^{-1} \cdot mol^{-1}$	$J \cdot K^{-1} \cdot mol^{-1}$	10^{-3} $J \cdot mol^{-1} \cdot K^{-2}$	10^{-6} $J \cdot mol^{-1} \cdot K^{-3}$	10^5 $J \cdot K \cdot mol^{-1}$	适用温度/K
CaO(s)	−635.6	−604.2	39.7	48.53	43.83	4.52		−6.52	298～1 800
$Ca(OH)_2$(s)	−986.5	−896.89	76.1	84.5					
$CaSO_4$（硬石膏）	−1 432.68	−1 320.24	106.7	97.65	77.49	91.92		−6.561	273～1 373
Cl_2(g)	0	0	222.948	33.9	36.69	1.05		−2.523	273～1 500
Cu(s)	0	0	33.32	24.47	24.56	4.18		−1.201	273～1 357
CuO(s)	−155.2	−127.1	43.51	44.4	38.79	20.08			298～1 250
α-Cu_2O	−166.69	−146.33	100.8	69.8	62.34	23.85			298～1 200
F_2(g)	0	0	203.5	31.46	34.69	1.84		−3.35	273～2 000
α-Fe	0	0	27.15	25.23	17.28	26.69			273～1 041
$FeCO_3$(s)	−747.68	−673.84	92.8	82.13	48.66	112.1			298～885
FeO(s)	−266.52	−244.3	54.0	51.1	52.80	6.242		−3.188	273～1 173
Fe_2O_3(s)	−822.1	−741.0	90.0	104.6	97.74	17.13		−12.887	298～1 100
Fe_3O_4(s)	−117.1	−1 014.1	146.4	143.42	167.03	78.91		−41.88	298～1 100
H_2(g)	0	0	130.695	28.83	29.08	−0.84	2.00		300～1 500
HBr(g)	−36.24	−53.22	198.60	29.12	26.15	5.86		1.09	298～1 600
HCl(g)	−92.311	−95.265	186.786	29.12	26.53	4.60		1.90	298～2 000
HI(g)	−25.94	−1.32	206.42	29.12	26.32	5.94		0.92	298～1 000
H_2O(g)	−241.825	−228.577	188.823	33.571	30.12	11.30			273～2 000
H_2O(l)	−285.838	−237.142	69.940	75.296					
H_2O(s)	−291.850	(−234.03)	(39.4)						
H_2O_2(l)	−187.61	−118.04	102.26	82.29					

（续表）

物质	$\Delta_f H_m^\ominus$ (298.15 K)	$\Delta_f G_m^\ominus$ (298.15 K)	$S_m^\ominus$ (298.15 K)	$C_{p,m}^\ominus$ (298.15 K)	$C_{p,m}^\ominus = a + bT + cT^2$ 或 $C_{p,m}^\ominus = a + bT + c'T^{-2}$				
					a	b	c	c'	
	$kJ \cdot mol^{-1}$	$kJ \cdot mol^{-1}$	$J \cdot K^{-1} \cdot mol^{-1}$	$J \cdot K^{-1} \cdot mol^{-1}$	$J \cdot K^{-1} \cdot mol^{-1}$	$10^{-3}\ J \cdot mol^{-1} \cdot K^{-2}$	$10^{-6}\ J \cdot mol^{-1} \cdot K^{-3}$	$10^{5}\ J \cdot K \cdot mol^{-1}$	适用温度/K
H_2S(g)	−20.146	−33.040	205.75	33.97	29.29	15.69			273～1300
H_2SO_4(l)	−811.35	(−866.4)	156.85	137.57					
H_2SO_4(aq)	−811.32								
HSO_4^-(aq)	−885.75	−752.99	126.86						
I_2(s)	0	0	116.7	55.97	40.12	49.79			298～386.8
I_2(g)	62.242	19.34	260.60	36.87					
N_2(g)	0	0	191.598	29.12	26.87	4.27			273～2 500
NH_3(g)	−46.19	−16.603	192.61	35.65	29.79	25.48		−1.665	273～1 400
NO(g)	89.860	90.37	210.309	29.861	29.58	3.85		−0.59	273～1 500
NO_2(g)	33.85	51.86	240.57	37.90	42.93	8.54		−6.74	
N_2O(g)	81.55	103.62	220.10	38.70	45.69	8.62		−8.54	273～500
N_2O_4(g)	9.660	98.39	304.42	79.0	83.89	30.75		14.90	
N_2O_5(g)	2.51	110.5	342.4	108.0					
O(g)	247.521	230.095	161.063	21.93					
O_2(g)	0	0	205.138	29.37	31.46	3.39		−3.77	273～2 000
O_3(g)	142.3	163.45	237.7	38.15					
S(单斜)	0.29	0.096	32.55	23.64	14.90	29.08			368.6～392
S(斜方)	0	0	31.9	22.60	14.98	26.11			273～368.6
S(g)	222.80	182.27	167.825					−3.51	
SO_2(g)	−296.90	−300.37	248.64	39.79	47.70	7.171		−8.54	298～1 800
SO_3(g)	−395.18	−370.40	256.34	50.70	57.32	26.86		−13.05	273～900

2. 有机化合物

在指定温度范围内恒压热容可用下式计算 $C_{p,\mathrm{m}}^{\ominus}=a+bT+cT^2+dT^3$

物质	$\Delta_f H_m^{\ominus}$ (298.15 K)	$\Delta_f G_m^{\ominus}$ (298.15 K)	$S_m^{\ominus}$ (298.15 K)	$C_{p,m}^{\ominus}$ (298.15 K)	$C_{p,m}^{\ominus}=a+bT+cT^2$ 或 $C_{p,m}^{\ominus}=a+bT+c'T^{-2}$				
					a	b	c	c'	
	$kJ \cdot mol^{-1}$	$kJ \cdot mol^{-1}$	$J \cdot K^{-1} \cdot mol^{-1}$	$J \cdot K^{-1} \cdot mol^{-1}$	$J \cdot K^{-1} \cdot mol^{-1}$	10^{-3} $J \cdot mol^{-1} \cdot K^{-2}$	10^{-6} $J \cdot mol^{-1} \cdot K^{-3}$	10^{5} $J \cdot K \cdot mol^{-1}$	适用温度/K
烃类									
甲烷 CH_4(g)	−74.847	50.827	186.30	35.715	17.451	60.46	1.117	−7.205	298～1 500
乙炔 C_2H_2(g)	226.748	209.200	200.928	43.928	23.460	85.768	−58.342	15.870	298～1 500
乙烯 C_2H_4(g)	52.283	68.157	219.56	43.56	4.197	154.590	−81.090	16.815	298～1 500
乙烷 C_2H_6(g)	−84.667	−32.821	229.60	52.650	4.936	182.259	−74.856	10.799	298～1 500
丙烯 C_3H_6(g)	20.414	62.783	267.05	63.89	3.305	235.860	−117.600	22.677	298～1 500
丙烷 C_3H_8(g)	−103.847	−23.391	270.02	73.51	−4.799	307.311	−160.159	32.748	298～1 500
1,3-丁二烯 C_4H_6(g)	110.16	150.74	278.85	79.54	−2.958	340.084	−223.689	56.530	298～1 500
1-丁烯 C_4H_8(g)	−0.13	71.60	305.71	85.65	2.540	344.929	−191.284	41.664	298～1 500
顺-2-丁烯 C_4H_8(g)	−6.99	65.96	300.94	78.91	8.774	342.448	−197.322	34.271	298～1 500
反-2-丁烯 C_4H_8(g)	−11.17	63.07	296.59	87.82	8.381	307.541	−148.256	27.284	298～1 500
正丁烷 C_4H_{10}(g)	−126.15	−17.02	310.23	97.45	0.469	385.376	−198.882	39.996	298～1 500
异丁烷 C_4H_{10}(g)	−134.52	−20.79	294.75	96.82	−6.841	409.643	−220.547	45.739	298～1 500
苯 C_6H_6(g)	82.927	129.723	269.31	81.67	−33.899	471.872	−298.344	70.835	298～1 500
苯 C_6H_6(l)	49.028	124.597	172.35	135.77	59.50	255.01			281～353
环己烷 C_6H_{12}(g)	−123.14	31.92	298.51	106.27	−67.664	679.452	−380.761	78.006	298～1 500
正己烷 C_6H_{14}(g)	−167.19	−0.09	388.85	143.09	3.084	565.786	−300.369	62.061	298～1 500
正己烷 C_6H_{14}(l)	−198.82	−4.08	295.89	194.93					
甲苯 $C_6H_5CH_3$(g)	49.999	122.388	319.86	103.76	−33.882	557.045	−342.373	79.873	298～1 500
甲苯 $C_6H_5CH_3$(l)	11.995	114.299	219.58	157.11	59.62	326.98			281～382
邻二甲苯 $C_6H_4(CH_3)_2$(g)	18.995	122.207	352.86	133.26	−14.811	591.136	−339.590	74.697	298～1 500

（续表）

物质	$\Delta_f H_m^{\ominus}$ (298.15 K)	$\Delta_f G_m^{\ominus}$ (298.15 K)	$S_m^{\ominus}$ (298.15 K)	$C_{p,m}^{\ominus}$ (298.15 K)	$C_{p,m}^{\ominus}=a+bT+cT^2$ 或 $C_{p,m}^{\ominus}=a+bT+c'T^{-2}$				适用温度/K
					a	b	c	c'	
	$kJ \cdot mol^{-1}$	$kJ \cdot mol^{-1}$	$J \cdot K^{-1} \cdot mol^{-1}$	$J \cdot K^{-1} \cdot mol^{-1}$	$J \cdot K^{-1} \cdot mol^{-1}$	$10^{-3}\ J \cdot mol^{-1} \cdot K^{-2}$	$10^{-6}\ J \cdot mol^{-1} \cdot K^{-3}$	$10^{5}\ J \cdot K \cdot mol^{-1}$	
邻二甲苯 $C_6H_4(CH_3)_2(l)$	−24.439	110.495	246.48	187.9					
间二甲苯 $C_6H_4(CH_3)_2(g)$	17.238	118.977	357.80	127.57	−27.384	620.870	−363.895	81.379	298～1 500
间二甲苯 $C_6H_4(CH_3)_2(l)$	−25.418	107.817	252.17	183.3					
对二甲苯 $C_6H_4(CH_3)_2(g)$	17.949	121.266	352.53	126.86	−25.924	60.670	−350.561	76.877	298～1 500
对二甲苯 $C_6H_4(CH_3)_2(l)$	−24.426	110.244	247.36	183.7					
含氧化合物									
甲醛 $HCOH(g)$	−115.90	−110.0	220.2	35.36	18.820	58.379	−15.606		291～1 500
甲酸 $HCOOH(g)$	−362.63	−335.69	251.1	54.4	30.67	89.20	−34.539		300～700
甲酸 $HCOOH(l)$	−409.20	−345.9	128.95	99.04					
甲醇 $CH_3OH(g)$	−201.17	−161.83	237.8	49.4	20.42	103.68	−24.640		300～700
甲醇 $CH_3OH(l)$	−238.57	−166.15	126.8	81.6					
乙醛 $CH_2CHO(g)$	−166.36	−133.67	265.8	62.8	31.054	121.457	−36.577		298～1 500
乙酸 $CH_3COOH(l)$	−487.0	−392.4	159.8	123.4	54.81	230			
乙酸 $CH_3COOH(g)$	−436.4	−381.5	293.4	72.4	21.76	193.09	−76.78		300～700
乙醇 $C_2H_5OH(l)$	−277.63	−174.36	160.7	111.46	106.52	165.7	575.3		283～348
乙醇 $C_2H_5OH(g)$	−235.31	−168.54	282.1	71.1	20.694	+205.38	−99.809		300～1 500
丙酮 $CH_3COCH_3(l)$	−248.283	−155.33	200.0	124.73	55.61	232.2			298～320
丙酮 $CH_3COCH_3(g)$	−216.69	−152.2	296.00	75.3	22.472	201.78	−63.521		298～1 500
乙醚 $C_2H_5OC_2H_5(l)$	−273.2	−116.47	253.1		170.7				290
乙酸乙酯 $CH_3COOC_2H_5(l)$	−463.2	−315.3	259		169.0				293
苯甲酸 $C_6H_5COOH(s)$	−384.55	−245.5	170.7	155.2					
卤代烃									
氯甲烷 $CH_3Cl(g)$	−82.0	−58.6	234.29	40.79	14.903	96.2	−31.552		273～800
二氯甲烷 $CH_2Cl_2(g)$	−88	−59	270.62	51.38	33.47	65.3			273～800

（续表）

物质	$\Delta_f H_m^{\ominus}$ (298.15 K)	$\Delta_f G_m^{\ominus}$ (298.15 K)	$S_m^{\ominus}$ (298.15 K)	$C_{p,m}^{\ominus}$ (298.15 K)	$C_{p,m}^{\ominus}=a+bT+cT^2$ 或 $C_{p,m}^{\ominus}=a+bT+c'T^{-2}$				适用温度/K
					a	b	c	c'	
	$kJ\cdot mol^{-1}$	$kJ\cdot mol^{-1}$	$J\cdot K^{-1}\cdot mol^{-1}$	$J\cdot K^{-1}\cdot mol^{-1}$	$J\cdot K^{-1}\cdot mol^{-1}$	$10^{-3}\ J\cdot mol^{-1}\cdot K^{-2}$	$10^{-6}\ J\cdot mol^{-1}\cdot K^{-3}$	$10^{5}\ J\cdot K\cdot mol^{-1}$	
氯仿 $CHCl_3$(l)	−131.8	−71.4	202.9	116.3					
氯仿 $CHCl_3$(g)	−100	−67	296.48	65.81	29.506	148.942	−90.713		273～800
四氯化碳 CCl_4(l)	−139.3	−68.5	214.43	131.75	97.99	111.71			273～330
四氯化碳 CCl_4(g)	−106.7	−64.0	309.41	85.51					
氯苯 C_6H_5Cl(l)	116.3	−198.2	197.5	145.6					
含氮化合物									
苯胺 $C_6H_5NH_2$(l)	35.31	153.35	191.6	199.6	338.28	−1068.6	2022.1		278～348
硝基苯 $C_6H_5NO_2$(l)	15.90	146.36	244.3		185.4				293

本附录数据主要取自 Handbook of Chemistry and Physics，70 th Ed.，1990；Editor John A. Dean，Lange's Handbook of Chemistry，1967。

原书标准压力 $p^{\ominus}=101.325$ kPa，本附录已换算成标准压力为 100 kPa 下的数据。两种不同标准压力下的 $\Delta_f G_m^{\ominus}$(298.15 K) 及气态 $S_m^{\ominus}$(298.15 K) 的差别按下式计算

$$S_m^{\ominus}(298.15\ K)(p^{\ominus}=100\ kPa)=$$

$$S_m^{\ominus}(298.15\ K)(p^{\ominus}=101.325\ kPa)+R\ln\frac{101.325\times10^3}{100\times10^3}=$$

$$S_m^{\ominus}(298.15\ K)(p^{\ominus}=101.325\ kPa)+0.1094\ J\cdot K^{-1}\cdot mol^{-1}$$

$$\Delta_f G_m^{\ominus}(298.15\ K)(p^{\ominus}=100\ kPa)=\Delta_f G_m^{\ominus}(298.15\ K)(p^{\ominus}=101.325\ kPa)-0.0326\ kJ\cdot mol^{-1}\sum\nu_B(g)$$

式中，ν_B(g) 为生成反应式中气态组分的化学计量数。

读者需要时，可查阅 · NBS 化学热力学性质表 · SI 单位表示的无机和 C_1 与 C_2 有机物质的选择值。刘天和，赵梦月译，北京：中国标准出版社，1998

附录Ⅳ 某些有机化合物的标准摩尔燃烧焓[变]①(298.15 K)

化合物	$\Delta_c H_m^{\ominus}/(kJ \cdot mol^{-1})$
CH_4(g)甲烷	−890.31
C_2H_2(g)乙炔	−129 9.59
C_2H_4(g)乙烯	−141 0.97
C_2H_6(g)乙烷	−155 9.84
C_3H_8(g)丙烷	−221 9.07
C_4H_{10}(g)正丁烷	−287 8.34
C_6H_6(l)苯	−326 7.54
C_6H_{12}(l)环己烷	−391 9.86
C_7H_8(l)甲苯	−392 5.4
$C_{10}H_8$(s)萘	−515 3.9
CH_3OH(l)甲醇	−726.64
C_2H_5OH(l)乙醇	−136 6.91
C_6H_5OH(s)苯酚	−305 3.48
HCHO(g)甲醛	−570.78
CH_3COCH_3(l)丙酮	−179 0.42
$C_2H_5COC_2H_5$(l)乙醚	−273 0.9
HCOOH(l)甲酸	−254.64
CH_3COOH(l)乙酸	−874.54
C_6H_5COOH(晶)苯甲酸	−322 6.7
$C_7H_6O_3$(s)水杨酸	−302 2.5
$CHCl_3$(l)氯仿	−373.2
CH_3Cl(g)氯甲烷	−689.1
CS_2(l)二硫化碳	−107 6
$CO(NH_2)_2$(s)尿素	−634.3
$C_6H_5NO_2$(l)硝基苯	−309 1.2
$C_6H_5NH_2$(l)苯胺	−339 6.2

①化合物中各元素氧化的产物为 C→CO_2(g),H→H_2O(l),N→N_2(g),S→SO_2(稀的水溶液)。